Felix Drewes, Henrik Pauly

Bauen mit Hanf

Hintergründe · Planung · Umsetzung · Beispiele

ökobuch

Inhaltsverzeichnis

Vorworte

Vorwort von Dr.-Ing. Susanne Bartholomé

Wer durch das Geiseltal in Sachsen-Anhalt fährt, sieht eine Landschaft im Übergang. Wo über Jahrzehnte Braunkohle abgebaut wurde, wo Dörfer verschwanden und schwarze Gruben das Bild prägten, renaturiert sich die Region allmählich. Aus der Grube wurde ein See, Tourismus siedelt sich langsam an. Aber das allein kann nicht die Antwort sein, nicht für eine Region, die mit der Kohle auch einen Teil ihrer wirtschaftlichen Identität verloren hat.

Mein Blick auf das Bauen mit Hanf ist mittlerweile eng mit diesem Ort verbunden. Einen Anstoß gab 2019 der Lange Tag des Hanfs an der Hochschule Merseburg, als dort erstmals nicht nur über Medizinalcannabis gesprochen wurde, sondern auch über Nutzhanf als Bau- und Werkstoff. Aus dieser Idee wuchs eine konkrete Vision: Aus einer von fossiler Energie geprägten Region könnte Schritt für Schritt ein Raum für nachhaltige Materialien, regionale Wertschöpfung und neue Formen des Wirtschaftens entstehen.

2022 gründeten wir die Hanffaser Geiseltal eG. Die Gründung ist eng mit der Überzeugung verbunden, dass Strukturwandel nicht allein als Verlust verstanden werden muss, sondern die Chance für neue Wege eröffnet. Eine postfossile Region braucht Wertschöpfungsketten, die dauerhaft vor Ort verankert sind. Nutzhanf bietet hierfür besondere Möglichkeiten: Als Kulturpflanze verbindet er Landwirtschaft, Verarbeitung und Bauwesen und kann so regionale Kreisläufe stärken. Entscheidend ist die Nähe der einzelnen Schritte, vom Feld über den Aufschluss bis zur Verarbeitung hanfbasierter Baustoffe auf der Baustelle.

Die Entscheidung für eine genossenschaftliche Struktur war kein idealistischer Gedanke, sondern eine wirtschaftliche Antwort auf eine zentrale Frage: Wie kann Wertschöpfung in der Region bleiben? Dezentralität, Kooperation und Kreislaufdenken prägen dieses Modell und bilden zugleich einen Gegenentwurf zu Wirtschaftsweisen, die Regionen über lange Zeit vor allem als Rohstofflieferanten betrachtet haben

Gleichzeitig baut diese Entwicklung auf der Arbeit früherer Pioniere auf. Persönlichkeiten wie Rainer Nowotny, Vorstand der Hanffaser Uckermark eG, haben bereits vor Jahren erkannt, welches Potenzial in der Hanfpflanze als Baustoff liegt. Ihre Arbeit hat wichtige Grundlagen geschaffen, auf denen heute eine neue Generation aufbauen und dieses Wissen in tragfähige Strukturen überführen kann.

Auch dieses Buch versteht sich in diesem Sinne als Werkzeug: Es macht Wissen zugänglich und zeigt, wie die gesamte Kette, vom Anbau über die Verarbeitung bis zur Anwendung im Bauwesen, zusammenwirken kann. Dass dieser Ansatz trägt, zeigt auch der Gewinn der DGNB Sustainability Challenge 2024 durch die Hanffaser Geiseltal eG.

Ich wünsche Ihnen eine anregende Lektüre und hoffentlich den einen oder anderen Aha-Moment.

Dr.-Ing. Susanne Bartholomé ist Vorstand FuE der Hanffaser Geiseltal eG und Gruppenleiterin der Nachwuchsgruppe BioRohstoffe-Hanf der Hochschule Merseburg, die den Strukturwandel in der Region wissenschaftlich begleitet.

Vorwort von Bernd Frank

Liebe Leserinnen und Leser,

ich freue mich, dass Sie das Fachbuch zum Bauen mit Hanf in den Händen halten. Dieses Buch hätte ich mir vor 30 Jahren gewünscht. Die Thematik ist tief mit meiner eigenen Geschichte verwoben. Seit fast 30 Jahren bin ich in der Nutzhanf-Branche tätig und habe gemeinsam mit anderen Hanf-Pionieren einen langen Weg zurückgelegt. Die Hoffnungen waren groß, als 1996 der Anbau von Nutzhanf legalisiert und als nachwachsender Rohstoff gefördert wurde. In dieser Zeit baute ich gemeinsam mit Laurent Goudet und anderen Kollegen unsere ersten Gebäude mit Hanfkalk. Damals glaubten wir fest daran, dass wir eine nachhaltige und zukunftsweisende Industrie aufbauen könnten. Doch mit dem Wegfall der Förderungen ein paar Jahre später und den damit verbundenen schwindenden Anbauflächen für Nutzhanf begann eine schwierige Zeit für die gesamte Branche. Viele Unternehmen mussten aufgeben, und die Nutzhanf-Branche war damals einfach noch zu jung, um sich aus eigener Kraft zu behaupten.

Doch wir ließen uns nicht entmutigen. Wir entschieden uns, unsere Aufschluss-Anlagen nach Frankreich zu verlegen, da dort die Marktlage zu dieser Zeit besser war. Wir arbeiteten entschlossen weiter, um unsere Techniken zu verbessern und das Potenzial dieser erstaunlichen Pflanze im Bauwesen voll auszuschöpfen.

Mittlerweile sind die Zeiten anders: Die Entwicklungen in der Gesellschaft und das wachsende Bewusstsein für Nachhaltigkeit haben zu einem erneuten Interesse an Hanf als Baumaterial geführt, sodass heute wieder eine Aufschluss-Anlage in Deutschland kostendeckend betrieben werden könnte. Die Möglichkeiten und das Potenzial für Hanf im Bauwesen sind enorm, und es gibt bereits zahlreiche beeindruckende Projekte, die mit Nutzhanf umgesetzt wurden.

In diesem Buch finden Sie nicht nur umfassende Informationen über die Eigenschaften von Hanf als Baumaterial, sondern auch praktische Anleitungen und inspirierende Beispiele von erfolgreichen Hanfbau-Projekten. Es ist ein Leitfaden für all diejenigen, die sich für nachhaltiges Bauen interessieren und die Vision einer wohngesunden Zukunft teilen.

Doch trotz des Fortschritts und der wachsenden Anerkennung bleibt noch viel zu tun. Mein persönlicher Wunsch für die Zukunft ist, dass der Nutzhanf wieder als geschätzte Pflanze in der Mitte der Gesellschaft ankommt. Ich hoffe darauf, dass unsere Bemühungen und die Leidenschaft der Autoren dazu beitragen, das Bewusstsein für die Vorteile von Hanf als nachhaltigem Baumaterial weiter zu stärken. Denn nur wenn wir gemeinsam handeln und die Chancen nutzen, die uns diese außergewöhnliche Pflanze bietet, können wir eine nachhaltige Zukunft für das Bauwesen und unsere Umwelt schaffen. Es ist an der Zeit, dass wir in der Nutzhanf-Branche zusammenhalten und unsere Kräfte bündeln, um dieses Ziel zu erreichen.

In diesem Sinne wünsche ich Ihnen eine gute Lektüre. Nutzen Sie dieses Buch.

Mit herzlichen Grüßen,
Bernd Frank

Vorwort der Autoren

Henrik Pauly

Meinen ersten Kontakt mit Nutzhanf hatte ich mit elf Jahren, als ich das Hanf Haus (Fachgeschäft für Hanfprodukte) in Reutlingen besuchte. Ich war völlig beeindruckt davon, was alles aus einer einzigen Pflanze entstehen kann. Die Begeisterung des damaligen Besitzers Dieter Schmidt sprang gleich auf mich über und ich war „hanfiziert". Mein erstes Buch über Hanf war der viersprachige Bildband „Cannabis" von Mathias Bröckers. Es war mir Quelle für zahlreiche Schulreferate.

Während meiner Karriere auf dem Bau wuchs in mir der Wunsch, meine Passion für das Bauen mit meiner Passion für den Nutzhanf zu kombinieren. Doch ich musste schnell feststellen, dass sich zu diesem Zeitpunkt in Deutschland kaum jemand hauptberuflich und ernsthaft dem Bauen mit Hanfkalk verschrieben hatte – und dass das Wissen um diesen Baustoff in Deutschland praktisch nicht existent war. Also machte ich mich selbst auf die Suche. Ich reiste, probierte aus, machte Fehler, lernte daraus. Schließlich gründete ich das Planungs- und Baubüro „Hanfingenieur" und baute mit anderen ein starkes Netzwerk auf, um das Thema in Deutschland zu etablieren.

Die ersten europäischen Hanfbau-Pioniere sind bereits von uns gegangen. So mussten wir uns 2023 von Wolf Jordan (Belgien) und 2024 von Jorgen Hempel (Schweiz) verabschieden. Beide brachten Hanfkalk immer wieder ans Limit und erweiterten damit das Wissen um den Baustoff enorm. Ich hatte das Glück, beide noch persönlich kennenzulernen und ihre Arbeitsweisen und Techniken zu beobachten. Diese Erfahrungen sind hier eingeflossen. So wird hoffentlich auch über ihren Tod hinaus das Wissen und der Geist der alten Hanfbau-Pioniere durch dieses Buch weiterleben.

Felix Drewes

Als mir dämmerte, dass die Wirtschaftslogiken unseres Zeitgeistes in eine Sackgasse führen, entschied ich, Teil der Lösung zu werden. Neben einem Neuverständnis von „Wohlstand" müssen auch ökonomische Indikatoren neu ausgerichtet werden: Was wir messen, bestimmt, was wir wertschätzen. Solange Wachstum wichtiger ist als Lebensqualität, werden „nachhaltige" Lösungen nicht wirksam sein.

So kam ich zum Hanf, der Agrar- und Bauwelt konstruktiv verbindet. Zwei gewaltige Hebel, die unsere Landschaften prägen, enorme Ressourcen verbrauchen und maßgeblich unsere Gesundheit bestimmen. Hanf entfaltet seine Stärken dort, wo Ökologie und Ökonomie aufhören, Gegensätze zu sein. Gleichzeitig begleitet mich ein Gefühl tiefer Ungerechtigkeit: Nutzhanf wurde jahrzehntelang marginalisiert, auf seine berauschenden Eigenschaften reduziert, während seine ökologische, soziale und technische Bedeutung im Schatten blieb.

Als ich in England und Wales eine lebendige Hanfbau-Szene erlebte, wurde mir das Defizit in Deutschland bewusst. So gründeten wir 2018 das Hanfbaukollektiv, das heute die „Kompetenzgruppe Bauen mit Hanf" im Nutzhanf-Netzwerk e.V. ist. Heute der zentrale Ort für Austausch und Entwicklung der Nutzhanf-Märkte im DACH-Raum.

Gemeinsam:

Dieses Buch ist der nächste logische Schritt. Es vereint unser Wissen und das vieler Pioniere weltweit, kein Schmöker, sondern ein Arbeitsbuch. Markieren Sie wichtige Stellen, machen Sie Notizen. Es soll Nachschlagewerk und Inspirationsquelle für Ihr Projekt sein.

> *Wissen ist das einzige Gut, das sich vermehrt, wenn man es teilt.*
>
> Marie Freifrau von Ebner-Eschenbach (1830–1916)

Bauen mit Hanf ist keine Zukunftsmusik. Beispiele weltweit zeigen: Es funktioniert heute. Keine Raketentechnologie, sondern bestechend einfach und wirksam. Hier präsentieren wir keine perfekten Weltrettungslösungen, sondern zeigen erfolgreiche Ansätze, Herausforderungen und Potenziale gleichwertig auf. Die ersten Pioniere haben in den letzten Jahrzehnten die Grenzen der Materialien ausgelotet. Dieses Wissen bauen wir heute aus.

Dieses Buch richtet sich an Macherinnen und Macher aus Architektur, Bauingenieurswesen, Handwerk, aber auch Landwirtschaft, Industrie und Politik. In die Inhalte und vorgeschlagenen Konstruktionen sind die Erfahrungen etlicher Fachleute eingeflossen. Doch es ersetzt keine Expertise, die ein Bauprojekt fachkundig plant, vor Ort umsetzt oder begleitet. Details und Arbeitsweisen müssen immer objektbezogen angepasst werden. Wir brauchen Fachleute. Vielleicht zählen Sie bald dazu.

Keine Sorge: Sie müssen nicht sofort den Schalter umlegen und ab jetzt nur noch mit Hanf und Naturbaustoffen arbeiten. Schauen Sie, wo Sie eine Idee integrieren können. Stück für Stück kann die Bauwelt nachhaltig wachsen und immer mehr Akteure werden diese Transformation gestalten.

Herzliche Grüße
Henrik Pauly & Felix Drewes

1. Warum nachhaltig bauen?

> *Wir bauen gerade den größten Sondermüll der Baugeschichte.*
>
> Steiner (2018)

Diese Aussage bringt das Problem auf den Punkt. Unsere Baupraxis konzentriert sich bis heute vor allem auf Errichtungskosten, Energieverbrauch und Effizienz in der Nutzung, während die Folgen der Materialherstellung und Entsorgung noch immer weitgehend unbeachtet bleiben. Der Preis ist hoch: ökologische Schäden, wachsende Müllberge, gesundheitliche Belastungen, die uns noch lange begleiten werden. Kurzfristige Einsparungen durch konventionelle Baustoffe erscheinen verlockend, doch langfristig übersteigen die Kosten für Entsorgung und Umweltfolgen diese vermeintlichen Vorteile bei weitem (Hammond, 2008).

Deutschland hat ein ehrgeiziges Ziel festgelegt: Bis zum Jahr 2045 soll der Gebäudebestand klimaneutral sein. Dies erfordert eine Zusammenarbeit aller am Bau beteiligten Akteure. Doch klimafreundliches Bauen allein genügt nicht. Nachhaltiges Bauen muss umfassender gedacht werden. Es umfasst Energieeffizienz und CO_2-Neutralität ebenso wie den Schutz der Biodiversität, den sparsamen Umgang mit Ressourcen, die Nutzung nachwachsender Rohstoffe und die Reduktion des Flächenverbrauchs. Auch soziale und ethische Kriterien gehören dazu, etwa eine faire Beschaffung und der Schutz der Gesundheit von Nutzern und Verarbeitern. Um all diesen Anforderungen gerecht zu werden, braucht es Kooperation zwischen den Sektoren und ein grundsätzliches Umdenken im gesamten Bauwesen (BMWSB, 2023).

Bezahlbarer Wohnraum ist ein Dauerbrenner in der Politik. Die Bundesregierung will den Wohnungsbau beschleunigen und mehr bezahlbare Wohnungen schaffen. Zentrales Instrument ist der sogenannte Wohnungsbauturbo, der Planungs- und Genehmigungsverfahren verkürzen und Bauvorhaben schneller ermöglichen soll. In „begründeten Fällen" dürfen sogar Abweichungen von Bebauungsplänen oder Lärmschutzvorgaben zugelassen werden.

Doch was heißt eigentlich begründet? Heißt es, dass Bauvorhaben bevorzugt werden, wenn sie mit regionalen Materialien realisiert werden, die weniger als hundert Kilometer transportiert wurden?

Heißt es, dass Baustoffe gefördert werden, die das Raumklima verbessern, Schadstoffe vermeiden und CO_2 binden?

Oder heißt es, dass schneller gebaut werden darf, wenn die Rendite stimmt und die Baukosten niedrig bleiben?

Für 2025 sind rund 327 Millionen Euro für Wohnungsbauprogramme vorgesehen, insgesamt etwa elf Milliarden Euro aus neuen Sondervermögen. Die Regierung betont, sie wolle den Wohnungsbau sozial verträglich und klimafreundlich gestalten. Doch was passiert, wenn das Tempo wichtiger wird als die Qualität? Wenn die vereinfachten Verfahren den Weg frei machen für noch mehr versiegelte Flächen und kurzlebige Gebäude?

Wir können nur hoffen, dass der Wohnungsbauturbo nicht zum Beschleuniger alter Fehler wird, sondern zu einem Motor echter Erneuerung. Dass er Bauweisen unterstützt, die Ressourcen schonen, Gesundheit fördern und regionale Wirtschaftskreisläufe stärken. Denn eine Bauwende braucht mehr als Geschwindigkeit. Sie verlangt Haltung. Sie verlangt eine neue Bau- und Konsumethik, die Mensch, Material und Umwelt wieder in Einklang bringt. Hightech-Lösungen wie 3D-Druck oder modulare Fertigung können Teil davon sein, aber sie werden nicht genügen. Die Zukunft des Bauens entscheidet sich nicht an der Maschine, sondern an der Frage, wie wir leben wollen.

Nachhaltiges Bauen ist längst keine Frage des guten Willens mehr, sondern geltendes Recht. Alle 16 Landesbauordnungen verpflichten in § 3 dazu, dass bauliche Anlagen die natürlichen Lebensgrundlagen nicht gefährden dürfen. Einige Länder wie Berlin, das Saarland oder Niedersachsen gehen deutlich weiter und verankern Ressourcenschonung, Kreislaufwirtschaft oder Klimaschutz als explizite Schutzziele. Die EU-Bauproduktenverordnung (305/2011), auf die nahezu alle Bundesländer verweisen, konkretisiert dies zusätzlich: Bauwerke müssen so geplant und errichtet werden, dass ihre Bestandteile nach dem Rückbau wiederverwendet oder recycelt werden können, dass umweltverträgliche Rohstoffe zum Einsatz kommen und dass natürliche Ressourcen nachhaltig genutzt werden (EU, 2011). Was klingt wie eine Vision, ist rechtlich bindend. Wärmedämmverbundsysteme aus Polystyrol, unlösbar verklebte Schichtkonstruktionen oder erdölbasierte Dämmstoffe, die weder trennbar noch recycelbar sind, widersprechen diesem Grundsatz. Streng genommen dürften sie gar nicht mehr verbaut werden. Dass sie es dennoch werden, liegt nicht am Fehlen von Vorschriften, sondern am Fehlen von Konsequenz.

Dieses Buch versteht sich als Beitrag, diese Lücke zu schließen: durch fundiertes Wissen über Hanfbaustoffe, durch praxisnahe Anleitungen für Planung und Ausführung, durch den Nachweis, dass nachhaltiges Bauen technisch machbar, wirtschaftlich sinnvoll und rechtlich geboten ist. Was es braucht, ist die Sensibilisierung von Behörden, Kammern, Bauaufsichten, Architekten, Handwerkern und Verbrauchern durch Schulungen und Leitfäden. Die konsequente Planung mit Rückbaukonzepten und trennbaren Konstruktionsprinzipien, bei denen geschraubt statt geklebt wird und schließlich den Mut zu Initiativen, die Förderprogramme an diese Kriterien koppeln und den Dialog zwischen Planung, Handwerk und Verwaltung neu beleben. Hanf ist dabei mehr als ein Baustoff, er ist ein Katalysator für eine Baukultur, die Recht und Verantwortung wieder zusammenführt.

1.1 Die Grenzen des Wachstums

Bereits 1972 warnten MIT-Wissenschaftler in „Die Grenzen des Wachstums“ davor, dass unsere Erde erschöpflich ist. Ihre Ressourcen, Böden, Wasserreserven und ihre Fähigkeit, Abfälle aufzunehmen, reichen nicht aus, um unbegrenztes Wachstum zu tragen. Die Biokapazität unseres Planeten, also die Fähigkeit, Leben zu tragen und Stoffkreisläufe zu schließen, ist begrenzt (Meadows et al., 1972).

Seitdem haben sich die Warnungen bestätigt. Der Erdüberlastungstag, an dem die Menschheit mehr Ressourcen verbraucht, als die Erde in einem Jahr regenerieren kann, rückt jedes Jahr weiter nach vorn. 1972 fiel er auf den 20. Dezember, 2024 bereits auf den 1. August, 2025 auf den 24. Juli (Global Footprint Network, 2025). Wir leben also seit Jahrzehnten auf ökologischem Kredit. Diese Entwicklung verschärft globale Ungleichheiten: Besonders Entwicklungsländer leiden stärker unter Umweltkatastrophen, obwohl sie weniger zum globalen Ressourcenverbrauch beitragen (UNEP, 2019).

Während wir die Erde mit unserer Bauweise überlasten, geraten ihre Ökosysteme an ihre Grenzen. Tatsächlich erleben wir derzeit das sechste große Massenaussterben[1] (Kolbert, 2014). Die aktuelle Aussterberate liegt bis zu zehntausendmal über der natürlichen (Ceballos et al., 2017). Seit 2020 übersteigt die vom Menschen geschaffene Masse erstmals die gesamte Biomasse der Erde: 1,1 Billionen Tonnen Bauwerke, Infrastrukturen und Technologien wiegen mehr als alle

1 Das sechste Massenaussterben wurde in den 1980er-Jahren erstmals wissenschaftlich beschrieben und ist seither gut belegt.

i

Was bedeutet Biokapazität?

Biokapazität beschreibt die Fähigkeit der Erde, natürliche Ressourcen bereitzustellen und Abfälle aufzunehmen, ohne ökologische Grenzen zu überschreiten. Sie misst die Menge an erneuerbaren Ressourcen, die von Menschen genutzt werden können, und berücksichtigt auch die Fähigkeit der Natur, Treibhausgase zu binden. Die Einheit ist der globale Hektar (gha), eine Vergleichsgröße, mit der sich die biologische Leistungsfähigkeit verschiedener Flächen erfassen lässt.

Der Erdüberlastungstag – auch World Overshoot Day genannt – wird berechnet, indem die jährlich verfügbare Biokapazität der Erde durch den ökologischen Fußabdruck der Menschheit geteilt und mit 365 multipliziert wird. Je früher dieser Tag im Kalender liegt, desto größer ist die ökologische Übernutzung.

Abb. 1: Auswahl verschiedener Studien für die Belegung eines Ökozids mit verschiedenen Vergleichszeiträumen bis 2021.

Belege für den Ökozid

- **Rückgang Biomasse Insekten ~ 78-85 %**
  Hallmann et al., 2017
- **Rückgang Biomasse Fische > 50 %**
  Palomares et al., 2020
- **Rückgang Korallenriffe ~ 50 %**
  Tyler et al., 2021
- **Rückgang Mangrovenwälder Asien ~ 80 %**
  Eisenstein et al., 2020
- **Rückgang globaler Regenwald > 50 %**
  NASA, 2020
- **8 Mio. Tonnen Plastik p.a. in Ozeane**
  BUND, 2021
- **Rückgang von 1% Ackerfläche p.a.**
  UNEP, 2019

lebenden und natürlichen Komponenten zusammen (Elhacham et al., 2020). Allein die Masse allen Plastiks ist größer als die aller Land- und Wassertiere. Das ist Ökozid: die systematische Zerstörung unserer eigenen Lebensgrundlage (siehe Abbildung 1).

Viele Studien und Umweltkonferenzen (z. B. das IPCC, COP 21) seit 1972 bestätigen die Warnungen von damals: Wir müssen dringend „umdenken" und vor allem „anders bauen". Ein „Weiter wie bisher" ist keine Lösung. Natur- und Hanfbaustoffe sind ein Teil der Lösung.

1.2 Ressourcenverbrauch und Emissionen im Bauwesen

Das Bauwesen gestaltet Zukunft, nicht nur Gebäude. Es bietet, gemeinsam mit der Landwirtschaft, zwei große Hebel für eine ressourcenschonende, wohngesunde gebaute Umwelt und starke Ökosysteme. Laut dem „Globalen Lagebericht für Gebäude und Bauwesen" gehen 36 % der weltweiten Emissionen und 39 % des Energieverbrauchs auf das Konto des Bauwesens[2] (Global ABC, 2019). Darüber hinaus verursacht die Branche mindestens 50 % der Abfallaufkommens in der EU (C, 2011).

Neueste Zahlen schätzen, dass weltweit 60 % des Ressourcenverbrauchs, 50 % des Abfallaufkommens, mindestens 35 % des Energieverbrauchs und 50 % der globalen Emissionen auf das Konto der Bauwirtschaft gehen (Sobek W. , 2022) (Werner Sobek, non nobis, S. 18), (BKK, 2018).

Laut dem Bundesministerium für Umwelt, Naturschutz, nukleare Sicherheit und Verbraucherschutz (BMU) verbrauchte das Bauwesen 2015 allein in Deutschland knapp 517 Millionen Tonnen mineralische Rohstoffe, davon überwiegend Sand und Kies

2 Die Zahlen beziehen sich auf den gesamten Lebenszyklus von Gebäuden (Grob: Herstellung der Baumaterialen, Bau des Gebäudes, Unterhaltung des Gebäudes, Abriss und Wiederverwertung des Gebäudes und seiner Materialien)

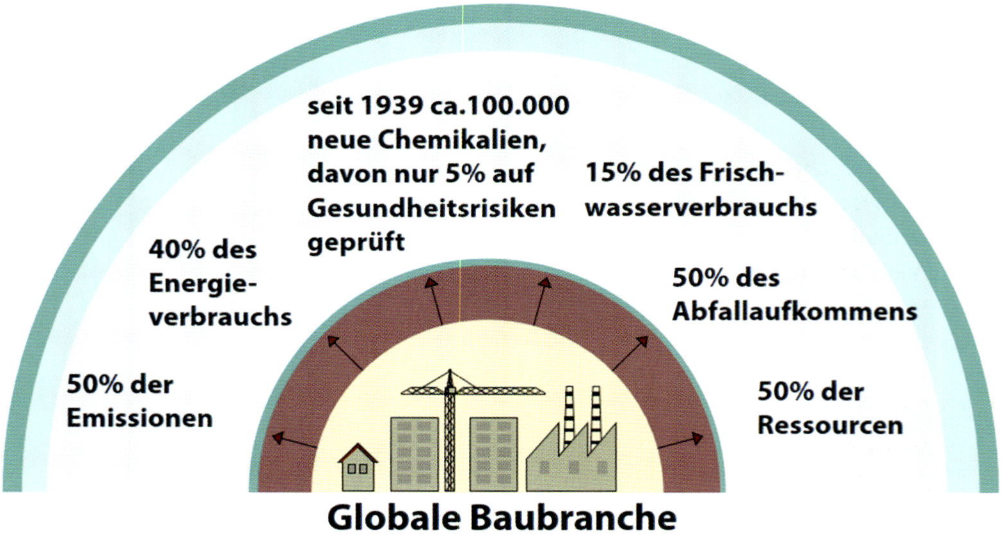

Abb. 2: Höchste dokumentierte Anteile der Bauwirtschaft an globalem Verbrauch oder Ausstoß sowie Gesundheitsrisiken, basierend auf mehreren Studien. [Sobek, 2023; UNEP, 2020; Mokhlesian & Holmen, 2012; Pacheco-Torgal et al., 2010; Ramesh et al., 2010)

(BMU, 2018). Gleichzeitig generierte es mit rund 209 Millionen Tonnen den Großteil (59 %) des deutschen Brutto-Abfallaufkommens[3] (BMU, 2018) (Destatis, 2023). Diese Zahlen sind bis heute fast unverändert. Weltweit hat der Sand- und Kiesabbau desaströse menschliche, soziale und ökologische Folgen (Delestrac, 2013). Allein der Zementsektor verursacht mit 2,8 Milliarden Tonnen CO_2 rund 8 % der weltweiten CO_2-Emissionen. (UMSICHT, 2025).

Ein wichtiger Ansatz zur Reduzierung dieses enormen Ressourcenverbrauchs ist die Kreislaufwirtschaft, bei der Materialien nach Ende ihrer Nutzungsdauer wiederverwendet oder recycelt werden (MacArthur, 2012). Energieeffizientes Design und die Nachnutzung bestehender Gebäude bieten ebenfalls entscheidende Hebel, um den Energieverbrauch über den Lebenszyklus eines Gebäudes hinweg zu minimieren (Thormark, 2002). Hanf und andere Naturbaustoffe bieten hier eine vielversprechende Alternative: Sie benötigen weniger graue Energie und lassen sich optimal in den Baukreislauf integrieren. Zudem verbinden Hanfbaustoffe nachhaltige Lösungen aus Bau- und Landwirtschaft und schaffen so Synergieeffekte.

Gleichzeitig sind Zukunftsprognosen alarmierend: Der weltweite Materialverbrauch wird sich bis 2060 voraussichtlich verdoppeln, wobei ein Drittel davon auf das Bauwesen entfällt (OECD, 2019). Um den global steigenden Bedarf an Gebäuden und Nutzflächen zu decken, wird sich die weltweite Gebäudenutzfläche bis 2060 schätzungsweise auf über 230 Milliarden Quadratmeter verdoppeln (UNEP,. U., 2021). Angesichts dieser Entwicklungen ist klar, dass wir mit den aktuellen Produktions- und Baumethoden nicht in der Lage sein werden, innerhalb planetarer Grenzen zu bleiben und eine sichere Lebensgrundlage für kommende Generationen zu gewährleisten.

3 Zwar schlagen bei den Bauabfällen besonders der Bodenausshub zu Buche und insgesamt wird ein Großteil der Bauabfälle recycelt, allerdings zu minderwertigen Verwertungen (Beton zu Betonsplit für den Straßenbau, Bodenaushub zum Füllen von Deponien oder Bergbau

1.3 Flächenverbrauch

Auch CO_2-negative oder ressourcenschonende Baustoffe werden uns nicht retten, wenn wir einfach weitermachen wie bisher. Wesentlich für den Ressourcenverbrauch im Bauwesen ist der gestiegene Flächenverbrauch. In Deutschland werden täglich 60 Hektar Fläche verbraucht, wobei die Hälfte davon versiegelt wird (SRU, 2016). Der Wohnflächenverbrauch pro Kopf ist seit den 1950er Jahren von 14 m^2 auf 45 m^2 im Jahr 2020 gestiegen (Fuhrhop, 2020). Diese Entwicklung verschärft den Ressourcenverbrauch zusätzlich und steht in unmittelbarer Konkurrenz zur Nahrungsmittelproduktion.

Um den Flächenverbrauch zu reduzieren, ist grundlegendes Umdenken erforderlich: Weniger Flächenversiegelung, mehr Entsiegelung und Aufforstung sind notwendig, um den ökologischen Krisen und dem Artensterben entgegenzuwirken. Dabei spielt auch Hanf eine wichtige Rolle, da er viele holzbasierte Produkte ressourcenschonend ersetzen kann und Ressource für Baustoffe, Nahrungsmittel und vieles mehr gleichzeitig sein kann (siehe Kapitel 5). Auch die urbane Verdichtung – also die effizientere Nutzung bestehender städtischer Flächen – kann den Bedarf an neuen Flächen minimieren und

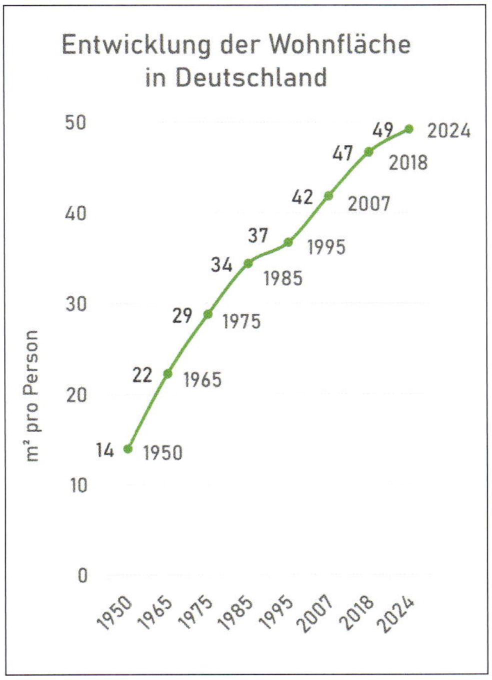

Abb. 3: Wohnfläche pro Person in Deutschland von 14 m^2 (1950) auf 49,2 m^2 (2024), Trend weiter steigend, mit Folgen für Ressourcen- und Energieverbrauch sowie Bodenversiegelung. [Bundesstiftung Baukultur, 2020, S. 10; Statistisches Bundesamt 2025, Gesellschaft und Umwelt, Wohnen, https://www.destatis.de/DE/Themen/GesellschaftUmwelt/Wohnen/Tabellen/wohnungsbestand-deutschland.html, abgerufen am 20.11.2025]

den ökologischen Fußabdruck reduzieren (Angel, 2011). Hanfbaustoffe bieten hier eine vielversprechende Lösung (siehe Kapitel 15).

1.4 Giftigkeit von Baumaterialien

Kaum jemand liest sie, doch sie erzählen viel: die Sicherheitsdatenblätter unserer Bauprodukte. Seitenweise Warnhinweise, Gefahrenklassen und Stoffnamen, die eher in ein Chemielabor als auf eine Baustelle gehören. Bauen bedeutet heute oft das unwiederbringliche Schaffen von Sondermüll. In Wahrheit ist es ein Akt der Vermischung.

Zahlreiche in Bauprodukten verwendete Stoffe wie Kunstharze, Weichmacher, Lösemittel, Isocyanate, Formaldehyd, Flammschutzmittel, Pestizide und andere chemische Additive sind toxisch, schwer abbaubar und können über Luft, Staub oder Wasser in den menschlichen Organismus gelangen (Pacheco-Torgal, 2011; WHO, 2020). Sie sind mit verschiedenen Gesundheitsrisiken verbunden, darunter Atemwegserkrankungen, Hautprobleme, hormonelle Störungen und Krebs (González-Martín et al., 2020; Pacheco-Torgal, 2022). Was Handwerker einatmen, atmen später auch die Bewohner. Wer die Listen der Inhaltsstoffe aufmerksam liest, erkennt, dass wir in vielen Gebäuden buchstäblich mit Sondermüll leben.

Seit den 1930er-Jahren wurden mehr als 100.000 neue Chemikalien eingeführt, von denen nur etwa 5 % auf potenzielle Gesundheitsrisiken untersucht wurden (Pacheco-Torgal F. J., 2011). Viele dieser Chemikalien finden sich auch in unseren Baustoffen wieder und belasten die Innenraumluft. Hier geht es insbesondere um schädliche Ausdünstungen[4] synthetischer Klebstoffe, Dichtstoffe, Farben, Harze, Lösungsmittel, Holzbeizen, Wandplatten, Beschichtungen, Pressholzprodukte und Bodenbeläge sowie Brandhemmer und Konservierungsmittel (Pacheco-Torgal F. , 2022) (Pacheco-Torgal F. J., 2012).

Angesichts der Tatsache, dass der „moderne" Mensch in Industrieländern inzwischen bis zu 90 % seiner Zeit in Innenräumen verbringt[5] (Neil Edward Klepeis, 2001), sind diese Ausdünstungen besonders alarmierend. Vor allem gefährdete Gruppen wie Kinder, ältere Menschen und Menschen mit Vorerkrankungen leiden unter den Schadstoffen in der Raumluft. Viele dieser Chemikalien stehen in Zusammenhang mit Krebs, Autoimmunerkrankungen, verringerter Fruchtbarkeit, Allergien und Atemwegserkrankungen, um nur einige Beispiele zu nennen (Pacheco-Torgal F. , 2022).

Neben der Toxizität von Baustoffen in Innenräumen muss auch das Toxizitätspotenzial bei der Produktion betrachtet werden. Außerdem verringern diese Giftstoffe massiv das Recycling-Potenzial und verteuern die Entsorgung ungemein. Besonders die Handwerker sind beim Ein- und Abbau von giftigen Baumaterialien erhöhten Sicherheitsrisiken ausgesetzt. Zum Beispiel ist hinreichend belegt, dass die ultrakleinen Fasern von Mineralwollen Lungenkrebs auslösen können, sollten sie eingeatmet werden. Daher unbedingt Atemschutz und Schutzkleidung tragen, oder am besten einfach mit ungiftigen Naturbaustoffen bauen!

Fakt ist: Mit dem Aufschwung synthetischer, energieintensiver Baustoffe in den 1960er- und 1970er-Jahren begann ein Massenexperiment an Menschen und Natur. Einige Baustoffe wurden aufgrund von Gesundheitsrisiken auch bereits wieder vom Markt genommen, darunter Asbest-Platten, Bleileitungen, Weichmacher wie Phthalate und Organophosphate[6], oder Holzimprägniermittel mit Creosot und CCA-Salzen (Chrom, Kupfer, Arsen). Dennoch werden giftige Materialien weiterhin massenhaft

4 Zu den Ausdünstungen gehören „flüchtige organische Verbindungen (VOC)" wie Formaldehyd, Benzol, Toluol, Xylol, Styrol, Acetaldehyd, Naphthalin, Limonen und Hexane oder „Schwerer flüchtige organische Verbindungen (SVOC)", wie z. B. Flammschutzmittel, und Phthalate (Weichmacher in PVC, Gummis etc.).

5 In der Corona-Zeit war es für viele Menschen teilweise bis zu 100 % Lebenszeit über mehrere Monate in Innenräumen

6 Diese wurden häufig als Weichmacher und Flammschutzmittel in Baumaterialien wie Vinylböden und Kunststoffen

Abb. 4: PU-Schaum zur Fensterabdichtung, Entsorgung von Mineralwolle unter Vollschutz, Styropor im Wärmedämmverbundsystem. Diese Materialien sind weit verbreitet, bringen aber gesundheitliche Risiken und Entsorgungsprobleme mit sich. Für all diese Anwendungen gibt es wohngesunde, rückbaufähige Alternativen aus Hanf. [Jonas M. W. Westphal]

verbaut wie z. B. Formaldehyde oder Polyurethan, Bestandteil vieler Kunststoffe, Farben, Lacke oder Kunstharze und Beschichtungen.

Die globalen Gesundheitskosten und die damit verbundenen Kosten aufgrund der Verschmutzung der Innenraumluft für entwickelte Länder belaufen sich voraussichtlich auf knapp 90 Billionen US-Dollar. Allein in den USA könnten die Gesundheitskosten bis zu 9,4 Milliarden US-Dollar betragen, was jährlich zu bis zu 150.000 Todesfällen führt (Gonzales-Martin, 2020). Zudem sterben weltweit mehr als 5 Millionen Menschen pro Jahr vorzeitig an Krankheiten, die auf schlechte Luftqualität in Innenräumen zurückzuführen sind (Torpy, 2015).

Dieser Sondermüll umgibt uns in unseren Gebäuden und verbleibt kostspielig auf speziellen Mülldeponien. Denn Sondermüll lässt sich sehr schwierig in technische oder biologische Stoffkreisläufe zurückführen.

1.5 Krankmachende Gebäude – Sick-Building-Syndrom

Das Sick Building Syndrom (SBS) ist ein komplexes Phänomen, das die Gesundheit und das Wohlbefinden von Menschen in Gebäuden beeinträchtigt. Es äußert sich durch eine Vielzahl von Symptomen, darunter a) Kopfschmerzen, b) Atemwegsprobleme, c) Hautirritationen, d) Augenreizungen und e) allgemeines Unwohlsein. Ein charakteristisches Merkmal des SBS ist, dass diese Symptome oft abklingen, sobald die betroffenen Personen das Gebäude verlassen (Yinping Zhang, 2021).

Die Ursachen für das Auftreten des SBS sind vielfältig und oft schwer zu identifizieren. Zu den Hauptfaktoren zählen: 1) unzureichende Belüftung, 2) biologische Kontaminanten wie Schimmel und Bakterien, 3) chemische Verunreinigungen, insbesondere flüchtige organische Verbindungen (VOCs) aus Baumaterialien, Möbeln oder

i

Nicht alle modernen Baustoffe sind per se giftig. Allerdings verdichten sich die Hinweise, dass der Gifteintrag von synthetischen Baustoffen an die Innenraumluft zusammen mit belasteter Atemluft besonders in Städten sowie giftige Substanzen in Wasser und Nahrung durchaus ein erhebliches Gesundheitsrisiko darstellen.

Reinigungsmitteln, 4) schlechte Innenraumluftqualität, 5) mangelhafte Beleuchtung und Ergonomie, 6) elektromagnetische Strahlung, 7) psychologische Faktoren wie Stress am Arbeitsplatz und 8) trockene Luft durch konventionelle Heizsysteme. Die Qualität der Innenraumluft spielt dabei eine zentrale Rolle und kann durch die gezielte Auswahl von Baustoffen aktiv verbessert werden (Kayo Tsumura, 2023).

Um den Herausforderungen des SBS zu begegnen, werden häufig technische Lösungen wie teure und komplexe Lüftungssysteme eingesetzt. Diese Ansätze bringen jedoch ihre eigenen Probleme mit sich: Während Luftfilter zwar effektiv Partikel entfernen können, erhöhen sie den Luftwiderstand und damit den Energieverbrauch. Außerdem können sie bei mangelhafter Gestaltung oder Wartung selbst zur Quelle von Schadstoffen wie VOCs und Mikroben werden (Azimi, 2013). Beispiele wie komplexe Lüftungssysteme verdeutlichen: Konventionelles Bauen ist durch den hohen Einsatz von Ressourcen, Materialien und Technik geprägt, was erhebliche ökologische, gesundheitliche und finanzielle Auswirkungen hat. Der Fokus liegt oft auf energieintensiven Lösungen, die zwar Effizienz versprechen, aber langfristig mit zahlreichen Nachteilen verbunden sind. Die Notwendigkeit von Hightech-Lösungen wie diese resultiert in „mehr Material, mehr Hightech, mehr mehr mehr" und führt dazu, dass konventionelles Bauen nicht nur ressourcen- und energieintensiv, sondern auch langfristig teuer und ungesund ist. Das ethische Dilemma entsteht dadurch, dass Lösungen, die als technisch fortschrittlich gelten, tatsächlich problematisch für Mensch und Umwelt sind.

1.6 Warum Naturbaustoffe und Hanfbaustoffe ein Teil der Lösung sind

Naturnahe Bauweisen wie der Einsatz von Natur- oder Hanfbaustoffen stellen eine Alternative dar. Diese Bauweisen sind seit Jahrtausenden erprobt, ästhetisch, gesundheitlich vorteilhaft und bei entsprechender Planung langfristig wirtschaftlich.

Nachhaltigkeit und geschlossene Stoffkreisläufe: Naturbaustoffe wie Hanf tragen zu geschlossenen Stoffkreisläufen bei, da sie biologisch abbaubar und oft wiederverwendbar sind. Im Gegensatz zu konventionellen Baustoffen, die energieintensiv hergestellt und entsorgt werden müssen, ermöglichen Naturmaterialien eine bessere Integration in nachhaltige Kreislaufsysteme (Bergmann, 2018), wodurch die Umweltauswirkungen über den gesamten Lebenszyklus eines Gebäudes minimiert werden (Schröder, 2019).

Reduzierter ökologischer Fußabdruck und CO_2-Bindung: Der Einsatz von Naturmaterialien wie Hanf kann den CO_2-Fußabdruck des Bauwesens deutlich reduzieren, da sie oft lokal verfügbar und mit geringerem Energieeinsatz hergestellt und transportiert sind (Pichelmeier, 2014). Hanf bietet hierbei besonders großes Potenzial (siehe Kapitel 8 und Kapitel 15). Dies steht im Kontrast zu konventionellen Baustoffen wie Beton oder Stahl, deren Produktion mit hohen CO_2-Emissionen verbunden ist.

Gesundes Raumklima und Ressourcenschonung: Naturbaustoffe tragen zu einem gesunden Raumklima bei, da sie oft frei von Schadstoffen sind und feuchtigkeitsregulierende Eigenschaften besitzen. Damit unterstützen sie nachhaltige Lebensräume, was bei konventionellen Materialien, die chemisch behandelt werden, nicht immer gewährleistet ist.

Tradition und Regionalität: Die Verwendung von Naturmaterialien wie Hanf fördert die regionale Baukultur und traditionelle Bauweisen, was zur Identitätsbildung von Orten beiträgt. Durch die Verbindung mit lokalen Ressourcen wird eine Bauweise ermöglicht, die die regionale Identität und historische Baukultur respektiert und weiterentwickelt.

1.7 Die Rolle von Technik und Digitalisierung

Doch auch Technik und Digitalisierung wird Teil der neuen Baukultur sein und kann dabei vielfältige Vorteile bringen:

Ganzheitliche Planung und Lebenszyklusbetrachtung
Die Digitalisierung des Bauwesens bietet entscheidende Vorteile für die nachhaltige Planung und Umsetzung von Bauprojekten mit Naturbaustoffen wie Hanf. Technologien wie Building Information Modeling (BIM) ermöglichen die Überwachung des gesamten Lebenszyklus eines Bauwerks – von der Materialgewinnung bis hin zum Rückbau (Bergmann, 2018), (KOM, 2020). Mithilfe von BIM können alle Daten zu Materialeigenschaften, Energieverbrauch und Umweltaspekten erfasst und analysiert werden.

Optimierte Materialauswahl und Ressourcenmanagement
Durch die Nutzung digitaler Zwillinge können Naturmaterialien effizient geplant und eingesetzt werden, um Nachhaltigkeitsziele zu erreichen. Datenanalysen und Simulationen unterstützen die Optimierung der Materialflüsse und ein nachhaltiges Ressourcenmanagement (DNS, 2021). Dies ermöglicht es, Naturmaterialien gezielt dort einzusetzen, wo sie den größten Nutzen bringen.

Integration in ganzheitliche Baukonzepte
Die Digitalisierung hilft dabei, Naturbaustoffe in ganzheitliche Baukonzepte zu integrieren. Intelligente Systeme zur Energieeffizienz, Thermomanagement und Gebäudeüberwachung ermöglichen eine effizientere Nutzung der Eigenschaften von Hanfbaustoffen (Auf dem Weg zu einem nachhaltigen Europa, EU 2019). Solche Systeme unterstützen nicht nur die Nachhaltigkeit, sondern fördern auch den Komfort und die Gesundheit der Bewohner.

1.8 Zusammenfassung Warum nachhaltig bauen?

Das Bauwesen zählt zu den ressourcenintensivsten Branchen der Welt. Es verursacht rund 40 % des Energieverbrauchs, über 30 % der CO_2-Emissionen und mehr als die Hälfte des globalen Abfallaufkommens (GlobalABC, EU 2019). Zugleich wächst die Flächeninanspruchnahme weiter, obwohl die natürlichen Grenzen längst überschritten sind. Politische Programme wie der Wohnungsbauturbo sollen Bauprozesse beschleunigen, doch Geschwindigkeit allein löst die Krise nicht. Die Frage ist nicht, wie viel wir bauen, sondern wie wir bauen, und mit welchen Folgen für Böden, Ressourcen und Gesundheit.

Die Bauwende erfordert ein radikales Umdenken. Nachhaltiges Bauen umfasst Energieeffizienz, CO_2-Neutralität, Ressourcenschonung und Wohngesundheit gleichermaßen. Es geht um Gebäude, die nicht nur weniger schaden, sondern aktiv zur Regeneration beitragen, durch nachwachsende Rohstoffe, zirkuläre Nutzung und gesunde Innenräume.

Technik und Digitalisierung können dabei helfen, wenn sie der Qualität und Transparenz dienen, nicht der Beschleunigung. Sie machen Stoffströme sichtbar, verbessern die Planung und stärken regionale Wertschöpfung. Entscheidend bleibt die Haltung: Technik ist Werkzeug, keine Lösung an sich.

Hanf und andere biogene Baustoffe zeigen, dass Bauen auch anders geht: regional, kreislauffähig, emissionsarm und wohngesund. Sie verbinden Landwirtschaft und Architektur, Speicherung und Rückführung, Handwerk und Innovation.

Das Ziel ist kein Mehr, sondern ein Besser: ein Bauen, das zur Erneuerung beiträgt statt zur Erschöpfung. „Sick Building Syndrom“: Gesundheitsprobleme durch schlechte Innenraumluft und giftige Baustoffe
Konventionelles Bauen ist oft ressourcen- und energieintensiv, teuer und potenziell gesundheitsschädlich.

Lösungsansätze:

- Naturbaustoffe wie Hanf: nachhaltig, gesundheitsfördernd, regional verfügbar
- Kreislaufwirtschaft und Ressourcenschonung
- Reduzierung des Flächenverbrauchs und urbane Verdichtung
- Ganzheitliche Planung mit Hilfe von Digitalisierung (z. B. BIM)
- Integration von Naturbaustoffen in moderne, energieeffiziente Baukonzepte

Eine nachhaltige Bauwende erfordert ein Umdenken in der gesamten Branche, innovative Lösungen und die verstärkte Nutzung von Naturbaustoffen wie Hanf.

2. Geschichte von Hanf als Nutzpflanze

Von Heiliger Pflanze über Teufelszeug zu Hippie-Hype und Hoffnung der Bioökonomie

»*Es ist unnötig, unsere Hanfpflanze zu beschreiben, da sie jedermann kennt.*
Bibra (1855)«

Was im 19. Jahrhundert selbstverständlich schien, ist heute nahezu vergessen: Hanf gehört zu den ältesten Kulturpflanzen der Menschheit und prägte über Jahrtausende den Alltag. Seile, Taue, Segel, Textilien, Lampenöl, Farben und Leinwände wurden aus Hanf gefertigt (Russo, 2007; Spiekermann, 2019). Heute haftet der Pflanze hingegen das Stigma der „Kifferdroge" an, obwohl ihre wahre historische Bedeutung in ihrer Rolle als unverzichtbarer Rohstoff liegt. Mehr dazu in Kapitel 3 und 5. Dieses Kapitel zeichnet die wechselvolle Geschichte des Hanfs von seinen Ursprüngen bis zur Gegenwart nach und räumt mit gängigen Missverständnissen und Vorurteilen auf.

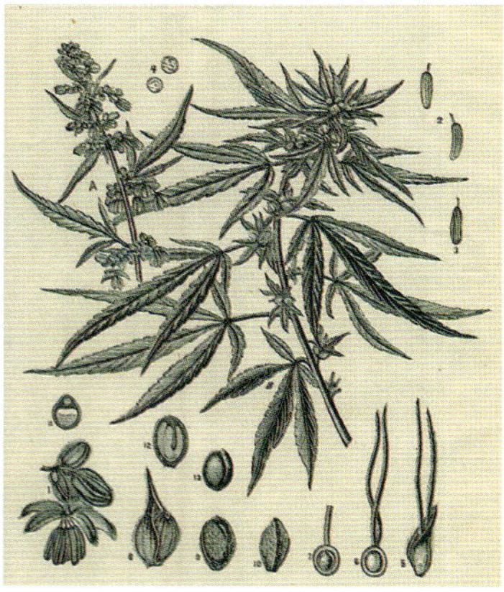

Abb. 5: Botanische Illustration von Cannabis sativa L. mit Blättern, Blüten und Samen. (American Institute of the History of Pharmacy, ca. 1899)

2.1 Einführung in Hanf und Cannabis – Etymologie

Hanf? War das nicht diese Pflanze, die Klempner für Dichtungen von Rohren nutzen? Diese Pflanze, aus der Stoffe, Taue, Segel und Papier hergestellt wurden? Moment, ist Hanf nicht Cannabis und das ist doch die Droge der Hippies aus den 1960ern? Ja und nein.

Das Wort „Hanf" wird bereits seit fast 1.000 Jahren in der deutschen Sprache verwendet. Es stammt aus altgermanischen Sprachbezeichnungen wie „Hamp" (schwedisch), „Hampa" (dänisch), „Hennep" (niederländisch) und „Hemp" (englisch) (Waskow, 1995). Allgemein beschreibt „Hanf" die Nutzpflanze in ihrer Gesamtheit sowie deren Produkte, wie Hanfnüsse (Hanfsamen), Hanfgarn und Hanfstroh. Der lateinische Name „Cannabis sativa L." geht auf den Schweden Carl von Linné zurück, der die Pflanze 1753 erstmals botanisch klassifizierte; das „L." steht für Linné (Merlin, 2013).

Die Bezeichnung „Cannabis" selbst hat ihren Ursprung im Lateinischen und Griechischen („cannabis" bzw. „kannabis") (Merlin, 2013). Diese Wortherkunft hat sich in vielen Sprachen verbreitet, beispielsweise in „chanvre" (französisch), „cáñamo" (spanisch), „cânhamo" (portugiesisch), „canapa" (italienisch), „kenevir" (türkisch) und „konoplja" (russisch) (Herer, 2016). Aufgrund der Stigmatisierung des Begriffs „Cannabis" wird er vor allem mit den berauschenden Blüten und Harzen der Pflanze assoziiert, die als Rauschmittel verwendet werden und im Laufe der Zeit weitere Namen wie „Hasch" [7], „Marihuana", „Weed", „Gras" oder „Shit" erhielten.

Die Reduzierung von Hanf auf eine berauschende Droge stellt bis heute ein großes Hindernis für seine Akzeptanz in Landwirtschaft und Industrie dar. Daher ist eine Aufklärung über die vielfältigen Anwendungsmöglichkeiten von Hanf („Nutzhanf" oder

7 Haschisch ist gepresster Pollenstaub oder Harz von Cannabis. Marihuana bezeichnet die unbehandelten Blüten mit hohen THC-Anteilen. Shit, Gras, Weed etc. sind umgangssprachliche Ausdrücke für Haschisch oder Marihuana.

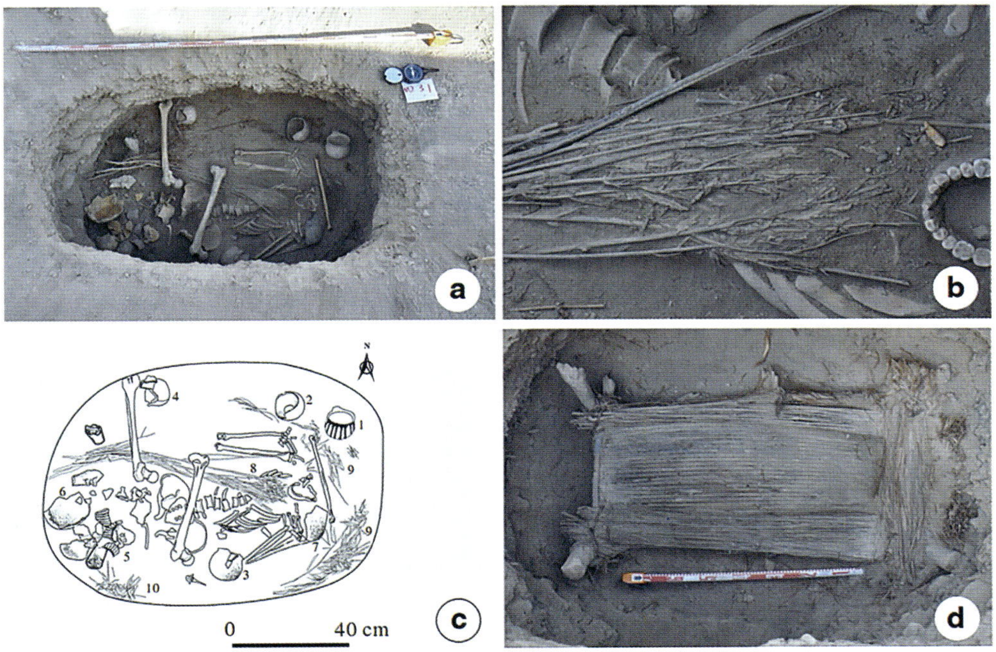

Abb. 6: Im Grab des Jiayi-Friedhofs (Xinjiang, China) wurden 13 vollständig erhaltene Hanfpflanzen über einem Verstorbenen arrangiert – mit den Wurzeln im Becken, den Spitzen bis zum Kopf. Radiokarbondaten datieren den Fund auf ein Alter von 2.400 bis 2.800 Jahren. Er gilt als weltweit einzigartig und verweist auf die kultische oder medizinische Bedeutung von Hanf in der frühen Bestattungskultur.
a: Gesamtaufnahme mit Skelett, Hanfpflanzen und Grabbeigaben
b: Detail des Oberkörpers mit Hanf über Brust und Gesicht c: Zeichnung mit Objektkennzeichnung. [Jiang, Wang, Merlin (2016): *Ancient Cannabis Burial Shroud in a Central Eurasian Cemetery, Economic Botany*. DOI: 10.1007/s12231-016-9351-1

„Industriehanf") abseits der Drogenschubladen entscheidend. Das Nutzhanf-Netzwerk e.V. sowie der Branchenverband für Cannabiswirtschaft (BvCW) sind bedeutende Akteure im Sinne dieser Aufklärung.

Während „Cannabis" botanisch immer die gleiche Pflanze bezeichnet, ist „Nutzhanf" oder „Industriehanf" jene Sorte, die weniger als 0,3 % THC enthält und somit legal in Deutschland und der EU angebaut werden darf (Siehe Kapitel 4.8).

2.2 Die Wiege des Hanfes – Ethnobotanik und Kulturgeschichte

Die Ursprünge von Hanf sind ein faszinierendes Puzzle, das Ethnobotaniker, Archäologen und Genetiker gleichermaßen beschäftigt. Wurde die Herkunft zuvor in Zentralasien oder China vermutet, so deuten neueste genetische und paläobotanische Studien darauf hin, dass die Pflanze vor etwa 28 Millionen Jahren im Hochland des heutigen Tibets entstanden ist (McPartland, 2019). Von dort hat sie sich über die Jahrtausende auf natürlichen und menschengemachten Wegen verbreitet, zunächst nach Zentral-, dann nach Ostasien und Europa.

Archäologische Funde belegen eine jahrtausendelange Nutzung des Hanfs durch den Menschen. Die ältesten Hinweise auf die Verwendung in Form von Samen, Phytolithen[8], Stängelfragmenten, Fasern sowie Keramikabdrücken gehen auf etwa 10.000 Jahre zurück und stammen aus der Jungsteinzeit in Regionen wie China, Japan, dem heutigen Taiwan, Indien, Persien, Israel und der Türkei (Abel, 1980; Deitch, 2003; Singh, 2016). Hanfnüsse, die seit jeher als Nahrungsmittel geschätzt werden, wurden bereits vor 10.000 Jahren in Japan verzehrt (Kobayashi, 2008).

Die Fasern von Hanf gehören zu den reißfestesten im Pflanzenreich (mehr dazu in Kapitel 5.7). Erste archäologische Belege für die Nutzung als Seil- und Textilpflanze sind mehr als 5.600 Jahre alt und stammen aus dem jungsteinzeitlichen China (Zhang SL, 1999). Funde in der heutigen Türkei bei Ankara, datiert auf etwa 1.000 v. Chr., zeigen, dass Hanf vor knapp 3.000 Jahren auch in

8 **Phytolithen** [von griech.phyto = Pflanze und lithos = Stein] entstehen, wenn Pflanzen Silizium aus dem Boden aufnehmen und in verschiedenen Zellstrukturen ablegen. Es sind also mikroskopisch kleine Silikatpartikel (Siliziumdioxid, SiO_2), die es Wissenschaftlerinnen und Wissenschaftlern ermöglichen, Rückschlüsse auf prähistorische Pflanzenökosysteme, Ernährungsgewohnheiten und landwirtschaftliche Praktiken zu ziehen.

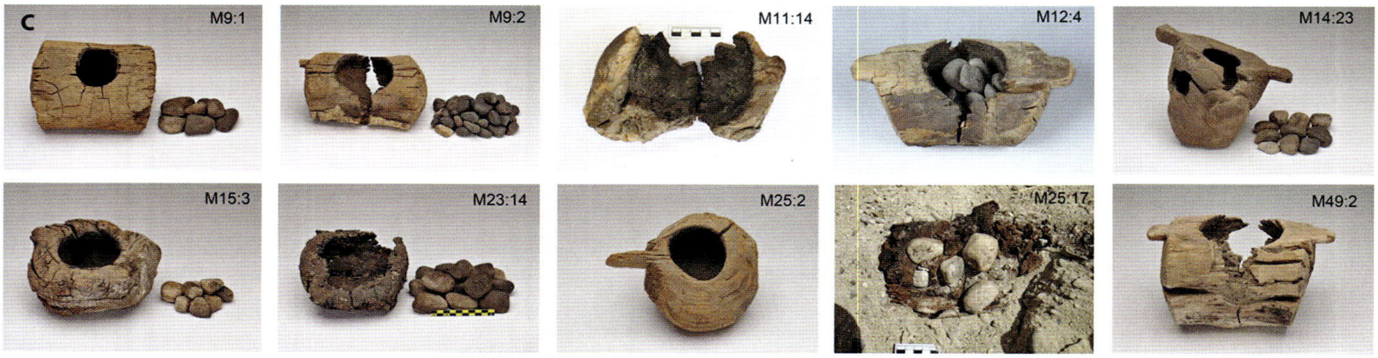

Abb. 7: Die abgebildeten Gefäße stammen aus dem Jirzankal-Friedhof im heutigen Xinjiang (China). In ihnen wurden Hanfpflanzen auf heißen Steinen vermutlich bei Bestattungen verbrannt. Es ist der früheste Nachweis für das gezielte Räuchern psychoaktiven Hanfs. Die Funde werden auf ca. 500 v. Chr. datiert, sind also etwa 2500 Jahre alt. [Ren et al. (2019): *The origins of cannabis smoking*, Science Advances.

dieser Region genutzt wurde (Bellinger 1962, Abel 1980).

Der rituelle und medizinische Gebrauch von Hanf hat ebenfalls eine lange Tradition. Die Blüten der Pflanze produzieren Cannabinoide, die für schamanische Rituale, Heilzwecke und zur Erholung eingesetzt wurden (siehe Kapitel 5.3). Die ältesten Nachweise für diese Verwendung stammen aus China und sind mindestens 2.700 Jahre alt (Russo EB, 2008), (Zhang SL, 1999).

Eine bedeutende archäologische Entdeckung aus dem Jahr 2016 bietet neue Einblicke in den rituellen Gebrauch von Cannabis in Eurasien. Im Jiayi-Friedhof in Turpan, Nordwestchina, wurde ein außergewöhnlich gut erhaltenes Grab gefunden, das Cannabis-Pflanzenreste enthält. Radiometrische Datierungen legen nahe, dass das Grab und die Überreste etwa 2.800 bis 2.400 Jahre alt sind. Sowohl morphologische als auch anatomische Merkmale sprechen dafür, dass es sich bei diesen Pflanzenresten um Cannabis handelt, was beweist, dass Cannabis spätestens seit der frühen Antike in Zentralasien auch rituell verwendet wurde.

Die Nutzung von Hanf in der Antike wird auch durch historische Schriften bestätigt. Im „Buch der Ecken" („Lu Shu")[9] wird Hanf bereits im 28. Jahrhundert v. Chr. von Shen Nung als Heil-, Öl-, Speise- und Faserpflanze beschrieben (Merlin, 2013; Herer, 2016). Der griechische Geschichtsschreiber Herodot erwähnte Hanf im 5. Jahrhundert v. Chr., und auch die Römer berichteten über die Pflanze im 1. Jahrhundert v. Chr. (König, 1994; Herer, 2016). In Ägypten wurde Hanf spätestens im 3. Jahrhundert n. Chr. angebaut. Bereits in der frühen Antike verbreiteten Völker wie die Skythen und Thraker den Hanf nach Mitteleuropa und Skandinavien.

Archäobotanische Funde zeigen, dass Hanf von den europäischen Völkern vielseitig genutzt wurde. Von der Bronzezeit bis in die frühe Neuzeit finden sich zahlreiche Belege für die Verwendung als Nahrungsmittel, Faserpflanze und medizinisches Produkt.

Im Lauf der Geschichte diente Hanf der Deckung unterschiedlichster Grundbedürfnisse: Das aus den Samen gewonnene Öl wurde als Lampenöl, Brennstoff, Grundlage für Harze, Farben und Lacke sowie zum Abdichten von Schiffsrümpfen verwendet, darüber hinaus in Medizin, Kosmetik und Papierherstellung (Deitch, 2003). Hanfsamen wurden als Brei verzehrt, Hanfmehl beim Backen verwendet. Die besonders reißfesten Fasern dienten als Tauwerk, Seil, Tuch und Segeltuch (Stanwix, 2014; Deitch, 2003).

9 „Lu Shu" oder „Buch der Ecken" wurde vor etwa 800 bis 1000 Jahren wahrscheinlich von verschiedenen Autoren geschrieben

2.3 Nutzhanf in Europa und Deutschland – von tibetanischen Hochebenen zur Reeperbahn

Die Verwendung von Hanf als Nutzpflanze hat in Europa und insbesondere in Deutschland eine lange Tradition, die tausende Jahre zurückreicht. Viele Nutzhanf-Aktivisten berufen sich auf jungsteinzeitliche Hanfsamenfunde von etwa 5.500 v. Chr. in Eisenberg, Thüringen, die als älteste Belege für Nutzhanf in Europa gelten (Renfrew, 1973) (Herer, 2016) (Rätsch C., 2018) (Butter, 2001). Allerdings ist das Alter dieser Funde umstritten (Körber-Grohne, 1987; 1985) und wurde sogar von den ausgrabenden Archäologen infrage gestellt (Rothmaler, 1957). Dennoch, auszuschließen ist ein Nutzen von Hanf im jungsteinzeitlichen Europa nicht. Weitere Hanfsamenfunde stammen aus Thainingen in der Schweiz, Voslau in Österreich und Frumușica in Rumänien (Willerding, 1970) (Renfrew, 1973), die 7.000 bis 3.000 Jahre alt sein könnten.

In antiken römischen und griechischen Schriften wird der Hanfgebrauch bei germanischen Kulturen im 4. bis 5. Jahrhundert v. Chr. erwähnt (Hoops, 1905). Ab der römischen Kaiserzeit (1.-4. Jahrhundert n. Chr.) gibt es zudem zahlreiche gesicherte archäologische Belege für die Nutzung von Hanf in Europa, beispielsweise in Krakau (Polen) oder in Römerkastellen im Rheinland (Neuss) und Hessen (Butzbach) (Körber-Grohne, 1987).

Der älteste Beweis für die Nutzung von Hanf als Faserpflanze in germanischem Gebiet stammt aus der vorrömischen Eisenzeit (Hallstattzeit). In einem Salzbergwerk in Hallein bei Salzburg wurden Seilstücke aus Hanfbast gefunden, die auf etwa 800-400 v. Chr. datiert sind (Körber-Grohne, 1987) (Ottich, 2006).

Ein weiterer Fund aus dieser Zeitperiode ist ein gewebtes Hanfbaststück, das in einem Grabhügel eines keltischen Fürsten in Hochdorf bei Stuttgart entdeckt wurde und auf etwa 500 v. Chr. datiert wird (Körber-Grohne, 1987) (Ottich, 2006) (König, 1994).

Ein besonders bedeutender Fund aus Europa ist der älteste gewebte Stoff aus vollständig aufbereiteter Hanffaser (Rösten, Brechen, Hecheln) im Grab der Merowinger-Königin Arnegunde. Sie wurde zwischen 565-570 n. Chr. in der Kathedrale St.-Denis in Paris auf einem Hanflaken bestattet, vor knapp 1.500 Jahren (Körber-Grohne, 1987).

Ab dem 1. Jh. n. Chr. wurden Schriften verfasst, die über den Einsatz der Pflanze bei steifen Gelenken, Gicht, Schmerzen oder Geschwüren Aufschluss geben (Zaami, 2018) (Häußermann K, 2018).

Abb. 8: Die Karte zeigt archäologische Hanffunde aus Europa, dem Nahen Osten und Nordafrika – darunter Pollen, Samen, Fasern, Textilien, verkohlte Reste und Cannabinoid-Spuren. Die meisten Fundorte datieren auf die Zeit 1.100 bis 1.300 n. Chr.). Die zugrundeliegende Studie belegt eine weitreichende Nutzung von Hanf für Textilien, Nahrung und Rituale. Ältere Funde aus China und Zentralasien reichen bis über 6000 Jahre zurück. [Clarke & Fleming (1998), *Journal of the International Hemp Association*, 5(2): 80–92.

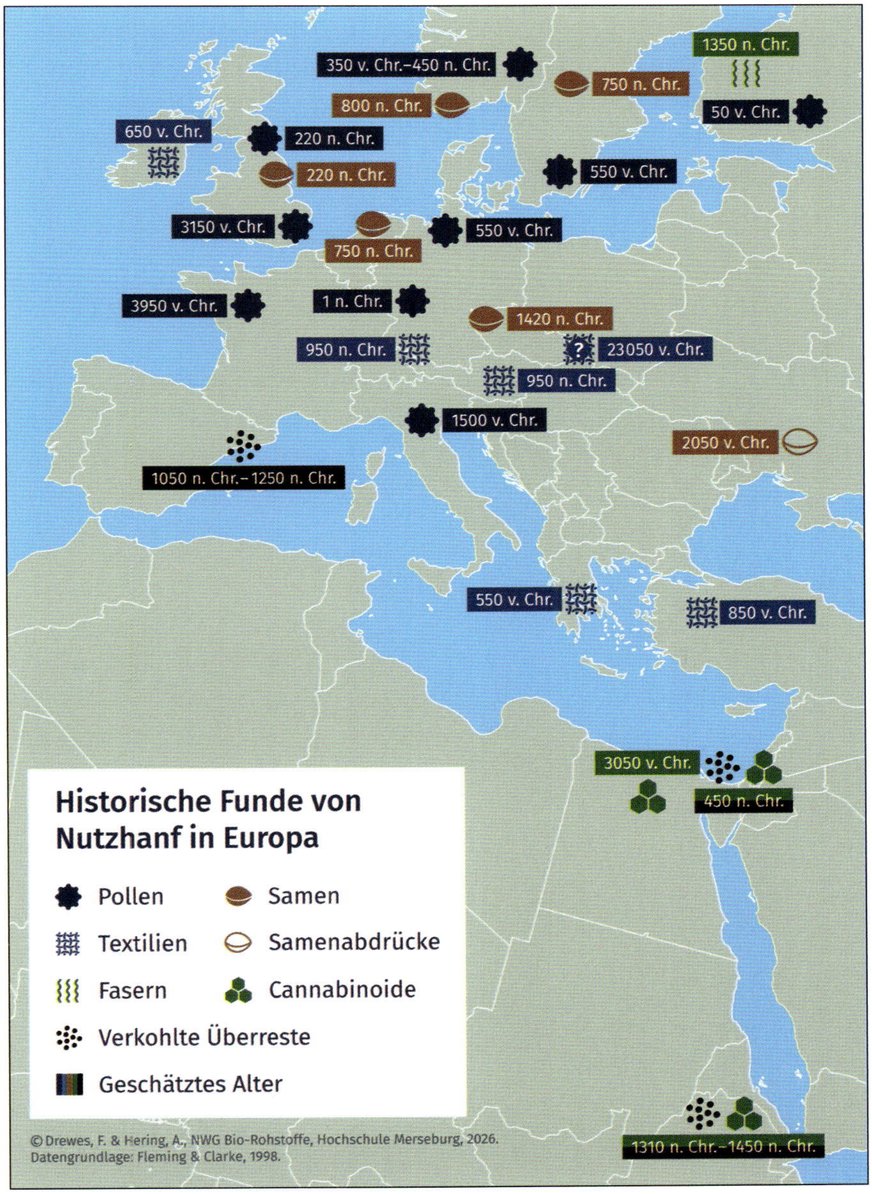

i

Kalfaterhanf: Abdichten von Rümpfen, um Schiffe wasserdicht zu machen.

Segel, Banner, Flaggen: Robust und widerstandsfähig gegen Wind und Salzwasser.

Taue, Takelage, Seile: Hohe Reißfestigkeit, unersetzlich für die Schifffahrt.

Uniformen, Bandagen: Matrosenbekleidung und medizinische Versorgung.

Seekarten, Bibeln, Logbücher: Gedruckt auf langlebigem Hanfpapier.

Fischernetze, Angel-, Harpunenschnüre: Beständig gegen Salzwasser, ideal für Hochseefischerei.

Nahrungsmittel: Hanfsamen als Proviant, Hanföl für Lampen und Nahrung.

Der erste gesetzliche Rahmen zum Anbau und zur Nutzung von Hanf in Europa wurde um das Jahr 800 durch Karl den Großen in der Landgüterverordnung „Capitulare de Villis“ festgesetzt. Hanf war in Europa während des Mittelalters weit verbreitet und diente vielen Zwecken, darunter als Medizin, Nahrung und Faserpflanze für Textilien. Im 12. Jahrhundert schrieb Hildegard von Bingen über die innere und äußere Anwendung[10] von Hanfsamen und beschrieb ein Hanftuch als Heilpflaster: „Gut zum Verbinden der Geschwüre und Wunden“ (Bingen, 1991).

Im 16. Jahrhundert tauchen Abbildungen und Beschreibungen von Hanf in vielen Kräuterbüchern auf, die größtenteils medizinischer Natur sind. Hanf als Rauschmittel wurde in diesen Quellen jedoch kaum erwähnt (Körber-Grohne, 1987); (Ottich, 2006). Es sollte jedoch bis ins 19. Jahrhundert dauern, bis die erste wissenschaftliche Arbeit zur medizinischen Verwendung von Cannabinoiden vom irischen Arzt William O‘Shaughnessy verfasst wurde. In seiner Studie veröffentlichte dieser Daten zum Einsatz von Medizinalcannabis zur Symptomlinderung bei verschiedenen Erkrankungen, unter anderem Epilepsie und Rheuma (Zaami, 2018).

Gesichert ist, dass Hanf schon im frühen Mittelalter als Faserlieferant für Alltagskleidung diente und als Nahrungsmittel und Medikament Anwendung fand. (Butter M. , 2001). Die Segelschifffahrt hat eine besondere Wechselwirkung mit Hanf (Kasten).

10 So wurde Saft aus Hanfblättern u. a. bei Ohrenschmerzen, Schmerzen und Geschwüren der weiblichen Brust, sowie als wirksames Gift gegen den Biss giftiger Tiere und als Antiaphrodisiakum beschrieben

2.4 Hanf – Motor maritimer Wirtschaft und Aufklärung

Hanf war schon in der Antike von enormer Bedeutung für die Schifffahrt und den Handel und spielte eine essenzielle Rolle bei der Entwicklung maritimer Technologien. Hanffasern, bekannt für ihre hohe Reißfestigkeit und Beständigkeit gegenüber Salzwasser (siehe Kapitel 5.7), fanden sehr wahrscheinlich bei den Römern (Casson, 1971), Ägyptern (Faulkner, 1941) und sicher in Schiffen der Wikinger Verwendung (Skoglund, 2013).

Mit der Entwicklung großer Segelschiffe ab dem Mittelalter und der frühen Neuzeit wurde Hanf unverzichtbar, also auch für die Entdeckung der „Neuen Welt“ durch Kolumbus (1492), die Öffnung des Seeweges nach Indien (1499), Magellans erste Weltumsegelung (1522) und die Forschungsreisen von James Cook (1768–1779) und Charles Darwin (1831–1836).

Ab 1600 stieg die Nachfrage nach stabilen Hanf-Fischernetzen während des „ Heringsbooms“ exponentiell an und verhalf den Niederlanden im 17. Jahrhundert zu immensem Reichtum und zu einer maritimen Supermacht. Ein Segelschiff brauchte 20–25 Kilometer Hanfseil. Die niederländische Produktion erreichte 1725 unglaubliche 33.271 Rollen Segeltuch, was einer Länge von etwa 11.146 Kilometern entspricht (Hanfmuseum Amsterdam, 2023).

Im 17. und 18. Jahrhundert nahm der Bedarf an Hanf durch den Aufschwung der Schifffahrt und des Bergbaus enorm zu. Die Niederlande entwickelten eine riesige Flotte und waren für ihren hochwertigen Hanfsegeltuch bekannt, der international gehandelt wurde. Hanf wurde sowohl für Segel als auch

Abb. 9: Historische Darstellung des Kalfaterns eines Holzschiffs im Hafen von London. Mit Teer getränkte Hanffasern wurden in die Plankennähte geschlagen, um das Schiff abzudichten. Hanf war in der Schifffahrt unverzichtbar für Seile, Segel, Netze und Abdichtungen. [Felix Drewes, aufgenommen 2023 im Hanfmuseum Amsterdam]

für das Tauwerk genutzt, da er deutlich reißfester und langlebiger als andere Pflanzenfasern wie Flachs war.

Der König von Preußen, Friedrich II. (1712–1786), forcierte den Hanfanbau in Preußen massiv. In den Niedermoorgebieten westlich von Spandau wuchs Hanf besonders gut und brachte hervorragende Faserqualitäten hervor (Herer, S. 310). So waren das Rhinluch und das Havelländische Luch vor 200 Jahren bedeutende Hanfanbaugebiete (LPV, S. 4). Auch in der Rheinebene, den Tälern des Schwarzwaldes, Westfalen, Hannover, Thüringen, Schwaben wurde Hanf angebaut und verarbeitet. Damals gehörten Reeperbahnen in den Hafenstädten der Welt dazu wie das Netz zum Fischen. Nicht etwa, um die Seeleute mit Wärme zu versorgen, sondern um die zahlreichen Segelschiffe dieser Zeit mit frischen Tauen und Takelage auszurüsten.

Im 18. und 19. Jahrhundert war der arbeitsintensive Hanfanbau und die anschließende Verarbeitung durch die Ausbeutung von Sklaven nicht kostenintensiv. Gleichzeitig war Hanf eine wichtige strategische Ressource, da er essenziell für die Schifffahrt und damit für den Handel war. Herer hat ausführlich beschrieben, wie der Zugang zu russischem Cannabis einer der Hauptgründe für den Krieg von 1812 – den Amerika gegen Großbritannien führte – war. Russischer Hanf war ebenfalls einer der wichtigsten Gründe dafür, dass Napoleon 1812 in Russland einmarschierte (Herer, 2016).

Abb. 10: Diese französische Illustration zeigt die vielfältige Nutzung von Hanf (chanvre) und Flachs (lin) im 19. Jahrhundert, von der Ernte über die Verarbeitung bis zu fertigen Produkten. Abgebildet sind u. a. das Rösten im Wasser, das Brechen, Spinnen, Weben sowie Textilien, Seile, Papier, Öl und andere Erzeugnisse. [Felix Drewes, aufgenommen 2023 im Hanfmuseum Amsterdam]

Abb. 11: Historische Aufnahme des Seildrehens mit Hanffasern auf einem Hof, vermutlich frühes 20. Jahrhundert. Ein handbetriebenes Seilrad mit mehreren Haken verdrillt parallel geführte Faserstränge, während die gegenüberstehenden Personen das entstehende Seil spannen und führen [Hash Marihuana & Hemp Museum].

Abb. 12: Historische Innenaufnahme einer Werkstatt zur Seilherstellung mit Hanffasern, vermutlich frühes 20. Jahrhundert. Drei Personen bedienen ein handbetriebenes Seilrad und verdrillen mehrere Faserstränge zu einem belastbaren Seil [Hash Marihuana & Hemp Museum].

Warum denkt heute bei Reeperbahn jeder an Erotik? Das hat aber eigentlich nichts mit Erotik zu tun, sehr verehrte Damen und Herren, sondern:

Das Wort **Reeperbahn** stammt von der Herstellung von Seilen, die früher als „Reeps" bezeichnet wurden. Der Begriff setzt sich aus den Wörtern „Reep" (altes niederdeutsches Wort für Seil oder Tau) und „Bahn" (für Weg oder Strecke) zusammen. Eine **Reeperbahn** war also ursprünglich ein langer, gerader Weg oder ein Platz, auf dem Seiler ihre Seile herstellten.

Da die Seile sehr lang waren, brauchten die Seiler (auch „**Reepschläger**" genannt) viel Platz, um die Fasern zu spannen, zu drehen und zu einem stabilen Tau zusammenzufügen. **Solche Reeperbahnen waren häufig in Hafengebieten oder in der Nähe von Werften zu finden, da hier Seile für die Schifffahrt benötigt wurden.**

Die berühmte Reeperbahn in Hamburg, die heute vor allem für ihr Nachtleben bekannt ist, verdankt ihren Namen diesen historischen Bahnen zur Seilherstellung.

2.5 Hanf – vom Papier zur Randnotiz

Die Geschichte des Hanfpapiers als Medium für Wissen und Fortschritt spannt einen Bogen von der Antike bis in die Moderne. Seine Erfindung im 2. Jahrhundert v. Chr. in China revolutionierte die Dokumentation von Verwaltungsvorgängen und Handel und legte den Grundstein für die Verbreitung von Schriftkultur (Gibson, 2007). Über die Seidenstraße und arabische Handelswege gelangte diese Innovation vom alten Rom in Regionen des heutigen Europa. Spätestens im frühen Mittelalter war Hanf die Grundlage für kulturelle und politische Texte, da Hanf gegenüber Pergament und anderen Materialien haltbarer war (Barberà, 2011). Ein bemerkenswertes Beispiel ist die Verwendung von Hanfpapier für die Gutenberg-Bibel im 15. Jahrhundert. Dieses Papier war besonders widerstandsfähig und eignete sich gut für die frühen Druckerzeugnisse. Neue Drucktechnologien sorgten dafür, dass die steigende Nachfrage bedient werden konnte. (Werf, 1996). Auch die amerikanische Unabhängigkeitserklärung von 1776 wurde auf diesem langlebigen Material verfasst (Crini, 2020). Besonders bemerkenswert ist die Verwendung von Hanfpapier für frühe Banknoten der Bank of England, deren Fälschungssicherheit durch die charakteristische Robustheit des Materials erhöht wurde (Gibson, 2007).

Der traditionelle Herstellungsprozess des Hanfpapiers, der auf der Verarbeitung von alten Hanftextilien und Fischernetzen basierte, garantierte durch sorgfältige Handarbeit eine außergewöhnliche Qualität (Cannabinus, 2010). Diese handwerkliche Tradition wurde erst durch die industrielle Revolution und die Einführung der maschinellen Holzpapierproduktion in den 1830er-Jahren verdrängt. Während diese Entwicklung zwar die Massenverfügbarkeit von Papier ermöglichte, ging sie gleichzeitig mit erheblichen Qualitätseinbußen und ökologischen Nachteilen einher (Barberà, 2011).

Angesichts aktueller Umweltherausforderungen gewinnt Hanfpapier als nachhaltige Alternative wieder an Bedeutung und verbindet damit historisches Erbe mit zukunftsweisender Ressourceneffizienz.

Jedenfalls war Hanf weltweit bis tief ins 19. Jahrhundert ein Alltagsprodukt. Es war zu dieser Zeit als Karl von Bibra im Jahre 1850 schrieb: „*Es ist unnötig, unsere Hanfpflanze zu beschreiben, da sie jedermann kennt*“ – (Bibra, 1855). Trotzdem entwickelte sich der Hanf von da an zur geschichtlichen Randnotiz.

Abb. 13: Junge Frau an einem hölzernen Handwebstuhl bei der Verarbeitung von Naturfasern, vermutlich Hanf, frühes 20. Jahrhundert. Der Webstuhl zeigt die traditionelle manuelle Textilherstellung, die im Zuge der Industrialisierung zunehmend durch mechanisierte Verfahren verdrängt wurde. [Hash Marihuana & Hemp Museum]

2.6 Die Verdrängung durch die Industrialisierung

Im Zuge der Industrialisierung begann Hanf im 19. Jahrhundert an Bedeutung zu verlieren. Die Entwicklung des Schnellschusswebstuhls (1733), der ersten Spinnmaschine (1767) und der Baumwoll-Dreschmaschine (1794) führte zu einem fundamentalen Wandel der Textilproduktion und förderte die Produktion anderer Pflanzenfasern wie Baumwolle. Die Verfügbarkeit von Baumwolle aus den Kolonien, ihre leichtere maschinelle Verarbeitung und die Fortschritte in der Spinnerei und Weberei verdrängten Hanf zunehmend aus der Textilindustrie (Bouloc, 2013). Gleichzeitig nahm auch der Bedarf an Hanf für die Schifffahrt ab, da moderne Materialien und Technologien wie Dampfmaschinen im Laufe des 19. Jh. die Rolle von Hanf für Tauwerk und Segel reduzierten.

Während Hanf jahrhundertelang als vielseitiger und nachhaltiger Rohstoff geschätzt wurde, verloren seine natürlichen Vorteile an Bedeutung, als neue Materialien mit vermeintlich besseren Eigenschaften entwickelt wurden. Diese Entwicklungen gingen einher mit technologischen Durchbrüchen und einem wirtschaftlichen Wandel, der auf Massenproduktion und industrielle Effizienz setzte.

Bereits im 19. Jahrhundert zeichnete sich der Übergang zu neuen Baustoffen ab. Mit der Einführung von **Portlandzement (1824)** und **Stahl (ab 1850)** wurden Materialien populär, die durch ihre hohe Tragfähigkeit und Flexibilität die Möglichkeiten des Bauens revolutionierten. Großprojekte wie Eisenbahnen, Brücken und Fabriken erforderten Baustoffe, die den Anforderungen der Industrialisierung besser entsprachen als natürliche Materialien wie Hanf. Der Fokus verlagerte sich zunehmend auf technische Innovationen, wodurch Hanf als „veraltet“ galt.

Im frühen 20. Jahrhundert beschleunigte die chemische Industrie die Entwicklung neuer synthetischer Materialien, die Hanf endgültig aus dem Bauwesen verdrängten. Die Erfindung von **Phenolharz (1907)**, **Polystyrol (1931)** und **Styropor (1949)** führte zu einer Welle neuer Verbund- und Dämmmaterialien, die leichter, günstiger und einfacher zu produzieren waren. Gleichzeitig ermöglichten Kunststoffe wie **Polyurethan (1937)** und **Melaminharz (1938)** die Herstellung langlebiger, vielseitiger Baustoffe, die auf fossilen Rohstoffen basierten. Diese Materialien erfüllten die Bedürfnisse der Bauindustrie in der Nachkriegszeit, in der es um schnelle, kostengünstige und großflächige Bauprojekte ging.

Dieser Niedergang steht symbolisch für einen tiefgreifenden wirtschaftlichen und gesellschaftlichen Wandel. Die traditionelle Verbindung zwischen Ressourcennutzung und Produktion wurde durch die industrielle Kolonialgesellschaft aufgebrochen. Billige Importe und neuartige Materialien verdrängten heimische Rohstoffe.

2.7 Verschiebung der Wahrnehmung

Es ist ein bemerkenswertes Paradoxon, dass Hanf, einst wegen seiner vielseitigen Verwendbarkeit in Textilien, Seilen, Ölen und Lebensmitteln geschätzt, im Laufe der Zeit immer stärker auf seine psychoaktiven Eigenschaften reduziert wurde. Diese Entwicklung führte letztlich zur Regulierung und zum Verbot der Pflanze (Spiekermann, 2019). Im 19. Jahrhundert war Hanf ein alltägliches landwirtschaftliches Produkt, sein Anbau war weit verbreitet, sein Nutzen als Rauschmittel jedoch nicht.

Doch mit der Verdrängung von Hanf durch die Industrialisierung stieg auch das Interesse an seiner psychoaktiven Wirkung und die Pflanze ins Visier der Behörden. Das Stigma des „Rauschmittels“ überschattete zunehmend die ursprünglichen industriellen und landwirtschaftlichen Nutzungen, die Hanf zu einer unverzichtbaren Ressource gemacht hatten. Der Fokus verlagerte sich von der Förderung nachhaltiger und praktischer Anwendungen hin zur Kontrolle und Regulierung des vermeintlichen Missbrauchs als Droge.

Es ist bemerkenswert dass die Kartoffel heute als deutsches Kulturgut gilt, aber erst 1647 nach Deutschland kam, anders als der Hanf, der wahrscheinlich seit der Jungsteinzeit auf heutigem deutschen Boden genutzt wurde.

2.8 Aufstieg der Regulierung, Abstieg von Nutzhanf

Ein entscheidender Faktor für den Bedeutungsverlust von Hanf war der wachsende Fokus auf seine psychoaktiven Eigenschaften. Ab dem späten 19. Jahrhundert entstand zunehmend Sorge um den potenziellen Missbrauch als Rauschmittel. Dies führte zu einer klaren Trennung zwischen Nutzhanf für industrielle Zwecke und Hanf als Rauschmittel. In Deutschland war der Cannabiskonsum bis 1872 unreguliert; erst durch die „Arzneimittelhandelsverordnung“ unter Kaiser Wilhelm I. wurde der rechtliche Umgang mit Cannabis erstmals geregelt. 1929 wurde der Konsum von Hanf in Deutschland unter Strafe gestellt, und ein vollständiges Anbauverbot folgte 1982 (mehr dazu in Kapitel 4.8).

Der Fokus auf den psychoaktiven Aspekt von Hanf führte zu einer weitreichenden Reduktion der Anbauflächen und zur Verdrängung der ursprünglichen Nutzungen. So sanken die deutschen Anbauflächen zwischen 1878 und 1913 von 21.000 Hektar auf nur noch etwa 200 Hektar (Bruck, 1928).

International begann die Regulierung bereits 1911 in Indien (Musto, 2010). Ägypten, die Türkei und Südafrika schlossen sich 1925 im Rahmen der Zweiten Internationalen Opiumkonferenz des Völkerbundes an. Diese Konferenz stellte Hanf in eine Reihe mit Opium, Kokain und anderen Drogen (Musto, 2010) und trug so entscheidend zur weltweiten Stigmatisierung bei. In den folgenden Jahrzehnten verschärfte sich der Diskurs durch den sogenannten „War on Drugs“, der von den USA ausging und Hanf immer stärker als gefährliche Droge brandmarkte.

2.9 Der „War on Drugs“ und Auswirkungen

Der„War on Drugs“ wurde maßgeblich durch Harry J. Anslinger, den ersten Kommissar des Federal Bureau of Narcotics der Vereinigten Staaten, geprägt (McWilliams, 1990). Nachdem die Prohibition von Alkohol gescheitert war, brauchte der Verfolgungsapparat einen neuen Gegner: Anslinger initiierte eine aggressive Anti-Cannabis-Kampagne, die Hanf weltweit in ein negatives Licht rückte (McWilliams, 1990; Herer, 2016). Dutzende Anti-Marihuana-Filme wurden produziert (z. B. auf Youtube: „Reefer Madness“), die Hanf für den vermeintlichen moralischen Verfall verantwortlich machten und besonders rassistisch gegen Schwarze und lateinamerikanische Bevölkerungsgruppen wetterten. William Randolph Hearst, ein Zeitungsmagnat, unterstützte die Kampagne gegen Hanf. Die Folgen dieser Kampagnen führten dazu, dass die ursprünglichen industriellen Anwendungen von Hanf weitgehend verdrängt wurden. Die Pflanze geriet als „Droge“ in Verruf.

DuPont hatte ein starkes finanzielles Interesse daran, Hanf als Konkurrenten zu beseitigen: Der Konzern hatte Patente für synthetische Fasern wie Nylon (1937) entwickelt, die in direkter Konkurrenz zu Hanffasern standen.

Hanf war ein vielseitiger und kostengünstiger Rohstoff, der DuPonts Geschäftsinteressen im Bereich erdöl- und holzbasierter Produkte bedrohte.

Andrew Mellon, der Hauptfinanzier von DuPont, war US-Finanzminister und Gründer des Federal Bureau of Narcotics FBN. Harry Anslinger, treibende Kraft hinter dem Hanfverbot, war Mellons Schwiegerneffe.

Die Behauptung, dass der Wechsel von Hanf zu Holz durch DuPont unterstützt wurde, basiert auf verbreiteten Spekulationen und Theorien, die nicht eindeutig durch historische Dokumente belegt sind. Allerdings sind diese Behauptungen auch nicht abwegig.

Ein kurzer Lichtblick für die industrielle Nutzung von Hanf kam während des Zweiten Weltkriegs: Die US-Regierung startete die „Hemp for Victory“-Kampagne, um die Produktion von Hanf für kriegswichtige Materialien wie Seile und Textilien zu fördern (Herer, 2016).

- Produktion von Seilen, Uniformen und Treibstoff
- Herstellung von Fallschirmen und Fallschirmgurten für Fallschirmjäger
- Verteilung von Hanfanbaulizenzen an Farmer
- Förderung des großflächigen Cannabis-Anbaus
- Einsatz moderner Ernte- und Verarbeitungstechniken

Noch dramatischer war die Entwicklung im Deutschen Reich. Die Unterbrechung der amerikanischen Baumwollimporte zwang das NS-Regime zu radikalen Maßnahmen. Von bescheidenen 200 Hektar Anbaufläche im Jahr 1939 weitete das Reich die Hanfproduktion auf beeindruckende 16.000 Hektar aus. Das Landwirtschaftsministerium setzte dabei auf gezielte Propaganda, deren Herzstück die „Lustige Hanffibel“ war. 1940 ver-

i

Rückgang Anbaufläche in Deutschland

1878: Noch 21.000 Hektar Anbaufläche

1883: Rückgang auf 15.000 Hektar

1893: Weitere Reduktion auf 8.000 Hektar

1900: Nur noch 3.500 Hektar

1913: Minimaler Rest von etwa 200 Hektar

(Bruck, 1928).

öffentlichte das Landwirtschaftsministerium eine Broschüre zur Förderung des Hanfanbaus. Sie betonte besonders:

- Die Qualität der Hanffaser: *„Nur selten ist ein Seil zerronnen, das aus dem Hanf zurechtgesponnen!“*
- Die vielfältige Nutzung: *„Den Holzteil dieser großen Pflanze […] auch kann aus ihm als weitre Sachen Holzzucker man und Holzgas machen.“*

Diese bemerkenswerte Propagandaschrift vereinte technische Information mit volkstümlicher Dichtung. In eingängigen Versen pries sie die Vielseitigkeit der Pflanze: „Den Holzteil dieser großen Pflanze soll man nicht schlagen in die Schanze, aus ihm lässt leicht sich fabrizieren Belag, um Böden zu garnieren.“

Die Hanffibel war Teil einer umfassenden Autarkiepolitik des Dritten Reiches. Hanf wurde zum Symbol der wirtschaftlichen Unabhängigkeit stilisiert, als heimischer Rohstoff, der die Kriegswirtschaft stützen sollte. Seine Fasern fanden Verwendung in Uniformen, Zelten und Hängematten, während die Holzanteile zu Papier, Pappe und sogar Energiequellen verarbeitet wurden.

Nach Kriegsende und besonders ab den 1950er-Jahren verschwand Hanf erneut aus der Landwirtschaft. Die jahrzehntelange Stigmatisierung setzte sich fort, und die vielfältigen industriellen Nutzungsmöglichkeiten gerieten in Vergessenheit.

Erst in den 1980er-Jahren begann eine langsame Wiederentdeckung. Die 1990er-Jahre brachten schließlich eine neue Anwendung hervor: Hanf etablierte sich als nachhaltiger Baustoff.

Diese wechselvolle Geschichte des Hanfs im 20. Jahrhundert zeigt eindrücklich, wie politische und wirtschaftliche Interessen den Umgang mit Nutzpflanzen prägen können. Die „Lustige Hanffibel“ steht dabei als faszinierendes Zeitdokument für die Macht der Propaganda und die Fähigkeit von Gesellschaften, ihre Haltung zu Rohstoffen fundamental zu ändern, wenn die Umstände es erfordern.

Ironischerweise griffen in späteren Jahren viele Hanfaktivisten die Stigmatisierung auf und konzentrierten sich bei ihrer Fürsprache auf die Legitimierung des Rauschgebrauchs. So drehte sich in Werken wie Hainer Hais „Hanf Handbuch“ der Diskurs hauptsächlich um Anbau, Wirkungen, Strafverfolgung und Extraktion von Hanföl (Spiekermann, 2019). Auch der berühmte Cannabis-Aktivist Hans-Georg Behr betonte in seinen Veröffentlichungen den Rauschgebrauch (Behr, 1995) und vernachlässigte die umfassende Geschichte des Hanfes als Nutzpflanze.

Nach dem Zweiten Weltkrieg erlebte die Bauindustrie einen Boom synthetischer Baustoffe, die von der Verfügbarkeit billiger fossiler Rohstoffe profitierten. **Mineralwolle** und **Glasfaser**, die bereits in den 1930er-Jahren entwickelt worden waren, wurden nun flächendeckend als Dämmstoffe eingesetzt. Gleichzeitig setzten sich Kunststoffe wie **expandiertes Polystyrol** in der Wärmedämmung und Verpackung durch. Diese Materialien verdrängten Hanf nicht nur wegen ihrer industriellen Skalierbarkeit, sondern auch, weil sie durch Subventionen und staatliche Förderung günstiger angeboten wurden. Hanf hingegen blieb durch regulatorische Hürden und das allgemeine Desinteresse an natürlichen Materialien im Abseits.

Die Folgen dieser Entwicklung zeigen sich bis heute. Viele der synthetischen Materialien, die Hanf ersetzt haben, sind ökologisch und gesundheitlich problematisch. Styropor, Glasfaser und andere Kunststoffe sind schwer zu recyceln, setzen Schadstoffe frei und erzeugen massive Mengen an Bauabfällen. Zudem basiert ihre Herstellung auf fossilen Rohstoffen, deren Verfügbarkeit abnimmt und deren Förderung immer größere Umweltschäden verursacht.

Die Verdrängung von Hanf als Baustoff war eng mit den wirtschaftlichen und technologischen Prioritäten des Industriezeitalters verbunden. Heute, in einer Zeit der Klimakrise und Ressourcenknappheit, wird deutlich, dass diese Entwicklung eine Sackgasse war. Hanf bietet mit seinen natürlichen Eigenschaften wie CO_2-Bindung, Feuchtigkeitsregulierung und vollständiger Recycelbarkeit eine dringend benötigte Alternative. Die Rückkehr zu Hanf im Bauwesen könnte nicht nur ökologische Probleme lösen, sondern auch die Verbindung zwischen Baukultur und Natur wiederherstellen.

2.10 Zusammenfassung: Geschichte von Hanf als Nutzpflanze

Ursprung und frühe Nutzung:
- Entstand vor 28 Millionen Jahren im Hochland Tibets
- Gehört zu den ältesten Kulturpflanzen der Menschheit
- Älteste Nutzung vor 10.000 Jahren (China, Japan, Taiwan, Indien, Persien, Israel, Türkei)
- Erste Hanfnüsse als Nahrung vor 10.000 Jahren (Japan)
- Erste Textilfunde vor 5600 Jahren (China)
- Älteste rituelle Verwendung vor 2700 Jahren (China)

Verbreitung und Nutzung in Europa:
- Früheste europäische Funde umstritten (5500 v. Chr., Thüringen)
- Gesicherte Belege ab römischer Kaiserzeit (1.-4. Jh. n. Chr.)
- Wichtige Funde: Hanfseil (800-400 v. Chr., Österreich), Hanfbaststück (500 v. Chr., Stuttgart)
- 565-570 n. Chr.: Ältester aufbereiteter Hanfstoff (Königin Arnegunde)
- 800 n. Chr.: Erste Regelung durch Karl den Großen
- 12. Jh.: Medizinische Nutzung durch Hildegard von Bingen

Vielfältige Anwendungen:
- Textilien: Kleidung, Segel, Uniformen, Banner, Flaggen
- Maritime Nutzung: Seile (20-25 km pro Schiff), Takelage, Fischernetze
- Papier: Gutenberg-Bibel, US-Unabhängigkeitserklärung, frühe Banknoten
- Weitere: Lampenöl, Farben, Lacke, Nahrungsmittel, Medizin
- Schifffahrt: Essentiell für Kolumbus (1492), Magellan (1522), Cook (1768-1779)
- 1725: Die Niederlande produzierten 33.271 Rollen Segeltuch

Niedergang durch Industrialisierung:
- Technische Entwicklungen: Schnellschusswebstuhl (1733), Spinnmaschine (1767), Baumwoll-Dreschmaschine (1794)
- Neue Materialien: Portlandzement (1824), Stahl (1850), Phenolharz (1907), Polystyrol (1931), Polyurethan (1937)
- Rückgang Anbaufläche: 1878 (21.000 ha) → 1913 (200 ha)

Regulierung und Verbote:
- 1872: Erste deutsche Regulierung
- 1911: Erste internationale Regulierung (Indien)
- 1925: Gleichstellung mit Opium durch Völkerbund
- 1929: Strafbarkeit in Deutschland
- 1930er: „War on Drugs“ unter Anslinger
- 1982: Vollständiges deutsches Anbauverbot

Kriegszeit-Renaissance:
- 1939-1945: Deutsche Anbaufläche von 200 auf 16.000 Hektar
- 1940: „Lustige Hanffibel“ als Propaganda
- USA: „Hemp for Victory“-Kampagne für Kriegsmaterial

Moderne Entwicklungen:
- Anhaltende Debatte über Legalisierung und Nutzung.
- Wachsendes Interesse an industriellen und medizinischen Anwendungen von Nutzhanf.

Diese Geschichte zeigt, wie Hanf von einer essenziellen Nutzpflanze zu einer stigmatisierten Droge wurde, mit aktuellen Bestrebungen, seine vielfältigen Nutzungsmöglichkeiten wiederzuentdecken.

3. Geschichte von Hanf als Baustoff

Abb. 14: Das Foto zeigt eine historische Steinbrücke im südfranzösischen Ort Cénevières, die laut populärer Darstellung mit Hanfmörtel errichtet worden sein soll. Der oft zitierte Verweis auf eine Mischung aus Hanffasern und Kalkputz im 6. Jahrhundert n. Chr. ist jedoch historisch nicht belegt. Solche Erzählungen zeigen, wie moderne Begeisterung für Hanf als Baustoff teils zu vorschnellen Rückschlüssen auf die Vergangenheit führt. [Cannalore, 2018]

Die Tatsache, dass Hanf seit Anbeginn der sesshaften Menschheit als vielfältige Nutzpflanze genutzt wurde, im Schiffsbau eine wichtige Rolle eingenommen hat, macht eine frühe Nutzung als Baustoff sehr wahrscheinlich. Doch wo finden sich Beweise für die Verwendung von Hanf als Baustoff in Häusern? In der Hanfszene und auch im Internet finden sich immer wieder Behauptungen von frühem Nutzen von Hanf als Baustoff. Diese müssen allerdings kritisch hinterfragt werden. Die Geschichte von Hanf als Baustoff ist ein faszinierendes Beispiel dafür, wie traditionelles Wissen und moderne Bautechnologie sich ergänzen können. Allerdings ist es wichtig, bei der historischen Betrachtung zwischen belegten Fakten und populären Annahmen zu unterscheiden.

Es gibt vage Hinweise darauf, dass Hanf auch in Frankreich als Baustoff zum Einsatz kam. Eine Mischung aus Hanf und zementösem Kalk wurde angeblich im 6. Jahrhundert n. Chr. als Putz an Brückenpfeilern verwendet, insbesondere in Saint-Céneri-le-Gérei (Cannalore, 2018). Allerdings liefert der Artikel keine Quellen oder Belege für seine Behauptungen über die Verwendung von Hanfmörtel.

Eine weitere unwissenschaftliche Behauptung ist: Es ist bekannt, dass die Römer Hanffasern zur Verstärkung ihres Mörtels verwendeten (Souza, 2020). Zwar kann dieser Einsatz (noch) nicht durch archäologische Befunde belegt werden, doch ist es durchaus plausibel, dass Hanf spätestens im 6. Jahrhundert auch in Europa als Baumaterial an Land verwendet wurde.

3.1 Die ältesten Beweise für Hanf als Baustoff

Die frühesten Belege für den eindeutig nachgewiesenen Einsatz von Hanf als Baustoff sind etwa 1.500 Jahre alt und stammen aus dem 6. Jahrhundert aus den Ellora-Höhlen in Indien.

Diese zum UNESCO-Weltkulturerbe gehörenden Höhlentempel (34 in den Felsen gehauene Höhlen) demonstrieren eine hochentwickelte Putztechnik, bei der Hanf als wesentliche Komponente verwendet wurde und bis heute gut erhalten ist (Singh, 2018).

Die Baumeister entwickelten ein komplexes Mehrschichtsystem, das Hanffasern, Basaltgestein, Lehm und Kalk kombinierte. Diese frühe Verwendung legt ein uraltes Verständnis der vorteilhaften Materialeigenschaften von Hanf nahe, insbesondere seiner Fähigkeit, Putze zu verstärken und deren Haltbarkeit zu verbessern. Speziell stärken Hanffasern die Putzstruktur und verhindern Risse beim Trocknen.

Die erste Putzschicht, der Grundputz, fungiert als Ausgleichsschicht, deren Dicke ausschließlich von der Topografie der Wand abhängt. Sie besteht aus einer Mischung von grobem bis feinem Basaltgestein, Ton, Kalk, eiweißhaltigem Kleber und pflanzlichen Zusatzstoffen. Diesem Grundputz wurde eine komplette Cannabispflanze zugesetzt, um die Eigenschaften des Putzes zu verbessern und

Abb. 17: Die Aufnahme zeigt die monumentale Fassade der Höhle Nr. 16 in Ellora, bekannt als Kailasa-Tempel. In den Kalkputzen dieses UNESCO-Weltkulturerbes wurden Hanffasern als Zuschlagstoff identifiziert – einer der frühesten belegten Einsätze von Hanf im Bauwesen um das 6. Jahrhundert. Singh & Kumar (2015), https://doi.org/10.1016/j.conbuildmat.2015.08.039

Abb. 15: Die Nahaufnahme zeigt eine Probe des historischen Lehmunterputzes aus Höhle Nr. 12 in Ellora, Indien. Deutlich sichtbar sind darin eingemischte Hanffasern (Cannabis sativa), die laut Analyse zur Stabilisierung und Langlebigkeit des Putzes beitrugen. [Singh et al. (2018), *The Scope of Hemp (Cannabis sativa L.) Use in Historical Conservation in India*.

Abb. 16: Das Foto zeigt zwei deutlich erkennbare Schichten eines historischen Lehmunterputzes in einer der Ellora-Höhlen. Die mehrlagige Auftragung diente der besseren Haftung, Feuchtigkeitsregulierung und Stabilität des Wandaufbaus – eine Technik, in die auch Hanffasern eingemischt wurden. [Singh et al. (2018), *The Scope of Hemp (Cannabis sativa L.) Use in Historical Conservation in India*.

um Rissbildung während der Trocknung zu vermeiden (Singh, 2018).

Unsere Partner in Nepal, allen voran Dhiraj von Sha Hemp Inno Ventures, geben ihren Hanf-Lehm-Mischungen ebenfalls die gesamte Hanfpflanze bei, um Rissbildung und Setzungen während des Trocknungsprozesses wirkungsvoll zu vermeiden. Darüber hinaus finden sich im historischen Putz auffallend viele Hanfbestandteile – zerstoßene Stängel, Blätter und sogar Blüten –, was die Dauerhaftigkeit und Flexibilität des Materials bis heute erklärt (Singh 2018). Der Oberputz enthält wie heutige Putze feinere Bestandteile von Gestein, Lehm und Kalk sowie auffällig viele Bestandteile aus Hanf, darunter zerstoßene Hanfstängel, Blätter und sogar Hanfblüten (Singh, 2018). Die letzte Schicht bilden kunstvolle Malereien.

Hanf weist Eigenschaften auf, die ihn zu einem idealen Baustoff machen. Hanffasern sind haltbarer als andere Pflanzenfasern, bieten eine natürliche Resistenz gegen Insekten und Schimmel, sind feuchtigkeitsregulierend, feuerbeständig und absorbieren Schall (Rhydwen, 2012), (Busbridge, 2010). Mehr dazu in Kapitel 12. Singh et al. betonen, dass die lange Lebensdauer des Lehmputzes der Ellora-Höhlen unter schädlichen Umweltbedingungen auch auf die Materialeigenschaften des Hanfs zurückzuführen ist (Singh, 2018). Wahrscheinlich waren diese Eigenschaften den Handwerkern und Bewohnern der Ellora-Höhlen im 6. Jahrhundert n. Chr. bereits bekannt.

Abb. 18: Das Bild zeigt Reste einer kunstvollen Wandmalerei aus den Ellora-Höhlen. Die Malereien wurden auf Kalk- und Lehmuntergründen aufgebracht, die nachweislich Hanffasern enthielten – ein frühes Beispiel für die Kombination von Pflanzenmaterial und dekorativem Putz im historischen Bauwesen. [Singh et al. (2018), *The Scope of Hemp (Cannabis sativa L.) Use in Historical Conservation in India*.

Abb. 19: Historisches Miasa-Haus in der Präfektur Nagano, Japan, bekannt für die Verwendung u.a. von Hanf im Wandputz. Der gelbliche Putz enthält Hanffasern und zeigt die kulturelle Bedeutung von Hanf im japanischen Handwerk (Japan Hemp, 2016).

3.2 Der erste Beweis für Hanf als Baustoff in der Neuzeit

Das älteste uns bekannte Hanfhaus stammt aus dem Jahr 1698 und steht in Nagano, Japan (siehe Kapitel 19.2). Das Gebäude wurde vom damaligen Dorfvorsteher Herrn Nakamura überlassen und später zum Hanfmuseum „Asa no Yakata“ umgestaltet. Dieses heute als Nationalmonument geschützte Gebäude demonstriert eine ausgefeilte Konstruktionstechnik, bei der Hanf sowohl für die Wände als auch für die Dachdeckung verwendet wurde. Seine Langlebigkeit – das Gebäude steht auch nach mehreren Restaurierungen noch heute – unterstreicht die Qualität dieser traditionellen Bauweise.

3.3 Die moderne Renaissance im Hanfbau – Hanfkalk

Trotz der langen Tradition verschwand Hanf als Baustoff im Zuge industrieller Entwicklungen und restriktiver Drogenpolitik nach und nach aus Europa (siehe Kapitel 2).

Während Hanf jahrhundertelang als vielseitiges Baumaterial geschätzt wurde, verschwand er ab den 1950er-Jahren. In der Folge setzten sich Zement, Stahl und synthetische Dämmmaterialien durch, da diese zunächst als moderner und preisgünstiger galten. Gleichzeitig führten gesetzliche Einschränkungen beim Hanfanbau (insbesondere aufgrund der psychoaktiven Wirkungen bestimmter Cannabis-Sorten) zu einer massiven Reduzierung der Anbauflächen (siehe Kapitel 2.9).

Die Wende kam in den 1970er und 1980er Jahren – und sie begann in der Denkmalpflege. In Frankreich wuchsen zunehmend die problematischen Folgen der Nachkriegssanierungen der 1950er und 1960er Jahre: Der damals als fortschrittlich geltende Zementputz, der großflächig bei der Restaurierung historischer Bausubstanz zum Einsatz kam, erwies sich als verhängnisvoller Bumerang. Der vermeintlich fortschrittliche Baustoff verhinderte die natürliche „Atmung“ der Wände, was zu Feuchtigkeitsstaus, Frostschäden, schimmelnden Balken und abbröckelndem Putz führte (siehe Kapitel 17.15). Diese Probleme zwangen die Denkmalpfleger zum Umdenken (Hirst, 2013).

So suchten Restauratoren und Künstler nach alternativen Baumaterialien, die besser mit der traditionellen Bauweise harmonierten. Weil Nutzhanf in Frankreich nie wirklich illegal war (es gab keine Anbauverbote wie in Nachbarländern), wurde durch Experimente Hanfkalk wiederentdeckt – ein Material, das sich durch seine hervorragende Dämmung, Diffusionsoffenheit und Flexibilität auszeichnet. Diese Eigenschaft ermöglicht es den Wänden, Feuchtigkeit aufzunehmen und wieder abzugeben, was für die Erhaltung historischer Gebäude von entscheidender Bedeutung ist. So führte der Wunsch nach authentischer Restaurierung zur Wiederentdeckung eines nahezu vergessenen, aber äußerst wertvollen traditionellen Baustoffs.

Ein wegweisender Meilenstein in der Geschichte der Hanfkalk-Konstruktion wurde 1986 mit der Renovierung des „Maison de la Turque“ in Nogent-sur-Seine gelegt. Unter der Leitung des Bauexperten Charles Rasetti entstand hier das erste dokumentierte moderne Bauprojekt, bei dem Hanfkalk als Baustoff zum Einsatz kam (Hirst, 2013). In den darauffolgenden Jahren der 1980er und 1990er Jahre etablierte sich die Verwendung von Hanfkalk zunehmend in der französischen Bauindustrie. Diese Entwicklung führte dazu, dass Frankreich stets der Hanfbau-Pionier in Europa war und ist, mit heute tausenden realisierten Gebäuden, gefolgt von Großbritannien, Belgien und den Niederlanden. Es wird Zeit, dass Deutschland aufholt.

Erste wissenschaftliche Untersuchungen von Hanfkalk folgten zu Beginn der 1990er Jahre. Diese konzentrierten sich auf die grundlegende Charakterisierung der Materialien sowie die Analyse der Bauprozesse.

Ein weiteres Projekt, das oft als eines der ersten Hanfkalk-Projekte weltweit gehandelt wird, ist „La Maison d'Adam". Hier wurde ein Fachwerk aus dem 15. Jahrhundert im Jahre 1994 mit Hanfkalk als Innendämmung saniert, um die schöne Fassade zu erhalten. Bis heute sind keine Feuchteschäden seit der Sanierung erkennbar.

Abb. 20: Fachwerkhaus in Nogent-sur-Seine, Frankreich, das 1986 im Zuge einer Restaurierung erstmals mit Hanfkalk (béton de chanvre) ausgebaut wurde. Die Kombination aus Holztragwerk und Hanf-Lime-Infill gilt als Ursprung des modernen Hanfbaus in Europa und Vorbild für heutige Anwendungen [Ceyte, 2008, aus Hirst, 2013]

Abb. 21: Das Bild zeigt das spätmittelalterliche Fachwerkhaus Maison d'Adam in Angers, Frankreich, welches mit Hanfkalk als Innendämmung saniert wurde. Gilt als eines der ersten professionellen Hanfkalk-Projekte im modernen Hanfbau.

Abb. 22: Historische Aufnahme des Maison d'Adam in Angers, entstanden um 1900. Das spätgotische Fachwerkhaus zeigt noch den ursprünglichen Zustand vor der späteren Restaurierung mit Hanfkalk. Die traditionellen Lehmfüllungen der Gefache wurden bei der Sanierung durch Hanf-Kalk-Gemische ersetzt, um bauphysikalische Eigenschaften und Denkmalverträglichkeit zu verbessern. [fr.wikipedia.org/wiki/Maison_d%27Adam]

Abb. 23: Die Innenaufnahme zeigt die restaurierte Wandstruktur des Maison d'Adam. Die Kombination aus Holz und Hanf sorgt für ein diffusionsoffenes, feuchtigkeitsregulierendes Raumklima. [Steve Allin, 50 Case Studies in Hemp Building]

Moderne Entwicklungen und Renaissance von Hanfkalk

Einen frühen Schub erhielt Hanfkalk in Großbritannien durch ein bewusst als Feldversuch angelegtes Sozialwohnungsprojekt in Haverhill, Suffolk. Dort ließ die Suffolk Housing Society ab 2000 insgesamt 18 Häuser errichten, 16 in konventioneller Bauweise, zwei als Holzrahmenbau mit Hanfkalk-Ausfachung, wissenschaftlich begleitet durch das Building Research Establishment (BRE) (Hirst, 2013).

Spannend ist der direkte Vergleich, denn neben den beiden Hanfkalk-Häusern standen zwei identische Nachbarhäuser aus Ziegel und Block mit gedämmter Hohlwand, 100 mm Einblasdämmung, 50 mm Styropor unter dem Betonboden und 200 mm Dachdämmung aus Mineralwolle (Bevan & Woolley, 2008).

Rechnerisch schnitten die Hanfkalk-Häuser zunächst schlechter ab: U-Wert ca. 0,31 W/m²K und SAP 77 gegenüber U-Wert ca. 0,17 W/m²K und SAP 87 bei den Referenzhäusern. Trotzdem zeigten Messungen und Betriebserfahrungen niedrigere Heizkosten; bei gleicher Heizenergie lagen die Innenraumtemperaturen etwa 1 bis 2 °C höher.

In den 1990er-Jahren erlebte Hanfkalk einen Aufschwung als Baustoff. Ein wegweisendes Projekt war der Bau eines siebenstöckigen Bürogebäudes für das regionale Amt für Wohnungswesen und Umwelt in Clermont-Ferrand, Frankreich. Auch zahlreiche Sanierungen von Altbauten profitierten von Hanfkalk. Die französische Firma Chenevotte Habitat – France Perrier baute etwa 200 bis 300 Häuser in Frankreich und Belgien, überwiegend aus Baustoffen wie Hanfschäben, die unter dem Namen „Isochanvre" (Isohanf) vermarktet wurden (Chenevotte Habitat, 1993).

In Deutschland versuchte die Buttersche Hanffabrik bereits 1963, Hanf als Baustoff zu etablieren, indem sie Hanfspanplatten für Innentüren mit besseren Schalldämmwerten als Holz-Röhrenspan produzierte. Doch das Unternehmen musste 1981 schließen, nachdem die Bundesregierung im Zuge ihrer Drogenpolitik ein undifferenziertes Anbauverbot für Hanf erließ (Butter M. , 2001). Ein weiteres deutsches Beispiel für den Einsatz von Hanf im Bauwesen ist die „Mehabit"-Schüttung – mit Bitumen verklebte Hanfschäben, die seit 1957 als hochbelastbare Dämm- und Ausgleichschüttung verwendet werden (meha.de).

Auch international wuchs das Interesse an Hanfkalk: 2011 wurde in den USA das erste Hanfkalk-Haus errichtet, ein wichtiger Meilenstein in der modernen Hanfbaubewegung (7daysnews.info). Dabei ersetzte Hanfkalk traditionelle Baustoffe wie Lehm-Stroh-Mischungen oder Kalk-Stroh-Pferdehaarmörtel, die in der Vergangenheit als Ausfachung oder Putz genutzt wurden.

Weitere nationale und internationale Hanfhäuser (siehe Kapitel 19).

3.4 Pioniere des Hanfbaus weltweit und im DACH-Raum

Hanfkalk erfährt heute eine Renaissance als nachhaltiger Baustoff, der eine gesunde Bauweise fördert. Hanfprodukte bieten eine diffusionsoffene Struktur, regulieren das Raumklima und sind zugleich nachhaltig, da sie ohne synthetische Zusätze auskommen. Die Pioniere des modernen Hanfbaus haben wesentlich dazu beigetragen, Hanfkalk wieder in das Bewusstsein der Bauindustrie zu rücken und den Grundstein für eine umweltfreundliche Baukultur gelegt, die auf jahrtausendealte Traditionen zurückgreift und innovative Lösungen für heutige Herausforderungen bietet.

Abb. 24: 2016 fertiggestelltes Wohngebäude Case di Luce im süditalienischen Bisceglie, das größte Hanfkalkhaus Europas. Der vierstöckige Bau kombiniert Passivhausstandard mit CO_2-negativen Materialien und moderner Architektur (Eluxe Magazine, 2016).

Abb. 25: Innenansicht des Push House mit naturnah gestaltetem Badezimmer und Waschtisch aus Massivholz. Das Projekt kombiniert ökologische Materialien wie Hanfkalk nicht nur in der Gebäudehülle, sondern auch im Innenausbau mit stilvollem Design (Blain, 2010).

Abb. 26: Das Push House in North Carolina wurde 2010 als erstes Hanfkalkhaus der USA fertiggestellt. Es kombiniert moderne Architektur mit einem diffusionsoffenen Wandaufbau aus Hanf, Kalk und Holz (Blain, 2010).

Wolf Jordan
Belgischer Chemie- und Bauvisionär sowie Gründer von „Wolf Jordan & Co". Er revolutionierte den Naturbau durch die Entwicklung zahlreicher praxisnaher Produkte wie Kalkfarben, Putze und Hanf-Kalk-Platten. Seine patentierten Rezepturen, darunter die Calcatex-Farben und spezielle Oberflächenbehandlungen für Hanfkalk, machten ihn zu einer treibenden Kraft für den internationalen Hanfbau. Jordan setzte sich intensiv für den Einsatz umweltfreundlicher Baustoffe ein und hinterließ ein bedeutendes Vermächtnis.

Jørgen Hempel
Dänischer Hanfbau-Pionier und Gründer von HempEcoSystems. Gemeinsam mit Yves Kühn erkannte er Ende der 1980er-Jahre das Potenzial von Hanfschäben und Kalk. 2010 entwickelte Hempel mit seinem Team ein Verfahren, Kalkhydrat als Bindemittel für Hanfkalk zu optimieren, ergänzt durch Zusätze zur schnelleren Aushärtung. Dieses Verfahren wurde patentiert, und HES gewann 2014 den ersten Preis auf der internationalen Biomaterial-Konferenz in Köln. Hempel gilt als einer der wichtigsten Wegbereiter für die Verbreitung von Hanfkalk als Baustoff.

Yves Kühn
Französischer Bauhandwerker und Dozent. Als Mitentwickler der „Canosmose"-Technik untersuchte er intensiv die Feuer- und Feuchtigkeitsresistenz von Hanfkalk. Mit der „Hemp Infill Technique" (heute Orthanf genannt) legte er eine zentrale Grundlage für moderne Hanfkalk-Bauweisen. Sein Engagement für die Weiterentwicklung nachhaltiger Bautechniken und seine enge Zusammenarbeit mit Praktikern und Wissenschaftlern prägten den heutigen Hanfbausektor maßgeblich.

Alex Sparrow
Britischer Mitautor von *The Hempcrete Book* (2014), einem umfassenden Ratgeber zu Hanfkalk für Profis und Laien. Als Gründer von UK Hempcrete leitet er die strategische Entwicklung des Unternehmens und ist gleichzeitig aktiv in Bauprojekten. Sein erstes Projekt mit Hanfkalk war die Sanierung eines historischen Fachwerkhauses in Großbritannien. Sparrow hat sich als führender Fürsprecher für Hanfkalk etabliert und trägt wesentlich zur globalen Verbreitung und Akzeptanz dieses Baustoffs bei.

Steve Allin
Irischer Pionier im Hanfbau und Gründer der International Hemp Building Association (IHBA). Seit 1997 organisiert er weltweit Vorträge und Workshops zu nachhaltigem Bauen mit Hanf. Sein Buch *Building with Hemp* (2005) war das erste Fachbuch zu diesem Thema und inspiriert bis heute Architekten und Bauhandwerker. Allin bringt seine umfangreiche Praxiserfahrung in Projekte rund um den Globus ein und hat maßgeblich zur Professionalisierung des Hanfbausektors beigetragen.

Tom Woolley
Britischer Professor, Bau- und Forschungsautor sowie Mitautor von *Hemp Lime Construction* (2008), einem Standardwerk für Architekten und Bauprofis. Woolley lehrt an führenden Hochschulen und ist Vorsitzender der UK Hemp Lime Construction Products Association. Er hat durch seine Arbeit wesentliche Fortschritte in der Anwendung von Hanfkalk erzielt und gilt als einer der führenden Experten für nachhaltiges Bauen.

Sergiy Kovalenkov
Bekannt als „Dr. Hemphouse", ist der Bauingenieur und Gründer von Hempire.tech ein Pionier im Hanfbau. Kovalenkov hat weltweit über 60 Bauprojekte mit Hanf realisiert, darunter innovative Domhäuser. Als Mitbegründer der US Hemp Building Association und der Ukrainian Hemp Building Association engagiert er sich für die globale Verbreitung von Hanf als Baustoff. Trotz der Herausforderungen des Ukraine-Kriegs gründete er die Initiative „Hemp. Ukraine. Recover.", um Hanfhäuser für Kriegsopfer zu bauen. Seine Arbeit wurde mit dem Carbon Change Award ausgezeichnet.

Werner Schönthaler
Südtiroler Baustoff-Pionier und Entwickler innovativer Hanfkalk-Steine. Über die

Schönthaler Bausteinwerk GmbH brachte er Hanfbauweisen in den deutschsprachigen Raum. 2024 erhielt sein Unternehmen als weltweit erstes die DIBt-Bauzulassung für Hanfkalk-Steine, ein Meilenstein für den deutschen Hanfbau. Schönthaler hat in Zusammenarbeit mit der ETH Zürich wesentliche Forschungsfortschritte erzielt und trägt maßgeblich zur Weiterentwicklung nachhaltiger Baustoffe bei.

Dr. Monika Brümmer
Architektin mit 30 Jahren Erfahrung in Hanfprojekten, vorwiegend in Spanien und Marokko. Im Zusammenhang mit Hanf in Architektur und Materialwissenschaften hat sie ein Diplom (HdK Berlin, 1996) sowie einen M.Sc. und einen PhD (UGr) erworben. Sie ist die Erfinderin von CANNABRIC, einem tragenden Hanfstein, den sie seit 1999 in Spanien produziert. Mit CANNATEKTUM plant, leitet und erforscht sie Architektur unter Verwendung agroindustrieller Ressourcen, bietet Beratung an und vertreibt Hanfbaustoffe.

Matthias Schillo
Der Jurist Matthias Schillo spielte eine Schlüsselrolle bei der Wiederzulassung des Hanfanbaus in Deutschland 1995. Gemeinsam mit Matthias Bröckers trieb er die Legalisierung von Nutzhanf voran. Als Gründer der TreuHanf AG unterstützte er Landwirte und Verarbeiter bei der Saatgutbeschaffung, Ernte, Verarbeitung und Vermarktung. Sein Leitfaden *Hanf anbauen!* sowie seine rechtlichen und organisatorischen Bemühungen prägten die deutsche Hanfwirtschaft und stärkten Hanf als Teil einer nachhaltigen Kreislaufwirtschaft.

Matthias Bröckers
Matthias Bröckers trieb gemeinsam mit Matthias Schillo die Freigabe des Hanfanbaus in Deutschland voran. Durch die erweiterte Übersetzung von Jack Herers *The Emperor Wears No Clothes* in sein Buch *Die Wiederentdeckung der Nutzpflanze Hanf* (2008) machte er das Potenzial von Hanf als nachhaltigen Rohstoff bekannt. Mit den Einnahmen aus seinem Buch unterstützte er das Franchise „Hanfhaus“, das eine breite Palette von Hanfprodukten wie Kleidung, Lebensmittel und Dämmstoffe anbot. Seine Arbeit stärkte das Bewusstsein für die Vielseitigkeit von Hanf und trug wesentlich zur Popularisierung nachhaltiger Hanfprodukte bei.

Rainer Nowotny
Mathematiker und Technikentwickler; gründete 1996 die Hanf-Fabrik Prenzlau, aus der 2013 die genossenschaftliche Hanffaser Uckermark eG hervorging (heute Vorstand). Gründungsmitglied und Aufsichtsratsvorsitzender der Hanffaser Geiseltal eG. Schwerpunkt: praxisnahe Innovationen von der Ernte und dem Faseraufschluss bis hin zu patentierten Anwendungen. Über hanffaser.de macht er Erfahrungswissen zu Baufragen, Bauphysik und Verarbeitung systematisch zugänglich.

Bernd Frank
Geschäftsführer der BAFA Neu GmbH, ehemals Badische Naturfaseraufbereitung GmbH (seit 1996). Frank ist Pionier der industriellen Hanfverarbeitung und verantwortlich für die Entwicklung des ersten bauzugelassenen Hanfdämmstoffs (Thermo-Hanf-Matte). Seine Arbeit umfasst die mechanische Aufbereitung von Hanfstroh, die Entwicklung spritzgussfähiger Hanffaserprodukte und die Förderung nachhaltiger Kreislaufwirtschaft.

Dr. Norbert Höpfer
Diplom-Mineraloge und führender Experte für Hanfkalk. Als Mitgründer des Hanfbaukollektivs, heute „Kompetenzgruppe Bauen mit Hanf“ im Nutzhanf-Netzwerk e.V., verbindet Höpfer wissenschaftliche Forschung mit praktischen Anwendungen. Seine Arbeit fördert die regionale Wertschöpfung und die Weiterentwicklung von Hanfkalk als klimafreundlichem Baustoff.

Norbert Poll
Gründer von Erdwerk und Vorreiter der Hanfkalk-Sprühtechnik in Deutschland (ab 2018). Poll etablierte effiziente Bauverfahren und setzte Maßstäbe für die moderne Anwendung von Hanfkalk. Seine Arbeit trägt dazu bei, ressourcenschonende Bauweisen in der Bauindustrie zu verankern.

Roger Dauer
Architekt und Mitbegründer des Hanfbaukollektivs (2018) sowie der CannaBau-Technik GbR. Dauer ist Experte für die Planung und Ausführung nachhaltiger Bauprojekte mit Hanf und Initiator von „Hanfkalk Berlin". Durch seine umfangreiche Praxiserfahrung fördert er die Verbreitung von Hanfkalk in der Bauindustrie und leistet einen wichtigen Beitrag zur Weiterentwicklung ökologischer Baustoffe.

Klaus Josef Haag
Inhaber von Baustoffe Haag und Pionier der Hanfkalk-Sprühtechnik in Deutschland. Haag vermarktet ökologische Baustoffe und stärkt die Verbreitung von Hanfprodukten im Bauwesen. Sein Engagement für ressourcenschonende Bauweisen macht ihn zu einer zentralen Figur in der Weiterentwicklung des Hanfbausektors.

Diese Liste ist sicher nicht vollständig. Der Erfolg des Hanfbaus ist das Ergebnis des Zusammenspiels von Landwirten, Architekten, Baustoffhändlern, Wissenschaftlern, Bauingenieuren, Prozess- und Maschinentechnikern sowie Politikern, Handwerkern, Investoren, Designern und Bildungseinrichtungen. Jeder trägt auf seine Weise dazu bei, diese nachhaltige Bauweise voranzubringen. Das Nutzhanf-Netzwerk e.V. versteht sich als Bindeglied zwischen diesen Akteuren im DACH-Raum.

3.5 Zusammenfassung Geschichte

Diese Geschichte zeigt, wie Hanf als Baustoff von der Antike bis zur Gegenwart genutzt wurde und wie er in jüngster Zeit als nachhaltiges Baumaterial wiederentdeckt wurde.

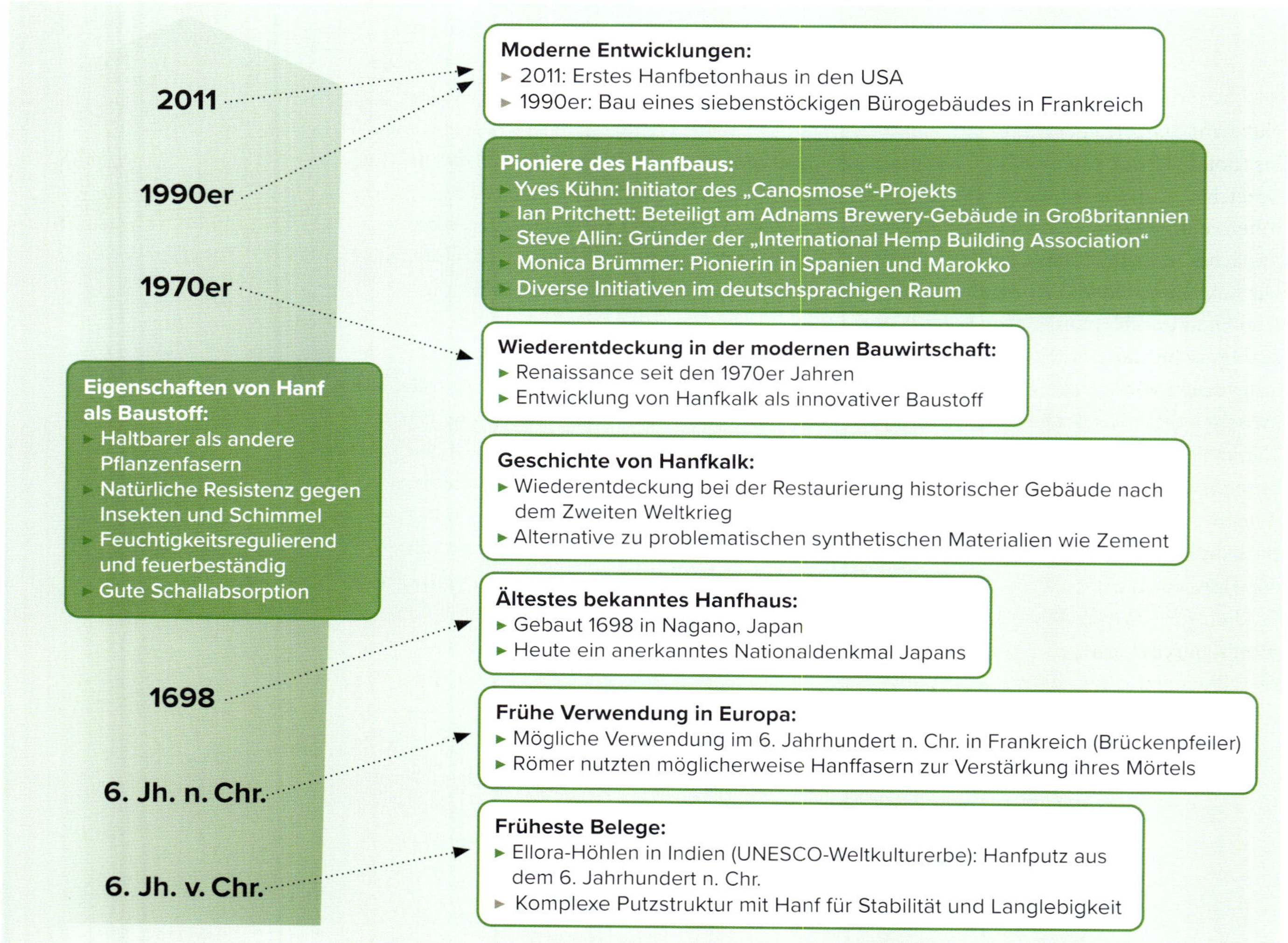

4. Hanf – Botanik, Phytochemie, Rechtslage

> *Cannabis ist kein Brokkoli.*
>
> Daniela Ludwig[15]

... bemerkte Daniela Ludwig einst treffend. Der Vergleich verdeutlicht die komplexe Natur von Hanf: eine einzigartige, in vielen Facetten noch unerforschte Pflanze. Dieses Kapitel beleuchtet die Botanik von Hanf und erklärt die Unterschiede zwischen Medizinal- oder Rauschhanf und Nutzhanf.

4.1 Botanik

Nutzhanf, Industriehanf, Hanf oder Cannabis (botanischer Name) sind verschiedene Bezeichnungen für dieselbe Pflanzengattung innerhalb der Pflanzenfamilie der Hanfgewächse (Cannabaceae) (Merlin, 2013). Die bekanntesten Vertreter dieser Familie sind Hanf und Hopfen. Daher der manchmal typische Hanfgeruch, wenn ein Bier aufgemacht wird. In der Literatur wird oft zwischen den Unterarten Cannabis Sativa, Cannabis Indica und Cannabis Ruderalis unterschieden. Ob es sich hierbei um eigene Arten oder Unterarten der Gattung Cannabis handelt, ist bis heute umstritten (Clarke, 2016). Allerdings tendieren die modernen Studien zur Klassifizierung von Cannabis als monotypische Gattung „Cannabis sativa", mit verschiedenen Unterarten und Sorten, wahrscheinlich sogar über Indica und Ruderalis hinaus (Lapierre, 2023), (McPartland, 2020), (McPartland, 2018). Fakt ist: Die Pflanze gehört zur Ordnung Rosales, was im Vergleich zu den gängigsten Nutzpflanzen dem Acker Abwechslung bringt und den Schädlingsdruck in der Fruchtfolge reduziert (siehe Kapitel 8).

In der Natur ist Hanf eine Pionierpflanze und besiedelt natürlicherweise bevorzugt offene Erdflächen, etabliert sich schnell und ist sehr konkurrenzstark gegenüber anderen Pflanzen. Voraussetzung für das schnelle Auflaufen der Pflanzen ist ein warmer Boden von 8-10 Grad.

Hanf ist eine einjährige Pflanze, die vor jeder Ernte neu ausgesät wird. Sie ist meist zweihäusig; es gibt also männliche (Femelhanf) und weibliche Pflanzen. Typischerweise wächst die männliche Pflanze niedriger und ist früher erntereif. Für ihre feine Faser beliebt, wurde früher der männliche Hanf separat vom weiblichen geerntet („Femeln"). Dieser Mehraufwand ist heute nicht mehr üblich. Für den industriellen Anbau wurden einhäusige Sorten entwickelt, die sowohl männliche als auch weibliche Blüten tragen und eine einheitliche Ernte und Verarbeitung ermöglichen, mit gleichbleibender Faser- und Samenqualität sowie geringerem Risiko einer Fremdbestäubung.

Abb. 27: Junge Hanfpflanzen Anfang Mai

i

Vorteile der Einhäusigkeit

- Ermöglicht einheitlichere Bestände mit ähnlichen Wuchs und Blühzeitpunkten
- Einfachere Ernte und Verarbeitung
- Gleichmäßigere Faser- und Samenqualität
- Kein Risiko durch Fremdbestäubung wie bei getrenntgeschlechtlichen Sorten

11 Zitat von Daniela Ludwig, Drogenbeauftragte der Bundesregierung: „Weil Alkohol gefährlich ist, ist Cannabis kein Brokkoli." Bundespressekonferenz, Berlin, Juli 2020, im Gespräch mit Tilo Jung.

4.2 Pflanzenstruktur und Verwendung

Allgemein gesagt hat die Hanfpflanze eine komplexe Architektur bestehend aus fünf Hauptbestandteilen: Wurzeln, Stängeln, Blättern, Blüten und Samen, die im Folgenden kurz beschrieben werden.

Wurzeln

Die Hanfpflanze hat eine Hauptwurzel (Pfahlwurzel), die je nach Sorte und Wachstumsbedingungen 30-60 cm tief in den Boden reicht, während das Feinwurzelgeflecht in lockeren Böden bis zu 2,5 m und mehr ausmacht (Farag, 2017). Die Wurzeln bestehen aus einem verzweigten Netzwerk von Pflanzensträngen wie die untere Zeichnung der Universität Wageningen eindrucksvoll nahelegt. Sie transportieren Wasser durch Osmose aus dem Boden, das über das Xylem (Leitgewebe) in die oberen Pflanzenteile transportiert wird.

Diese potenzielle Tiefe der Pfahlwurzel macht Hanf dürre- und hitzeresistent und sorgt dafür, dass er auch Frost standhalten kann. Wenn die Wurzeln im Boden verbleiben und verrotten, verbessern sie die Bodenstruktur (siehe Kapitel 7).

Doch wurden die Wurzeln seit jeher auch für medizinische Zwecke genutzt (siehe Kapitel 2). Die Hanfwurzeln erfahren unter Wissenschaftlern eine Renaissance, besonders im Kontext von Medizin und Kosmetik.

Im Gegensatz zu Blüten und Blättern enthalten sie keine Cannabinoide (siehe Kapitel 4.4 und 4.5), dafür Wirkstoffe wie Triterpenoide (Friedelin etc.), Epifriedelanol, Terpene, Monoterpene, Alkaloide und Phytosterole sowie Cholin, die für ihre schmerzlindernden, entzündungshemmenden, fiebersenkenden und antioxidativen und stoffwechselstimulierenden Effekte untersucht werden (Ryz, 2017) (Dutschek, 2024).

Abb. 28: Bodenprofil mit Hanfwurzel der Sorte Finola, aufgenommen im September am Standort Haus Düsse der Landwirtschaftskammer NRW. Der Messstab zeigt eine Durchwurzelungstiefe von etwa 1,4 m – bemerkenswert für die kleinwüchsige Sorte, die hier 1,4–1,6 m hoch war. Als Tiefwurzler kann Hanf verdichtete Böden aufbrechen, die Bodenstruktur verbessern und Wasser sowie Nährstoffe aus tieferen Schichten erschließen. Im Hintergrund ist Mais zu sehen [Dickeduisberg, 2023]

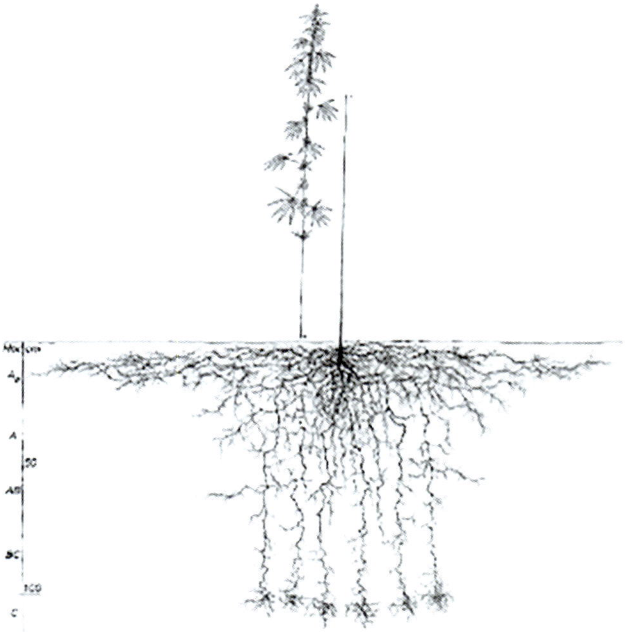

Abb. 29: Die botanische Zeichnung zeigt das ausgeprägte Wurzelsystem einer Hanfpflanze. Die tief reichende Pfahlwurzel und das dichte Seitenwurzelwerk machen Hanf zu einer bodenverbessernden Kulturpflanze mit großem Potenzial für die regenerative Landwirtschaft. [https://images.wur.nl/digital/collection/coll13/id/1000/rec/206]

Abb. 31: Veränderung der Hanfblätter während des Pflanzenwachstums – vom kleinen Keimblatt bis zum großen, gefingerten Blatt mit typischer Hanfform. Mit jedem neuen Blattpaar am Hauptstamm werden die Blätter größer und bekommen mehr „Finger" (Hesami et al., 2023).

Abb. 30: Das Foto zeigt einen dicht wachsenden Hanfbestand im Sommer. Die Pflanzen erreichen eine Höhe von 2–4 Metern, bilden die Grundlage für die Gewinnung von Fasern, Schäben und Samen. [Felix Drewes]

Stängel

Der Stängel ist das Rückgrat der Pflanze und des „Hanfbaus". Er unterstützt die Pflanze und transportiert Wasser und Nährstoffe zwischen den Wurzeln und Blättern. Die Internodien (Abstand zwischen Blattansätzen) variieren je nach Cannabis-Typ.

Der Stängel besteht aus einem holzigen Kern (zerkleinert genannt „Schäben"), ist unten oft hohl und wird umgeben von einer faserhaltigen Bastschicht. Die Seitentriebe sind gegenständig oder wechselständig angeordnet (Farag, 2017).

Der Stängel trägt die charakteristischen, handförmig zusammengesetzten Laubblätter, die je nach Sorte und Entwicklungsphase sehr unterschiedlich aussehen können.

Der Stängel besteht aus einem inneren, holzigen Kern (Kernröhre, zerkleinert: Schäben) und einer äußeren, faserhaltigen Bastschicht. Die Bastschicht (Faser) und die Kernröhre (Schäben) enthalten je nach

Abb. 33: Hanf kurz vor der Ernte auf der Bioranch Zempow. Nach nur fünf Monaten sind die Pflanzen über vier Meter hoch, trotz karger Böden mit nur rund 20 Bodenpunkten. Hanf wächst schnell und ist ideal für regionale Stoffkreisläufe (Schäkel, 2023).

Abb. 32: Hoch gewachsene Hanfpflanzen im Sommer kurz vor der Blüte. Die imposanten Pflanzen strecken sich Richtung Himmel, ein Sinnbild für das Potenzial von Hanf in Landwirtschaft und Forschung. [Barsch, 2023]

Abb. 35: Team von Hemp Traders mit der bislang höchsten gemessenen Nutzhanfpflanze: 7,3 Meter, gewachsen in Lemoore, Kalifornien. Die Sorte „Han NE" wurde dort unter idealen Bedingungen kultiviert. [Lawrence Serbin, Hemp Traders, 2021]

i

Die größte Hanfpflanze der Welt ...

Abb. 34: Hanfpflanze der Sorte „Han NE", 2021 in Lemoore, Kalifornien, auf 7,3 Meter gewachsen [Lawrence Serbin, Hemp Traders, 2021]

Sorte und Wachstumszeit hohe Anteile an Zellulose (35-65 %), Hemizellulose (8-18 %) und Lignin (4-21 %), und sind daher ein wertvoller Rohstoff, nicht zuletzt für den Bau. Die Fasern werden zum Beispiel für Textilien, Verbundwerkstoffe, Baumaterial und Papier genutzt. Die Schäben dienen u. a. zur Herstellung von Dämmstoffen, Leichtbauplatten und Tierstreu (siehe Kapitel 5.7). Faserhanf ist größer und schlanker im Wuchs, während Medizinal- und Rauschhanf eher kleiner und buschiger wächst.

Der Hanfstängel kann je nach Sorte und Umweltbedingungen in der Regel zwischen 1 und 6 Meter hoch werden. In Deutschland sind 1-4 Meter typisch. Am 10. September 2021 wurde auf der Farm von Hemp Traders in Kalifornien die größte Hanfpflanze der Welt geerntet. Die Sorte „Han NE" wurde in Lemoore, Kalifornien angebaut und erreichte eine Höhe von 7,3 Metern. Diese wurde vom Landwirtschaftsministerium offiziell als Weltrekord bestätigt. Obwohl das „Guinness-Buch der Rekorde" die Einreichung aufgrund seiner Richtlinien gegen Tabak und Cannabis ablehnte, bleibt die Pflanze ein beeindruckender Beweis für das Wachstumspotenzial von Hanf und die Hingabe der Anbauer. (Hemp Traders, 2021).

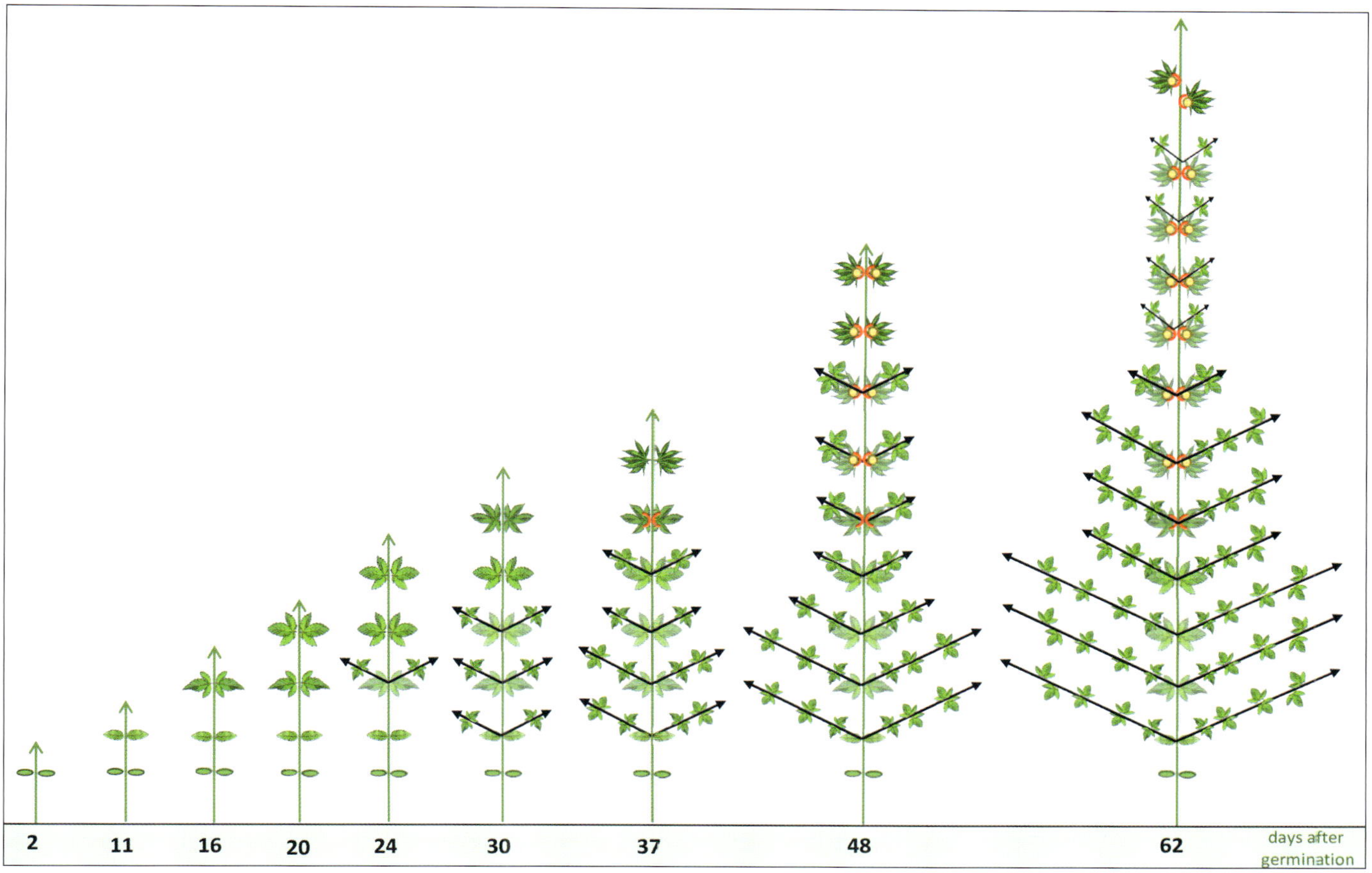

Abb. 36: Veränderung der Blattform einer Hanfpflanze im Verlauf ihres Lebens – von einfachen Keimblättern zu fächerförmigen Blättern mit bis zu neun „Fingern". In späteren Wachstumsphasen werden neue Blätter wieder kleiner, häufig ein Anzeichen für den Übergang zur Blüte. [Hesami et al., 2023]

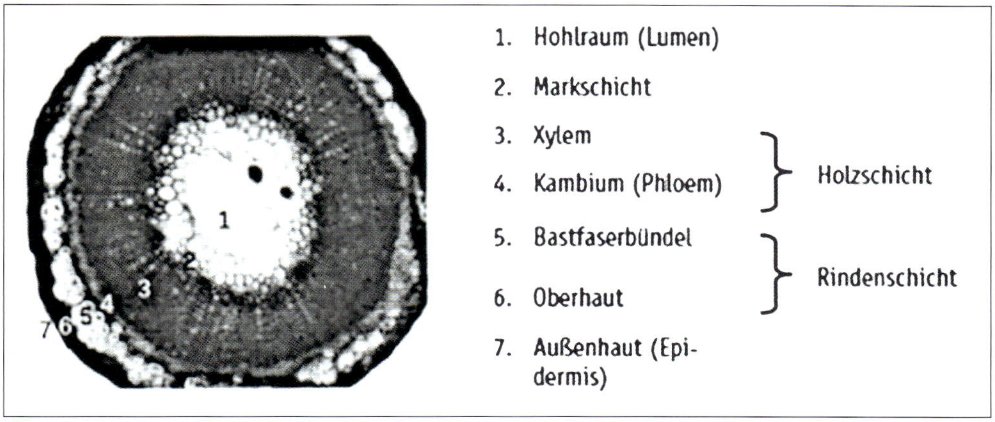

Abb. 37: Die Aufnahme zeigt einen Hanfstängel (Schulz, 2019). Von innen nach außen: zentraler Hohlraum (1, Lumen) zur Gewichtsreduktion, Markschicht (2) zur Nährstoffspeicherung, Xylem (3) für aufwärtsgerichteten Wasser- und Mineralstofftransport, Kambium/Phloem (4) für bidirektionalen Assimilattransport, Bastfaserbündel (5) für mechanische Festigkeit sowie Oberhaut (6) und Außenhaut (7, Epidermis) als Schutz gegen Umwelteinflüsse. [Schulz (2019), *Charakterisierung des ökologischen Baustoffs Hanfkalk*]

Der Querschnitt eines Hanfstängels offenbart einen bemerkenswert organisierten Aufbau, der die Pflanze gleichermaßen stabil wie funktional macht.

Die Struktur des Stängels lässt sich in zwei Hauptbereiche einteilen:

- **Holzschicht (Leitbündel)**: Bestehend aus Xylem und Kambium, später die Schäben im Hanfbau. Im Inneren der Hanfschäbe befindet sich das Mark.
- **Rindenschicht (Faserbündel)**: Umfasst Bastfaserbündel, Oberhaut und Außenhaut, später die Fasern im Hanfbau.

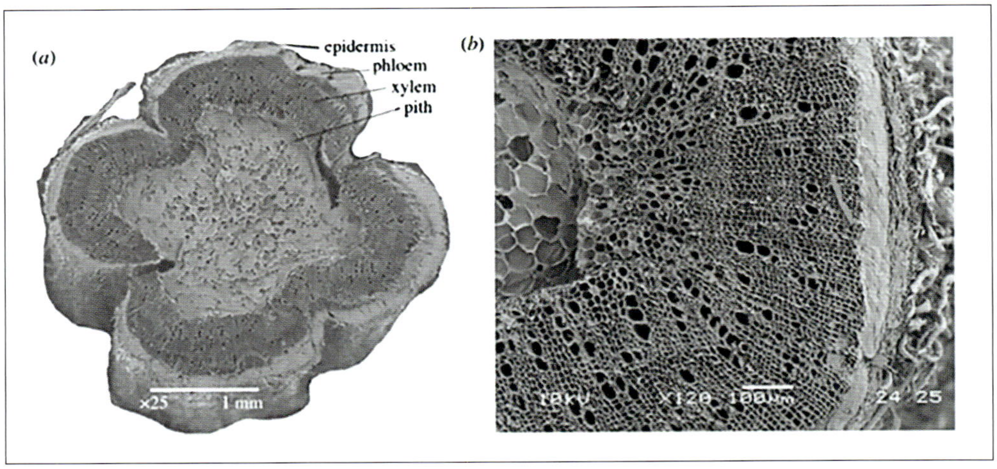

Abb. 38: Das linke Bild zeigt einen Querschnitt durch den Hanfstängel bei 25-facher Vergrößerung, das rechte eine Nahaufnahme (75-fach) der porösen Struktur. Gut erkennbar sind Xylem und Phloem, die durch zahlreiche Zellhohlräume (Vessel) durchzogen sind. Hier liegt das Geheimnis für die sehr guten Dämm-und Feuchte-regulierenden Eigenschaften von Hanfschäben. [Jiang et al (2018), Cell-wall-microstructure-pore-size-distribution of SHIV]

Von innen nach außen zeigt sich zunächst ein zentraler Hohlraum (Lumen), der zur Gewichtsreduktion beiträgt. Diesen umgibt die speichernde Markschicht, gefolgt von den essentiellen Transportbahnen: dem Xylem für Wasser und Mineralstoffe sowie dem Phloem für Assimilate wie Zucker und andere Nährstoffe. Diese Leitbündel bilden zusammen die Holzschicht und fungieren als Versorgungssystem der Pflanze. Den Abschluss bilden die schützenden Schichten der Oberhaut und der Außenhaut (Epidermis), die zusammen mit den Bastfasern die Rindenschicht formen. Diese äußeren Lagen schirmen das empfindliche Innere des Stängels effektiv gegen Umwelteinflüsse ab. Der Transport der Assimilate erfolgt dabei bidirektional im Phloem – die Nährstoffe können sowohl nach oben als auch nach unten transportiert werden, während das Xylem Wasser und Mineralstoffe ausschließlich von den Wurzeln zu den Blättern befördert.

Diese durchdachte Konstruktion macht den Hanfstängel zu einem Meisterwerk der Natur, das Stabilität, Effizienz und Funktionalität in sich vereint.

Die Holzschicht des Stängels ist hoch porös und zeichnet sich im Gegensatz zu anderen Agrarrohstoffen als besonders geeigneter Rohstoff für Bauzwecke aus (siehe Kapitel 5.7 „Detailblick Schäbe").

Die Kombination aus hohem Zellulosegehalt, Faserlänge und Faserstärke macht Hanf zu einem idealen Rohstoff für die Herstellung von Biokunststoffen und NFK (Naturfaserverstärkte Kunststoffe, siehe Kapitel 5.6). Die Nutzung sowohl der Bast- als auch der Schäbenfasern ermöglicht eine effiziente Verwertung der gesamten Pflanze für Biokunststoffe.

Die Trennung von Fasern ist ein entscheidender Schritt im Hanfaufbereitungsprozess (siehe Kapitel 11).

Abb. 39: Das Foto zeigt einen Hanfbastfaserstrang mit sichtbarem Übergang von dicken Faserbündeln zu einzelnen, fein aufgelösten Fasern. Solche Fasern werden für Textilien, Dämmstoffe oder biobasierte Verbundmaterialien genutzt. [Maciej Kowalski via LinkedIn]

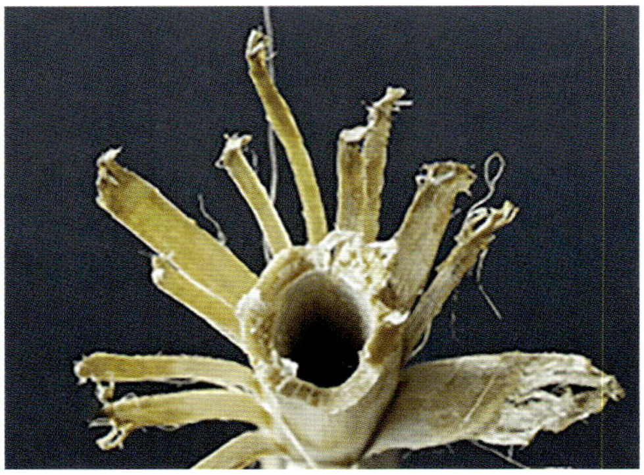

Abb. 40: Das Bild zeigt den geöffneten Querschnitt eines Hanfstängels mit gut erkennbarer Hohlkammer und aufgespaltenen Faserschichten

4.3 Samen (Nüsse) – Eigenschaften und Verwendung

Abb. 41: Abgebildet ist die Hanfpflanze in ihren männlichen (A) und weiblichen (B) Ausprägungen in natürlicher Größe. Ergänzt wird die Darstellung durch vergrößerte Details: männliche Blüte (1), Pollensäcke (2, 3), ein Pollenkorn (4) und eine weibliche Blüte (5). Die kolorierte Illustration stammt aus dem 19. Jahrhundert und wurde für medizinisch-botanische Lehrzwecke angefertigt. [Zeichnung von Franz Eugen Köhler in Köhler's Medizinal-Pflanzen, Bd. 2, 1889, Gera-Untermhaus: G. Cramer]

Abb. 42: Die Detailaufnahme zeigt Hanfsamen (auch Hanfnüsse genannt) mit sichtbaren Farbunterschieden – von grünlich bis braun. Diese ungleiche Reife ist typisch für Hanf und stellt kein Qualitätsmangel dar. [https://tihta.org/]

Hanfsamen sind botanisch gesehen Nüsse. Ihre Form ist ellipsoid, leicht abgeflacht, glatt, mit einer Größe zwischen 2–5 mm. Ihre Farbe ist häufig bräunlich-schwarz und/oder marmoriert und manchmal silbrig glitzernd. Junge, unreife Samen sind grünlich.

Sie haben einen sehr hohen Anteil an gesundem Fett, Proteinen, Vitaminen, Mineralstoffen sowie Ballaststoffen, was sie zu einer optimalen Quelle für Nahrungs- und Futtermittel macht. (siehe Kapitel 5.1).

Hanfsamen und Hanföl als Nahrungsmittel enthalten in der Regel keine nennenswerten Mengen an Cannabinoiden und können somit als Nahrungsmittel genutzt werden (Citti, 2019). Doch ist nicht auszuschließen, dass auch hier geringe Mengen an Cannabinoiden nachgeweisen werden können, hauptsächlich durch äußere Kontamination während der Ernte und Verarbeitung der Pflanze. Daher ist eine saubere Arbeit für die Nahrungsmittelproduktion sehr wichtig.

4.4 Blüten – Eigenschaften und Verwendung

Abb. 43: Die Abbildungen zeigen die frühen Blütenansätze einer Hanfpflanze: oben mit den feinen weißen Blütenstempeln der weiblichen Pflanze, unten die kugelförmigen Pollensäcke des männlichen Hanfs. Die Unterscheidung ist entscheidend für Faser- und Saatzucht. Quelle: https://www.irierebel.com/cannabis-anbau-hanf-anbau-grow-guide/1-die-hanfpflanze-hanf-basics/geschlecht-blüten/

In den Blüten der Hanfpflanze findet sich die höchste Konzentration von Wirkstoffen. Die Hanfpflanze hat männliche und weibliche Blüten. Der Unterschied wird erst mit der Vorblüte erkennbar.

Die männlichen Pflanzen bilden Blütenstände mit Staubblättern, die den Pollen produzieren und ihn durch Wind und Insekten auf die kompakten Blütenstände der weiblichen Pflanzen übertragen. Nach erfolgreicher Bestäubung bilden sich in den Fruchtblättern der weiblichen Blüten die Hanfsamen (Nüsse).

Die Blüten und Samen der Pflanze bieten sehr wertvolle Produkte. Die weiblichen Blüten sind der Hauptort für die Produktion von Cannabinoiden und anderen Stoffen (siehe Kapitel 4.5). Die unbestäubten weiblichen Blüten haben höhere Cannabinoid-Gehalte und werden oft für die medizinische Verwendung angebaut. Bei der Ernte von Hanfblüten für medizinische Zwecke oder zur Gewinnung von Cannabinoiden werden daher oft rein weibliche Bestände angebaut. Die Pflanzen werden dabei nicht bestäubt, so dass sie keine Samen entwickeln, sondern die Blütenbildung fortsetzen und hohe Wirkstoffgehalte erreichen.

Nutzhanfsorten hingegen werden primär zur Faser- und Samengewinnung angebaut und daher bestäubt. Hier kommen auch einhäusige Sorten zum Einsatz, die männliche und weibliche Blüten auf einer Pflanze bilden (siehe Kapitel 4.1). Europäische Nutzhanfsorten dürfen aktuell nicht mehr als 0,3 % THC enthalten (für THC siehe Kapitel 5.6, für Grenzwerte siehe Kapitel 4.8). Zudem lassen sich die Blüten von Nutzhanf auch für kosmetische und medizinische Zwecke verwenden (siehe Kapitel 4.3).

4.5 Trichome – Quelle der Wirkstoffe

Jedem, der schon einmal Cannabis-Blüten in der Hand hatte, fällt auf, dass sie sehr klebrig oder harzig sind. Das liegt an den Trichomen.

Auf Blüten und Blättern und vereinzelt auf den Samenhülsen bildet Cannabis verschiedene Arten von Trichomen aus. Vor allem die gestielten Drüsenhaare mit vielzelligem Kopf produzieren und speichern große Mengen an Cannabinoiden und Terpenen (Happyana, 2013). Die Dichte der Drüsentrichome nimmt mit dem Alter der Pflanze zu. In weiblichen Blüten können die Cannabinoid-Gehalte 10-35 % erreichen, in Blättern 1-2 %. Männliche Pflanzen bilden nur wenige Drüsentrichome, hauptsächlich ungestielte

Abb. 44: Blütenentwicklung bei Hanf von Tag 3 bis Woche 8. Die Bildreihe zeigt, wie sich die Hauptblüte einer weiblichen Hanfpflanze entwickelt: von ersten Stempeln (A) über zunehmende Blütenbildung (B–D) bis zur reifen, harzreichen Blüte (E–F). Die zeitliche Abfolge ist typisch für viele Medizinalcannabis-Sorten im geschützten Indoor-Anbau [Hesami et al., 2023]

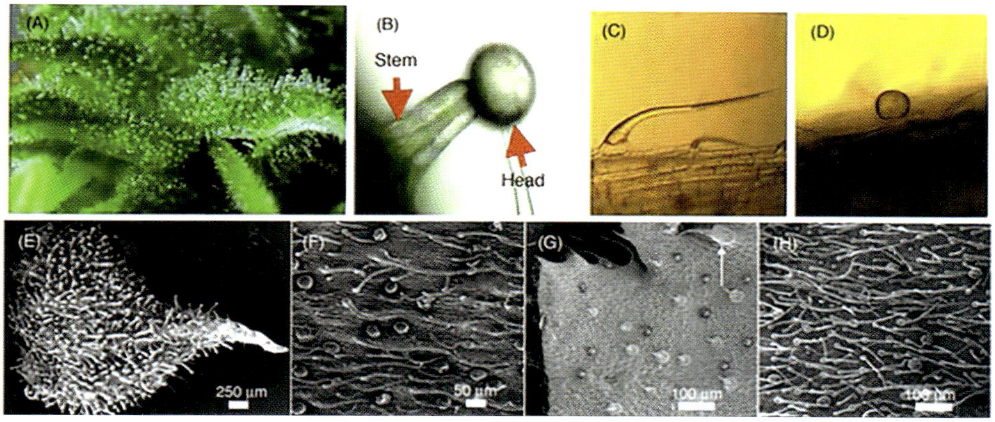

Abb. 45: Diese Bildreihe zeigt die haarartigen Strukturen der Hanfpflanze, die sogenannten Trichome. Sie erscheinen wie kleine Tropfen, Pilze oder Härchen und bedecken Blüten, Blätter und Stängel in großer Zahl. Nicht alle Trichome sind gleich, und nicht alle produzieren Harz oder Wirkstoffe. (A) Weibliche Blüte mit dichter Trichombedeckung, hier entsteht das meiste Harz mit Cannabinoiden wie THC und CBD. (B) Drüsentyp in Form eines Golfballs auf einem Stiel, dieser Trichomtyp produziert die höchsten Mengen an Wirkstoffen. (C) und (D) kleinere Haarformen ohne oder mit kaum Harzbildung, sie dienen dem Schutz vor Insekten oder Austrocknung. (E–H) Elektronenmikroskopische Aufnahmen, die die starke Bedeckung von Blättern und Stängeln zeigen. Auch wenn der Stängel in (H) behaart wirkt, sind die Trichome dort meist harzfrei, die wirksamen Harze entstehen fast ausschließlich auf den weiblichen Blüten und deren Hochblättern [Faraq & Kayser, 2017]

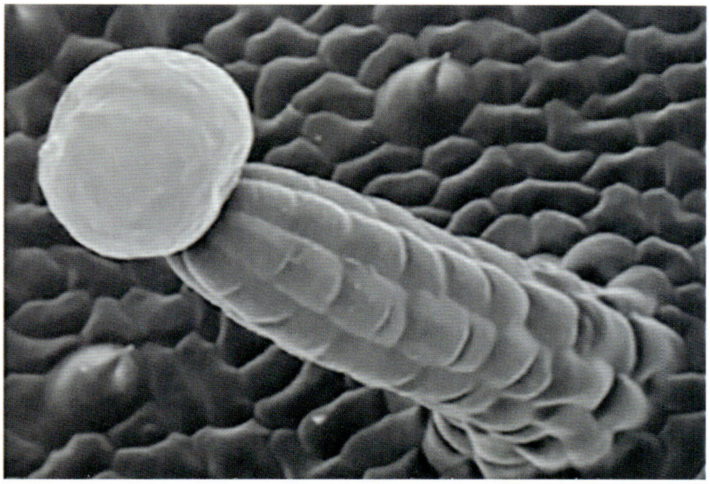

Abb. 47: Das Bild zeigt ein stark vergrößertes gestieltes Drüsenhaar (Trichom) einer Hanfpflanze. Solche Strukturen sind verantwortlich für die Bildung von Harzen und Aromastoffen – gut sichtbar ist die kugelförmige Drüsenkappe auf dem vielzelligen Stiel. [Norcan (2006), *Cannabis. Fra frø til plante*, Foto: Eirik]

Abb. 46: Die Makroaufnahme zeigt eine Vielzahl kugelförmiger Trichome auf der Oberfläche einer Hanfblüte. Diese Drüsenhaare produzieren ätherische Öle, Bitterstoffe und Harze, die für den Schutz der Pflanze und ihre Nutzung in Kosmetik oder Pharmazie relevant sind. [Clarke & Merlin, 2016]

Formen auf der Unterseite der Staubbeutel (Happyana, 2013), (Hussain, 2021).

Es gilt: Die weiblichen Blüten sind Hauptbildungsort für Trichome und damit für den Harz, der Unmengen an Wirkstoffen enthält, die bisher leider kaum erforscht sind (siehe Kapitel 4.6). In den Trichomen der Deckblätter und Tragblätter der Blütenstände akkumulieren sich die höchsten Konzentrationen der Wirkstoffe (daher sind vor allem unbestäubte weibliche Blüten von Interesse für die Erzeugung von Medizinal- und Freizeithanf (siehe Kapitel 5.3).

4.6 Cannabinoide und Wirkstoffe

Cannabis ist eine extrem wirkstoffreiche Pflanze mit mehr als 500 bisher identifizierten Wirkstoffen. Nicht nur die Samen (Nüsse) enthalten wertvolle Wirkstoffe wie essentielle Aminosäuren, Vitamine und Mineralstoffe, auch die Wurzeln und Blättern, aber vor allem die Blüten, mit ihren Trichomen, als Hauptquelle für das Harz. Dieses Harz bildet sich in den Drüsenhaaren (Trichomen). Die Harze bestehen neben ätherischen Ölen, hochpolymeren Phenolen, Terpenen und Wachsen zu ca. 80 % aus sogenannten Cannabinoiden. Bisher sind etwas mehr als 125 Cannabinoide identifiziert (Mohamed M. Radwan, 2021). Die bekanntesten Vertreter der Cannabinoide sind THC[12] und CBD[13].

Neben THC (Tetrahydrocannabinol) und CBD (Cannabidiol) gibt es noch andere bedeutende Cannabinoide wie CBG (Cannabigerol), CBC (Cannabichromen) und CBN (Cannabinol). Diese Substanzen gehören zur selben chemischen Familie und sind für die verschiedenen medizinischen Wirkungen von Cannabis verantwortlich.

12 Ausgeschrieben: Delta-9-Tetrahydrocannabinol
13 Ausgeschrieben: Cannabidiol

Sie wirken über unser körpereigenes Endocannabinoid-System, das gemeinsam mit körpereigenen Cannabinoiden (Endocannabinoiden) wichtige Funktionen wie Schmerzempfindung, Entzündungsprozesse, Appetit und Schlafregulation steuert.

Die evolutionäre Entwicklung des menschlichen Endocannabinoid-Systems zeigt eine bemerkenswerte Verbindung zur Cannabispflanze. Unser körpereigenes System und die pflanzlichen Cannabinoide weisen eine erstaunliche molekulare Übereinstimmung auf. Dies wird besonders deutlich an der präzisen Interaktion zwischen dem Cannabis-Wirkstoff THC und den Rezeptoren unseres Endocannabinoid-Systems.

Wissenschaftliche Untersuchungen deuten darauf hin, dass diese biochemische Kompatibilität das Resultat eines konvergenten Evolutionsprozesses sein könnte. In diesem Prozess entwickelten Cannabispflanzen Wirkstoffe, die mit den Nervensystemen von Tieren in Wechselwirkung treten können – möglicherweise als Schutzmechanismus oder als Form der chemischen Kommunikation zwischen Arten (McPartland, 2006), (Gertsch, 2010).

Obwohl das pflanzliche Cannabinoid-System und unser körpereigenes Endocannabinoid-System getrennt voneinander entstanden sind, haben sie im Laufe der Evolution eine bemerkenswerte chemische Passgenauigkeit entwickelt. Diese präzise biochemische Abstimmung zwischen Pflanze und Tier verdeutlicht die potenzielle evolutionäre Bedeutung beider Systeme für die Interaktion verschiedener Lebensformen. Die perfekte molekulare Kompatibilität zwischen pflanzlichen Cannabinoiden und unseren Körperrezeptoren bietet dabei einen faszinierenden Einblick in die komplexen Wechselbeziehungen der Natur.

So wird Cannabis seit tausenden von Jahren auch als Medizin verwendet. Es gibt zahlreiche Anwendungen von Cannabis als Medizin zur Behandlung einer Vielzahl von Beschwerden, darunter Asthma, Epilepsie, Müdigkeit, Glaukom, Schlaflosigkeit, Übelkeit, Schmerzen und Rheumatismus (Zuardi, 2005) (Mehr dazu im Kapitel 5.3)

Durch den geringen THC-Gehalt eignen sich viele Hanfsorten (u. a. alle aktuell zugelassenen Nutzhanfsorten in der EU) sowie alle männlichen Hanfpflanzen für die Herstellung von medizinischem Cannabis nicht. Trotzdem können auch aus Nutzhanf relevante Produkte für Medizin und Kosmetik hergestellt werden.

Die Wirkstoffe von Cannabis sind aber auch interessant für den Bausektor oder die Anwendung in Textilien:

Cannabinoide, insbesondere THC und CBD, weisen antimikrobielle Eigenschaften auf, die dazu beitragen können, Pflanzen vor pathogenen Organismen wie Pilzen und Bakterien zu schützen (Radwan, 2021). Diese antibakteriellen Eigenschaften sind auch für die Verwendung als Textilfaser und Baumaterial entscheidend. Studien legen vermehrt nahe, dass diese Produkte von Natur aus antimykotische und antibakterielle Eigenschaften haben (Ahmed, 2022). Hanfschäben haben ein enormes Potenzial für funktionelle Anwendungen. Intensive Forschung ist erforderlich, um aktive Verbindungen für die antibakterielle Wirkung zu identifizieren und preiswerte Materialien unter Berücksichtigung ihrer antibakteriellen Leistung in diversifizierten Produkten mit Mehrwert zu nutzen. (Khan, 2014)

Terpene, eine weitere Klasse von Cannabis-Inhaltsstoffen, wirken ebenfalls als natürliche Insektenschutzmittel und könnten Schädlinge abwehren. Sie tragen zur aromatischen Vielfalt von Cannabis bei, was auch einen Schutzmechanismus gegen Pflanzenfresser darstellen könnte.

Cannabis ist von Natur aus anpassungsfähig und wächst in verschiedenen Klimazonen (mehr dazu in Kapitel 7). Die chemischen Verbindungen im Harz der Pflanze, einschließlich Cannabinoiden und Terpenen, sind Teil ihrer natürlichen Abwehrmechanismen und tragen entscheidend dazu bei, dass Hanf kaum bis keine Pflanzenschutzmittel beim Anbau benötigt.

4.7 Warum macht manches Cannabis „high" und anderes nicht?

Cannabis kann psychoaktiv wirken, weil es Substanzen enthält, die mit den Rezeptoren im menschlichen Endocannabinoid-System interagieren. Der wichtigste Unterschied zwischen „high"-machendem Cannabis und nicht-psychoaktivem Cannabis liegt im Gehalt und der Art der Cannabinoide, insbesondere THC (Tetrahydrocannabinol) bzw. THCA (Tetrahydrocannabinolsäure) und CBD (Cannabidiol):

THC (Tetrahydrocannabinol) und THCA (Tetrahydrocannabinolsäure):

- THC ist der Hauptwirkstoff, der für die psychoaktive Wirkung verantwortlich ist. THC liegt im Cannabis zunächst als THCA (Tetrahydrocannabinolsäure) vor, das durch Hitzeeinwirkung (z. B. durch Rauchen, Verdampfen oder Kochen) in THC umgewandelt wird. Dieser Prozess heißt **Decarboxylierung**. Wer also nicht erhitzte Cannabis-Blüten isst, wird nur wenig Wirkung spüren.
- THC bindet an die CB1-Rezeptoren des Endocannabinoid-Systems, die hauptsächlich im Gehirn vorkommen, und löst dadurch Effekte wie Euphorie, veränderte Wahrnehmung und Entspannung aus.
- Die Menge an THC im Cannabisprodukt entscheidet darüber, wie stark es „high" macht.

CBD (Cannabidiol):

- CBD wirkt nicht psychoaktiv und kann sogar die psychoaktive Wirkung von THC abschwächen.
- Es bindet nicht direkt an die CB1-Rezeptoren, sondern beeinflusst sie indirekt, indem es die Wirkung von THC moduliert und potenziell beruhigend und entspannend wirkt.

THC-zu-CBD-Verhältnis:

- Cannabis, das einen hohen THC-Gehalt und wenig CBD enthält, hat eine stärkere psychoaktive Wirkung und macht „high".
- Cannabis mit niedrigem THC-Gehalt und hohem CBD-Gehalt wirkt nicht berauschend, wird jedoch häufig für medizinische Anwendungen eingesetzt.

Tetrahydrocannabinol (THC) ist der bekannteste Wirkstoff in Cannabis und hauptverantwortlich für die psychoaktiven Effekte. Es interagiert direkt mit den CB1-Rezeptoren des Endocannabinoid-Systems im Gehirn. Diese Interaktion führt zu den charakteristischen Wirkungen wie Euphorie, verändertem Wahrnehmungserleben und Entspannung. Je höher der THC-Gehalt in einem Cannabisprodukt ist, desto intensiver sind diese Effekte.

Cannabidiol (CBD) hingegen erzeugt keine psychoaktiven Wirkungen. Interessanterweise kann es sogar die berauschende Wirkung von THC reduzieren. Anders als THC bindet CBD nicht direkt an die CB1-Rezeptoren, sondern beeinflusst diese auf indirektem Weg. Dies führt zu seiner modulierenden Wirkung auf THC sowie zu eigenständigen beruhigenden und entspannenden Effekten.

Das Zusammenspiel dieser beiden Substanzen ist entscheidend: Cannabis mit einem hohen THC-Anteil bei gleichzeitig niedrigem CBD-Gehalt entwickelt eine besonders ausgeprägte psychoaktive Wirkung. Im Jahr 2015 lag der THC-Gehalt bei 3 bis 22 %, im Durchschnitt bei etwa 10 % (EBDD, 2022). Medizinisches Cannabis hat selten mehr als 30 % THC (Baldwin, 2022).

In der Hanfpflanze wird das Verhältnis von THC und CBD durch agroklimatische Bedingungen und den Erntezeitpunkt bestimmt (BfR, 2012). In manchen Züchtungen sehen wir, dass sich der THC-Gehalt in Cannabis-Blüten seit den 1990er Jahren um ein Vielfaches erhöht hat. Gleichzeitig ist der CBD-Gehalt im Verhältnis geringer geworden, sodass ein balancierender Faktor in der Wirkung fehlt, was tendenziell zu unangenehmen Rauscherfahrungen führen kann und auch aus gesundheitspräventiver Sicht kritisch hinterfragt werden darf.

Es ist wichtig zu betonen, dass der THC-Gehalt bei Nutzhanf und Cannabis unterschiedlich ist. Der Begriff „Marihuana" oder medizinisches Cannabis bezieht sich auf einen THC-Gehalt von mehr als 0,3 % des Trockengewichts, während der THC-Gehalt von Nutzhanf in der EU nicht mehr als 0,3 % betragen darf.

Ein guter, aber veralteter Artikel: https://www.braunschweiger-zeitung.de/gifhorn/article239964696/Hanf-ist-nicht-gleich-Hanf-Das-sind-die-Wirkstoffe-von-Cannabis.html

4.8 Rechtslage von Cannabis und Nutzhanf

THC-Grenzwert-Entwicklung

Die Geschichte des THC-Grenzwerts für Nutzhanf in Europa ist eine Geschichte wiederholter Anpassungen. Cannabis wurde in Deutschland ab Ende des 19. Jahrhunderts zunehmend reguliert (siehe Kapitel 2.8); 1982 kam es in der Bundesrepublik zum vollständigen Anbauverbot, das erst 1996 durch die Wiederzulassung des Nutzhanfanbaus aufgehoben wurde. 1984 hatte die Europäische Wirtschaftsgemeinschaft (EWG) den Nutzhanfanbau mit einer Förderfähigkeit bis 0,5 % THC wieder zugelassen. Bereits 1989 senkte die Verordnung (EWG) Nr. 1164/89 diesen Wert auf 0,3 %. Mit der Verordnung (EG) Nr. 1420/98 erfolgte eine weitere Absenkung auf 0,2 %, wirksam ab dem Wirtschaftsjahr 2001/02. Deutschland hatte diesen strengeren Grenzwert von 0,2 % national bereits 1996 bei der Wiederzulassung festgelegt – die EG zog also nach (Spiekermann, 2024; Kemme et al., 2021). Im Rahmen der GAP-Reform wurde mit der Verordnung (EU) 2021/2115 der zulässige THC-Gehalt wieder auf 0,3 % angehoben; in Deutschland erfolgte die nationale Umsetzung rückwirkend zum 1. Januar 2023 durch die Direktzahlungen-Durchführungsverordnung (zur Förderfähigkeit und den GAP-Direktzahlungen siehe Kapitel 8.5). Laut dem gemeinsamen Sortenkatalog für landwirtschaftliche Pflanzenarten standen im März 2024 insgesamt 116 Nutzhanfsorten für den Anbau auf deutschen Äckern zur Verfügung (EU, 2024). Für den Anbau darf ausschließlich zertifiziertes Saatgut aus diesem Katalog verwendet werden (zu Sortenwahl, Saatgutnachweisen und dem Anmeldeverfahren bei der BLE siehe Kapitel 7.4) (BLE, 2025). Vom Konsumcannabisgesetz (KCanG), das seit April 2024 den privaten Eigenanbau und Anbauvereinigungen regelt, ist der Nutzhanf klar abzugrenzen (siehe Textbox „KCanG" links).

Auswirkungen der Grenzwerterhöhung

Die Anhebung um 0,1 Prozentpunkte mag gering erscheinen, hat aber erhebliche praktische Auswirkungen. Der erweiterte Sortenpool ermöglicht Landwirten eine gezieltere Auswahl nach Nutzungszweck: höhere Schäbenerträge für Baustoffe (siehe Kapitel 13), stärkere oder feinere Fasern für die Textilverarbeitung sowie ertragreichere Samensorten für die Lebensmittel- und Ölproduktion (siehe Kapitel 9). Zudem reduziert der höhere Grenzwert das Anbaurisiko, da viele leistungsfähige Hanfsorten unter Hitzestress dazu neigen, den alten Wert von 0,2 % zu überschreiten – mit der Folge von Erntevernichtung und Verlust der Direktzahlungen (zu den THC-Kontrollen und der Erntefreigabe siehe Kapitel 7.5). Zur Einordnung: Nutzhanf mit maximal 0,3 % THC steht in keinem Verhältnis zu Genusscannabis, dessen THC-Gehalt durch gezielte Züchtung heute regelmäßig über 20 % liegt und bei Wettbewerbssorten Werte um 37 % erreichen kann (Baldwin, 2022). Die Abgrenzung ist also biologisch und regulatorisch eindeutig, auch wenn sie in der öffentlichen Wahrnehmung häufig verschwimmt.

Internationaler Vergleich

Im europäischen Vergleich liegt Deutschland mit 0,3 % am unteren Rand. Italien erlaubt seit 2017 unabhängig von den EU-Vorgaben Nutzhanfsorten mit bis zu 0,6 % THC, Tschechien hat den Grenzwert für bestimmte Anwendungen auf 1,0 % angehoben. Die Schweiz – kein EU-Mitglied – erlaubt ebenfalls Nutzhanf bis 1,0 % THC. Außerhalb Europas operieren wichtige Wettbewerber wie China, die USA, Kanada und Australien mit Grenzwerten bis zu 1,0 % (Hanfjournal, 2023). Dieser Wettbewerbsnachteil spiegelt sich auch in der Anbaufläche wider: Deutschland bewirtschaftete 2024 rund

i

Konsumcannabisgesetz (KCanG) 2024

Besitz und Eigenanbau:
- Erwachsene (ab 18 Jahren) dürfen bis zu 25 Gramm Cannabis besitzen.
- Es ist erlaubt, bis zu 3 Pflanzen für den Eigenbedarf anzubauen.

Anbauvereinigungen:
- Gemeinnützige Vereine dürfen für ihre Mitglieder Cannabis anbauen und verteilen.
- Mitglieder können bis zu 50 Gramm pro Monat (oder 25 Gramm für unter 21 Jährige) erhalten.

Kommerzieller Verkauf:
- Der Verkauf in kommerziellen Läden bleibt verboten.
- Pilotprojekte für lizenzierte Abgabestellen sollen in bestimmten Regionen erprobt werden.

Abgrenzung Nutzhanf:
- Nutzhanf wird in §§ 31, 32 KCanG geregelt und ist ausschließlich Landwirten vorbehalten.
- Privatpersonen dürfen keinen Nutzhanf anbauen.
- Zu Meldepflichten und Kontrollen siehe Kapitel 7.5.

7.100 Hektar Nutzhanf – ein Bruchteil der europäischen Gesamtfläche und weniger als 0,06 % der deutschen Ackerfläche (siehe Kapitel 7). Die Bundesregierung erklärte in ihrer Antwort auf die Kleine Anfrage der Fraktion Die Linke im August 2025 (BT-Drs. 21/1047), dass derzeit weder eine weitere Anhebung des THC-Feldgrenzwertes noch eine Novellierung des Nutzhanfrechts geplant sei, und verwies auf EU-Saatgutrecht und Gesundheitsschutz (BMLEH, 2025). Das Nutzhanf-Netzwerk e.V. warnt allerdings, dass eine isolierte Erhöhung des Feldwertes ohne Anpassung der EU-Produktgrenzwerte wirtschaftlich kontraproduktiv wäre. In der EU gelten derzeit 3 mg/kg THC für Samenprodukte und 7,5 mg/kg für Öl, basierend auf der EFSA-Referenzdosis von 1 µg THC pro kg Körpergewicht. Ein Feldwert von 1 Prozent entspräche einer Verfünffachung gegenüber 0,2 Prozent und würde ohne flankierende Maßnahmen zu mehr Analytikaufwand, Rückrufen und Erntevernichtung führen. Das NHN fordert daher ein Gesamtpaket: eine parallele Anhebung der Produkt- und Feldgrenzwerte, praxistaugliche Analysemethoden sowie bürokratiearme Ernte- und Verarbeitungsketten (NHN, 2025). Festzuhalten bleibt: Der Anbau von Nutzhanf mit bis zu 0,3 % THC ist in Deutschland rechtlich möglich, die Wertschöpfung entlang der gesamten Kette jedoch nach wie vor durch ungelöste Produktgrenzwert-Fragen und fehlende Rechtssicherheit beim Handel eingeschränkt.

Nutzhanfliberalisierungsgesetz (NLG)

Das Nutzhanfliberalisierungsgesetz (NLG) sollte den Anbau und Umgang mit Nutzhanf in Deutschland erleichtern und rechtliche Hürden abbauen. Kernstück des Gesetzes war die Streichung der sogenannten Missbrauchsklausel, die vorschrieb, dass der Verkehr mit Nutzhanf nur zulässig ist, wenn ein Missbrauch zu Rauschzwecken ausgeschlossen werden kann. Diese Regelung sorgte in der Praxis für erhebliche Unsicherheiten und bürokratische Belastungen bei Landwirten und Händlern. Historisch geht die Klausel auf die Logik des Betäubungsmittelgesetzes (BtMG) von 1971 zurück, das Cannabis pauschal als nicht verkehrsfähiges Betäubungsmittel einstufte (Kemme et al., 2021). Obwohl der Nutzhanf seit April 2024 über das Konsumcannabisgesetz (KCanG, §§ 31, 32) reguliert wird, wirkt die Missbrauchsklausel in der Praxis fort und betrifft insbesondere den Handel mit Hanfblüten, Tees und verarbeiteten Produkten.

Hier sollte das NLG ansetzen und erstmals durchgängige Rechtssicherheit entlang der gesamten Wertschöpfungskette schaffen, vom Feld bis zum Regal. Zudem sollte der Indoor-Anbau von Nutzhanf erstmals ausdrücklich erlaubt werden, was Erzeugern zusätzliche Möglichkeiten eröffnet hätte. Diese Maßnahmen zielten darauf ab, die Anbauflächen für Nutzhanf in Deutschland zu vergrößern und die Nutzung der Pflanze in Bereichen wie Textilien, Lebensmitteln und Kosmetik zu fördern (zu den geltenden Melde- und Kontrollpflichten beim Anbau siehe Kapitel 7.4 und 7.5).

Verlauf des Gesetzgebungsverfahrens

Das Bundeskabinett beschloss am 25. September 2024 den Gesetzentwurf zur Liberalisierung des Nutzhanfanbaus (BMEL, 2024). Der von Bundesminister Cem Özdemir vorgelegte Entwurf – formal das „Erste Gesetz zur Änderung des Konsumcannabisgesetzes – Nutzhanfliberalisierung“ (BT Drs. 20/14043) – wurde von Branchenakteuren wie dem Branchenverband Cannabiswirtschaft (BvCW) und dem Nutzhanf-Netzwerk e.V. (NHN) aktiv mitgestaltet. Die Abstimmungen im Bundesrat verliefen positiv: Es gab weder eine Anrufung des Vermittlungsausschusses noch eine Forderung zur Beibehaltung der Missbrauchsklausel. Ein finaler Beschluss im Bundestag erfolgte jedoch nicht mehr nach dem Bruch der Ampelkoalition im November 2024. Das Gesetz scheiterte damit mit dem Ende der 20. Legislaturperiode und trat nicht in Kraft. Der Gesetzentwurf ist weiterhin als Bundestagsdrucksache öffentlich zugänglich (BMELa, 2024). Bedeutende Meilensteine der Cannabis- und Nutzhanfgesetzgebung zeigt die Tabelle auf S. 54.

Die Branche hatte den Entwurf überwiegend positiv aufgenommen (Agrarwelt, 2024). Zugleich mahnte das NHN, dass eine

i

Medizinalcannabis

Rechtslage seit 2017:
- Deutschland erlaubt seit März 2017 Cannabis als verschreibungsfähiges Arzneimittel.
- Verschreibung durch Ärzte, Abgabe über Apotheken.
- Einsatzgebiete: u. a. chronische Schmerzen, Multiple Sklerose, Übelkeit bei Chemotherapie.

Zuständigkeit:
- Anbau und Import unterliegen staatlicher Kontrolle durch die Bundesopiumstelle beim Bundesinstitut für Arzneimittel und Medizinprodukte (BfArM).

Aktuelle Regelung seit 2024:
- Mit dem Cannabisgesetz (CanG) wurde Medizinalcannabis aus dem BtMG herausgelöst und im Medizinal Cannabisgesetz (MedCanG) eigenständig geregelt.

MedCanG Novelle 2025/26:
- Erste Lesung im Bundestag am 18.12.2025.
- Geplante Änderungen: Einschränkung der Telemedizin-Verschreibung, Rückkehr zur analogen Verordnung, Reduzierung von Blütenimporten.
- Ausschussberatung im Frühjahr 2026.

Jahr	Meilenstein	Details
1872	Arzneimittelhandels-verordnung	Hanfpräparate werden im Deutschen Reich apothekenpflichtig (Einstufung als medizinisches Produkt).
1925	Genfer Opiumabkommen	Cannabis wird erstmals international als kontrollierte Substanz eingestuft (Regulierung von „Indischem Hanf“).
1929	Deutsches Opiumgesetz	Umsetzung des Genfer Abkommens (Umgang mit „Indischem Hanf“ wird im Deutschen Reich zur Straftat).
1961	UN-Einheits-Übereinkommen	Cannabis wird weltweit in die strengste Kategorie eingeordnet (gleichgestellt mit Morphin, Kokain und Heroin).
1971	Betäubungsmittelgesetz (BtMG)	Das BtMG löst das Opiumgesetz ab (Cannabis bleibt als nicht verkehrsfähig eingestuft und ist nur zu Forschungszwecken zulässig).
1982	Vollständiges Anbauverbot	In der Bundesrepublik Deutschland wird der Hanfanbau vollständig untersagt (gilt auch für Sorten mit geringem THC-Gehalt).
1984	EWG-Zulassung	Die EWG lässt den Nutzhanfanbau wieder zu (Grenzwert von höchstens 0,5 % THC zur Abgrenzung zum Rauschhanf).
1989	Absenkung des Grenzwerts	Die Verordnung (EWG) Nr. 1164/89 senkt die Förderfähigkeit auf Sorten mit höchstens 0,3 % THC.
1996	Wiederzulassung (Deutschland)	Aufhebung des Totalverbots durch das Bundesverwaltungsgericht (Anbau in Deutschland mit EU-Sortenkatalog und nationalem Grenzwert von 0,2 % THC wieder erlaubt).
1999	Anpassung der EG	Die Verordnung (EG) Nr. 1420/98 senkt den EU-Grenzwert auf 0,2 % (wirksam ab dem Wirtschaftsjahr 2001/02).
2017	Medizinalcannabis-Gesetz	Cannabis wird als verschreibungsfähiges Arzneimittel eingeführt (Abgabe über Apotheken unter staatlicher Kontrolle).
2021	EU-GAP-Reform	Die Verordnung (EU) 2021/2115 hebt den THC-Grenzwert für Nutzhanf wieder auf 0,3 % an.
2023	Nationale Umsetzung	Deutschland passt die Vorgaben an das EU-Recht an (0,3 % THC werden durch die Direktzahlungen-Durchführungsverordnung rückwirkend zum 01.01.2023 wirksam).
2024	Cannabisgesetz (CanG)	Inkrafttreten des Gesetzespakets zur Entkriminalisierung (Besitz bis 25 g und Eigenanbau von drei Pflanzen erlaubt; Regelungen zu Nutzhanf in den §§ 31, 32 KCanG).
2024	Kabinettsbeschluss NLG	Das Nutzhanfliberalisierungsgesetz wird am 25. September beschlossen (scheitert jedoch im November nach dem Bruch der Regierungskoalition).
2025	Aktuelle Entwicklungen	Keine Novellierung durch das BMEL geplant (BT-Drs. 21/1047; erste Lesung der MedCanG-Novelle im Bundestag am 18.12.2025).
2026	Politischer Vorstoß	Antrag der Linken zur Nutzhanfliberalisierung im Februar (Thema durch das BMEL bis zur EU-Entscheidung COP 2027 zurückgestellt).

Liberalisierung des Feldwertes nur dann ihre volle Wirkung entfalten könne, wenn sie mit einer Anpassung der EU-Produktgrenzwerte und bürokratiearmen Verarbeitungsketten einhergehe (zur ausführlichen NHN-Position und den EFSA-Referenzdosen siehe Absatz 3) (NHN, 2025).

Aktuelle Entwicklungen

Nach dem Scheitern des NLG bleibt die politische Lage unverändert. Die Bundesregierung erklärte bereits im August 2025, dass weder eine Novellierung des Nutzhanfrechts noch eine Anhebung des THC-Feldgrenzwertes geplant sei (siehe Absatz 3, BMLEH, 2025). Eine Besprechung im zuständigen Referat des BMLEH im Februar 2026 bestätigte zwar dringenden Handlungsbedarf, ergab jedoch, dass die politische Führung das Thema bis zur Entscheidung auf EU-Ebene (COP 2027) nicht aufgreifen wird. Im Februar 2026 brachte die Fraktion Die Linke einen Antrag zur umfassenden Liberalisierung des Nutzhanfrechts ein (BT Drs. 21/3912), der unter anderem eine Anhebung der THC-Grenzen und den Abbau von Bürokratiehürden fordert. Eine parlamentarische Mehrheit ist derzeit nicht absehbar (Die Linke, 2026).

Brücke zur Praxis

Bis zu einer möglichen Neuregelung bleibt § 32 KCanG die geltende Rechtsgrundlage für den Nutzhanfanbau in Deutschland. Landwirte, die Nutzhanf anbauen, müssen sich weiterhin an die bestehenden Anmelde-, Kontroll- und Nachweispflichten halten. Für die konkreten Anforderungen – von der Sortenwahl und BLE-Anmeldung über die THC-Kontrollen und Erntefreigabe bis zu den Saatgutetiketten – siehe Kapitel 7.4 und 7.5. Zur Förderfähigkeit im Rahmen der GAP-Direktzahlungen siehe Kapitel 8.5.

Land	THC-Grenzwert	Anmerkung
EU (Standard)	0,3 %	Seit GAP-Reform 2021 (VO (EU) 2021/2115)
Deutschland	0,3 %	National wirksam seit 01.01.2023 (§§ 31, 32 KCanG)
Frankreich	0,3 %	EU-Standard (größte Anbaufläche in Europa)
Österreich	0,3 %	EU-Standard
Italien	0,6 %	Seit 2017 (nationale Regelung unabhängig von EU-Vorgaben)
Tschechien	1,0 %	Für bestimmte Anwendungen (nationale Sonderregelung)
Schweiz	1,0 %	Kein EU-Mitglied
USA	0,3 %	Farm Bill 2018 (Bundesregelung)
Kanada	0,3 %	Industrial Hemp Regulations
China	0,3 %	Provinzregelungen (Yunnan, Heilongjiang, Jilin; weltweit größter Produzent)
Australien	bis 1,0 %	Je nach Bundesstaat unterschiedlich

i

Was bedeutet die 0,3 %-Regelung für Nutzhanf in der EU und Deutschland?

EU Recht seit 2023:
- Die GAP-Reform hat den zulässigen THC-Gehalt für Nutzhanf auf maximal 0,3 % angehoben.
- Gilt für alle Sorten im EU-Sortenkatalog (aktuell 116 Sorten, Stand März 2024).

Was Landwirte heute dürfen:
- Anbau von EU-zertifizierten Sorten mit bis zu 0,3 % THC.
- Voraussetzung: Anmeldung bei der BLE bis 1. Juli, zertifiziertes Saatgut, Einhaltung der Kontrollpflichten (siehe Kapitel 7.4).

Was weiterhin fehlt:
- Die sogenannte Missbrauchsklausel wirkt fort: Der Handel mit Hanfblüten, Tees und verarbeiteten Produkten bleibt rechtlich unsicher, wenn ein „Missbrauch zu Rauschzwecken" nicht ausgeschlossen werden kann.
- Das NLG, das diese Klausel streichen sollte, scheiterte Ende 2024 mit dem Bruch der Ampelkoalition.

Ausblick:
- Die Bundesregierung will das Thema bis zur EU-Entscheidung (COP 2027) nicht aufgreifen.
- Anbau ist rechtssicher möglich, Handel und Verarbeitung bleiben eingeschränkt.

5. Der Nutzen von Hanf

> *Der wahre Mehrwert von Industriehanf liegt in der Vielzahl innovativer Lösungen, die er für eine regenerative Wirtschaft bietet.*
>
> Mirizzi & Wilson (2020)

Neben der bekanntesten Nutzung von Hanf als Rauschmittel konzentrieren wir uns nun auf den Anbau und die Nutzung von Nutzhanf für Baustoffe, also Faserhanf.

Nutzhanf ist nahezu 100 % verwertbar, auch die Wurzeln, wobei die Wurzeln in der Regel im Boden bleiben, da verrotten und die Bodenstruktur verbessern (Mehr in Kapitel 8). Alles über der Erde, also Stängel (Stroh), Blätter, Blüten und Samen, ist Ausgangsstoff einer Vielzahl von Produkten, darunter Papier, Seile, Textilien, Kleidung, biologisch abbaubare Kunststoffe, Farben, Dämmstoffe, Biokraftstoffe, Lebensmittel und Tierfutter und weitere Produkte.

Schon 1938 wurde in einem Artikel des Magazins „Popular Mechanics" über 25.000 industrielle Nutzungsformen von Hanf berichtet, darunter Dynamit, Shampoo und Cellophan. Grundsätzlich kann alles, was auf Basis von Holz, Baumwolle oder Erdöl hergestellt wird, auch aus Hanf produziert werden.

Durch Fortschritte in der industriellen Fertigung und neuen Fertigungsbereichen wie Bioplastik, wird heute geschätzt, dass über 50.000 Produkte aus Hanf hergestellt werden können. Führende Hersteller nutzen ihn als Rohstoff für Kleidung, Lebensmittel, Autos, Baumaterialien, Kosmetika und andere Artikel. (Amsterdam, 2023).

Viele Hanfaktivisten betonen die Koppel-Nutzungsmöglichkeiten der gesamten Hanfpflanze (Samen, Blätter, Stroh). Dies wird in der Praxis bisher allerdings selten gemacht. Das liegt nicht zuletzt daran, dass es die eierlegende Wollmilchsau unter den Hanfpflanzen (noch) nicht gibt, also eine Pflanze, die gleichzeitig wirtschaftliche Erträge von allen Früchten des Hanfanbaus bietet. Außerdem gibt es Herausforderungen im Hanfanbau (siehe Kapitel 8) und auch Ernte- und Verarbeitungstechnologien spielen eine Rolle dabei, dass Hanf (noch) nicht zu 100 % koppelgenutzt werden kann. Bevor wir uns Hanfbaustoffe genauer angucken (siehe Kapitel 12), werden im Folgenden die derzeit größten Potenziale für industrielle Anwendungen von Nutzhanf kurz aufgeführt.

Es ist wichtig zu beachten, dass für die Herstellung bestimmter Produkte oft die notwendige Industrie und Infrastruktur fehlen, was die Kosten insbesondere bei Produkten aus Hanffasern im Vergleich zu Importware erhöht. Zwar lassen sich aus derselben Pflanze verschiedene Produkte herstellen, doch erfordert ein produktiver Anbau meist eine Anpassung der Kulturführung an ein spezifisches Ernteprodukt. Eine Mehrfachnutzung geht daher immer mit Einschränkungen einher (FiBL, 2023).

Details zu Erträgen siehe Kapitel 9.

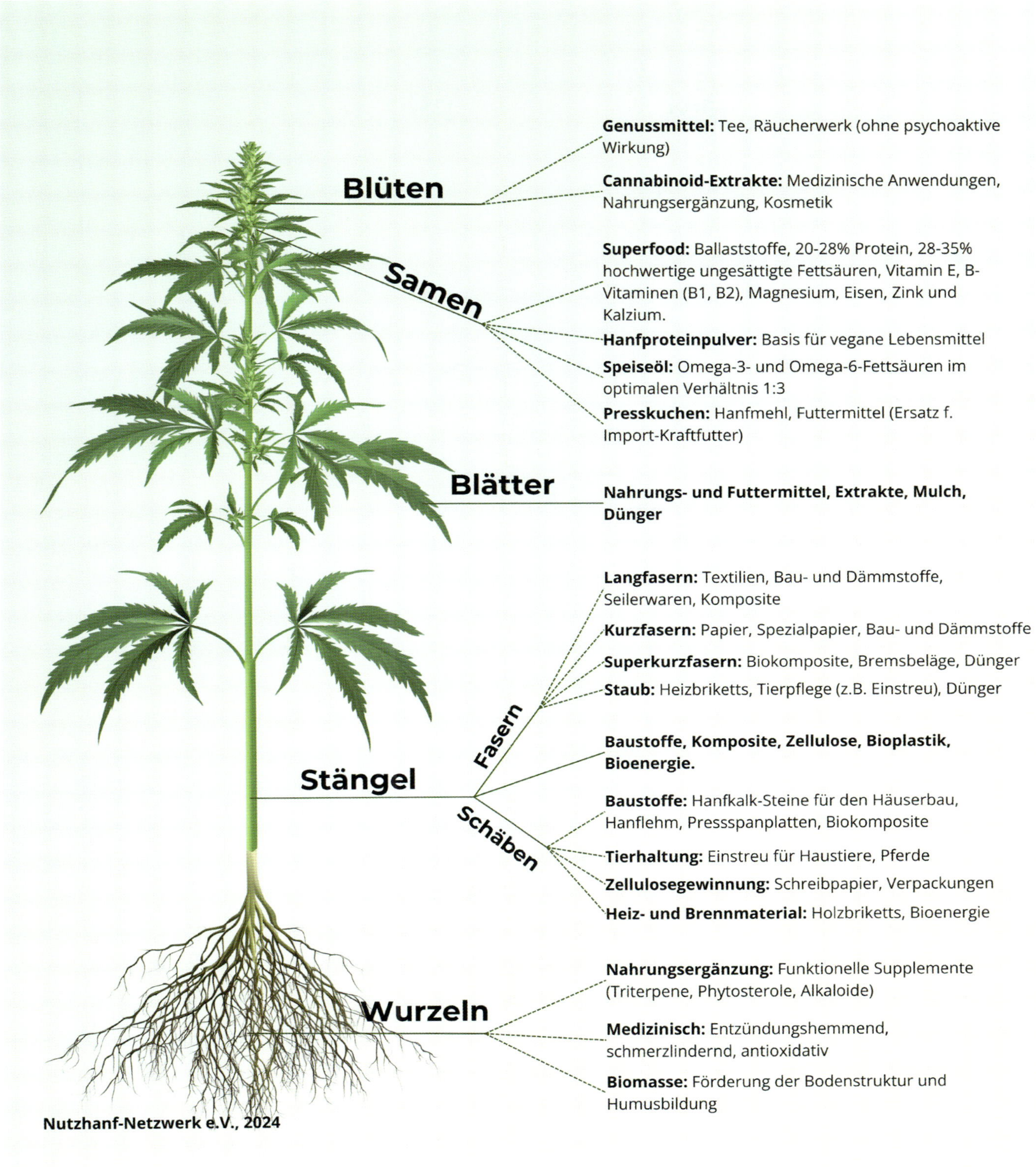

Abb. 48: Wesentliche Nutzungen der Hanfpflanze: Blüten für Genuss und Extrakte, Samen als Lebensmittel und Öl, Blätter als Futter und Dünger, Stängel für Fasern und Baustoffe sowie Wurzeln als Biomasse und Nahrungsergänzung [Nutzhanf-Netzwerk e.V. 2024]

5.1 Hanf als Nahrungs- und Futtermittel – aus Samen und Blättern

Hanf hat sich als vielseitiges und wertvolles Nahrungs- und Futtermittel etabliert. Die Hanfsamen, auch als Hanfnüsse bekannt, sind außergewöhnlich nährstoffreich: Sie enthalten 20 bis 25 % hochwertige Proteine mit allen essentiellen Aminosäuren, deren Qualität mit Sojaprotein vergleichbar ist, 30 bis 35 % mehrfach ungesättigte Fettsäuren (vor allem Omega-3- und Omega-6-Fettsäuren im ernährungsphysiologisch günstigen Verhältnis von 1:3) sowie 25 bis 35 % Ballaststoffe (Jonaitienė et al., 2016; Rachel Jacob et al., 2020; Bernava et al., 2015; Amaducci et al., 2015). Darüber hinaus liefern sie eine breite Palette an Vitaminen und Mineralstoffen, darunter Vitamin E (als natürliches Antioxidans), B-Vitamine (B1, B2), Calcium, Magnesium, Kalium, Eisen sowie Phytosterole (Karus et al., 2003). Das Hanfprotein besteht hauptsächlich aus den beiden Komponenten Albumin und Edestin und ist leichter verdaulich als Sojaprotein, weshalb Hanf als vollwertiger Ersatz für tierisches Eiweiß angesehen werden kann (Karus et al., 2003). Der Ertrag an Hanfsamen liegt bei 0,8 bis 1,2 Tonnen pro Hektar und stellt damit eine ergiebige Proteinquelle für die menschliche Ernährung und die Tierernährung dar (Schluttenhofer & Yuan, 2017; Korus et al., 2017).

Abb. 49: Geschälte Hanfsamen, auch Hanfherzen oder Hanfnüsse genannt, sind die weichen Kerne der Hanfsamen, deren harte Schale maschinell entfernt wurde. Sie gelten als proteinreiches Lebensmittel mit hohem Gehalt an essentiellen Fettsäuren und werden zunehmend als regionales Superfood geschätzt.

In der menschlichen Ernährung finden Hanfprodukte vielfältige Verwendung. Die Samen können roh verzehrt, in Müslis und Smoothies integriert oder zu Mehl verarbeitet werden, das sich hervorragend für Backwaren eignet. Durch Kaltpressung gewinnt man hochwertiges Hanfsamenöl, das frei von chemischen Verunreinigungen ist und natürliche Antioxidantien wie Tocopherole (bis zu 100 mg/100 g) und Polyphenole (bis zu 10 mg/100 g) enthält (Teh & Birch, 2013; Mikulcová et al., 2017). Das Öl wird als gesundes Speiseöl geschätzt, das zur Prävention von Herz-Kreislauf-Erkrankungen, Diabetes und anderen entzündlichen Erkrankungen beitragen kann (Rodriguez-Leyva & Pierce, 2010; Liang et al., 2018). Auch Hanfblätter werden genutzt, vor allem zur Herstellung von Tees, die pur oder mit Früchten kombiniert genossen werden. Aus Blättern und Blüten gewonnene ätherische Öle finden als Geschmacks- und Aromastoffe in Lebensmitteln und sogar in Waschmitteln Verwendung.

Abb. 50: Das Bild zeigt Hanfpresskuchen, der bei der Ölgewinnung entsteht und als eiweiß- und ballaststoffreicher Futterstoff sowie als Rohstoff für Biokomposite Verwendung findet. [Ivette Witkowski, Hochschule Merseburg, 2024]

In der Tierhaltung erweist sich Hanf ebenfalls als äußerst nützlich, eine Tradition, die bereits vom 18. bis ins 20. Jahrhundert dokumentiert ist. Hanfsamen fanden seit dem 18. Jahrhundert regelmäßige Verwendung als Vogelfutter, insbesondere für Kanarienvögel (Spiekermann, 2024).

Der nach der Ölgewinnung verbleibende Presskuchen, auch Hanfölkuchen oder Hanfkuchen genannt, bildete ein wichtiges Futtermittel für Nutztiere. Bereits im 18. Jahrhundert wurde der sogenannte Ölkuchen an Rindvieh, Schweine, Schafe und Pferde verfüttert (Spiekermann, 2024). Diese Praxis wurde auch im frühen 20. Jahrhundert fortgesetzt. Backe (1936) dokumentiert, dass der Hanfkuchen wertvolles Futter darstellte, das im Durchschnitt 5 bis 7 % Fett und 25 bis 30 % Rohprotein enthielt, wobei etwa 25 bis 30 % verdauliches Eiweiß und 5 bis 7 % verdauliches Fett ein hochwertiges Futtermittel konstituierten (Backe, 1936, S. 6-7, 15).

Bei der Verarbeitung von Hanfsamen zu menschlicher Nahrung, etwa Hanfsuppe, fielen die harten Schalen und Hülsen als Abfallprodukt an und wurden zur Viehfütterung verwendet (Spiekermann, 2024, zitiert nach Krünitz, 1789).

Heute wird der nährstoffreiche Presskuchen in der Viehzucht geschätzt, da er die Verdauung der Tiere fördert und zu einem gesunden, glänzenden Fell beiträgt. Besonders in der Pferde- und Geflügelhaltung gewinnt Hanf als Futterzusatz zunehmend an Bedeutung. Aus technischer Sicht eignet sich Hanf prinzipiell als Futtermittelausgangsstoff, wie durch Fütterungsversuche belegt (Wagner et al., 2022).

Die praktische Eignung wird jedoch maßgeblich durch die regulatorische Situation eingeschränkt. Die zentrale Limitation besteht in der THC-Problematik: Der nachgewiesene Transfer von Cannabinoiden in tierische Produkte (Wagner et al., 2022) begründet regulatorische Vorsicht. Die Festlegung angemessener Höchstwerte bleibt ein aktives Spannungsfeld zwischen Vorsorgeprinzip, vertreten durch Behörden wie dem Bundesinstitut für Risikobewertung (BfR), und Wirtschaftlichkeitserwägungen, vertreten durch Verbände wie die European Industrial Hemp Association (EIHA), Nutzhanf-Netzwerk e.V. und den Bundesverband Cannabiswirtschaft (BvCW). Die Gesetzeslage ist durch ein mehrstufiges EU-Regulierungssystem gekennzeichnet, das Futtermittelsicherheit, Hygienevorschriften und Grenzwerte für unerwünschte Stoffe umfasst. Die konkrete praktische Ausgestaltung für Hanf-Futtermittel befindet sich offenbar noch in der Entwicklung, wie die diversen Positionspapiere und Vorschläge zeigen.

5.2 Hanf für Kosmetik – aus Hanföl

Auch außerhalb der Naturkosmetik hat Hanf sich insgesamt in der Kosmetikindustrie als vielseitiger und wertvoller Inhaltsstoff etabliert. Da das aus den Hanfsamen gewonnene Öl besonders reich an essenziellen Fettsäuren ist, vor allem Omega-3 und Omega-6, ist es für die Hautgesundheit von großer Bedeutung. Diese Fettsäuren unterstützen die Hautbarriere, fördern die Feuchtigkeitsbalance und können Entzündungen lindern.

Hanföl zeichnet sich durch seine leichte Textur aus und wird schnell von der Haut absorbiert, ohne einen fettigen Film zu hinterlassen. Es eignet sich daher hervorragend für verschiedene Hauttypen, einschließlich fettiger und zu Akne neigender Haut. Die antioxidativen Eigenschaften des Öls schützen zudem vor freien Radikalen und können so vorzeitiger Hautalterung entgegenwirken.

In Haarpflegeprodukten trägt Hanf zur Stärkung und Regeneration der Haarstruktur bei. Es spendet Feuchtigkeit, verbessert die Kämmbarkeit und verleiht dem Haar natürlichen Glanz. Auch in der Lippenpflege findet Hanföl Anwendung, da es trockene und rissige Lippen effektiv pflegt und schützt.

Hanfextrakte werden aufgrund ihrer beruhigenden und entzündungshemmenden Eigenschaften häufig in Produkten für empfindliche oder problematische Haut eingesetzt. Sie können bei Hautirritationen, Rötungen und sogar bei Hauterkrankungen wie Psoriasis oder Ekzemen lindernd wirken.

In der Naturkosmetik gewinnt Hanf zunehmend an Bedeutung, da er als nachhaltiger und umweltfreundlicher Rohstoff gilt. Die Hanfpflanze wächst schnell, benötigt wenig Wasser und kommt in der Regel ohne Pestizide aus.

Natürliches Hanföl ist ein einzigartiges Pflegeprodukt, das trockene Haut mit Feuchtigkeit versorgt und wertvolle ungesättigte Fettsäuren liefert, wie Linolsäure, Alpha-Linolensäure und Gamma-Linolensäure. Die besondere Zusammensetzung der Fettsäuren im Hanf ähnelt dem menschlichen Fettsäuremuster der Haut und eignet sich daher auch für empfindliche Haut und Allergiker.

Abb. 51: Hier wird Hanföl nach der Pressung in Flaschen abgefüllt. [Ivette Witkowski, Hochschule Merseburg, 2024]

5.3 Hanf in der Medizin – aus Hanfblüten

Hanf hat in der Medizin in den letzten Jahren zunehmend an Bedeutung gewonnen, insbesondere durch die Erforschung und Anwendung von Cannabinoiden (siehe Kapitel 4.7).

Cannabinoide, insbesondere CBD (Cannabidiol) und THC (Tetrahydrocannabinol), stehen im Mittelpunkt der medizinischen Forschung. CBD wird aufgrund seiner entzündungshemmenden, schmerzlindernden und angstlösenden Eigenschaften untersucht, ohne die psychoaktiven Effekte von THC.

Medizinisches Cannabis findet Anwendung bei verschiedenen Erkrankungen:

- Chronische Schmerzen: Insbesondere bei neuropathischen Schmerzen und Schmerzen aufgrund von Multipler Sklerose.
- Epilepsie: CBD-basierte Medikamente zeigen Wirksamkeit bei bestimmten schwer behandelbaren Epilepsieformen, besonders bei Kindern.
- Übelkeit und Erbrechen: Vor allem bei Chemotherapie-induzierter Übelkeit.
- Spastik bei Multipler Sklerose: Zur Verbesserung der Muskelsteifheit und Krämpfe.

Abb. 52: Hanföl als technisches Produkt, einsetzbar u. a. für Seifen, Schmiermittel, Holzschutz und Farben wie hier zu sehen. [Felix Drewes]

i

Vorteile von Hanfpapier

- Langlebigkeit: Hanfpapier ist säurearm, vergilbt nicht und kann bis zu 7–8 Mal recycelt werden – herkömmliches Papier nur 3–5 Mal (Crespi, 2018).
- Umwe tfreundlichkeit: Der Anbau benötigt weniger Wasser, kaum Pestizide und regeneriert Böden.
- Energie- und Chemikalienersparnis: Die Papierherstellung aus Hanf ist ressourcenschonender als aus Holz.

Abb. 53: Nahaufnahme mehrerer Hanfpap ere mit sichtbarer Faserstruktur und unterschiedlichen Papierstärken. Das Material zeichnet sich durch hohe Reißfestigkeit und ressourcenschonende Herstellung aus. [Felix Drewes, Produktbeispiele Gmund]

- Appetitanregung: Bei Erkrankungen wie AIDS oder Krebs, die mit starkem Gewichtsverlust einhergehen.
- Angststörungen und PTBS: Studien untersuchen die angstlösende Wirkung von CBD.
- Schlafstörungen: Cannabinoide können die Schlafqualität verbessern.

Die Forschung untersucht auch potenzielle Anwendungen bei neurodegenerativen Erkrankungen wie Alzheimer und Parkinson, sowie bei Autoimmunerkrankungen.

5.4 Hanf in der Papier- und Verpackungsproduktion – aus Hanfstroh

Hanf bietet als Rohstoff für Papier und Verpackungen eine nachhaltige Alternative zu holzbasierten Materialien. Die Fasern der Pflanze sind besonders lang, reißfest und enthalten mit 55 bis 77 Prozent einen sehr hohen Zelluloseanteil, verglichen mit nur 40 bis 50 Prozent bei Holz (Bouloc et al., 2013; Petit et al., 2019). Ein Hektar Hanf liefert pro Jahr etwa 9,9 bis 14,4 Tonnen Trockenmasse, wobei die Erträge je nach Erntezeit variieren (Prade et al., 2011). Damit ist die Flächeneffizienz drei- bis viermal höher als bei Bäumen, und das bei deutlich kürzerer Wachstumszeit von nur drei bis vier Monaten.

In Deutschland gibt es bislang nur wenige Produzenten von Hanfpapier. Gmund Papier aus Gmund am Tegernsee bietet mit seiner Produktlinie Gmund Hanf drei Varianten an: Gmund Hanf 100 aus 100 Prozent europäischem Cannabiszellstoff, Gmund Hanf 50 mit recycelten Papierfasern sowie Gmund Hanf 10 mit reinem Zellstoff. Die Papiere werden ohne Farbstoffe hergestellt und sind alterungsbeständig nach DIN ISO 9706. Sie eignen sich für verschiedene Druckverfahren wie Buchdruck, Letterpress, Offsetdruck, Prägung und Siebdruck.

Cartomat aus Willich in Nordrhein-Westfalen produziert mit cartoHemp Paper Verpackungen und Druckprodukte aus Hanffasern. Das Unternehmen verarbeitet regional angebauten Hanf aus einem Umkreis von 20 Kilometern zu Papier, das nach Herstellerangaben reißfest, nassfest sowie kompostierbar und recycelbar ist. Die Produkte richten sich vor allem an die Verpackungsindustrie, insbesondere für Obst und Gemüse.

Hanf in der Verpackungsindustrie

- Hanf findet zunehmend auch in Verpackungen Anwendung:
- Kartonagen und Wellpappe: robust, stabil und gut recycelbar.
- Bioplastik-Alternativen: z. B. Folien aus Hanfzellulose, die biologisch abbaubar sind.
- Füllmaterialien: Hanfschäben oder -fasern als nachhaltige Polstermaterialien.

Die Produktion von Hanfpapier ist aktuell noch teurer als die von Holzpapier, was vor allem an der begrenzten Verfügbarkeit geeigneter Rohstoffe und fehlender Infrastruktur liegt. Mit wachsender Nachfrage nach ökologischen Alternativen und politischen Maßnahmen zur CO_2-Bepreisung fossiler Rohstoffe könnte sich dies jedoch ändern.

Hanfpapier und Hanfverpackungen bieten Vorteile gegenüber holzbasierten Produkten durch höhere Reißfestigkeit, bessere Recyclingfähigkeit und geringere ökologische Belastung. Hanf stellt damit eine Option für eine nachhaltige Papier- und Verpackungswirtschaft dar, insbesondere wenn regionale Lieferketten wie die von Gmund oder Cartomat weiter ausgebaut werden.

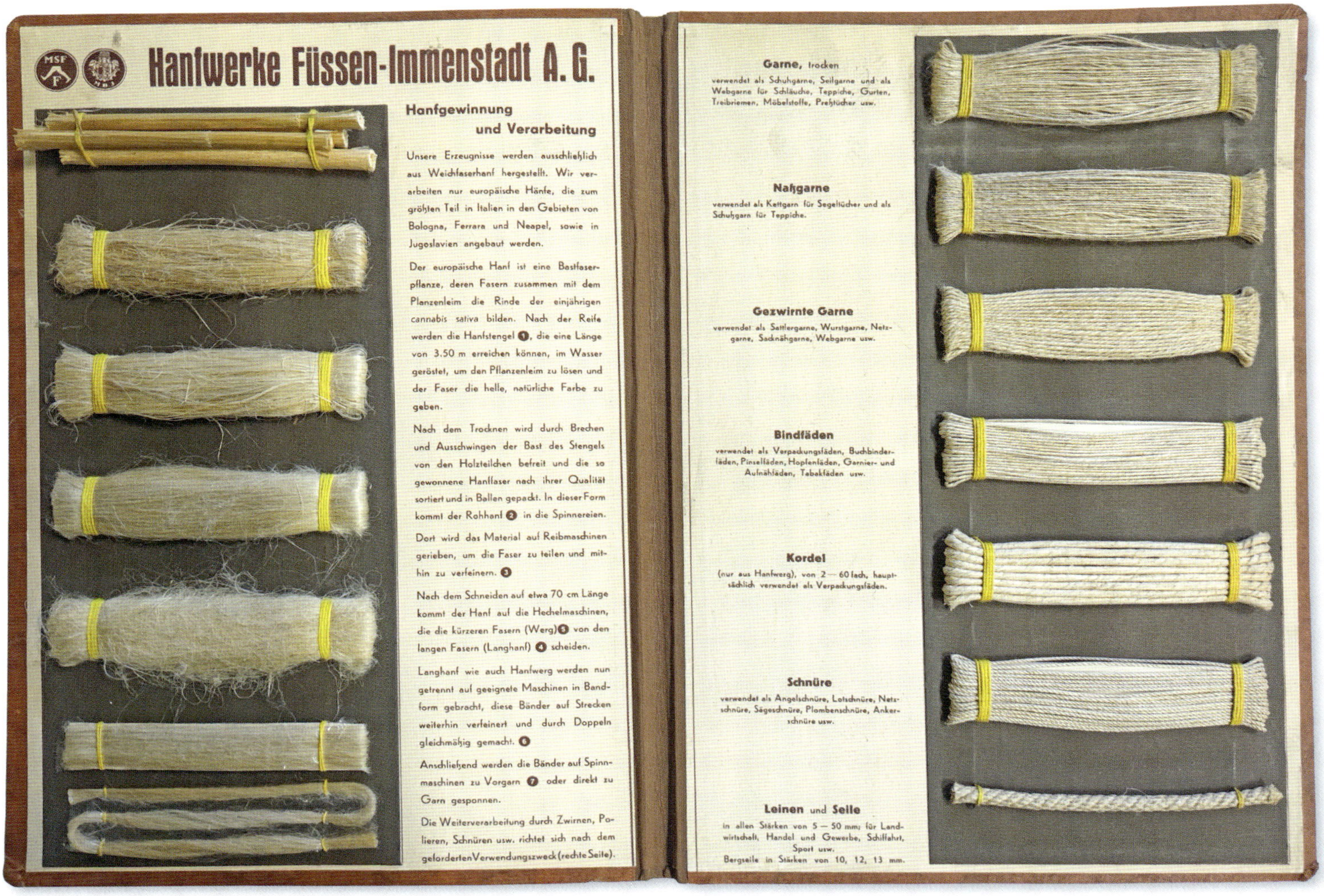

Abb. 54: Historische Muster- und Lehrtafel der Hanfwerke Füssen-Immenstadt A.G. mit Proben von Hanffasern und -garnen in verschiedenen Stärken und Bearbeitungsgraden, von groben, naturbelassenen Langfasern bis zu feinem Nähgarn. Sie veranschaulicht den Weg von der Rohfaser zum veredelten Garn (Pauly & Drewes, 2024).

5.5 Hanf in der Textilindustrie

Ein weiteres Potenzial für Hanf liegt in der Textilindustrie. Hanffasern sind langlebig, umweltfreundlich und bieten eine Alternative zu Baumwollfasern. Hanftextilien sind atmungsaktiv, feuchtigkeitsregulierend und haben natürliche antibakterielle Eigenschaften. Die Anwendung von Hanf in der Textilindustrie kann dazu beitragen, den Wasserverbrauch, den Einsatz von Pestiziden und den ökologischen Fußabdruck der Textilproduktion zu reduzieren.

Abb. 55: Nahaufnahme von naturfarbenem Hanfgarn, das zu Stoffen verwebt werden kann. [Felix Drewes, 2024.

5.6 Bioplastik und NFK aus Hanf – aus Hanfstroh

Hanfverstärkte Verbundwerkstoffe haben aufgrund ihrer hohen spezifischen Festigkeit (bis zu 600 MPa), Kosteneffizienz (30-50 % günstiger als glasfaserverstärkte Kunststoffe) und biologischen Abbaubarkeit (vollständiger Abbau innerhalb von 90 Tagen unter Kompostbedingungen) erhebliches Interesse geweckt (Wretfors et al., 2010; Oza & Lu, 2018; Xia et al., 2018; Dayo et al., 2019). Die Herstellung von Naturfaserverbundwerkstoffen aus Hanf kann im Vergleich zu glasfaserverstärkten Kunststoffen 50-70 % weniger Energie verbrauchen und 25-50 % weniger CO_2-Emissionen verursachen (Song et al., 2009; Shafie et al., 2012). Diese Verbundwerkstoffe finden Anwendung in der Automobilindustrie (z. B. Türverkleidungen, Armaturenbretter), im Bauwesen (z. B. Fassadenplatten, Dämmstoffe) und sogar in der Herstellung von Musikinstrumenten (z. B. Gitarrenkorpusse) (Nabi Saheb & Jog, 1999; Shahzad, 2012; Favaro et al., 2017).

Hanf-basiertes Bioplastik wird hauptsächlich aus den Cellulosefasern der Hanfpflanze hergestellt. Diese Fasern können zu einem biologisch abbaubaren und kompostierbaren Kunststoff verarbeitet werden, der eine umweltfreundliche Alternative zu herkömmlichen, erdölbasierten Kunststoffen darstellt.

Vorteile von Hanf-Bioplastik:

- Nachhaltigkeit: Hanf wächst schnell, benötigt wenig Wasser und keine Pestizide.
- Biologische Abbaubarkeit: Je nach Zusammensetzung kann es vollständig kompostierbar sein.
- CO_2-Neutralität: Hanfpflanzen binden während des Wachstums CO_2 aus der Atmosphäre.
- Vielseitigkeit: Kann für verschiedene Anwendungen angepasst werden.

Abb. 56: Das Bild zeigt Faserverbundwerkstoffe aus Hanffasern und Harz, verarbeitet zu Skiern.

Abb. 57: Abgebildet ist ein Koffer aus einem Kunststoff, der mit Hanffasern verstärkt wurde. [Felix Drewes]

Abb. 58: Abgebildet ist ein Karosserie-Teil aus hanffaserverstärktem Kunststoff. Die Automobilindustrie ist ein wichtiger Abnehmer für Hanffasern zur Herstellung von Fahrzeugkomponenten. Hanffaserverstärkte Bauteile sind meist leichter als ihre konventionellen Pendants und bieten im Falle eines Unfalls ein verbessertes Sicherheitsprofil, da sie weniger splittern als glasfaserverstärkte Kunststoffe. [Felix Drewes]

Anwendungsbereiche:

- Verpackungen für Lebensmittel und Konsumgüter
- Automobilindustrie für Innenverkleidungen und nicht-strukturelle Teile
- Elektronikgehäuse und Zubehör
- Spielzeug und Freizeitprodukte
- Medizinische und pharmazeutische Verpackungen

Herausforderungen:

- Produktionskosten sind oft noch höher als bei konventionellem Plastik.
- Die Skalierung der Produktion auf industrielles Niveau ist noch in Entwicklung.
- Eigenschaften wie Haltbarkeit und Feuchtigkeitsbeständigkeit müssen für manche Anwendungen noch verbessert werden.

Forschung und Entwicklung konzentrieren sich darauf, die Materialeigenschaften zu verbessern und die Produktionskosten zu senken. Auch die Kombination von Hanffasern mit anderen biobasierten Materialien wird erforscht, um optimale Eigenschaften zu erzielen.

Die zunehmende Nachfrage nach umweltfreundlichen Alternativen zu herkömmlichen Kunststoffen treibt die Entwicklung und Anwendung von Hanf-Bioplastik voran. Es wird erwartet, dass dieser Bereich in den kommenden Jahren weiter an Bedeutung gewinnen wird, insbesondere im Kontext strengerer Umweltvorschriften und wachsenden Umweltbewusstseins.

https://www.hanf-magazin.com/wissenschaft/forschung/neue-biokunststoffe-mit-hanffasern-made-in-germany/

Die Verwendung von Hanf in Biokompositen ermöglicht die Entwicklung von umweltfreundlichen Materialien für verschiedene Anwendungen wie Automobilteile, Verpackungen und Bauanwendungen. Biokomposite auf Hanfbasis sind in der Regel leichter, haben eine geringere Umweltbelastung und können bei Bedarf biologisch abgebaut werden.

Džalto (2017) sieht Hanf als wichtige Naturfaser für naturfaserverstärkte Kunststoffe (NFK), da ihr hoher Cellulosegehalt (67–74 %) sie mechanisch leistungsfähig macht. Das ist besonders interessant für Anwendungen im Transportwesen, also Züge, Autos, Busse, denn im Falle eines Unfalles bieten Hanf-NFKs gute Dämpfungseigenschaften und ein splitterfreies Crashverhalten.

Auch die Hochschule Zittau/Görlitz und das Fraunhofer-Institut IWU forschen gemeinsam an Materialinnovationen. Sie konzentrieren sich dabei auf die Einbindung von Hanffasern in Sheet Molding Compounds (SMC) als umweltfreundlicher Ersatz für Glasfasern. Ziel ist es, kosteneffiziente Werkstoffe zu entwickeln, die weniger Ressourcen verbrauchen und gleichzeitig die mechani-

Abb. 59: Das Bild zeigt einen Hanfstängel, aus dessen oberem Abschnitt Bündel langer Fasern abzweigen, die nach dem Röstprozess für die Weiterverarbeitung.

Abb. 60: Das Bild zeigt einen aufgespaltenen Hanfstängel mit deutlich sichtbaren Bastfaserbündeln, die sich vom holzigen Kerngewebe lösen. [www.ekolution.se/hampafiber (2024)]

schen Eigenschaften herkömmlicher Werkstoffe erreichen oder übertreffen und die Umweltbelastung erheblich reduzieren.

Vorteile von Hanf vs Glasfaser:

- Die Herstellung von Hanffasern verbraucht ca. **95 % weniger Energie** im Vergleich zu Kohlenstofffasern und ca. **85 % weniger** im Vergleich zu Glasfasern.

Auch das Hemp-Car von Henry Ford (1941) wird unter Cannabis-Aktivisten immer wieder erwähnt. Die Karosserie war nach unserem Kenntnisstand aus Hanffasern und eine Art Epoxidharz. Stabil, splittersicher, aber umwelttechnisch verbesserbar. Doch Treibstoff aus Hanf ist auf jeden Fal möglich (siehe Kapitel 5.8).

5.7 Schäben und Fasern von Faserhanf

Für Baustoffe wird bisher primär Faserhanf genutzt, weil er einen hohen Ertrag an Fasern und Schäben bringt (siehe Kapitel 9). Die optimale Wuchsform für Faserhanf ist drahtig und lang[14], da sich die wertvollen Fasern hauptsächlich in der Rinde des Stängels befinden (König, 1994).

Die Röste (siehe Kapitel 10) und der Faseraufschluss (siehe Kapitel 11) vom Hanfstroh sind zentrale Schritte in der Hanfwertschöpfungskette und entscheidend für die Eignung der Hanfstroh-Produkte (siehe Kapitel 12).

Die aufbereiteten Schäben und Fasern der Hanfpflanze weisen einzigartige Eigenschaften auf:

Schäben

Hanfschäben sind ein bemerkenswert vielseitiger pflanzlicher Leichtzuschlag, der sowohl in der Tierpflege als auch in der Baubranche zunehmend an Bedeutung gewinnt. Ihr Einsatz als Einstreu hat aufgrund der hohen Saugfähigkeit – bedingt durch die ausgeprägte Porosität – lange Tradition. Branchenbeobachtungen aus der Tierhaltung berichten von verbessertem Stallklima durch rasche Feuchtigkeitsaufnahme und schnelle Trocknung der Einstreu, was das Keimwachstum reduzieren kann. Eine systematische wissenschaftliche Untersuchung dieser Effekte steht bislang aus.

Diese hygroskopischen Eigenschaften kommen auch im Baustoff zum Tragen. Besonders relevant für die Baustoffanwendung ist die ausgeprägte Porosität:

14 Das Wort „Hänfling" kommt wohl von jungen Hanfpflanzen auf dem Feld, die oftmals sehr schlank und hochwachsend sind. (DHV, 2022)

Abb. 61: Das Bild zeigt eine optische Mikroskopaufnahme eines Querschnitts durch einen Hanfstängel. Deutlich zu erkennen sind die einzelnen Schichten: die äußere Epidermis, das Phloem (Siebteil), das kambiale Bildungsgewebe, das Xylem (Leitungsgewebe), das lockere Markgewebe (Pith) und der hohle Markkanal im Inneren. Diese anatomische Struktur macht die Hanfpflanze besonders geeignet für die Fasergewinnung und technische Anwendungen. [T. Jami et al., Journal of Cleaner Production 239 (2019), nach Vignon et al. (1995)

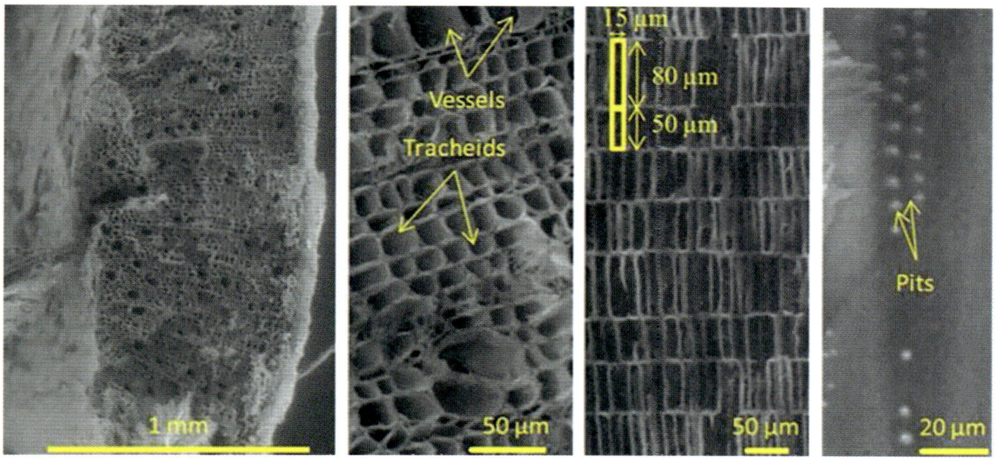

Abb. 62: Vier Aufnahmen der Rasterelektronenmikroskopie zeigen die Mikrostruktur von Hanfschäben in unterschiedlichen Vergrößerungen: poröse Zellwände, Leitungsbahnen (Vessels), Tracheiden und Tüpfel (Pits). Diese Merkmale erklären hohe Wasseraufnahme und gutes Bindungsverhalten der Schäben in Hanfkalk [Delannoy et al., 2018]

Bei Betrachtung der Hanfschäbe unter dem Rasterelektronenmikroskop (REM) zeigt sich eine charakteristische Mikrostruktur (Poren-Matrix). Hanfschäben bestehen – je nach Sorte, Reifegrad und Messmethode – zu etwa 60–80 % aus Porenraum (Delannoy et al., 2018; Rosa Latapie et al., 2023), ein komplexes Netzwerk von Hohlräumen, die in ihrer Größe variieren. REM-Aufnahmen zeigen zwei charakteristische Porenklassen: kleinere Xylemzellen mit Durchmessern von ca. 3–30 µm sowie größere Leitgefäße (Vessels) mit Durchmessern von ca. 40–60 µm (Al-Tamimi, 2023; Delannoy et al., 2018). Diese Werte sind als mikroskopische Beobachtungen zu verstehen und können je nach Sorte, Wachstumsbedingungen und Schnittebene variieren.

Die hohe Porosität trägt wesentlich zur niedrigen Rohdichte und zur hygrothermischen Performance der Schäben bei. Im Zusammenspiel mit dem Lufteinschluss auf intra- und interpartikulärer Ebene ergibt sich eine niedrige Wärmeleitfähigkeit (Delannoy et al., 2018). Zugleich ermöglicht die offenporige Struktur eine effektive Feuchtigkeitspufferung. Unter Laborbedingungen können Hanfschäben bis zu 400 Masseprozent ihres

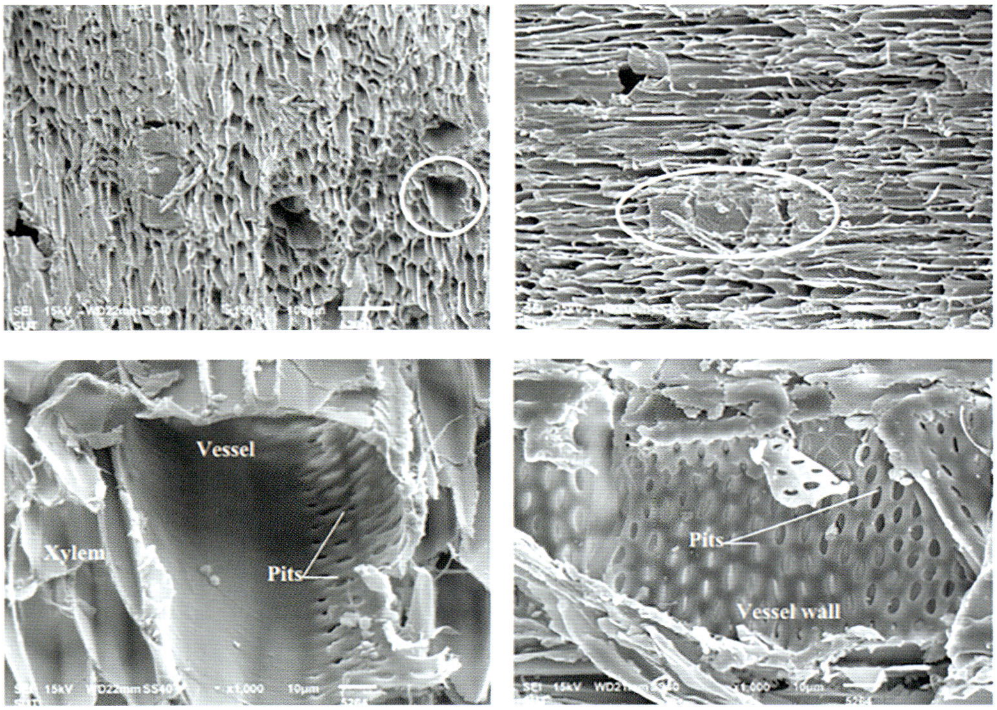

Abb. 63: Rasterelektronenmikroskopie des verholzten Marks im Hanfstängel (Schäbe).
a) und b) Poröse Zellstrukturen mit zahlreichen Hohlräumen, die geringes Gewicht, gute Wärmedämmung und Feuchtepufferung ermöglichen.
c) Geöffnetes Leitgefäß (Vessel) im Xylem mit Tüpfeln (Pits), die den Wasserfluss zwischen Zellen erlauben.
d) Detail der Gefäßwand mit dichter Anordnung von Tüpfeln.
Abb. 64: Diese Mikrostruktur erklärt die hygrothermischen Performance von Hanfschäben für Baustoffe wie Hanfkalk, die gut dämmen, Wasser aufnehmen und zwischenspeichern. Die Porosität sorgt auch für einen guten Verbund mit Kalk oder Lehm. [Pantawee, 2017]

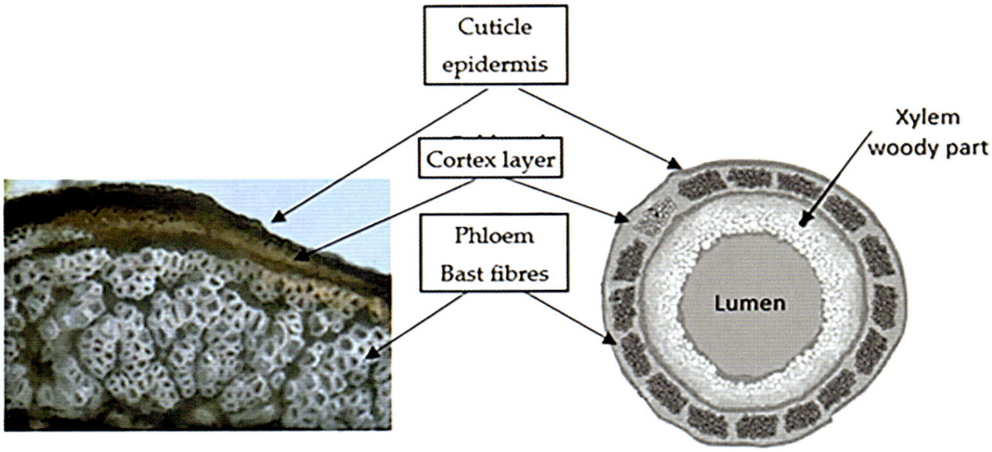

Abb. 65: Die kombinierte Darstellung zeigt einen mikroskopischen Querschnitt eines Hanfstängels sowie ein schematisches Diagramm mit Beschriftung der Gewebeschichten. Gut zu erkennen ist der äußere Aufbau mit Cuticu a und Epidermis, darunter die Rindenschicht (Cortex) und das Phloem, das die langer Bastfasern enthält. Im Inneren folgt das verholzte Xylem mit dem zentralen Lumen. Diese anatomische Struktur macht den Hanf zu einer der effizientesten Faserpflanzen, da die Bastfasern gut isoliert und mechanisch stabil gelagert sind. [Zimniewska (2022), *Hemp Fibre Properties & Processing Target Textile – Review*]

Eigengewichts an Wasser aufnehmen, wobei der tatsächliche Wert von Partikelgröße, Verdichtungsgrad und Versuchsdauer abhängt (Al-Tamimi, 2023; Walker et al., 2014).

Die Porenmatrix begünstigt darüber hinaus den Verbund mit mineralischen Bindemitteln, wie er im Hanfkalk zum Tragen kommt (siehe Kapitel 14.2). Der Verbund zwischen Schäbe und Kalkmatrix beruht auf dem Zusammenwirken mehrerer Mechanismen: der mechanischen Verklammerung an der rauen, offenporigen Oberfläche, der kapillaren Penetration der Kalkmilch in die oberflächennahen Poren sowie der Carbonatisierung von Calciumhydroxid im Randbereich der Partikel (Delannoy et al., 2018; Pantawee, 2017). REM-Aufnahmen zeigen, dass sich Calciumcarbonat-Mikrokristalle als zusammenhängende Schicht auf der Schäbenoberfläche ablagern, was auf eine gute Adhäsion an der Grenzfläche hindeutet (Wang & Pavia, 2023).

Die Größe und der Röstegrad der Schäben haben Einfluss auf die Verbindung mit Kalk im Hanfkalk. Die Partikelgröße beeinflusst außerdem auch die Schäben-Matrix im Hanfkalk (siehe Kapitel 14.4).

Die chemische Zusammensetzung der Schäbe variiert erheblich – abhängig von Sorte, Reifegrad, Anbaubedingungen, Röstverfahren und Analysemethode. Den Hauptbestandteil bildet Cellulose mit ca. 40–56 %, gefolgt von Hemicellulose mit ca. 18–25 % und Lignin mit ca. 16–25 %. Hinzu kommen Pektine und lösliche Verbindungen (ca. 1–10 %), Wachse (1–2 %) sowie geringe Anteile an Protein (ca. 3 %). Ältere Studien berichten teils deutlich breitere Spannen – etwa Cellulose 34–60 % oder Lignin 8–30 % –, was auf unterschiedliche Analysemethoden und Probenpräparation zurückzuführen ist. Die hier genannten Werte orientieren sich an der aktuellen Fachliteratur (Al-Tamimi, 2023; Ratsimbazafy, 2022; Delannoy et al., 2018).

Cellulose verleiht der Schäbe Festigkeit und macht sie zugleich zu einem interessanten Rohstoff für Papier- und Biokunststoffanwendungen (siehe Kapitel 5.4 u. 5.6). Hemicellulose ist stark hydrophil und trägt zur Flexibilität bei, während Lignin als hydrophobes Polymer die Strukturfestigkeit erhöht. Die Gesamtzusammensetzung der Hanfschäbe spielt eine entscheidende Rolle für ihre Interaktion mit Bindemitteln in Hanfkalk-Mischungen (siehe Kapitel 14.4). Insbesondere lösliche Zucker und Pektine können die Hydratation zementärer Bindemittel verzögern, weshalb Vorbehandlungen oder die Wahl geeigneter Bindemittel – etwa Luftkalk – relevant sind (Al-Tamimi, 2023).

Hanfschäben, die holzigen Teile des Stängels, weisen eine komplexe chemische sowie strukturelle Zusammensetzung auf, die ihre bautechnisch relevanten Eigenschaften als Leichtzuschlag erklärt. Mit einer Schüttdichte von ca. 80–110 kg/m³ – abhängig von Sieblinie und Verdichtung – und einer Wärmeleitfähigkeit von ca. 0,05 W/(m·K) im trockenen Zustand eignen sich Hanfschäben als Leichtzuschlag in biogenen Dämm- und Verbundsystemen (Walker et al., 2014; Rosa Latapie et al., 2023). Darüber hinaus sorgt die poröse Struktur für eine effektive Schalldämmung und Feuchtepufferung, was sich

i

Chemische Zusammensetzung

der **Hanfschäben** basierend auf verschiedenen Studien (Arufe et al., 2021; Delannoy et al., 2018)

- **Cellulose:** 35–45 %
- **Hemicellulose:** 18–25 %
- **Lignin:** 20–25 %
- **Pektin** und **Extraktstoffe:** 2–8 %
- **Asche:** 1–3 %

Die Zusammensetzung variiert je nach Sorte, Röstegrad, Standortbedingungen und Analysemethode. Mit zunehmender Röste sinkt der Anteil löslicher Bestandteile, während der relative Cellulose- und Ligningehalt leicht ansteigt.

positiv auf das Raumklima auswirkt (Walker et al., 2014).

Trotz dieser vielversprechenden Eigenschaftskombination werden Hanfschäben erst seit wenigen Jahren als eigenständiger Primärrohstoff wahrgenommen. Lange galten sie als Nebenprodukt der Fasergewinnung und wurden entsprechend gering geschätzt oder vorwiegend als Einstreu genutzt. Dass die Schäbe inzwischen zum zentralen Bestandteil biogener Baustoffe wie Hanfkalk avanciert ist, verdankt sich nicht zuletzt einem besseren Verständnis ihrer Porenstruktur, ihrer hygrothermischen Leistungsfähigkeit und ihrer Wechselwirkung mit mineralischen Bindemitteln (siehe Kapitel 13.5).

Fasern

Während die Schäben das poröse Mark des Stängels bilden, stammen die Hanffasern aus der Rinde. Beide Materialien entstammen demselben Stängel, unterscheiden sich jedoch grundlegend in ihren Eigenschaften.

Hanffasern sind ein bemerkenswert vielseitiger pflanzlicher Rohstoff. Besonders die Langfasern sind seit Jahrtausenden für ihre Reißfestigkeit bekannt (siehe Kapitel 2).

Hanffasern bestehen hauptsächlich aus Cellulose, einem Polymer aus Glucoseeinheiten, dessen Kettenstruktur die Grundlage für die hohe Zugfestigkeit bildet. Diese Celluloseketten bilden untereinander Wasserstoffbrückenbindungen aus, was zu einer linearen Versteifung der Ketten führt. Durch diese intermolekularen Bindungen kommt es zu einer parallelen Ausrichtung von bis zu 70 Celluloseketten. Diese Anordnung wird als Mikrofibrillen bezeichnet und ist charakteristisch für pflanzliche Zellwände wie die der Hanffasern. Die Mikrofibrillen bilden ein dreidimensionales Netzwerk, das Kräfte über viele Moleküle verteilt und den Fasern so ihre hohe Zugfestigkeit verleiht. Die Zugfestigkeit von Hanffasern liegt, je nach Prüfmethode und Faserbündel, zwischen 300 und 1.000 MPa (Müssig, 2010; Ribeiro et al., 2023). Zum Vergleich: Handelsüblicher Baustahl hat eine Zugfestigkeit von etwa 300–690 MPa, jedoch bei einer deutlich höheren Dichte von ca. 7.850 kg/m³ gegenüber ca. 1.500 kg/m³ bei Hanffasern. Das spezifische Festigkeitsverhältnis fällt daher zugunsten der Naturfaser aus.

Trotz dieser Festigkeit ermöglichen die Wasserstoffbrücken eine gewisse Flexibilität, da sie brechen und sich neu bilden können. Dieselben Bindungen machen die Hanffasern zugleich wasserunlöslich. Die Fasern sind dadurch widerstandsfähig gegen Zersetzung und Umwelteinflüsse. Ein entscheidender Grund, warum die Faser seit Jahrhunderten im Schiffsbau verwendet wurde (siehe Kapitel 2.4). Die Vielzahl der Wasserstoffbrücken trägt darüber hinaus zur Temperaturstabilität der Fasern bei.

Hemicellulose-Moleküle sind über Wasserstoffbrücken mit der Cellulose verbunden und fungieren als Bindemittel zwischen den einzelnen Cellulose-Mikrofibrillen. Lignin, in Fasern nur in geringen Anteilen vorhanden, trägt zusätzlich zur Steifigkeit bei und wirkt als hydrophobe Barriere (Al-Tamimi, 2023). Das Zusammenwirken dieser drei Komponenten macht Hanffasern zu einem robusten und vielseitig einsetzbaren Material für Textilien, Papier, Baumaterialien, Verbundwerkstoffe und vieles mehr. Cellulose bildet das tragende Gerüst, Hemicellulose fungiert als flexibles Bindemittel und Lignin dient als Versteifungs- und Schutzelement.

Die chemische Zusammensetzung und physikalischen Eigenschaften machen Hanffasern zu einem robusten und vielseitig einsetzbaren Material, für Textilien, Papier, Baumaterialien, Verbundwerkstoffe und vieles mehr.

5.8 Bioenergie und Treibstoffe

1939 konstatierte der damalige Reichsernährungsminister Herbert Backe: „Die anfallenden Schäben, gebrochenes Holz, betragen 50 % der Stängel und werden als Feuermaterial benutzt. Sie haben etwa 3.000–4.000 Wärmeeinheiten und sind also besser als Braunkohle“ (Backe, 1936). Umgerechnet entspricht dies einem Heizwert von etwa 12,6–16,8 MJ/kg, womit seine Angabe bemerkenswert nah an heutigen Messungen liegt.

> **i**
>
> **Hanfschäben**
>
> Rohdichte ρ
> 80–110 kg/m³
>
> Wärmeleitfähigkeit λ
> ca. 0,045–0,055 W/(m·K)
>
> Wasseraufnahme
> bis zu 300–400 % des Eigengewichts
>
> Porosität
> sehr hoch, kapillar aktiv
>
> Hauptbestandteile
> - Cellulose ca. 45–55 %
> - Hemicellulose ca. 15–25 %
> - Lignin ca. 20–25 %
>
> Funktion im Hanfkalk (BOLD)
> - Leichtzuschlag mit hoher Luftporenbildung
> - Feuchtepuffer durch kapillare Saugfähigkeit
> - Mechanische Verzahnung mit karbonatisierendem Kalk
> - Reduktion der Rohdichte des Verbundmaterials
> - Beitrag zur CO_2-Speicherung durch biogenen Kohlenstoff

> **i**
>
> **Chemische Zusammensetzung**
>
> der **Hanffasern** basierend auf verschiedenen Studien (Liu, 2017)
> - **Cellulose**: 53-91 %
> - **Hemicellulose**: 4-18 %
> - **Pektin**: 1-17 %
> - **Lignin**: 1-21 %
>
> Die Unterschiede sind durch Sorte, Röste, Anbaubedinungen und Analysetechniken zu erklären.

Abb. 67: Rundes und quaderförmiges Brikett aus gepresstem Hanfstroh wie sie noch in den 1980ern produziert wurden [Pauly & Drewes, 2024]

Zugfestigkeit

Handelsüblicher Baustahl (z. B. S235, S275, S355) weist je nach Güteklasse und Abmessung eine Zugfestigkeit von etwa 360 bis 630 MPa auf (AZoM, 2012).

AZoM. (2012, 11. Mai). Structural Steel – S235, S275, S355: Tensile Strengths. Abgerufen am 12. August 2025, von https://www.azom.com/article.aspx?ArticleID=6022

Moderne Studien bestätigen, dass Hanfschäben einen Heizwert von 17,5–19 MJ/kg erreichen können, was vergleichbar oder sogar höher als bei Weichholz ist (Kolodziej et al., 2012). Bei einer Anbaufläche von einem Hektar lassen sich Energiemengen erzielen, die in ihrer Heizleistung etwa 10–11 Tonnen Steinkohle entsprechen. Der energetische Erntefaktor (Energy Return on Energy Invested, EROEI) liegt konservativ bei etwa 7 und kann je nach Anbaubedingung und Technik Werte von 12 oder mehr erreichen (Kolarikova et al., 2013).

Nutzhanf kann extrem schnell wachsen (vergleichbar mit Bambus). Innerhalb von 100–120 Tagen produziert er große Mengen Biomasse. Das macht ihn grundsätzlich zu einer nachhaltigen Energiequelle (Burczyk et al., 2008).

Allerdings lassen sich aus Hanffasern und Hanfschäben auch höherwertige Produkte wie Dämmstoffe, Biokomposite oder Papier herstellen (Müssig, 2010). Die energetische Nutzung sollte daher als letzte Option betrachtet werden, beispielsweise in einem „B-Nutzungsszenario“, wenn aufgrund von Ernteausfällen oder Qualitätsmängeln keine hochwertige stoffliche Verwertung möglich ist.

Es gibt Forschungsprojekte, die sich mit der energetischen Nutzung von Hanf-Reststoffen befassen.

Abb. 66: Hanfpflanze nach nur 100 Tagen Wachstum mit massivem Wurzelwerk und kräftigem, holzigem Stängel mit aufgespaltenem Fasermantel. Die Struktur erinnert eher an einen kleinen Baum als an eine krautige Pflanze – ein anschaulicher Beleg für das Potenzial von Hanf zur Produktion von Biomasse für Baustoffe, Papier, Textilien und Biokomposite [Kovalenkov, 2023]

Ein Beispiel ist das Projekt HanfNRG, das Möglichkeiten untersucht, Reststoffe aus der Hanfverarbeitung – einschließlich Hanfstaub – energetisch zu nutzen (Deutsches Biomasseforschungszentrum, 2022).

Auch im BioenergiePLUS-Projekt der Hochschule Merseburg wurde Hanf für die Bioenergieerzeugung getestet. Erste Versuche zeigten, dass die Verbrennung von Hanf im Vergleich zu Holz mehr Staub und Stickoxide freisetzt, weshalb die Filtertechnik der Anlagen angepasst werden muss, um schädliche Emissionen zu reduzieren (Mitteldeutscher Rundfunk, 2023).

Diesel aus Nutzhanf ist auf jeden Fall möglich, so wurde an der Hochschule Merseburg z. B. ein Traktor-Motor für Hanföl gebaut. Ein großer Vorteil ist, dass Hanföl Kaltstarteigenschaften hat und auch bei Temperaturen bis -5 Grad als Treibstoff genutzt werden kann. Außerdem eignet es sich hervorragend als technisches Öl für Schmiermittel, da es weniger Ablagerungen erzeugt und lange haltbar ist.

Allerdings ist das Hanföl ernährungsphysiologisch so wertvoll, dass es lieber als Nahrungsmittel oder Tierfutter verwendet werden sollte. Doch überall dort, wo Hanföl sich nicht als Nahrungsmittel eignet oder als Nebenprodukt der Faserproduktion anfällt, kann eine Verbrennung oder eine technische Nutzung z. B. als Holzschutzmittel (siehe Kapitel 12.7) sinnvoll sein.

Außerdem ist der Anbau von Hanföl aktuell noch zu aufwendig und teuer, als dass man es einfach verbrennen könnte. Allerdings ist hier aktuell auch ein B-Nutzungsszenario denkbar, sollte Hanföl als Nahrungsmittel aufgrund von überschrittenen Grenzwerten nicht verwendet werden können.

Als effizienter Biomasse-Produzent eignet sich Hanf auch für die Produktion von Kohle durch Pyrolyse. Hierzu hat HempConnect intensiv geforscht (Knodel, 2022).

Die schier unbegrenzten Verwertungsmöglichkeiten von Hanf bieten enormes Potenzial für eine nachhaltige und kreislaufgerechte Bioökonomie (siehe Kapitel 6).

6. Hanf in der Bioökonomie

> *Nutze den indischen Hanfsamen in vollem Umfang und säe ihn überall!*
>
> George Washington (1765)

In der Bioökonomie stellt Hanf eine vielversprechende, erneuerbare Ressource dar, die durch ihren kurzen Wachstumszyklus von 90 bis 120 Tagen, ihren geringen Kapitalbedarf von Anbau bis Ernte von etwa 500–700 €/ha und ihre hohe CO_2-Bindungskapazität (1,5 Tonnen CO_2 pro Tonne Biomasse) besonders geeignet ist (Ahmed et al., 2022; Prade et al., 2012). Hanf kann im Vergleich zu anderen Kulturpflanzen für Fasernutzung bis zu 50 % weniger Wasser benötigen und erzielt Erträge von 8–12 Tonnen Trockenmasse pro Hektar (Amaducci et al., 2015; Tang et al., 2016). Neben seiner Rolle als CO_2-Senke hat sich Hanf in Europa, wo die Anbaufläche von 2015 bis 2020 um 62 % auf 52.000 Hektar gestiegen ist, in mehreren Innovationsfeldern der Wertschöpfung etabliert, etwa in den Bereichen Agrarmaschinen, Textilien, Biokomposite, Baustoffe, Lebensmittel und Futtermittel und vieles mehr (EIHA, 2021). Allerdings sind die Märkte dafür noch längst nicht ausgereift.

Durch regionale Bioökonomie-Konzepte, wie in der Lausitz oder in Merseburg, kann Hanf zur wirtschaftlichen Stärkung und Schaffung neuer Arbeitsplätze beitragen. Die Lausitz beispielsweise plant die Implementierung einer „Nutzhanfindustrie“, die regionale Anbau- und Verarbeitungsnetzwerke umfasst und somit ländliche Wertschöpfungsketten stärkt. Dieses Vorhaben kombiniert Anbau, Verarbeitung und Endverwendung in der Region und reduziert durch kurze Transportwege den CO_2-Ausstoß (BVNG, 2021). In Merseburg wird im Rahmen des Bioenergie-Plus-Projekts der Einsatz von Hanf in bestehenden Fruchtfolgen geprüft und die Integration von Hanfprodukten in bestehende Wertschöpfungsketten gefördert, was zu neuen regionalen Einkommensquellen führt (BVNG, 2021).

Die Innovationsfelder in der Hanfwertschöpfung sind vielfältig und umfassen Agrar- und Ernährungsprodukte, aber auch High-Tech-Biokomposite und Baustoffe. In der Textilindustrie wird Hanf aufgrund seiner hohen Reißfestigkeit, Atmungsaktivität und antimikrobiellen Eigenschaften zunehmend geschätzt (Cierpucha et al., 2004; Khan et al., 2016). In Verbundwerkstoffen ersetzt Hanf glasfaserverstärkte Kunststoffe und ist biologisch abbaubar, was ihn zu einem nachhaltigen Material für die Automobil- und Bauindustrie macht.

CO_2-Speicher und CO_2-Zertifikate:
Hanf kann zur Reduzierung von Treibhausgasemissionen beitragen, indem er während des Wachstums erhebliche Mengen CO_2 speichert und so zur Erreichung von Klimazielen beiträgt.

Die Förderung regionaler Bioökonomien, wie in der Lausitz oder in Merseburg, unterstreicht die Rolle von Hanf für wirtschaftliche Resilienz und den Klimaschutz. Im Kontext des Kohleausstiegs bietet Hanf vielseitige Möglichkeiten für den regionalen Strukturwandel der betroffenen Regionen. Auch Studien zeigen, dass regionale Wertschöpfungsketten durch den Anbau und die Verarbeitung von Hanf erheblich zur regionalen

Abb. 68: Nutzung der verschiedenen Teile der Hanfpflanze – Samen, Blätter, Blüten, Schäben und Fasern – zur Deckung menschlicher Grundbedürfnisse: von Nahrung und Medizin über Baustoffe, Kleidung und Papier bis zu Tierfutter und Kosmetik [Schönthaler, 2021, © www.hanfstein.eu]

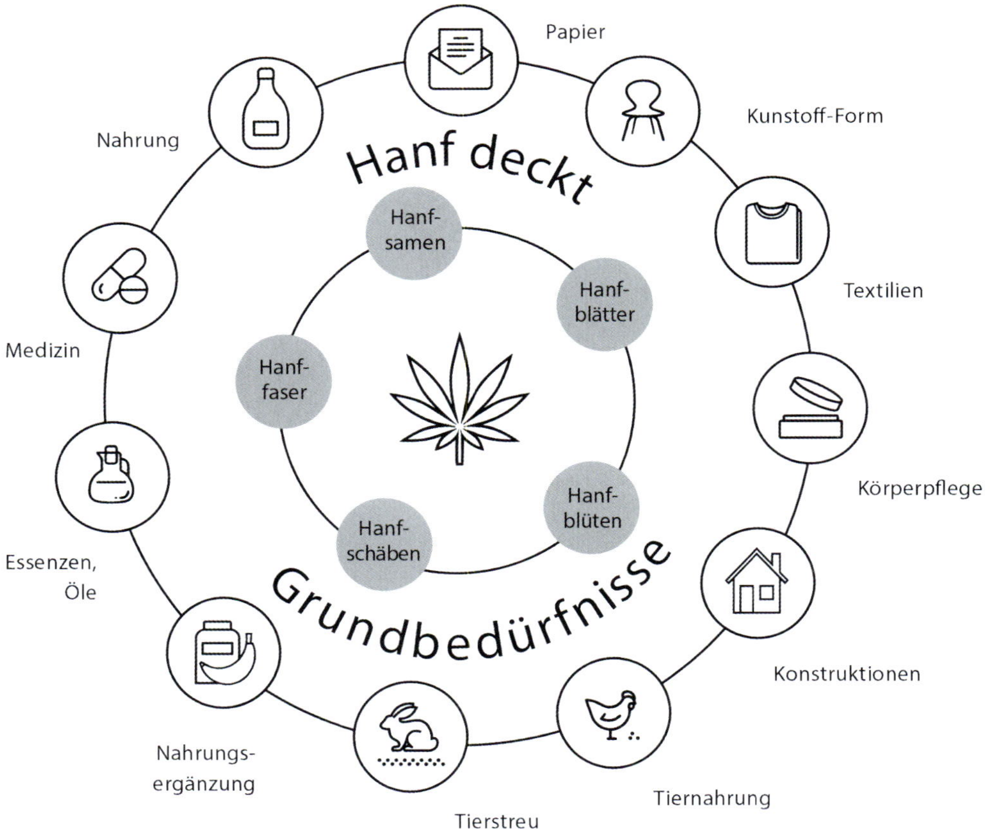

Wirtschaft und zur Schaffung neuer Arbeitsplätze beitragen können (BVNG, 2021).

Der Markt für Industriehanf könnte laut den Marktforschern von Technavio zwischen 2024 und 2028 um rund 13,90 Milliarden US-Dollar wachsen, bei einer erwarteten jährlichen Wachstumsrate von über 25 Prozent (Technavio, 2024). Insbesondere der asiatisch-pazifische Raum und allen voran China spielen eine zentrale Rolle in dieser Expansion, denn Hanf ist dort lukrativer im Anbau als etwa Flachs oder Raps (Table.Media, 2024a). Es ist höchste Zeit, dass Deutschland und Europa entsprechend die Weichen stellen (siehe Kapitel 21).

7. Anbauflächen von Nutzhanf

> *Der seit 1996 wieder zugelassene Anbau der ein bis fünf Meter hohen Pflanzen besticht durch geringen Pflanzenschutzaufwand.*
>
> Landwirtschaftskammer NRW (2024)

Die Zahlen zu Nutzhanf-Anbauflächen in Deutschland gleichen einer Berg- und Talfahrt – mit hoffnungsvollen Aussichten.

7.1 Entwicklung des Nutzhanfanbaus von 1995 bis heute

Nach der Wiederzulassung 1996 durchlief der Nutzhanfanbau verschiedene Phasen. Der dramatische Tiefpunkt wurde 2012 mit nur 424 Hektar erreicht, hauptsächlich bedingt durch den Wegfall der EU-Verarbeitungsbeihilfe für Faserhanf. Seither hat sich die Anbaufläche um das Siebzehnfache vergrößert – ein eindrucksvoller Beleg für die Renaissance dieser traditionsreichen Kulturpflanze. Dieser Aufschwung basiert auf der wachsenden Nachfrage nach nachhaltigen Rohstoffen, dem Engagement von Branchenakteuren und der zunehmenden Bedeutung von Klima- und Umweltaspekten in der Landwirtschaft.

7.2 Anbauflächen in Deutschland

Die Bundesanstalt für Landwirtschaft und Ernährung (BLE, 2024) vermeldete für 2024 einen historischen Höchststand: Mit 7.116 Hektar wurde erstmals die 7.000-Hektar-Marke überschritten, was einem Plus von 1.282 Hektar gegenüber dem Vorjahr entspricht. Damit übertraf die Anbaufläche den bisherigen Höchstwert von 2022 um 2,5 %. Bemerkenswert ist dabei, dass diese Expan-

Abb. 69: Die Grafik zeigt die Entwicklung des Nutzhanfanbaus in Deutschland von 1995 bis 2024. Bereits im ersten Jahr nach der Wiederzulassung 1996 bauten über 570 Betriebe Hanf an. Nach dem Rekord-Jahr 1999 mit 4.068 ha im Anbau gingen die Anbauzahlen stetig zurück und erreichten 2012 die Talsole mit nur noch 95 Betrieben, die zusammen 424 ha Hanf anbauten. Seitdem ein klarer Aufwärtstrend zu erkennen und die Anbaufläche erreichte 2024 mit 7.116 ha einen neuen Höchststand. Die Zahl der Betriebe blieb im Vergleich dazu eher konstant, was auf größere Flächen je Betrieb hinweist – ein Zeichen für Professionalisierung und zunehmende Nachfrage nach Hanf als Rohstoff. [Hanfingenieur, nach BLE (2023), BMEL (2023)]

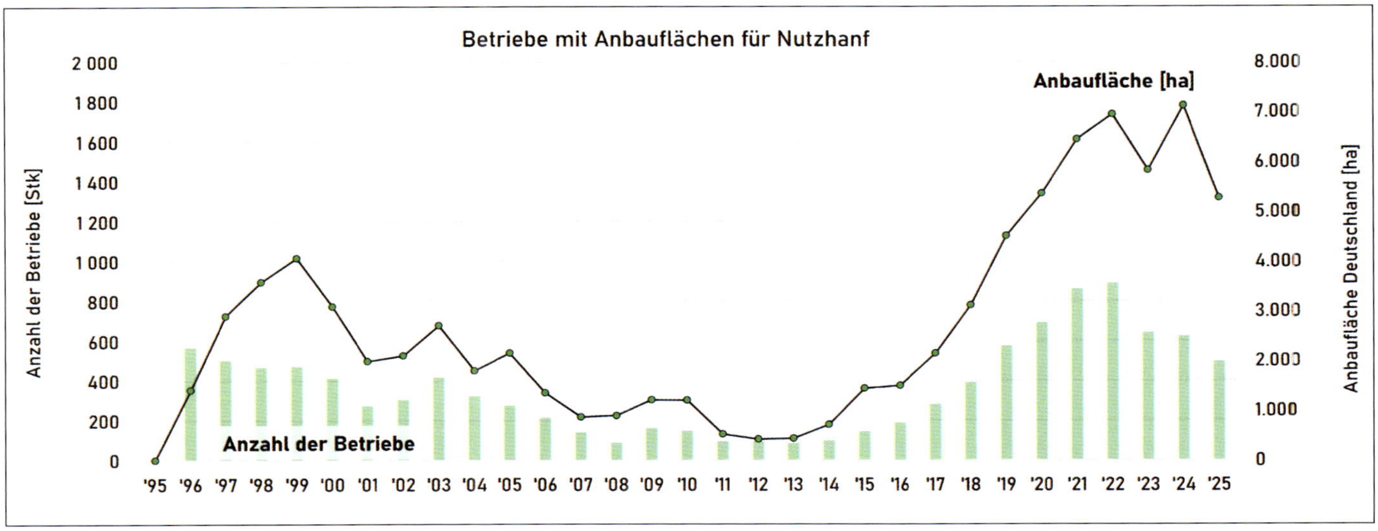

sion trotz einer rückläufigen Betriebszahl erreicht wurde – 623 Betriebe bewirtschafteten die Flächen, 40 weniger als 2023. Allerdings erwies sich das Rekordjahr als Ausreißer nach oben: 2025 meldeten nur noch 496 Betriebe insgesamt 5.274 Hektar, ein Rückgang um 1.842 Hektar gegenüber dem Vorjahr (BLE, 2025b). Damit sank die Betriebsanzahl zum dritten Mal in Folge. Hauptgrund für die Korrektur war das Ausbleiben des Nutzhanfliberalisierungsgesetzes (NLG), das viele Betriebe 2024 zur vorauseilenden Flächenausweitung veranlasst hatte, in der Erwartung neuer Absatzmärkte für Blüten und Extrakte.

Die durchschnittliche Anbaufläche von rund elf Hektar pro Betrieb verschleiert dabei deutliche regionale Unterschiede. Die größten Betriebsstrukturen fanden sich 2024 in Brandenburg (38 Hektar), Sachsen-Anhalt (32 Hektar) und Thüringen (22 Hektar). Bei den Gesamtflächen dominierte Niedersachsen mit 1.771 Hektar, gefolgt von Brandenburg mit 1.477 Hektar. 2025 blieb Niedersachsen mit 1.478 Hektar und 131 Betrieben führend, während Brandenburg auf 892 Hektar zurückfiel. Sachsen-Anhalt (787 Hektar, 21 Betriebe) und Thüringen (403 Hektar, 16 Betriebe) behielten ihre Position als Länder mit den größten Betriebsstrukturen, nun mit durchschnittlich 37 bzw. 25 Hektar pro Betrieb (BLE, 2025b). Diese Verteilung wird maßgeblich durch die Nähe zu Verarbeitungsanlagen bestimmt: Niedersachsen profitiert von den niederländischen Aufschlussanlagen der Firmen Dunagro und HempFlax, während Brandenburg seinen Aufschwung der 2022 in Betrieb genommenen Hanfaufschlussanlage der Felde Fibres GmbH verdankt (siehe Kapitel 11).

Diese Zahlen verdeutlichen drei wichtige Trends: Zum einen sind die ostdeutschen Bundesländer durch größere Betriebe und zusammenhängende Anbauflächen geprägt, zum anderen erweist sich die Nähe zu Aufschlussanlagen und Weiterverarbeitungsmöglichkeiten für Hanfstroh als entscheidender Faktor für die regionale Entwicklung der Anbauflächen. Drittens zeigt der Rückgang 2025, dass die Branche hochsensibel auf regulatorische Signale reagiert: Ohne verlässliche Rahmenbedingungen für die gesamte Wertschöpfungskette bleibt das Wachstum volatil.

7.3 Anbauflächen in Europa

Im Jahr 2023 betrug die Gesamtanbaufläche für Hanf in der Europäischen Union rund 28.030 Hektar, ein beachtlicher Anstieg gegenüber 20.540 Hektar im Jahr 2015. Die EU-weite Dynamik wird vor allem durch Frankreich getrieben, das mit 19.260 Hektar allein rund 70 % der Fläche stellt und seit Jahrzehnten über eine geschlossene Verarbeitungsinfrastruktur verfügt. Deutschland hat sich mit 5.834 Hektar (2023) bzw. dem Rekordwert von 7.116 Hektar (2024) zwischenzeitlich als zweitgrößter Produzent etabliert, fiel 2025 mit 5.274 Hektar aber wieder auf das Niveau von 2020 zurück. Österreich belegt mit 1.980 Hektar (2023) den dritten Rang.

Jenseits der EU spielt China eine dominierende Rolle im globalen Hanfmarkt. Das Land liefert nach Branchenschätzungen rund die Hälfte der weltweiten Industriehanfproduktion, konzentriert auf die Provinzen Yunnan, Heilongjiang und Jilin (Table.Media, 2024a). China ist zugleich der weltweit größte Exporteur essbarer Hanfsamen, die

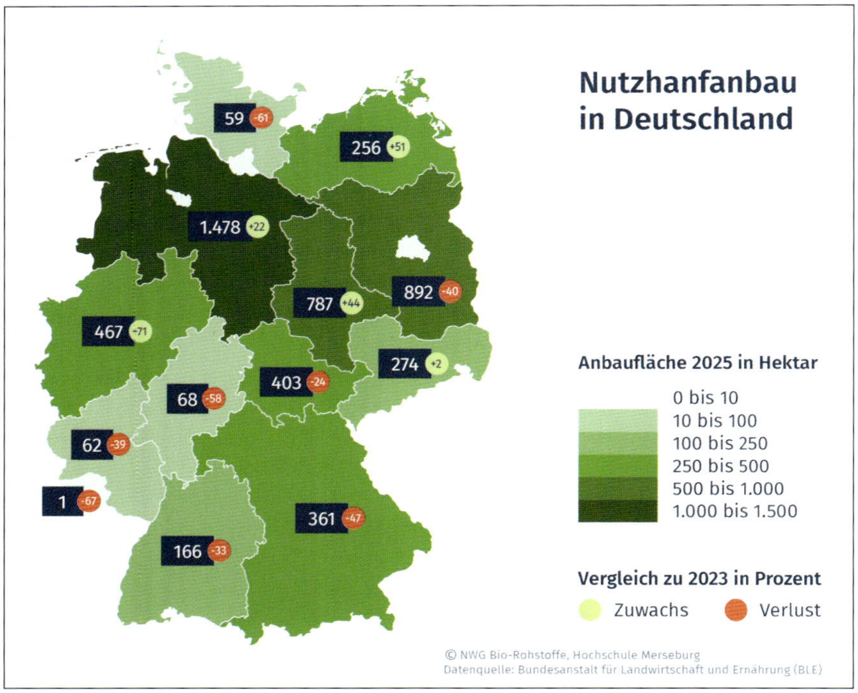

Abb. 70: Nutzhanfanbau in Deutschland 2025. Die Karte zeigt die Anbauflächen nach Bundesländern sowie die prozentuale Veränderung gegenüber 2023, dem letzten Jahr vor dem Ausreißer 2024. Trotz des Gesamtrückgangs verzeichneten Nordrhein-Westfalen (+71 %), Mecklenburg-Vorpommern (+51 %) und Sachsen-Anhalt (+44 %) deutliche Zuwächse, während Brandenburg (−40 %), Bayern (−47 %) und Schleswig-Holstein (−61 %) die stärksten Verluste hinnehmen mussten. [Drewes & Hering]

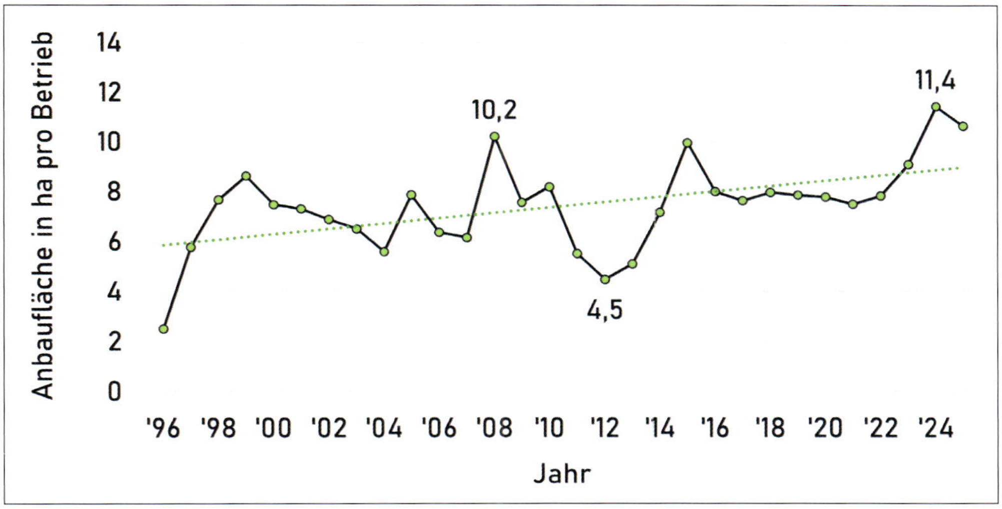

Abb. 71: Die Anbaufläche, die die Betriebe in Deutschland durchschnittlich bewirtschaften, ist seit 1996 stetig gestiegen. Im Rekordjahr 2024 lag der Durchschnitt bei 11,4 Hektar pro Betrieb, 2025 bei rund elf Hektar – in beiden Fällen deutlich mehr als noch im Jahr 2012 (4,5 Hektar) [Hanfingenieur, 2025].

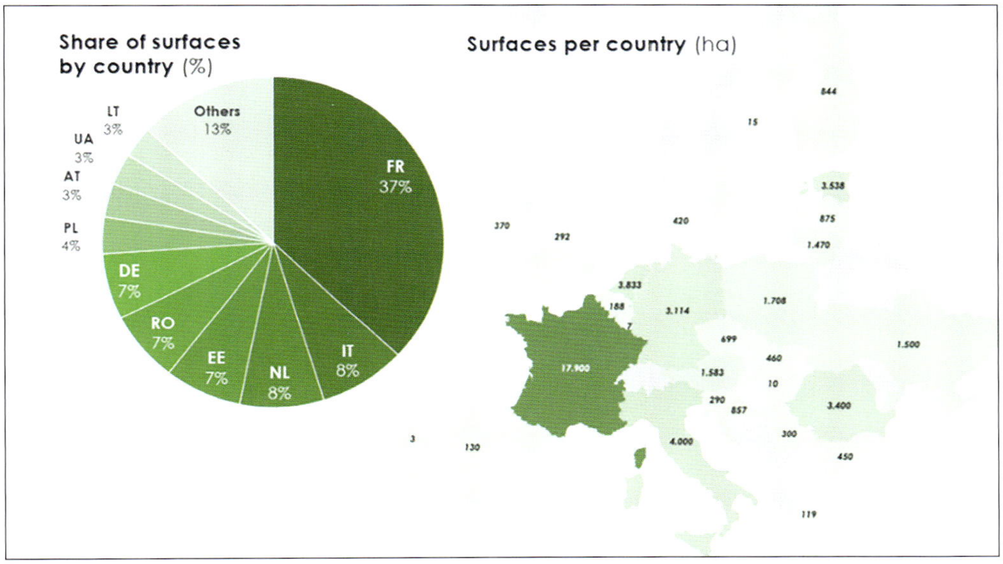

Abb. 72: Die Karte und das Kreisdiagramm zeigen die Verteilung der Hanfanbauflächen in Europa. Mit 17.900 Hektar entfällt der größte Anteil auf Frankreich (37 %), gefolgt von Italien (8 %), den Niederlanden (8 %) sowie Deutschland, Rumänien und Estland mit jeweils 7 %. Die Karte verdeutlicht: Hanf wird inzwischen in vielen Ländern Europas angebaut, mit insgesamt über 48.000 Hektar. Der Anbau konzentriert sich in Regionen mit etablierter Verarbeitungsinfrastruktur – insbesondere in Frankreich, das beim Faserhanf seit Jahrzehnten führend ist. [EIHA, 2018]

vor allem in die USA und nach Europa gehen (Table.Media, 2024b). Die strategische Bedeutung des Hanfs zeigt sich auch an der Patentaktivität: Von 606 weltweit angemeldeten Patenten für cannabisbezogene Produkte entfallen 309 auf China (Table.Media, 2024a). Innenpolitisch verfolgt Peking dabei eine strikte Drogenpolitik: Seit 2021 ist die Produktion von CBD-Öl im Inland verboten, während der Export von Hanfrohstoffen und Halbprodukten strategisch gefördert wird. Die zulässige THC-Grenze liegt, wie in der EU, bei 0,3 % (Liu et al., 2023).

Auch in Nordamerika wächst der Nutzhanfsektor. In den USA ermöglichte der Agriculture Improvement Act von 2018 (Farm Bill) den landesweiten Anbau von Industriehanf mit einem THC-Gehalt unter 0,3 %. Kanada, das bereits seit 1998 den Anbau erlaubt, reguliert den Sektor über die Industrial Hemp Regulations. Australien hat den Anbau seit 2017 schrittweise liberalisiert, wobei die Regelungen je nach Bundesstaat variieren.

Genug Faserhanf für die Bauwende?

Gibt es überhaupt genug Hanf in Deutschland, um damit Häuser zu bauen?

2017 wurden in Deutschland rund 11,8 Mio. ha ackerbaulich genutzt. Aktuell wird auf nur 0,06 % dieser Fläche Hanf angebaut. Würde sich die Anbaufläche auf nur 1 % erhöhen, stünde so viel Hanf zur Verfügung, dass damit jedes Jahr bereits 60.000 Wohnungen aus Hanf gebaut werden könnten. Erhöht sich die Hanf-Anbaufläche realistisch

i

Wie viel Nutzhanf für die Bauwende?

Würden 1% der Ackerflächen in Deutschland mit Nutzhanf angebaut werden, könnten damit ca. 60.000 Wohnungen jedes Jahr gebaut werden.

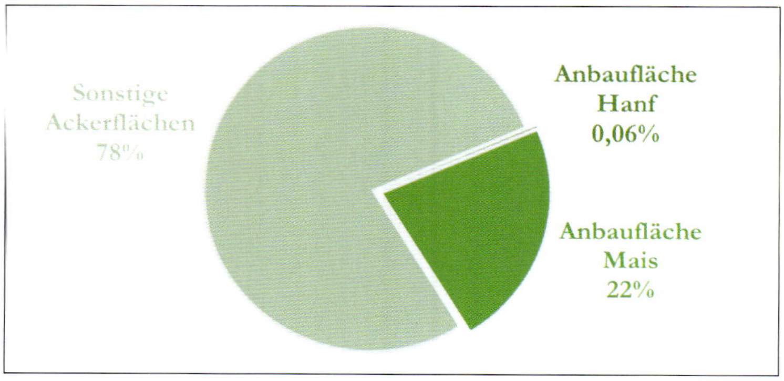

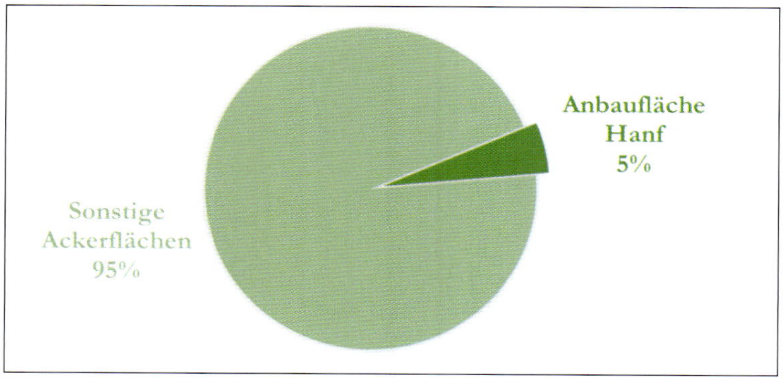

Abb. 73: Anteil von Nutzhanf (0,06 %) an der Ackerfläche in Deutschland im Vergleich zu Mais (22 %) und sonstigen Kulturen. [Hanfingenieur, 2024]

Abb. 74: Zukunftsszenario: Anteil von Nutzhanf bei 5 % der Ackerfläche. Zur Einordnung der Baupotenziale siehe Textbox „Wie viel Nutzhanf für die Bauwende?" [Hanfingenieur, 2024]

gesehen auf 5 %, stünde genug Hanf zur Verfügung, um damit jedes Jahr 300.000 Wohnungen aus Hanf zu bauen. Das Wohnraum-Problem wäre sofort gelöst. Neben dem gesunden und hochwertigen Wohnraum, der dabei entstünde, ist der erfreuliche Nebeneffekt, dass dadurch über 6 Mio. Tonnen CO_2-Äq. langfristig gebunden werden könnten.[15]

Auf derselben Fläche können ca. 300.000 Tonnen Hanfsamen gemeinsam mit dem Bau-Stroh geerntet werden, wodurch die größeren Hanf-Anbauflächen nicht in Konkurrenz zu Nahrungsmitteln stehen, weil beides gleichzeitig geerntet werden kann.

Bundesministerium für Ernährung und Landwirtschaft

7.4 Gesetzliche Rahmenbedingungen und Rolle der BLE

Der Nutzhanfanbau unterliegt in Deutschland strengen Regularien, die sich aus der Notwendigkeit ergeben, den legalen Nutzhanfanbau vom illegalen Drogenanbau abzugrenzen. Die historische Entwicklung dieser Regularien ist in Kapitel 4.8 dargestellt.

15 Konservative Hochrechnungen, Büro Hanfingenieur

Die zentrale Überwachungsbehörde ist die Bundesanstalt für Landwirtschaft und Ernährung (BLE), deren Rolle die Prüfung der Anbaumeldungen, die Überwachung des THC-Gehalts und die Freigabe der Ernte umfasst. Ohne korrekte Kommunikation mit der BLE entfällt die Förderfähigkeit im Rahmen der gemeinsamen Agrarpolitik (GAP), siehe Kapitel 8.5.

THC-Grenzwert: Seit dem 1. Januar 2023 liegt der zulässige THC-Gehalt (Tetrahydrocannabinol) der anbaubaren Sorten bei 0,3 Prozent statt wie zuvor bei 0,2 Prozent. Diese Änderung wurde durch die EU-Verordnung 2021/2115 ermöglicht und national durch das Zweite Gesetz zur Änderung des GAP-Direktzahlungen-Gesetzes umgesetzt. Die Anhebung reduziert das Anbaurisiko erheblich, da viele leistungsfähige Hanfsorten unter Hitzestress dazu neigen, den alten Grenzwert zu überschreiten. Gleichzeitig erweitert sich das Spektrum anbaubarer Sorten aus dem Gemeinsamen Sortenkatalog der EU deutlich (siehe Kapitel 4.8).

Sortenregelung: Es darf ausschließlich zertifiziertes Saatgut von Sorten verwendet werden, die im EU-Sortenkatalog gelistet sind. Dieser Katalog wird jährlich am 15. März aktualisiert und ist für das jeweilige Anbaujahr maßgeblich. Landwirte müssen die Original-Sackanhänger (Etiketten) des Saatguts aufbewahren und bei Kontrollen vorlegen können.

Anmeldepflicht: Der Anbau muss von den Betrieben sowohl bei der BLE als auch bei den zuständigen Landesbehörden (in der Regel Landwirtschaftskammer oder Landesamt für Landwirtschaft) angemeldet werden. Die Anmeldung bei der BLE muss bis spätestens zum 1. Juli des Anbaujahres erfolgen. Diese Frist ist eine Ausschlussfrist, deren Versäumnis zum Totalverlust der Förderprämien führt (siehe Kapitel 8.5). Parallel dazu muss die Fläche im Gemeinsamen Antrag (InVeKoS) mit dem korrekten Fruchtartcode (z.B. 701 für Hanf) gemeldet werden.

Die BLE unterstützt Landwirte durch Beratung und stellt Merkblätter, rechtliche Vorgaben und Antragsformulare bereit. Sie begleitet auch nationale und internationale

Projekte im Bereich nachwachsende Rohstoffe und hilft bei der Antragstellung für Förderprogramme.

7.5 Meldepflicht und Kontrollen

Das Meldeverfahren für den Nutzhanfanbau wurde 2024 signifikant vereinfacht, bleibt aber an strenge Fristen und Kontrollmechanismen gebunden.

Vereinfachung der Blühbeginnmeldung: Während in der Vergangenheit alle Anbauer den Blühbeginn unverzüglich an die BLE melden mussten, ist diese Meldung seit 2024 nur noch nach expliziter Aufforderung durch die BLE erforderlich. Dies reduziert den administrativen Aufwand erheblich, insbesondere bei kleinen Anbauflächen. Die Pflicht zur fristgerechten Anmeldung des Anbaus bis zum 1. Juli (siehe Kapitel 7.4) bleibt davon unberührt.

THC-Kontrollen: Der BLE-Prüfdienst führt vor der Ernte weiterhin risikobasierte, stichprobenartige THC-Kontrollen direkt vor Ort durch. Dabei werden Proben aus dem oberen Drittel der Pflanze entnommen und im Labor auf den THC-Gehalt analysiert. Die Stichprobenauswahl erfolgt nach Risikokriterien, wobei Faktoren wie Sorte, Standort, Witterungsbedingungen und bisherige Anbauerfahrung des Betriebs berücksichtigt werden.

Erntefreigabe: Die Ernte darf erst beginnen, wenn die BLE diese explizit freigegeben hat oder wenn 30 Tage nach der Blühbeginnmeldung keine Probennahme angekündigt oder durchgeführt wurde. Ein vorzeitiges Ernten ohne Freigabe ist verboten und führt zu Sanktionen, die den Verlust der Direktzahlungen (siehe Kapitel 8.5) und strafrechtliche Konsequenzen nach sich ziehen können.

Nachweis- und Aufbewahrungspflichten: Landwirte müssen die Saatgutetiketten (Sackanhänger) mindestens bis zum Abschluss der Kontrollen aufbewahren. Bei Kontrollen müssen diese zusammen mit der Anbauanzeige und gegebenenfalls Lieferscheinen vorgelegt werden können.

Die Bemühungen des Nutzhanf-Netzwerk e.V. und des Branchenverbands Cannabiswirtschaft, gemeinsam mit den Arbeitsgruppen der Ampelkoalition, ein Nutzhanfliberalisierungsgesetz (NLG) zu schaffen, scheiterten Ende 2024 mit dem Bruch der Koalition (siehe Kapitel 4.8).

Die administrative Überwachung unterscheidet Nutzhanf von allen anderen Ackerkulturen und verursacht zusätzliche Verwaltungskosten, die in der betriebswirtschaftlichen Kalkulation berücksichtigt werden müssen. Gleichzeitig ist die strikte Einhaltung dieser Vorgaben die Voraussetzung für die Förderfähigkeit im Rahmen der GAP-Direktzahlungen (siehe Kapitel 8.5).

Aktuelle Entwicklungen: Nach dem Scheitern des NLG, konzentrieren sich die Forderungen des Nutzhanf-Netzwerk e. V. auf die Entbürokratisierung des Meldewesens sowie die klare Trennung zwischen Feld- und Produktgrenzwerten für THC. Das Netzwerk warnt, dass eine isolierte Anhebung des Feldwertes ohne Anpassung der Produktgrenzen wirtschaftlich kontraproduktiv sei. Hintergrund sind die in der EU geltenden Produktgrenzen von 3 mg/kg für Samenprodukte und 7,5 mg/kg für Öl, basierend auf der EFSA-Referenzdosis von 1 µg THC pro kg Körpergewicht. Ein Feldwert von beispielsweise 1 Prozent entspräche einer Verfünffachung gegenüber dem früheren Wert von 0,2 Prozent und würde laut NHN ohne flankierende Produktanpassungen zu mehr Analytikaufwand, Rückrufen und Erntevernichtung führen. Gefordert wird daher ein Gesamtpaket aus angepassten Feld- und Produktwerten, praxistauglicher Analytik sowie bürokratiearmen Ernte- und Verarbeitungsketten (NHN, 2025).

Demgegenüber erklärte die Bundesregierung in ihrer Antwort auf die Kleine Anfrage der Fraktion Die Linke vom 11. August 2025, dass derzeit weder eine Novellierung des NLG noch eine Anhebung des THC-Feldgrenzwertes geplant sei. Begründet wurde dies mit dem EU-Saatgutrecht, dem Gemeinsamen Sortenkatalog sowie dem Vorrang des Gesundheitsschutzes. Der geltende Feldgrenzwert von 0,3 Prozent THC bleibt damit bestehen (BMLEH, 2025).

8. Anbau – Grundsätze für robuste Faser- und Stroherträge

> *Sobald der Acker befahrbar ist, sollte gesät werden.*
>
> Hanffaser Uckermark eG

„Sobald der Acker befahrbar ist, sollte gesät werden.“ – Der Satz bringt die Idee auf den Punkt, die Winterfeuchte möglichst früh auszunutzen. Richtig ist: Frühe Saaten können Hanf einen Vorsprung verschaffen, wenn das Saatbett feinkrümelig, rückverfestigt und die Spätfrostlage beherrschbar ist (Hanffaser Uckermark, n. d.; TFZ, 2023). Eine pauschale „Immer-so-früh-wie-möglich“-Regel trägt jedoch den Standortunterschieden nicht vollständig Rechnung: In Lagen mit wiederkehrenden Strahlungsfrösten und kalten Böden kann ein etwas späteres, aber stabiles Saatfenster die sicherere Option sein (Denner, 2014; DALW, 1969). Die Quintessenz aus Praxis und Versuchen: früh – ja; aber standortangepasst und frostkritisch gedacht. (Hanffaser Uckermark, n. d.; TFZ, 2023).

Standort & Boden. Für verlässliche Faser- und Stroherträge verlangt Hanf tiefgründige, humose, gut wasserleitende Böden ohne Staunässe; Verdichtungen sind zu vermeiden. Ein pH knapp über 6 ist günstig (Denner, 2014; TFZ, 2023). Die Kultur wurzelt tief, erschließt in mitteleuropäischen Sommern auch tiefere Horizonte und bleibt so in Dürrephasen tragfähig – sofern die Jugendentwicklung gelingt (Denner, 2014; TFZ, 2023).

Wasserbedarf & Saatzeitlogik. Feldmessungen in der Uckermark beziffern die Kultur-Evapotranspiration (ETc) auf ~310–407 mm (Vegetationsperioden 2018–2022). Die Werte liegen teils über der Vegetationsniederschlagssumme, aber unter der Jahresniederschlagssumme – Hanf „lebt“ damit messbar von im Herbst/Winter infiltrierter Bodenfeuchte. Das stärkt das Argument für frühe Saaten mit raschem Reihenschluss, sofern der Hanf die Keimphase frost- und verkrustungsfrei durchläuft (Thevs & Nowotny, 2023; Hanffaser Uckermark, n. d.).

Saatbett, Saatstärke, Reihenweite. Praxisleitfäden empfehlen ein feinkrümeliges, rückverfestigtes Saatbett und etwa 3 cm Saattiefe (TFZ, 2023; Hanffaser Uckermark, n. d.). Für Faserbestände hat sich die Planung in keimfähigen Körnern je m^2 (kf/m^2) bewährt, weil TKG und Labor-Keimfähigkeit schwanken. Moderne Empfehlungen liegen häufig bei 200–300 kf/m^2 (Versuche teils bis 350 kf/m^2) bei 12,5–20 cm Reihenweite – Ziel ist schneller Reihenschluss und Unkrautunterdrückung ohne Herbizid (TFZ, 2023). Die Hanffaser Uckermark nennt als Praxisrichtwert 50 kg/ha, rechnerisch ≥ 250 kf/m^2, bei 92 % Keimfähigkeit ~255 Keimkörner/m^2. Wichtig: Menge immer auf kf/m^2 nachrechnen; zu geringe Saatstärken erhöhen Ernteprobleme signifikant (Hanffaser Uckermark, n. d.; TFZ, 2023).

Frost & Saatfenster. Feldberichte sprechen von Toleranz gegenüber leichten Nachtfrösten; Wachstumshemmung tritt erst bei stärkeren Frösten ein. Dennoch mahnen Beratung und Literatur zu spätfrostsicheren Terminen und Bodentemperaturen von ca. 5–10 °C – häufig Ende April bis Anfang Mai, je nach Lage (Denner, 2014; TFZ, 2023; DALW, 1969). Regel: Winterfeuchte nutzen und Spätfrostlage prüfen.

Düngung & N-Effizienz. Die Stickstoffgabe wird am Nmin und an der Ertragserwartung kalibriert; praxisnah gelten ~160 kg N/ha (gesamt verfügbar) als Obergrenze, über der N-Effizienz und Faserqualität oft nicht proportional zulegen. Organische Dünger frühjahrsbetont ausbringen, Auswaschungsrisiken vermeiden; rechtliche Vorgaben der Düngeverordnung beachten (TFZ, 2023).

Pflanzenschutz & Bestandesführung. Für Nutzhanf sind in Deutschland bisher keine Pflanzenschutzmittel zugelassen. Die Kultur wird kulturtechnisch geführt (dichte Bestände, enge Reihen; bei Körnerhanf ggf. Hacke). Das unterstreicht die Bedeutung eines zügigen Reihenschlusses durch richtige Saatstärken und Saatbettbereitung (TFZ, n. d.; TFZ, 2023; BLE, n. d.).

Ernte, Röste & Logistik. Hochwüchsige, dichte Bestände (3–4 m; in Niedermooren teils mehr) bringen viel Stroh, sind aber ernte- und logistikintensiv. Lange Fasern neigen zu Wicklungen in Häckslern; in Versuchen wurde auf Balkenmesser und angepasste Logistik umgestellt. Für die Feldröste gilt praxisnah ~3–4 Wochen; tatsächlich variiert die Dauer mit Temperatur und Regentagen (September oft 2–8, Oktober 15–19 Tage mit messbarem Regen) – später/kühler – längere Röste (TFZ, 2023; Hanffaser Uckermark, n. d.).

Fruchtfolge & Vorfruchtwert. Hanf gilt als selbstverträglich und sehr gute Vorfrucht (u. a. für Weizen): tiefe Durchwurzelung, gute Unkrautunterdrückung, günstiger Bodeneffekt. Gleichwohl bleibt eine weite Fruchtfolge über verschiedene Pflanzenfamilien agronomisch sinnvoll (TFZ, 2023; DALW, 1969).

Historische und technologische Perspektive. In der DDR wurde Hanf auf Niederungsmooren angebaut; die Faser wurde teils als Grünwerg (mechanisch ohne Feldröste) gewonnen – geeignet für kurzlebige technische Erzeugnisse. Die Dokumente zeigen zugleich: Erträge und Qualitäten hängen eng an Standort, Bestandesarchitektur und Erntetechnik (DALW, 1969).

Standortwahl & Produktsicherheit. Hanf ist ein Hyperakkumulator für Schwermetalle; Flächen mit Altlasten (Bergbau, Industrieemissionen, belastete Betriebsecken) sind zu meiden. Für Nutzungen mit menschlichem Kontakt (Lebensmittel, Baustoffe im Innenraum) empfiehlt sich eine vorherige Bodendiagnose auf relevante Elemente (z. B. Pb, Cd, As, Hg) und sauberes Nährstoff-/Bewässerungsregime (Robert, 2020).

8.1 Saatbett, Saatzeit und Saatstärke

Das Gelingen der Saat entscheidet über den Ertrag. Ziel ist ein feinkrümeliges, rückverfestigtes Saatbett, das die Bodenfeuchte hält und einen gleichmäßigen Feldaufgang ermöglicht. Der Boden sollte im Frühjahr mit einem Grober gelockert werden. Ist er zu locker, lohnt sich eine Walze, um den kapillaren Anschluss wiederherzustellen und die Gefahr des Vermullens zu verringern. Staunässe ist unbedingt zu vermeiden, da sie Keimlinge schwächt und die Jugendentwicklung hemmt (Haase, 1949; TFZ, 2023).

Als Saattiefe haben sich rund drei Zentimeter bewährt; Ablagen bis vier Zentimeter sind möglich, wenn die Oberfläche stark austrocknet. Direktsaat ist technisch machbar, erfordert jedoch perfekte Bodenstruktur, Residuenmanagement und ein gleichmäßiges Wasserangebot (TFZ, 2023; Hanffaser Uckermark, n. d.).

Das Saatzeitfenster richtet sich nach Befahrbarkeit, Bodentemperatur und Spätfrostlage. Grundsätzlich haben sich Bodentemperaturen von fünf bis zehn Grad als praxisgerecht erwiesen. In vielen Lagen fällt dieser Zeitpunkt zwischen Ende März und Anfang Mai. Früh gesäte Bestände nutzen Winterfeuchte optimal und erreichen einen raschen Reihenschluss, sind aber in Frostsenken und schweren, kalten Böden anfälliger. Historische Leitfäden warnen deshalb vor zu frühen Saaten in Spätfrostlagen und empfehlen das vorsichtige Rückwalzen vor dem letzten Eggen, um den kapillaren Anschluss zu sichern. Aus der Beratungspraxis wird zugleich von erfolgreichen, sehr frühe Saaten berichtet, sofern Bodenstruktur, Temperatur und Spätfrostlage passen. Der Konsens lau-

> **i**
>
> **Vorteile des Hanfanbaus**
>
> Vielseitige Verwertung: Fasern, Schäben, Baustoffe, Papier, Textilien, Biokomposite, Lebensmittel.
>
> Geringer Chemiebedarf: Unkrautunterdrückung durch schnellen Bestandesschluss, kaum Pflanzenschutz nötig.
>
> Wasserresilienz: Moderater Bedarf, Nutzung der Winterfeuchte, vergleichsweise trockenheitstolerant.
>
> Schnelle Biomassebildung: Hohe Stroherträge, gute Rohstoffbasis für regionale Wertschöpfung.
>
> Kohlenstoffbindung und Substitution: CO_2 wird in Biomasse gespeichert, mineralische und fossile Rohstoffe können ersetzt werden.
>
> Guter Vorfruchtwert: Tiefe Durchwurzelung lockert den Boden, starker Bestand reduziert Unkrautdruck.
>
> Diversifizierung und Regionalität: Neue Wertschöpfungsketten von Landwirtschaft bis Verarbeitung, Chancen für Bioökonomie und Kreislaufwirtschaft.

	Samenhanf	Faserhanf
Menge	18-25 kg/h, 100-125 Körner/m²	40-70 kg/h, 200 bis 375 Körner/m²
Reihenabstand	10-50 cm	12-20 cm
Düngung	N: 100 kg P2O5: 90 kg K2O: 200 kg Mg: 25 kg	N: 60 kg P2O5: 55 kg K2O: 100 kg Mg: 15 kg

tet: früh säen, ja, aber standortgerecht und mit Blick auf Boden und Witterung (Denner, 2014; DALW, 1969; TFZ, 2023; Hanffaser Uckermark, n. d.).

Die Saatstärke wird in keimfähigen Körnern pro Quadratmeter angegeben, weil Tausendkornmasse und Keimfähigkeit je nach Sorte und Charge schwanken. Für Faser- und Baustoffzwecke empfehlen sich dichte Bestände von 200 bis 300 keimfähigen Körnern pro Quadratmeter, in Versuchen auch bis 350, bei engen Reihenweiten von 12,5 bis 20 Zentimetern. Ziel ist ein schneller Reihenschluss, der Beikraut unterdrückt und schlanke Stängel für die Faserproduktion erzeugt. Für Körnernutzung werden geringere Saatstärken von 80 bis 100 keimfähigen Körnern pro Quadratmeter mit weiteren Reihenweiten von 25 bis 30 Zentimetern empfohlen, um Licht für die Blüte zu sichern und den Drusch zu ermöglichen. Betriebliche Richtwerte, die in Kilogramm pro Hektar angegeben werden, können praxisgerecht sein, sollten aber stets auf keimfähige Körner pro Quadratmeter umgerechnet werden. Praxisberichte nennen etwa 50 Kilogramm Saatgut pro Hektar als funktionierende Menge, was rechnerisch rund 250 keimfähigen Körnern pro Quadratmeter entspricht. Diese Dichte liegt am unteren Rand moderner Empfehlungen und verlangt eine hohe Saatgutqualität sowie ein optimales Saatbett, um Ernteprobleme zu vermeiden (TFZ, 2023; Hanffaser Uckermark, n. d.).

Für die Fruchtfolge gilt: Hanf verträgt sich mit vielen gängigen Ackerkulturen. Hackfrüchte und Getreide kommen als Vorfrucht infrage, da sie ein sauberes Feld hinterlassen. Selbst ist Hanf eine sehr gute Vorfrucht, insbesondere für Weizen, Kartoffeln und Zuckerrüben, da die tiefe Durchwurzelung den Boden lockert und die Konkurrenzkraft des Bestandes den Unkrautdruck reduziert (Haase, 1949; TFZ, 2023).

8.2 Nährstoff- und Wasserführung, Bestandespflege

Hanf ist effizient, aber keine Hungerkultur. Die Nährstoffführung richtet sich an Standort, Vorfrucht und Ertragserwartung aus. Für Faserhanf haben sich etwa 160 Kilogramm Gesamtstickstoff je Hektar als praxisnaher Zielwert bewährt, inklusive Nmin und organischer Vorleistungen, darüber flacht der Mehrertrag oft ab und die N-Effizienz sinkt, ohne die Zielqualitäten verlässlich zu verbessern. Phosphor, Kalium, Magnesium und Schwefel werden bedarfsgerecht ergänzt, auf leichten Standorten ist Schwefel besonders im Blick zu behalten. Organische Dünger werden vorzugsweise im Frühjahr ausgebracht, die Vorgaben der Düngeverordnung sind einzuhalten, Auswaschungsrisiken werden durch bodennahe Ausbringung und zügige Einarbeitung begrenzt (TFZ, 2023; Denner, 2014).

Der Wasserhaushalt folgt einer klaren Logik. In kontinental geprägten Lagen deckt Hanf einen Teil seines Bedarfs aus im Winter infiltrierter Bodenfeuchte, die Kulturverdunstung lag in Feldmessungen der Uckermark je nach Jahr bei rund 310 bis 407 Millimetern, also teils über der Vegetationsniederschlagssumme, aber unter der Jahresniederschlagssumme. Reviews ordnen den saisonalen Wasserbedarf häufiger in den Korridor von etwa 220 bis 450 Millimetern ein. Das erklärt, warum die Kultur regenbedingt tragfähig bleibt, wenn die Jugendentwicklung gelingt und der Bestand früh schließt. Unter anhaltender Trockenheit reagiert Hanf mit rascher Stomataregulation und osmotischer Anpassung. Biomasse, Faseranteil und Körnerzahl können dennoch zurückgehen, deshalb sind bodenschonende Befahrung, sauber rückverfestigtes Saatbett und zügiger Reihenschluss zentral. Genotypische Unterschiede in der Reaktion auf Trockenheit sprechen für eine standortangepasste Sortenwahl, die Gaswechsel und Photoprotektion berücksichtigt (Thevs & Nowotny, 2023; Gill, 2022; Gill et al., 2023).

Die Bestandespflege setzt auf Kulturtechnik statt Chemie. Für Nutzhanf sind in Deutschland keine Pflanzenschutzmittel zugelassen. Unkraut wird durch hohe Saatstärken, enge Reihen und den frühen Bestandesschluss unterdrückt. In Körnerbeständen mit weiteren Reihen kann mechanisch gehackt oder gestriegelt werden. Bewährt hat sich der Einsatz ab dem Zweiblattstadium, wenn die Pflanzen sicher verwurzelt sind. Entscheidend sind ruhige Fahrspuren, saubere Schlaggrenzen und die Vermeidung von Verdichtungen, da diese den kapillaren Wasseraufstieg stören und die Jugendentwicklung verzögern. Die Fruchtfolge bleibt weit, auch wenn Hanf als selbstverträglich gilt; Hackfrüchte und Getreide eignen sich als Vorfrucht; und Hanf ist selbst eine sehr gute Vorfrucht für Weizen, Kartoffeln und Zuckerrüben, weil die tiefe Durchwurzelung den Boden lockert und der Bestand den Unkrautdruck mindert (TFZ, 2023; DALW, 1969; Haase, 1949).

Für die Produktsicherheit gilt, was bereits bei der Anlage bedacht wurde. Flächen mit Altlasten sind für Lebensmittel und Futtermittel zu meiden, da Hanf Schwermetalle und andere Elemente aus dem Boden aufnehmen kann. Wo Körner, Öl oder extrahierbare Bestandteile vermarktet werden, ist eine analytische Absicherung sinnvoll. Für Baustoffströme zählt eine gleichmäßige Qualität der Schäben und eine reproduzierbare Röstführung; darauf baut die Ernte- und Logistikplanung im nächsten Abschnitt auf (Robert, 2020; TFZ, 2023).

8.3 Winterhanf

Winterhanf erweitert die Fruchtfolge ohne zusätzliche Anbaufläche zu beanspruchen. Als Zwischenfrucht wird er nach einer frühräumenden Hauptfrucht wie Gerste oder Raps Mitte bis Ende Juli mit einer Saatstärke von etwa 25 Kilogramm pro Hektar ausgesät. Die Pflanzen sterben bei Frost ab und rösten stehend über den Winter. Die Ernte erfolgt zwischen Mitte Februar und Mitte März. Durch die kurze Vegetationszeit bilden sich keine Samen, dafür aber feine Stängel, die mit konventionellen Maschinen geerntet werden können und sowohl für Textil- als auch für Baustoffanwendungen geeignet sind.

Die Ernte gelingt mit konventionellem Mähdrescher oder Trommelmähwerk, das Stroh kann anschließend gehäckselt werden. Mit einem Strohertrag von 2 bis 4 Tonnen pro Hektar liegt Winterhanf deutlich unter dem Sommerhanf (8 bis 12 Tonnen pro Hektar), doch seine Funktion als Zwischenfrucht und das wirtschaftliche Potenzial der Fasern gleichen diesen Unterschied aus, sofern funktionierende Vermarktungswege bestehen.

In Brandenburg beispielsweise setzt die Felde Fibres GmbH auf Winterhanf für hochwertige textile Anwendungen. Der Landwirt Wilhelm Schäkel nutzt ihn zudem zur Herstellung von Baustoffen (Klimapraxis, 2024).

Agronomisch bietet Winterhanf mehrere Vorteile: Die dichte Bodenbedeckung schützt vor Erosion, die Pflanzen binden Stickstoff im Boden und reduzieren so Auswaschungen ins Grund- und Oberflächenwasser. Aufgrund seiner genetischen Distanz zu typischen Ackerkulturen trägt Winterhanf zur Reduktion von Schädlings- und Krankheitsdruck bei und bietet Wildtieren über die kalte Jahreszeit eine Rückzugsfläche.

Ökologisch überzeugt Winterhanf durch mehrere Effekte: Er bindet Reststickstoff im Boden und schützt so vor Auswaschungen ins Grund- und Oberflächenwasser. Die dichte Bodenbedeckung wirkt als Erosionsschutz. Aufgrund seiner genetischen Distanz zu typischen Ackerkulturen reduziert er Schädlings- und Krankheitsdruck, und über die kalte Jahreszeit bietet der stehende Bestand Wildtieren eine Rückzugsfläche.

Abb. 75: Landwirt Joachim Klack vor seinem Winterhanfbestand im Spätsommer (oben). Darunter derselbe Bestand im folgenden Frühjahr bei der Standröste. Auffällig ist die geringe Wuchshöhe. [Joachim Klack]

Wirtschaftlich bietet Winterhanf damit eine doppelte Rendite: einen Gesundungseffekt für den Boden und ein vermarktbares Produkt für die Textil- und Bauindustrie. Die Weiterentwicklung von Verarbeitungs- und Vermarktungsstrukturen wird entscheidend für seine zukünftige Bedeutung sein.

Auf schwachen Brandenburger Böden erreicht Winterhanf Wuchshöhen von ca. 1,0 bis 1,5 Metern. Durch sein tiefes, verzweigtes Wurzelwachstum lockert die Pflanze den Boden, ist vergleichsweise trockenheitsresistent und eine ideale Vorfrucht (Klimapraxis, 2024).

Praxishinweise aus Brandenburg: In dem System mit Winterhanf als Zwischenfrucht wird vornehmlich Gerste angebaut, weil sie früh beräumt werden kann. Wird der Hanf erst nach Gerstenernte, Bodenbearbeitung und Saatbettvorbereitung ausgebracht, ist er gegenüber dem Ausfallgetreide der Gerste nicht konkurrenzstark. Betriebe mit Wickweizen als Vorfrucht hatten dieses Problem nicht (Klimapraxis, 2024).

Entscheidend ist zudem das Abfahren des Gerstenstrohs oder dessen tiefe Einarbeitung. Bleibt das Stroh oberflächlich auf dem Feld, wird der Hanf in die Strohschicht eingedrillt, das Korn verliert den Bodenkontakt und kann Wasser nicht ausreichend aufnehmen. Die Aussaattiefe von 2 bis 3 cm ist konsequent einzuhalten (Klimapraxis, 2024).

8.4 Welche Hanfsorten sind für Baustoffe geeignet?

Für den Einsatz im Bau, also für Schäben, technische Kurzfaser und Verbundwerkstoffe, zählen hoher Strohertrag, gleichmäßige schlanke Stängel und eine verlässliche Aufbereitung. Die Sortenwahl ist wichtig, doch Röste und nachfolgender Aufschluss bestimmen die Materialqualität mindestens ebenso stark (siehe Kapitel 11.1.7). In Versuchen und Praxisberichten zeigt sich: Dichte, hochwüchsige Bestände liefern die gewünschte Stängelarchitektur und erleichtern die Faserfreilegung. Die Qualität steht und fällt mit dem erreichten Röstegrad und der Logistik (TFZ, 2023).

Bestandesarchitektur vor Sortennamen

Für Faser- und Baustoffzwecke werden enge Reihenweiten (ca. 12,5 bis 20 cm) und hohe Bestandesdichten empfohlen. In Versuchen wurde mit ca. 350 keimfähigen Körnern/m² gearbeitet (entspricht ca. 3,5 Mio. Pflanzen/ha), um raschen Reihenschluss, schlanke Stängel und feine Faserbündel zu erreichen. In der Praxis bewährt sich je nach Standort ein Band von ca. 300 bis 400 keimfähigen Körnern/m² (siehe auch 8.1). Ziel ist eine homogene Halmstruktur mit geringem Verzweigungsanteil als Voraussetzung für saubere Schäben und effizienten Aufschluss (TFZ, 2023).

Diese Empfehlung wird durch systematische Feldversuche gestützt. Haverkamp (2014) testete am Standort Dikopshof (NRW) drei Saatstärken (108, 162, 216 kK/m²) über zwei Versuchsjahre. Bei Erhöhung von 108 auf 216 kK/m² sank der Stängeldurchmesser signifikant von 7,11 auf 6,15 mm, während die Wuchshöhe von 230 auf 214 cm abnahm. Zwischen den Saatstärken 162 und 216 kK/m² zeigten sich keine signifikanten Unterschiede im Gesamtstrohertrag, die höhere Pflanzenzahl kompensierte das geringere Einzelpflanzengewicht (Haverkamp, 2014, S. 46).

Betreiber von Faseraufschlussanlagen bevorzugen homogene Stängel mit 5 bis 8 mm Durchmesser; als erstklassig gelten Stängel ≤ 10 mm bei mindestens 150 cm Wuchshöhe (Haverkamp, 2014, S. 14). Diese Zielgröße wird durch hohe Bestandesdichten erreicht: Dicht gesäte Reihen (12 bis 20 cm) bilden Durchmesser von 4 bis 9 mm aus (Haverkamp, 2014, S. 14).

Sortenbeispiele und Züchtungsmerkmale

In der EU verbreitete Fasertypen wie Futura 75, Santhica 27/70 oder Fibror 79 stehen exemplarisch für hochwüchsige, langstrohige Genotypen, die im Baustoffstrom häufig eingesetzt werden. Für gleichmäßige Reife und einen gebündelten Erntetermin sind einhäusige (monözische) Sorten vorteilhaft, ein züchtungsfachlicher Grundsatz, der bereits in klassischen Leitfäden betont und in der Praxis bestätigt ist (DALW, 1969; TFZ, 2023).

Die Wahl zwischen früh-, mittel- und spätreifenden Sorten beeinflusst das Ertragspotenzial erheblich. Haverkamp (2014) untersuchte sechs Sorten am Standort Dikopshof über zwei Jahre:

- Bialobrzeskie (mittelfrüh): höchster Strohertrag mit 192 dt/ha, mittlerer Fasergehalt
- Fedora 17 (mittelreif): 184 dt/ha Strohertrag, 30,5 % Fasergehalt – bevorzugte Praxissorte in Deutschland
- Epsilon 68 (spätreif): 187 dt/ha, mittlerer Fasergehalt
- Futura 75 (mittel-spätreif): 182 dt/ha, 34,8 % Fasergehalt
- Beniko (frühreif): 178 dt/ha, 42,6 % Fasergehalt
- Uso 31 (sehr frühreif): 165 dt/ha (niedrigster Ertrag), aber 44,7 % Fasergehalt (höchster Wert).

(Haverkamp, 2014, S. 103, 111, 114).

Das Muster ist konsistent: Spätreife Sorten weisen höhere Stroherträge auf, frühreife Sorten höhere Fasergehalte bei geringeren Gesamterträgen (Haverkamp, 2014, S. 144–145). Für den Baustoffsektor, wo absolute Strohmenge schwerer wiegt als maximaler Fasergehalt, empfiehlt sich eine Auswahl zwischen Beniko, Bialobrzeskie, Fedora 17 und Epsilon 68 (Haverkamp, 2014, S. 148).

Bereits DALW Berlin (1969) beschrieb die DDR-Sorte „Fibrimon“ mit dem züchterischen Merkmal als überwiegend einhäusigen Hanf mit mitteldichtem Fruchtstand. Einhäusige Sorten reifen gleichmäßiger ab als zweihäusige, bei denen männliche Pflanzen früher absterben und zu uneinheitlichem Bestand führen.

Erntefenster und Röste schlagen Sortenunterschiede

Für Baustoffe liegt der Erntetermin typischerweise zwischen Vollblüte und Ende Blüte, hier sind Strohmenge und Faserfreilegung günstig. Anschließend steuert die Feldröste (Tauröste) die Trennung von Faserbast und Holzkörper, deren Dauer stark von Temperatur und Niederschlägen abhängt. Ernte-, Ablage- und Wendetechnik müssen darauf abgestimmt sein (siehe Kapitel 11.1.7). In der Summe überlagert eine richtig geführte Röste kleinere Sorteneffekte hinsichtlich Schäben- und Kurzfaserqualität (TFZ, 2023).

TFZ (2023, S. 78–79) dokumentiert für Faserhanf (Futura 75), dass die Bestände deutlich länger im Längenwachstum und der Blüte verbleiben als Körnerhanfsorten, da die Züchtung auf Biomasseakkumulation ausgerichtet ist. Haverkamp (2014, S. 144) zeigt die Zunahme des Strohertrags während der Blütephase: Fedora 17 steigerte sich von 6,3 t/ha (Blühbeginn) auf 12,3 t/ha (Ende Blüte), Futura 75 von 7,5 auf 12,5 t/ha, Epsilon 68 von 6,3 auf 12,3 t/ha. Diese Verdopplung innerhalb der Blütephase unterstreicht die Bedeutung des richtigen Erntezeitpunkts.

Röstesteuerung: TFZ (2023, S. 27) gibt als Orientierung an: Im September werden für einen leichten Röstegrad etwa zwei Regentage bei Temperaturen über 15 °C empfohlen, für einen höheren Röstegrad sieben bis acht Regentage. Bei geringeren Temperaturen erhöht sich die erforderliche Anzahl. Im Oktober bei 8 bis 12 °C werden 15 bis 19 Regentage empfohlen. Die Röste ist damit stark witterungsabhängig und erfordert flexible Ernteplanung..

Koppelnutzung bewusst abwägen

Wer zusätzlich Körner ernten will, wählt geringere Saatstärken und weitere Reihen. Das verbessert den Drusch, verschiebt aber den Erntetermin und verändert die Stängelarchitektur. Die Folge können gröbere Schäben und uneinheitlich geröstetes Stroh sein. Für konsequent baustofforientierte Produktionen ist die einzielige Faser-/Strohstrategie mit dichter Saat im Vorteil. TFZ (2023, S. 150) untersuchte langstrohige Sorten (Uso 31, Fedora 17) auf ihre Eignung für Koppelnutzung. Bei Ernte zur Samenreife erreichten diese Sorten Stroherträge von 56,7 bis 63,8 dt/ha TM bei 160 kg N/ha, deutlich niedriger als bei reiner Fasernutzung. Die Studie resümiert, dass langstrohige Sorten sich zwar besser für Doppelnutzung eignen als etwa die kurzstrohige Finola, mit einer hohen Faserqualität bei Ernte zur Samenreife jedoch nicht gerechnet werden kann (TFZ, 2023, S. 150). Die divergierenden Anforderungen, Vollblüte für Faser versus Vollreife für Samen, führen zwangsläufig zu Qualitätseinbußen bei mindestens einem Produkt.

Nährstoffmanagement ohne Qualitätsverlust
Höhere N-Verfügbarkeit steigerte in den Versuchen zwar Teile der Ertragskomponenten, veränderte die Faserqualität jedoch nicht signifikant. Wirtschaftlich sinnvoll bleibt eine maßvolle N-Kalibrierung (vgl. 8.2), statt Qualitätssteigerung über Überdüngung zu erwarten (TFZ, 2023). TFZ (2023, S. 8) dokumentiert für Futura 75 bei 160 kg N/ha einen durchschnittlichen Röststrohertrag von 112,2 dt TM/ha, wobei der Ertragszuwachs ab 160 kg N/ha geringer ausfiel.

Haverkamp (2014, S. 112, 147) fand bei Variation der Stickstoffdüngung (60 vs. 120 kg N/ha) einen signifikanten Einfluss auf den Strohertrag, jedoch keine Interaktion zwischen Stickstoffgabe und Sorte. Die Stickstoffakkumulation im Stängel variierte sortenabhängig: Epsilon 68 akkumulierte die höchsten Werte (0,70 %), Uso 31 die niedrigsten (0,41 %). Die Vorgaben der Erstverarbeiter für Saatstärke und Düngung erwiesen sich als praxistauglich (Haverkamp, 2014, S. 126). Der offizielle Stickstoffbedarfswert liegt bei 160 kg/ha für Hanf als Faserpflanze bei einer Ertragserwartung von 150 dt/ha (TFZ, 2023, S. 27).

Infrastruktur und Vermarktung mitdenken
Vor dem Anbau sollten Abnehmer und Aufbereitung (Dekortikation, Schälen, ggf. Textilaufschluss) verbindlich geklärt sein, da regionale Verarbeitungskapazitäten noch nicht überall verfügbar sind. Ohne gesicherte Abnahme bleibt die Strohvermarktung risikobehaftet (TFZ, 2023).

Praxisfazit
Für Baustoffe sind langstrohige, monözische Fasertypen mit hoher Dichte und engen Reihen zu bevorzugen. Erntefenster (Vollblüte bis Ende Blüte) und wetterangepasste Röste sind qualitätsbestimmend (siehe Kapitel 11.1.7). Die Sortenwahl bildet das Fundament; Bestandesführung, Röste und Logistik entscheiden über das Gebäude.

Empfohlene Sorten für Baustoffzwecke:
- **Futura 75, Santhica 27, Santhica 70, Fibror 79** (EU-zugelassene Fasertypen)
- **Fedora 17** als bewährte deutsche Praxissorte
- **Epsilon 68** für spätreife Standorte mit langer Vegetationszeit
- **Bialobrzeskie, Beniko** als ertragsstabile mittelfrühe Alternativen

Kritische Erfolgsfaktoren (in absteigender Wichtigkeit):
1. Röstegrad und -gleichmäßigkeit
2. Bestandesdichte (300–400 kK/m²) und Stängelarchitektur (Ø 5–8 mm)
3. Erntetermin (Vollblüte–Ende Blüte)
4. Sortenwahl (einhäusig, langstrohig)
5. Stickstoffdüngung (160 kg N/ha ausreichend)
6. Gesicherte Abnahme und Verarbeitungskapazität.

Anbau	**450–500 €/ha**
Sauberes Saatbeet, Bodenbearbeitung:	50 €/ha
Sätechnik, Schlepper und Drillmaschine:	50 €/ha
Stickstoffbedarf ca. 40–70 kg/ha oder Mist, Gülle, Klee als Vorfrucht	50–100 €/ha
Preise für Saatgut:	
Hohe Sorten	5–7 €/kg
Bioqualität	6–8 €/kg
Aussaat Kosten	100–200 €/ha
Beachte: Nach der Aussaat keine Bearbeitung wie Striegeln, etc. notwendig.	
Ernte	
Stroh Ernte: Einkürzen, Ballen pressen, 20 Ballen kosten	160 €/ha
Trockner (max. 40 °C) und Reinigung	120 €/ha
Transportkosten je nach Entfernung	50–100 €/ha
Stroherntekosten einschl. schwaden, pressen, Feldräumung, Transport	300–350 €/ha
Mähdruschernte einschließl. schwaden, pressen, Feldräumung. Transport	360–400 €/ha
Röststroh (Erlöse ca. 5–7 t/ha)	150–420 €

8.5 Förderungen für Hanfanbau

Landwirte, die Nutzhanf anbauen, profitieren von allgemeinen Agrarförderprogrammen der Gemeinsamen Agrarpolitik (GAP). Die Förderlandschaft hat sich mit der GAP-Reform 2023–2027 grundlegend gewandelt: Das historische System der Zahlungsansprüche wurde abgeschafft, Direktzahlungen basieren nun allein auf der bewirtschafteten Fläche. Diese Entkoppelung senkt die Eintrittsbarrieren für Hanfanbauer erheblich, da keine historischen Referenzrechte mehr erworben werden müssen.

Direktzahlungen 2024 (Erste Säule der GAP)

Die staatliche Förderung setzt sich aus mehreren Komponenten zusammen:

- Einkommensgrundstützung für Nachhaltigkeit (Basisprämie): Landwirte erhalten 2024 eine Grundprämie von 157,63 Euro pro Hektar beihilfefähiger Fläche. Dieser Wert liegt unter dem Vorjahresniveau (2023: ca. 170,93 €/ha), da systematisch Mittel aus der pauschalen Basisprämie in Öko-Regelungen und die Zweite Säule (Ländliche Entwicklung) umgeschichtet werden.
- Umverteilungseinkommensstützung: Kleine und mittlere Betriebe erhalten gestaffelte Zusatzzahlungen. Für die ersten 40 Hektar werden 72,36 Euro pro Hektar gezahlt, für Hektar 41 bis 60 weitere 43,41 Euro pro Hektar. Ein Betrieb mit 40 Hektar Hanf erhält somit effektiv 230 Euro pro Hektar (Basisprämie plus Umverteilungsprämie).
- Junglandwirte-Einkommensstützung: Junge Landwirte bis 40 Jahre können für maximal 120 Hektar eine zusätzliche Förderung von 126,58 Euro pro Hektar beantragen. Seit 2023 ist jedoch ein Qualifikationsnachweis zwingend erforderlich (Berufsausbildung, Studium oder 300 Stunden anerkannte Fortbildung). Für den Hanfsektor mit seiner hohen Quote an Quereinsteigern stellt diese Hürde eine Herausforderung dar.
- Öko-Regelungen: Die freiwilligen, einjährigen Öko-Regelungen bieten zusätzliche Zahlungen für spezifische Umweltleistungen. Hanf kann sich in Öko-Regelung 2 (Anbau vielfältiger Kulturen) als eine von mindestens fünf Hauptfruchtarten integrieren lassen. Für Öko-Regelung 6 (Verzicht auf chemisch-synthetischen Pflanzenschutz) wäre Hanf durch seinen traditionell nahezu chemiefreien Anbau prädestiniert, ist jedoch in der aktuellen Ausgestaltung oft nicht explizit als Zielkultur gelistet.

Der Erhalt aller Direktzahlungen ist an die strikte Einhaltung der Konditionalität gebunden (Grundanforderungen an die Betriebsführung und GLÖZ-Standards). Hanf erfüllt durch schnellen Reihenschluss die Anforderungen an Mindestbodenbedeckung (GLÖZ 6) nahezu automatisch und unterstützt als botanisch weit von Getreide entfernte Gesundungsfrucht den geforderten Fruchtwechsel (GLÖZ 7). Die betäubungsmittelrechtlichen Anforderungen (siehe Kapitel 7.4) und Meldepflichten (siehe Kapitel 7.5) bleiben davon unberührt.

Fördermöglichkeiten auf Bundesebene

- Bundesanstalt für Landwirtschaft und Ernährung (BLE): Die BLE unterstützt durch Fördermittel und Beratung, etwa bei der Anzeige des Hanfanbaus, THC-Kontrollen oder Einfuhrregelungen. Darüber hinaus begleitet sie nationale und internationale Projekte und hilft bei der Antragstellung.
- Fachagentur Nachwachsende Rohstoffe (FNR): Die FNR fördert mit dem Förderprogramm Nachwachsende Rohstoffe (FPNR) Forschungs- und Entwicklungsprojekte. Der Fokus liegt auf nachhaltiger Bioökonomie, Ressourcenschutz und der Schaffung von Arbeitsplätzen im ländlichen Raum. Konsortien aus Wissenschaft und Praxis bewerben sich auf thematische Förderaufrufe, die Projekte entlang der gesamten Wertschöpfungskette unterstützen: Züchtung, Anbautechnik, Erntetechnik, Aufschlussverfahren und Produktentwicklung. Landwirte können als Praxispartner partizipieren, indem sie Versuchsflächen bereitstellen oder Prototypen testen. Die Förderquoten liegen bei 40–70 Prozent für Unternehmen und bis zu 100 Prozent für Forschungseinrichtungen. Ein Beispiel ist der

Praxisversuch „Winterhanf", bei dem Hanf als Winterzwischenfrucht getestet wurde.

Fördermöglichkeiten auf EU-Ebene
Auf europäischer Ebene eröffnen Programme wie Horizont Europa oder die Europäische Innovationspartnerschaft (EIP-Agri) zusätzliche Chancen. Die EIP-Agri unterstützte gezielt Projekte wie den Winterhanfanbau in Nordrhein-Westfalen (2016–2019), der bahnbrechende Erkenntnisse zur Faserqualität durch natürliche Feldröste lieferte. Die Nachfolgeprogramme bieten weiterhin Möglichkeiten, insbesondere im Kontext der neuen GAP und ihrer Grünen Architektur.

Länderspezifische Förderprogramme
Einige Bundesländer bieten spezielle Förderungen:

- Bayern: Das Projekt „OptiHemp" (2020–2022) zielte auf die Förderung des Hanfanbaus, die Stärkung der Biodiversität und die Entwicklung nachhaltiger Anbaumethoden. Die Ergebnisse bilden heute die Basis der bayerischen Düngeempfehlungen. Exaktversuche zeigten, dass Hanf sehr reaktiv auf Stickstoffgaben reagiert, wobei zwischen 80 und 160 kg N/ha ein signifikanter Wachstumsschub auftritt. Bei optimaler N-Versorgung erreichte die Sorte Finola Kornerträge von 15,4 bis 22,2 dt TM/ha. Für aktuelle Programme sollten Landwirte die zuständigen Stellen konsultieren.
- Thüringen: Über die LFE-Förderung (Förderung der Zusammenarbeit in der Land-, Forst- und Ernährungswirtschaft) wird die Zusammenarbeit in der Landwirtschaft unterstützt. Das Projekt „TorfausHanf" untersuchte die Nutzung von Hanfproduktionsresten als Torfersatz und zeigt exemplarisch, wie LFE-Mittel zum Aufbau regionaler Wertschöpfungsketten genutzt werden können.
- Nordrhein-Westfalen: Das EIP-Agri-Projekt „Winterhanf" (2016–2019) entwickelte ein innovatives Verfahren, bei dem Hanf nach der Getreideernte ausgesät wird, über den Winter auf dem Feld verbleibt und im Frühjahr vor der Maisaussaat geerntet wird. Die natürliche Feldröste über den Winter erzeugt Fasern von außergewöhnlicher Feinheit und Reißfestigkeit. Das Verfahren ist heute eine validierte Anbauoption in der Offizialberatung.

Regulatorische Neuerungen
Ein regulatorischer Meilenstein ist die Anhebung des zulässigen THC-Grenzwertes von 0,2 Prozent auf 0,3 Prozent, national umgesetzt durch das Zweite Gesetz zur Änderung der GAP-Direktzahlungen rückwirkend zum 1. Januar 2023 (siehe Kapitel 4.8). Viele leistungsfähige Hanfsorten neigen unter Hitzestress dazu, den alten Grenzwert zu überschreiten, was in der Vergangenheit zur Sperrung von Flächen führte. Mit der neuen Grenze entsteht ein Sicherheitspuffer, der das Anbaurisiko drastisch reduziert und den Zugriff auf ein erweitertes Sortenspektrum aus dem Gemeinsamen Sortenkatalog der EU ermöglicht.

Weitere Unterstützung und Ausblick
Für eine optimale Nutzung der Förderprogramme stellen Institutionen wie die BLE und die FNR Merkblätter, rechtliche Vorgaben und Antragsformulare bereit. Der Branchenverband Cannabiswirtschaft e.V. (BvCW) bietet in seiner Publikationsreihe „Elemente" umfassende Analysen der Förderlandschaft. Das Nutzhanf-Netzwerk e.V. steht ebenfalls beratend und mit Publikationen zur Seite.

Da sich die Förderlandschaft kontinuierlich verändert, ist ein regelmäßiger Blick auf die aktuellen Informationen der zuständigen Behörden und Institutionen unerlässlich. Diese Programme ermöglichen es Landwirten, den Nutzhanfanbau nicht nur wirtschaftlich attraktiv zu gestalten, sondern auch einen wichtigen Beitrag zu mehr Nachhaltigkeit und Innovation zu leisten. Für einen durchschnittlichen Ackerbaubetrieb stellt sich die staatliche Einnahmenseite bei ca. 200–230 Euro pro Hektar dar (ohne Junglandwirte-Bonus). Dies deckt oft die Pachtkosten, die eigentliche Wirtschaftlichkeit muss jedoch aus dem Produktverkauf kommen. Neben den direkten Zahlungen bietet Hanf indirekte ökonomische Vorteile: Als Vorfrucht hinterlässt er eine gare, unkrautfreie Bodenstruktur, die nachfolgendem Weizen oft 10–15 Prozent Mehrertrag ermöglicht.

9. Ernte von Nutzhanf

Die Ernte stellt den arbeitsintensivsten und technisch anspruchsvollsten Teil des Hanfanbaus dar. Je nach anvisierter Nutzungsrichtung kommen unterschiedliche Ernteverfahren und Maschinensysteme zum Einsatz. Während die Samengewinnung mit modifizierten Standardmähdreschern erfolgen kann, erfordert die Gewinnung hochwertiger Fasern für Baustoffe spezialisierte Erntetechniken und ein präzises Timing. Der optimale Erntezeitpunkt variiert erheblich: Für Samenreife sind mehr Wärme und Sonneneinstrahlung erforderlich als für Faserreife, weshalb Faserhanf bereits im August geerntet wird, damit ausreichend Zeit für die Feldröste bleibt, bevor herbstliche Dauerfeuchtigkeit einsetzt (siehe Kapitel 10). Für die Verwendung als Baustoff sollten die Hanfstängel maximal 11 mm Durchmesser aufweisen (Hanffaser Uckermark, 2024).

9.1 Ernte der Hanfsamen (Nüsse)

Die Samenreife ist erreicht, wenn sich die Samen beim Schütteln aus der Blüte lösen. In diesem Stadium zeigen die Samen eine harte Schale mit charakteristischer bräunlich-schwarzer Marmorierung, während unreifere Samen noch grünlich erscheinen. Die ungleichmäßige Abreife erschwert die Bestimmung des optimalen Erntezeitpunkts erheblich, denn Verluste durch vorzeitigen Samenausfall und Vogelfraß müssen gegen den Anteil unreifer Samen abgewogen werden. Ein verlässliches Anzeichen der bevorstehenden Ernte ist die zunehmende Präsenz von Vögeln auf dem Feld.

Die Samen werden mit einem Mähdrescher gedroschen, dessen Schneidwerk nur den obersten Teil der Pflanzen erfasst. Nied-

Abb. 76: Das Bild zeigt die Ernte reifer Hanfsamen, auch Hanfnüsse genannt. [Nutzhanf-Netzwerk e.V.]

rigwüchsige Sorten wie Finola lassen sich mit Standard-Mähdreschern ernten. Ab Wuchshöhen von 1,5 m bei Sorten wie Fedora oder USO sind Anpassungen erforderlich, um ausschließlich die oberen Pflanzenteile zu erfassen. Das Dreschen stellt eine besondere Herausforderung dar, da sich die zähen Fasern um rotierende Bauteile wickeln und die Maschine blockieren können.

Die Reinigung des Schneidwerks nach dem Dreschen erfordert aufgrund der widerstandsfähigen Stängel erheblichen Aufwand. Ein scharfes Schneidwerk ist entscheidend, um Ausfransen und Verheddern der Fasern zu minimieren. Starker Wind während des Dreschvorgangs unterstützt die effektive Trennung von Stroh und Samen. Für die Körnerernte werden unter anderem spezialisierte Mähdrescher wie der Claas Lexion 6900 oder der Deutz-Fahr C7206 eingesetzt, wie er beispielsweise von Karl Krumm genutzt wird.

Bei frisch geernteten Samen liegt die Feuchtigkeit bei etwa 30 %. Diese Samen müssen innerhalb von 24 Stunden auf eine lagerfähige Feuchtigkeit von 7 % getrocknet werden. Aus dem Schwad gedroschene Samen weisen deutlich geringere Ausgangsfeuchtigkeiten auf.

Koppelnutzung/ Doppelnutzung

Die Koppelnutzung von Hanf beschreibt die gleichzeitige Ernte von Fasern und Samen aus einer einzigen Hanfpflanze. Dieses Verfahren nutzt die Vielseitigkeit der Pflanze und maximiert den ökologischen und ökonomischen Ertrag.

Vorteile der Doppelnutzung:

- Ressourcenschonung: Eine Anbaufläche für zwei Produkte.
- Wirtschaftlichkeit: Zusätzliche Einnahmequellen durch parallele Vermarktung von Fasern (z. B. für Textilien, Baustoffe) und Samen (z. B. für Lebens- und Futtermittel, Öl).
- Nachhaltigkeit: Beitrag zur Kreislaufwirtschaft durch vollständige Nutzung der Pflanze.
- CO_2-Bindung: Erhöhte CO_2-Speicherung durch höhere Biomasseproduktion.

Herausforderungen:

- Erntetechnik: Beim optimalen Zeitpunkt für die Faserernte sind die Samen oft noch nicht vollständig gereift. Haben die Hanfsamen ihre Reife erreicht, verholzen die Stängel zunehmend, was das Schneiden und die Verarbeitung erschwert.
- Sortenwahl: Es braucht Sorten, die sowohl hochwertige Fasern als auch eine gute Samenausbeute liefern.
- Erntezeitpunkt: Kompromisse zwischen optimaler Samenreife und Faserqualität.

9.2 Kombiernte Ernte von Stroh und Blüten/ Samen

Die Koppelnutzung von Hanf ist unter Praktikern durchaus umstritten. Viele Landwirte und Verarbeiter vertreten die Position, sich bereits im Vorfeld eindeutig für eine Nutzungsrichtung zu entscheiden und die Prozesse entsprechend zu optimieren. Wie in Kapitel 8 erläutert, existiert die sprichwörtliche „eierlegende Wollmilchsau“ unter den Hanfsorten bislang nicht. Besonders das präzise Timing der Ernte stellt für die Koppelnutzung eine erhebliche Herausforderung dar. Dennoch zeigen innovative Erntetechniken aus den Niederlanden und Belgien Fortschritte, die eine effiziente Doppelnutzung ermöglichen.

Der Double Cut Combine (Modell 760 N) von HempFlax basiert auf einem modifizierten John-Deere-T660i-Mähdrescher, der speziell für die Hanfernte konzipiert wurde (Schinke, 2024). Die Maschine ist mit einem zusätzlichen Maisgebiss und einer Häckseltrommel vor der Vorderachse ausgestattet, die die Hanfstängel auf 60 cm Länge schneidet. In einem einzigen Arbeitsgang können Samen, Stroh und optional Blätter geerntet werden, was den Arbeitsaufwand reduziert und die Wirtschaftlichkeit steigert. Der Mähdrusch erfasst die Fruchtstände im oberen Pflanzenbereich, während gleichzeitig die Basisstängel mittels des Maisschneidwerks vom Wurzelstock getrennt werden. Die integrierte Häckseleinrichtung kürzt die Stängel auf 450

Abb. 77: Das Bild zeigt eine speziell entwickelte Erntemaschine von HempFlax im Einsatz: Der grüne John-Deere-Drescher mit Doppelschnittaufsatz trennt gleichzeitig die oberen Blütentrauben zur Gewinnung der Hanfsamen und die unteren Stängel zur Faser- und Schäbenverwertung. Diese innovative Technologie ermöglicht eine effiziente und großflächige Nutzung der Hanfpflanze – von den ölhaltigen Samen bis zum industriellen Faserrohstoff. Ein Paradebeispiel für moderne Mehrfachnutzung und technische Präzision im Hanfanbau. [HempFlax (2024), *Double-Cut Combine Prospectus*]

bis 600 mm und legt sie zur Röste im Schwad ab (Schinke, 2024).

Die Cretes-Technologie aus Belgien nutzt ein ähnliches Prinzip mit einer traktorgezogenen Erntemaschine, die Hanfpflanzen in zwei Ebenen schneidet. Mittels Förderbändern werden die Pflanzen aufgenommen und hinter der Maschine querparallel abgelegt. Anders als bei anderen Systemen werden die beiden Stängelabschnitte jedoch nicht separat in zwei Schwaden, sondern übereinander abgelegt. Die Maschine hat sich in der Praxis als zuverlässig erwiesen, setzt allerdings gleichmäßige Bestände ohne größeren Anteil an Stängelbruch voraus.

Eine grundlegende Herausforderung bleibt jedoch die Investitionshöhe: Die Anschaffung dieser Spezialmaschinen erfordert erhebliche finanzielle Mittel, die sich einzelne Landwirte in der Regel nicht leisten können. Hier bieten sich Maschinenringe und gemeinschaftliche Nutzungskonzepte als bewährte Lösungsansätze an.

9.3 Ernte des Hanfstrohs (Fasern und Schäben)

Der optimale Erntezeitpunkt für Faserhanf hängt von der anvisierten Nutzung ab. Für hochwertige Fasern liegt er vor der Phase, in der über 50 % der Staubbeutel im Blütenstand geöffnet sind und Pollen freisetzen. Diese Phase variiert je nach Sorte, Anbaubedingungen und klimatischen Faktoren. Während feine Fasern während der Vollblüte geerntet werden (etwa 20 % der Staubbeutel geöffnet), eignen sich technische Fasern für Baustoffe besser, wenn sie am Ende der Blüte oder zu Beginn der Samenreife geerntet werden.

Die Hanffaser Uckermark (HFU) hat ein effizientes Ernteverfahren etabliert, das auf spezialisierten Maschinen basiert: Die „Blücher02" schneidet die Hanfpflanzen in 60 bis 100 cm lange Stängelteile und legt sie in geordneten Schwaden ab. Samenstände werden oben platziert, um unter Sonnenbestrahlung nachzureifen. Anschließend hebt die Hanf-Samenerntemaschine (H.E.M.) die Schwaden auf, riffelt die Samen aus und legt die Stängel wieder ab. Das erneute Ablegen in ungeordneten Schwaden ermöglicht eine gleichmäßige Wasseraufnahme bei Regen, was für die spätere Röste (siehe Kapitel 10) entscheidend ist.

Damit das geerntete Hanfstroh für Baustoffe geeignet ist, müssen strikte Qualitätskriterien erfüllt werden:

- Stängeldurchmesser: Maximal 14 mm (dickere Stängel verursachen Probleme in der Aufschlussanlage der HFU).
- Länge der Stängelabschnitte: Zwischen 60 cm und maximal 1 m.
- Feuchtegehalt: Die Verrechnungsfeuchte darf 12 % nicht überschreiten.
- Sauberkeit: Nasses Stroh oder Ballen mit feuchten Stellen werden abgelehnt.

Abb. 78: Das Bild zeigt Rainer Nowotny im dichten Hanfbestand vor der markanten gelben Erntemaschine „Blücher 2“. Die Szene vermittelt eindrucksvoll die Wuchshöhe und Bestandsdichte von Faserhanf kurz vor der Ernte. Die Blücher 2 ist speziell für die bodennahe Ernte und geordnete Ablage der Stängel entwickelt worden – ein entscheidender Schritt für die Produktion hochwertiger Langfasern. Dieses Zusammenspiel aus Mensch, Pflanze und Technik steht sinnbildlich für die Renaissance des Hanfanbaus in der Landwirtschaft. [Hanffaser Uckermark, www.hanffaser.de (2024)]

Abb. 79: Das Bild zeigt ein Hanffeld kurz nach der Ernte mit dem Spezialmähwerk Blücher 02. Die Pflanzen wurden bodennah geschnitten und liegen nun in langen, gleichmäßigen Schwaden zum Trocknen und Rösten auf dem Acker. Dieses Verfahren fördert den mikrobiellen Aufschluss der Fasern und bereitet sie optimal für die weitere Verarbeitung zu Dämmstoffen oder technischen Textilien vor. Im Hintergrund steht der noch ungeschnittene Bestand – ein beeindruckendes Beispiel für die Wuchskraft der Hanfpflanze. [Felix Drewes (2024)]

Die Erträge variieren erheblich je nach Bodenbeschaffenheit und Witterung: Anmoorige Böden liefern bis zu 12 Tonnen Trockenmasse (TM) pro Hektar. Auf Mineralböden werden 9 bis 10 t/ha bei guten Böden (über 35 Bodenpunkte) und 7 bis 8 t/ha bei nährstoffarmen Böden (unter 35 Bodenpunkte) erreicht. In günstigen Jahren wurden auf Mineralböden bis zu 15 t/ha Faserstroh geerntet (Quelle: Hanffaser Geiseltal eG), während in trockenen Jahren die Erträge auf 7 bis 8 t/ha fielen.

Insgesamt stellt die Faserernte bei Hanf als Hauptfrucht hohe Anforderungen an die Technik. Hanffasern neigen dazu, sich um Trommeln und Schneidwerke zu wickeln, was eine gründliche Nachbearbeitung der Geräte erfordert und für Neulinge frustrierend und teuer machen kann. Berichte aus den frühen Anfängen des deutschen Hanfanbaus zeugen davon, dass etliche Mähwerke am Faserhanft gescheitert sind und kaputt gingen. Man musste feststellen, dass die Erntetechnik 70 Jahre nicht weiterentwickelt wurde. Mit dem Wachstum der Hanfbranche entwickeln Unternehmen aus dem europäischen Ausland kontinuierlich neue Technologien, um die Ernte effizienter und die Materialqualität höher zu gestalten. Maschinen wie der Claas Lexion 6900, John Deer T670i oder Innovationen von Cretes zeigen, wie technologische Fortschritte den Prozess verbessern können. Gleichzeitig bleibt die Erfahrung der Landwirte unerlässlich, um die Verknüpfung von Anbau, Ernte und Verarbeitung erfolgreich umzusetzen. Allerdings sind diese Maschinen in Deutschland noch nicht flächendeckend verfügbar. Das wird sich wohl erst ändern, wenn der Absatzmarkt entsprechend entwickelt ist.

Die Ernte von Faserhanf vereint traditionelle landwirtschaftliche Prinzipien mit modernster Technik. Sie ist ein Paradebeispiel für nachhaltige Landwirtschaft, die ökologisch und ökonomisch überzeugt. Mit zunehmender Nachfrage nach grünen Baustoffen und Textilien wird die Bedeutung innovativer Erntemethoden weiter steigen.

Landwirte, die für den Bau produzieren, müssen sich an strenge Anforderungen halten, um eine hohe Qualität sicherzustellen.

Abb. 80: Das Bild zeigt die Ernte eines Hanffelds mit einem modernen Mäh- und Schwadgerät, gezogen von einem Traktor. Besonders auffällig ist die präzise Ablage der Stängel in geordneten Reihen – sogenannte Langschwade –, die entscheidend für die Gewinnung hochwertiger Langfasern ist. Diese exakte Ausrichtung sorgt für eine gleichmäßige Tau- oder Trocknungsröste und reduziert mechanische Belastungen, was die Faserqualität erheblich steigert. Der hohe, dichte Bestand im linken Bildbereich unterstreicht das Ertragspotenzial von Hanf als heimischer Faserrohstoff mit Zukunft. [Beispielhafte Darstellung aus der Praxis (2024)

Abb. 81: Das Bild zeigt die Ernte von Faserhanf mit einer spezialisierten HYLER-Maschine. Die schonende Schneidtechnik und die Ausrichtung der Halme in Wuchsrichtung ermöglichen eine gleichmäßige Röste und reduzieren Faserbrüche. Dieses Verfahren, eingesetzt von Sachsen Leinen e.V. in Zittau (2024), setzt neue Maßstäbe in der qualitätsorientierten Hanffaserproduktion. [Sachsen Leinen e.V., Zittau (2024)

Die Röstung (oder Rotte) spielt hierbei eine wichtige Rolle: Sie sorgt für das Lösen der Fasern von der Stängelstruktur und hängt stark von Witterungsbedingungen wie Feuchtigkeit und Temperatur ab. Der richtige Röstegrad ist essenziell, da er die Eigenschaften der Fasern für Bauanwendungen bestimmt.

In den 1930-Jahren lag eine normale Ernte bei sechs Tonnen Hanfstroh/Hektar (Backe, 1936). Heute sind es 6–15 Tonnen/Hektar. Mehr zur Röste im Kapitel 10.

10. Röste von Hanfstroh

Abb. 82: Frisch geernteter Hanf liegt im Schwad zur Feldröste [Henrik Pauly].

Abb. 83: Das Bild zeigt eine einfache Form der Feldröste mit locker und ungeordnet abgelegten Hanfstängeln. Diese Methode ist technisch wenig aufwendig und eignet sich besonders für die Herstellung von Baustoffen, bei denen es nicht auf lange, intakte Fasern ankommt. Im Gegensatz dazu erfordert die Gewinnung von Hochleistungs-Langfasern eine unidirektionale, geordnete Ablage im Schwad. [Honzík, Zittau (2024)

Wie in Kapitel 4.2 erläutert, besteht der Stängel der Hanfpflanze aus zwei Hauptkomponenten: 1) dem hölzernen Kern im Inneren des Stängels, der gebrochen und zerkleinert Schäbe genannt wird, umgeben von 2) den robusten Bastfasern, die den holzigen Kern umschließen. Pektinstoffe binden die Bastfaserbündel an das umgebende Gewebe und den hölzernen Kern (Herzog, 1927). Die Mittellamellen zwischen den einzelnen Bastfasern selbst sind meist verholzt (Herzog, 1927). Diese Substanzen sind sozusagen der Klebstoff, der die Fasern und das Holz zusammenhält.

Ziel der Röste ist die mikrobiologische Zersetzung der Pektinstoffe, die die Faserbündel vom umgebenden Gewebe und vom Holz trennen (Herzog, 1927). Außerdem lassen sich die Bastfaserbündel besser zerfasern, und sowohl das Hanfstroh als auch die Fasern werden geschmeidiger und biegsamer (Darvish, 2022; Herzog, 1927).

Die Trennung von Holz und Fasern erfolgt durch eine Brechmaschine (Herzog, 1927; Darvish, 2022). Dies stellt aufgrund der Stärke der Fasern – wie bereits bei der Ernte – eine technische Herausforderung dar. Schon früher wurde das mechanische Trennen der Fasern vom Holz durch einen Röst- oder Rotteprozess erleichtert (Herzog, 1927).

Röste kommt von „rotten“ und beschreibt den Fäulnisprozess, bei dem die Bindestoffe aufgelöst werden, wodurch die Fasern einfacher vom holzigen Teil der Pflanze gelöst werden können (Herzog, 1927). Es ist das Ergebnis von Wasser – also Tau und Regen – und der Arbeit von Mikroorganismen. Je nach Verfahren kommen unterschiedliche Mikroorganismen zum Einsatz: Bei der Feldröste bzw. Tauröste wirken Bakterien und Schimmelpilze unter Luftzutritt, bei der Wasserröste hauptsächlich anaerobe (sauerstofffeindliche) Bakterien unter Luftabschluss (Herzog, 1927).

Die verholzten Mittellamellen zwischen den Einzelfasern setzen den Bakterien größeren Widerstand entgegen und werden erst bei Überröste angegriffen (Herzog, 1927).

Die Röste ist seit jeher ein wichtiger Schritt bei der Gewinnung von Pflanzenfasern, auch bei Flachs oder Jute. Sie ist ein kritischer Prozess in der Hanffaserherstellung, der die Qualität der Ernte durch Fäulnis (Überröstung) auch vernichten kann. Um die Röste besser zu monitoren, wurden sogenannte Röstklassen etabliert (siehe Kapitel 10.1.6).

Feldröste / Tauröste

Die heute gängigste Methode ist die Feldröste oder Tauröste. Hierfür wird der Hanf nach der Ernte für einige Tage liegen gelassen. Das Wenden des Strohs im Schwad fördert eine gleichmäßige Röste und reduziert die Gefahr von Schimmelbildung. Während der Röste verliert das Stroh bis zu 60 Prozent seines Erntegewichts bzw. 40 Prozent des Gewichts in luftgetrocknetem Zustand. Die Dauer der Röste hängt vom gewünschten Ergebnis (Röstegrad) und der Witterung ab und dauert in der Regel mindestens zwei Wochen (Naumenko M. A., 2006).

Traditionell wurden die Stängel in Garben zum Trocknen aufgestellt, bevor sie zum Rösten ausgelegt werden (Herer, 2016) (S. 397). Das Trocknen reduziert die Feuchtigkeit in den Stängeln, wodurch die Gefahr von Schimmelbildung oder Fäulnis minimiert wird. Trockene Stängel lassen sich besser handhaben und lagern. Und das Stroh nimmt Feuchtigkeit gleichmäßiger auf, wenn es später bei der Röste erneut mit Wasser in Kontakt kommt. So ist die Röste weniger anfällig für unkontrollierte Prozesse, die durch zu viel Feuchtigkeit entstehen könnten. Dieser Prozess ist aufgrund des Mehraufwands heute allerdings nicht mehr üblich.

Dieser Vorgang ist nicht zu verwechseln mit der Standröste, bei der der Hanf erst geröstet und dann geerntet wird (siehe Kapitel 9.3). Standröste beschreibt die Röste der stehenden Pflanze (z. B. Winterhanf).

Wasserröste

Die Wasserröste ist ein traditionsreiches, aber problematisches Verfahren. Schon 1927 bilanzierte Heuser: „Überhaupt bringt das primitive ländliche Verfahren der Wasserröste eine Reihe von Mängeln in hygienischer und auch wirtschaftlicher Hinsicht mit sich: Verpestung der Luft, Verunreinigung der Gewässer, gesundheitliche Gefährdung der Arbeiter werden namentlich in wärmeren Landstrichen häufig beklagt. Auf der anderen Seite steht ein verhältnismäßig großer Arbeitsaufwand, Abhängigkeit von der Gunst des Wetters, Unsicherheit im Ausfall des Röstergebnisses. Infolgedessen ist häufig versucht worden, das Rösten zum Gegenstand einer besonderen, vom landwirtschaftlichen Betrieb mehr oder weniger losgelösten Industrie zu machen und alle mit der ländlichen Wasserröste verbundenen Mangel zu beseitigen. Unter diesen verbesserten Verfahren ist zunächst die Warmwasserröste zu nennen, die eine Verkürzung der Röstzeit auf wenige Tage zulässt und im Fabrikbetrieb heute wohl meist benutzt wird. Das Wasser wird in zementierten Röstbassins auf einer gleichmäßigen Temperatur von 27 bis 28 Grad Celsius gehalten, gleichzeitig wird für fortwährend zufließendes warmes Wasser gesorgt, während das überflüssige Wasser unten abfließt. Dadurch wird auch eine teilweise Lufterneuerung herbeigeführt, die es neben den bei der Wasserröste hauptsächlich arbeitenden anaeroben Bakterien auch den aeroben Bakterien ermöglicht, an der Röstarbeit teilzunehmen“ (Heuser, 1927).

Bei der Wasserröste wird das Hanfstroh vollständig mit Wasser bedeckt, traditionell in Teichen, Flüssen oder eigens angelegten Kanälen. Die Wasserröste ermöglicht eine sehr kontrollierte Röste mit gleichmäßigem Ergebnis. Sie war besonders für textile Anwendungen in wasserreichen Gegenden die bevorzugte Methode. In der Regel war das Stroh 7 bis 14 Tage unter Wasser. Die bakterielle Zersetzung sorgte nicht selten dafür,

Abb. 84: Geernteter Hanf liegt gebündelt auf dem Feld zur Trocknung, im Hintergrund stehen noch ungeschnittene Pflanzen. Auffällig ist die geringe Saatdichte im Vergleich zu heutigen Faserhanfbeständen. Aufnahme vermutlich frühes 20. Jahrhundert. [Hash Marihuana & Hemp Museum.

Abb. 85: Nach der Ernte zur Trocknung aufgestellte Hanfgarben, vermutlich Norditalien um 1928. Die Vorreife diente der Vorbereitung des Strohs für die Wasserröste. [Hash Marihuana & Hemp Museum]

Abb. 86: Gepresste Quaderballen aus geröstetem Hanfstroh auf einem abgeernteten Feld. Sie werden nach Schnitt und Feldröste zu lager- und transportfähigen Ballen gepresst und zu Aufschlussanlagen gebracht. Die hohe Dichte erleichtert Transport und Lagerung. [Hanffaser Uckermark, www.hanffaser.de

Abb. 87: Hanfröste in einem Bewässerungsgraben nahe Bologna, 1928. Arbeiter beschweren und wenden die im Wasser liegenden Stängel, um die Bastfasern mikrobiell während der Wasserröste von den holzigen Anteilen zu lösen. [Hash Marihuana & Hemp Museum.

Abb. 88: Hanfröste nahe Bologna, 1928. Bündel aus Hanfstroh werden aus dem Wasser gezogen und am Ufer zum Abtropfen und Trocknen ausgelegt, während Zugtiere beim Transport der Garben eingesetzt werden. [Hash Marihuana & Hemp Museum.

dass das Wasser kippte, sodass man die Wasserröste meist schon von weitem riechen konnte.

Was Heuser vor hundert Jahren beschrieb, ist heute Konsens: Die anaerobe bakterielle Aktivität führt zu Sauerstoffverarmung in Gewässern, übelriechendem Abwasser und erhöhten Konzentrationen organischer Stoffe. Das ist auch einer der Hauptgründe, warum die Wasserröste heute nicht mehr üblich und in Deutschland sogar verboten ist. In anderen Ländern wird das Wasser anschließend wieder gesäubert, was komplex und teuer ist. Heute wird daher vor allem auf dem Feld geröstet. Es gab auch Ansätze, Seewasser für die Röste zu nehmen. Aber das beeinflusst wiederum die Qualität der Schäben und Fasern (Butter M., 2001). Zudem ist Seewasser nicht überall verfügbar.

Allerdings gibt es moderne Ansätze der Wasserröste in abgeschlossenen Containern. Die Hanffaser Lausitz initiierte beispielsweise hierfür Forschungsprojekte.

Chemische Röste

Die chemische Röste ist ein industrielles Verfahren, bei dem Chemikalien wie Natriumhydroxid (NaOH), Schwefelsäure (H_2SO_4) oder Wasserstoffperoxid (H_2O_2) für das Auflösen der Klebstoffe im Stängel eingesetzt werden. Der Prozess dauert 60-75 Minuten und ist damit wesentlich schneller als traditionelle Methoden und liefert hochwertige Fasern mit glatten, sauberen Oberflächen. Ein weiterer Vorteil ist die Kontrollierbarkeit und damit das Qualitätsmanagement. (Lee, 2020). Gleichzeitig ist das Verfahren sehr teuer und hinterlässt chemisch extrem belastetes Wasser.

Trotz dieser Nachteile ist die chemische Röste in der industriellen Produktion, besonders in China, nach wie vor weit verbreitet, insbesondere in der Textilherstellung und bei Anwendungen, die kürzere Fasern erfordern und bei denen es auf Schnelligkeit ankommt, was in unserer schnelllebigen Welt (leider) oft der Fall ist.

Enzymatisches Röste

Eine Möglichkeit, die Vorteile der Wasserröste mit den Vorteilen der chemischen Röste ohne deren Nachteile zu verbinden ist die sogenannte enzymatische Röste. Dabei wird das Stroh in geschlossenen Containern in Wasser gelegt und mit Enzymen. (z. B. Pektinasen, Xylanasen, Cellulasen) angereichert. Ein geschlossener Container ermög-

Abb. 89: Boniturskala zur Feststellung des Röstgrades von Hanfstroh. (Naumenko M. A., 2006)

	Röstgrad (Boniturnote)						
Merkmal	**1**	**2**	**3**	**4**	**5**	**6**	**7**
Färbung der Epidermis	grün-hellgrün-gelb	gelb-gelb-braun	hellbraun-mittelbraun	braun	braun	nicht sichtbar	nicht sichtbar
Anteil und Färbung der Pilzkolonien an der Stängeloberfläche	0-5 % hellgrau	5-50 % hellgrau	60-70 % hellgrau-mittelgrau	80-90 % mittelgrau	> 90 % mittel-dunkelgrau	100 % dunkelgrau-schwarz	100 % dunkelgrau-schwarz
Färbung des Holzteils	hellgrün-hellgelb	hellbeige	hellbeige	hellbeige	beige	beige	nicht sichtbar
Anteil und Färbung der Pilzkolonien an der Holzoberfläche	nicht sichtbar	0-5 % hellsilber	0-10 % hellsilber	10-40 % hellsilber	40-70 % hellgrau-grau, rot	70-90 % hellgrau-grau, rot	100 % schwarz
Verbindung zwischen Rinde und Holz	Rinde manuell sehr schwer ablösbar	Rinde manuell schwer ablösbar	Rinde manuell leicht ablösbar	Rinde manuell leicht ablösbar	Rinde manuell leicht ablösbar, bis 20-60 % selbstablösend	Rinde manuell leicht ablösbar, bis 20-60 % selbstablösend	Rinde 60-100 % selbstablösend

Abb. 90: Farbklassennormierung des Österreichischen Instituts für Bautechnik für Hanffasern (Österreichisches Institut für Bautechnik)

licht die Steuerung der Temperatur und pH-Werte. So entstehen weniger toxische Abfälle und das Abwasser ist in der Regel biologisch abbaubar. Außerdem wird weniger Wasser benutzt als bei der Wasserröste. Der Prozess ist außerdem schnell und benötigt nur 12 bis 24 Stunden (Lee, 2020). Die gewonnenen Fasern weisen eine hohe Faserqualität, Festigkeit, feine Textur und gleichmäßige Struktur auf. Der Prozess kann flexibel angepasst werden, um die Eigenschaften der Fasern zu verändern. Allerdings ist auch diese Methode relativ teuer und es ist noch weitere Forschung nötig, um den Prozess zu optimieren und Abfallstoffe sinnvoll im Kreislauf zu nutzen (Lee, 2020).

In Deutschland forscht Prof. Jörg Müssig aus Bremen an enzymatischer Röstung.

Nasskonservierung

Ein weiteres sehr interessantes Verfahren ist die **Nasskonservierung** durch anaerobe Lagerung, was eher einer Fermentation als einer Röste gleicht.

Hierfür wird der frisch geerntete noch grüne Hanf ohne Sauerstoff eingelagert (ähnlich wie Silage). Milchsäurebakterien zersetzen dann die Klebstoffe und der pH-Wert sinkt, aber die Faserqualität bleibt erhalten und das Verfahren liefert ein gleichbleibendes Ergebnis. So können Wetterrisiken bei der Röste ausgeschlossen werden und der technische Aufwand ist relativ gering.

Das Verfahren der Nasskonservierung bietet eine innovative Alternative, indem es die Nachteile der Wasserröste (z. B. Umweltprobleme) und der Feldröste (z. B. Wetterabhängigkeit) umgeht. (Gusovius, 2019).

So lassen sich die oben beschriebenen Röste-Verfahren generell in aerobe (an der Luft, mit Sauerstoff) und anaerobe (unter Wasser, ohne Sauerstoff) Rösten einteilen. Daraus ergibt sich, dass bei der Wasserröste Bakterien und bei der Tauröste auch Bakterien, aber überwiegend Pilze als Separationsorganismen wirksam sind (Naumenko, 2006).

So sinniert Butter: „Es ist eine irrige Annahme, dass auf den Feldern nach dem Abmähen ein Röstvorgang stattfinden würde, der für die Weiterverarbeitung der hieraus gewonnenen Faser zu hochwertigen Garnen oder Textilien notwendig ist. Was stattfindet ist nur der Beginn einer Fäulnis“ in (Butter, 2001) S. 97.

Die Röste gibt den Fasern die typische graubraune bis dunkelblonde Farbe, während ungerösteter Hanf (Grünhanf) hell-gelblich ist und schlechter verarbeitet werden kann. Der Röstegrad der Pflanze ist entscheidend für die Qualität der Fasern und Schäben und deren Eignung für die Weiterverarbeitung. Höherer Röstegrad: feine Fasern, weniger geröstet: grobe Fasern. Einheitliche Röstebedingungen sind entscheidend, da ungleichmäßige Röste zu Heterogenität in der Faserqualität führt (Naumenko, 2006).

Röstklassen

Der spätere Verwendungszweck der Hanffaser entscheidet darüber, wie stark das Stroh geröstet werden sollte. Um ein einheitliches Qualitätsmanagement zu erleichtern, können anhand der Farbe Stängel und Fasern in Röstklassen eingeteilt werden.

Die Skala reicht von Klasse 1 (sehr hell) bis Klasse 10 (sehr dunkelgrau). Bei Rösteklassen 11 oder höher sprechen wir von „Überröstung“. Ein leichter Röstgrad erleichtert die mechanische Faserextraktion, liefert aber weniger flexible Fasern. Ein starker Röstegrad verbessert die Faserisolierung, kann aber zu Sprödigkeit und Rissanfälligkeit führen. Stärker geröstete Schäben sind holziger, fester, aber poröser.

Das Österreichische Institut für Bautechnik teilt die Röstgrade in zehn Klassen ein (siehe Abb. 90).

Eine andere Möglichkeit, den Röstgrad zu bestimmen, ist die Unterteilung in sieben verschiedene Boniturnoten (Naumenko M. A., 2006).

Die Preise für Hanfstroh sind wesentlich von der Röste beeinflusst. Eine gute Röste braucht immer das rechtzeitige Trocknen, um noch Ballen pressen zu können.

Preise für Rösthanf bei 12 % Verrechnungsfeuchte, Ernte 2024

- Röste 0–1 (ungeröstet, Stroh mit grünen Stellen): 100 €/t
- Röste 2–5 (Stängel gelb bis grau, keine grünen Stellen (!), helles Mark): 150 bis 190 €/t
- Röste 6 oder mehr (überröstet, Stängel dunkelgrau, Mark bereits grau): 85 €/t

Nach erfolgter Feldröste wird das Hanfstroh in einer Hanf-Fabrik durch mechanisches Brechen bearbeitet und die Fasern von den Schäben getrennt. Mehr dazu im folgenden Kapitel.

Heinrich Rennebaum der Universität Halle und Mitbegründer der Hanffaser Geiseltal eG forscht an Lösungen zur Qualitätssicherung mittels KI und Sensorik.

Die Wahl der Röstklasse hängt vom geplanten Verwendungszweck der Fasern ab:

- **Niedrige Röstklassen (1–3):** Diese Fasern sind heller und weniger stark geröstet, was sie steifer macht. Sie eignen sich besonders für technische Anwendungen, bei denen Festigkeit und Steifigkeit gefragt sind.
- **Mittlere Röstklassen (4–7):** Diese Fasern weisen eine ausgewogene Flexibilität und Festigkeit auf und werden häufig in der Textilindustrie für robuste Stoffe verwendet.
- **Hohe Röstklassen (8–10):** Dunklere, stärker geröstete Fasern sind weicher und flexibler, was sie ideal für feine Textilien und Bekleidung macht. Allerdings kann eine zu starke Röste (über Klasse 10) die Reißfestigkeit der Fasern beeinträchtigen, da die mikrobiellen Abbauprozesse zu weit fortgeschritten sind.

Welche Rösteklasse ist für Baustoffe geeignet?

Auch hier ist die Antwort „kommt ganz drauf an". Wollen wir Faserverbund- Werkstoffe brauchen wir geringere Röstklassen. Auch Stopfwolle mit hoher Elastizität benötigt eine geringe Röste. Allerdings können im Prinzip alle Röstklassen im Bausektor verwendet werden. Das ist einer der Vorteile für die Verwendung von Hanf im Bausektor. Denn sollte mal etwas mit der Röste schiefgehen, kann man durch sogenannte B-Nutzungsszenarien die Fasern in der Regel noch einem sinnvollen Nutzen zuführen. Komplett unbrauchbar für die Weiterverarbeitung ist der Hanf erst, wenn er erdnah im Winter liegen bleibt.

Abb. 91: Hanffeld mit parallel abgelegten Schwaden für die Röste hochwertiger Langfasern. Die Stängel liegen in Wuchsrichtung ausgerichtet, was Brüche reduziert und eine gleichmäßige mikrobielle Aufschlüsselung der Faserbindungen fördert. Diese präzise Technik der Firma CRETES aus Belgien schafft die Grundlage für textile Anwendungen und zeigt den Fortschritt moderner Faserlandwirtschaft. [CRETES, 2025

10.1 Wie kommt das Stroh vom Feld?

Typischerweise wird nach der Feldröste, meistens im Oktober, das Hanfstroh in Ballen gepresst und zu einer Fabrik mit einer Aufschlussanlage gefahren. Je nach Fabrik verbleiben entweder die Ballen bei den Landwirten, bis sie nach und nach von der Fabrik abgerufen werden oder sie werden direkt vom Feld in die Fabrik gebracht und dort gelagert. Das Pressen erfolgt in Rund- oder Quaderballen. Rundballen haben den Vorteil, dass sie teilweise auch draußen gelagert werden können, während Quaderballen effizienter zu transportieren und zu lagern sind. Aufgrund der Lager- und Transportfähigkeit sollten Ballen möglichst fest gepresst werden.

Abb. 92: Die Hanffasern haben sich um die Wellen gewickelt und die Maschine blockiert. Die Ernte muss unterbrochen und das Erntewerkzeug demontiert werden. [Henrik Pauly]

Abb. 93: Detailaufnahme eines Balkenmähwerks nach der Ernte.

Grundsätzlich sollte der Hanf nicht weiter als 50 km von der Hanffabrik angebaut werden, da ansonsten die Transportkosten den Gewinn auffressen. Das Nutzhanf-Netzwerk e.V. versucht Lösungen zu finden, dass der Landwirt auch ohne zentralisierte Aufschluss-Anlage an der Hanfwertschöpfung teilnehmen kann. Im Rahmen eines geförderten Projektes hat die Klimapraxis gUG hierzu erhebliches Wissen beigetragen.

Wie bei der Ernte machen die Fasern des Hanfes auch den Ballenpressen oft Probleme. Daher lohnt sich auch hier der Zugriff auf Hochleistungs-Ballenpressen. Ähnlich wie spezielle Erntemaschinen für Hanfstroh sind diese leider nicht fächendeckend verfügbar.

Abb. 94: Die Aufnahme zeigt eine John Deere 990 Rundballenpresse beim Auswurf eines gleichmäßig geformten Ballens aus Hanfstroh. Die Presse verarbeitet das geröstete Material effizient und legt dichte, transportfähige Ballen ab – ideal für die anschließende Lagerung oder industrielle Nutzung. Eine saubere Ballenform ist entscheidend für stabile Logistik und die Qualität der Weiterverarbeitung. [Beispielhafte Darstellung, John Deere / B+S Landtechnik (2024)

11. Faseraufschluss (Strohverarbeitung) Brechen, Schwingen, Hecheln

Hanfstroh wurde über Jahrhunderte nach einem bewährten Dreischritt aufbereitet, der sich zwischen dem 15. und frühen 20. Jahrhundert kaum veränderte. Die klassische Verfahrensfolge umfasste: 1. Brechen (Knacken, Zerkleinern, Quetschen der getrockneten Stängel), 2. Schwingen (Abschlagen und Reinigen der Schäben) und 3. Hecheln (Kämmen, Glätten, Sortieren der Fasern). Jeder dieser Schritte zielte auf eine möglichst hohe Ausbeute an reinen Langfasern ab, die für hochwertige textile Anwendungen essenziell waren.

Abb. 95: Der historische Holzschnitt zeigt Menschen bei der manuellen Verarbeitung von Hanf, vermutlich beim Brechen und Hecheln. Die Szene stammt aus einem frühneuzeitlichen Buchdruck des 15. oder 16. Jahrhunderts und dokumentiert die zentrale Rolle des Hanfs im ländlichen Handwerk. Werkzeuge, Kleidung und Gestik sind stilisiert dargestellt – typisch für die Illustrationen dieser Zeit. [Hanffaser Uckermark, www.hanffaser.de/geschichte

Brechen: Die erste Trennung von Bast und Holz

Beim Brechen werden die getrockneten, gerösteten Hanfstängel gewaltsam geknickt und gebrochen, um die flexible Bastfaser vom spröden Holzkern zu lösen. Traditionell geschah dies mit der Hanfbreche oder Flachsbreche, einem hölzernen Hebelmechanismus, bei dem die Stängel zwischen festen und beweglichen Holzleisten wiederholt zusammengedrückt wurden. Die holzigen Schäben zerbrechen dabei in kleine Stücke, während die zähen Bastfasern weitgehend intakt bleiben. Das Ergebnis dieses ersten Schritts sind Langfasern mit noch anhaftenden Holzteilen, Kurzfasern (Werg) sowie ein Gemisch aus Schäben und Faserresten. Die Qualität der Röste (siehe Kapitel 10) bestimmt entscheidend, wie leicht sich Bast und Holz trennen lassen. Eine zu kurze Röste erschwert die Trennung erheblich, eine zu intensive Röste schwächt die Fasern.

Abb. 96: Traditionelle Hanf- und Flachsbreche, wie sie heute noch gelegentlich über Kleinanzeigen gehandelt wird. Mit dem hölzernen Hebelmechanismus werden die holzigen Pflanzenteile gebrochen, um die Fasern freizulegen. Durch das wiederholte Zusammendrücken und Brechen der getrockneten Stängel werden die holzigen Schäben vom flexiblen Bast getrennt – ein zentraler Schritt vor dem Hecheln und Spinnen. Diese Technik war jahrhundertelang fester Bestandteil bäuerlicher Selbstversorgung.

Das Brechen war körperlich anstrengend und zeitaufwendig. In der bäuerlichen Selbstversorgung gehörte es zu den winterlichen Arbeiten, wenn die Feldarbeit ruhte. Die abgebildete historische Breche aus dem 15. oder 16. Jahrhundert dokumentiert die zentrale Rolle des Hanfs im ländlichen Handwerk jener Zeit (Abb. 95).

Schwingen: Reinigung durch Ausschlagen

Beim Schwingen werden die gebrochenen Faserbündel über eine Kante oder einen Holzbalken gelegt und mit einem schwertartigen Holzbrett, der Schwinge, wiederholt

Abb. 97: Historische Schwingmaschine zur mechanischen Entfernung der Schäben aus Hanf- oder Flachsstängeln nach dem Brechen. Über ein Zahnradgetriebe werden rotierende Schlagarme angetrieben, die die gebrochenen Pflanzenfasern weiter bearbeiten. Solche frühen Maschinen markieren den Übergang vom reinen Handwerk zur maschinellen Faseraufbereitung im 19. Jahrhundert.

Abb. 98: Illustration einer Maschine zur Vorbereitung von Flachs und Hanf ohne Röste, entwickelt von Gérard-Joseph Christian. Aus der Publikation Instruction pour le teillage du lin et du chanvre sans rouissage, 1808 (Hash Marihuana & Hemp Museum).

ausgeschlagen. Durch die Schlagbewegung lösen sich die gelockerten Schäben von den Langfasern und fallen zu Boden. Gleichzeitig werden kürzere Fasern (Werg) von den Langfasern getrennt. Dieser Prozess erfordert Geschick und Erfahrung, da zu kräftiges Schlagen die Fasern beschädigt, zu schwaches Schlagen aber die Schäben nicht vollständig entfernt. Die Arbeit war monoton und muskulär fordernd, weshalb bereits im 18. und 19. Jahrhundert mechanische Schwingmaschinen entwickelt wurden. Diese nutzten rotierende oder oszillierende Werkzeuge, um den Prozess zu automatisieren und die körperliche Belastung zu reduzieren. Der Übergang von der manuellen Schwinge zur maschinellen Schwingmaschine markiert einen wichtigen Schritt in der Geschichte der europäischen Faserpflanzenverarbeitung.

Hecheln: Kämmen, Glätten, Sortieren

Das Hecheln bildet den Abschluss der traditionellen Faseraufbereitung. Die geschwungenen Fasern werden durch Hechelbretter mit zunehmend feinen Eisenstiften gezogen, um letzte Schäbenreste, Rindenteile und Verunreinigungen zu entfernen. Gleichzeitig werden die Faserbündel in einzelne, parallele Fasern aufgeteilt, geglättet und nach Länge sortiert. Dieser Schritt wurde oft mehrfach wiederholt, von der Grobhechel über die Mittelhechel bis zur Feinhechel, wobei bei jedem Durchgang Kurzfasern (Werg) abfielen.

Nach historischen Quellen entstehen in der Hechelei je nach Güte und Reinheit des Hanfes typischerweise 30 bis 40 Prozent Hechelhanf (die langen, reinen Fasern), 55 bis 65 Prozent Hechelwerg (Kurzfasern) sowie 3 bis 5 Prozent Verlust in Form von Staub, Holz und Rindenteilen (Backe, 1936). Besonders der langfaserige Hechelhanf war für hochwertige textile Anwendungen begehrt.

Auch das Hecheln war extrem arbeitsintensiv. Die Entwicklung mechanischer Hechelmaschinen im späten 19. und frühen 20. Jahrhundert ermöglichte eine industrielle Faserverarbeitung. Diese Maschinen zogen die Fasern mechanisch durch mehrere Kämmwalzen und trennten dabei automatisch Lang- und Kurzfasern. Die schematische Darstellung aus Backes Standardwerk „Der Hanfbau" (1936) zeigt in Draufsicht und Seitenansicht, wie Fasern eingezogen, über Kämme geführt und in mehreren Schritten gereinigt und vereinzelt wurden.

Dennoch konnten die Innovationen in der Hanffaser-Aufbereitung nicht verhindern, dass Hanf als Primärrohstoff vorindustrieller Nationen durch Baumwolle und später durch Synthesefasern abgelöst wurde. Die Gründe

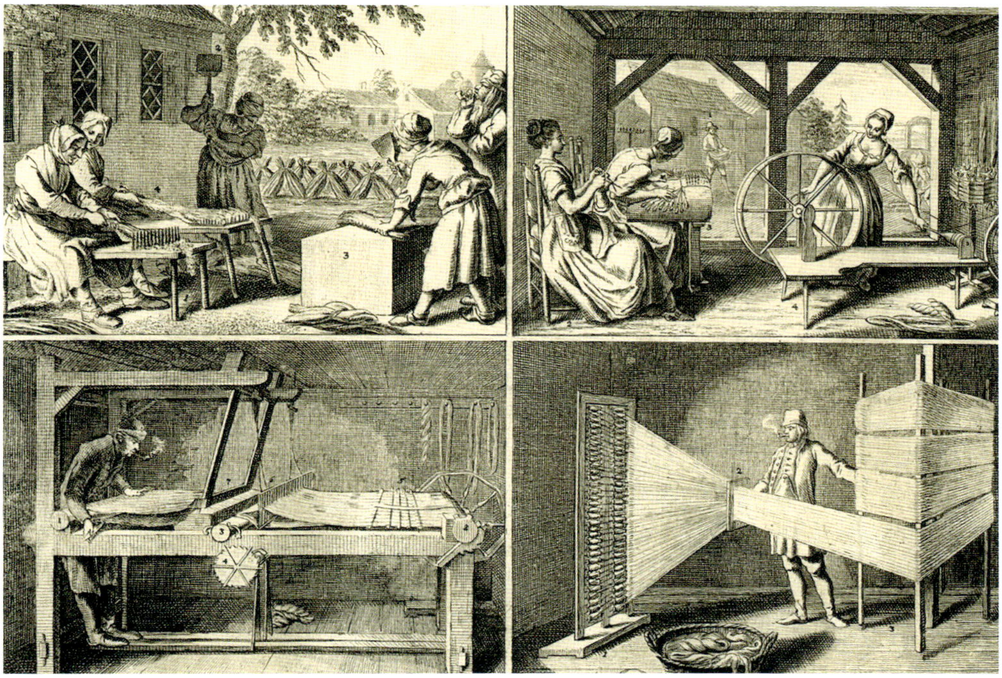

Abb. 99: Vier Kupferstiche von Daniel Chodowiecki, die verschiedene Stadien der Hanf- und Flachsverarbeitung zeigen, darunter das Brechen, Hecheln, Spinnen und Weben. Deutsche Darstellung von 1774. [Hash Marihuana & Hemp Museum.

Abb. 100: Eine traditionelle Schwinge, mit der die restlichen Schäben nach dem Brechen von den Fasern abgeschabt werden. [Henrik Pauly]

Abb. 101: Das Bild zeigt einen historischen Hechelaufsatz mit spitzen Eisenstiften, der zur Reinigung und Glättung von Hanf- oder Flachsfasern diente. Die Fasern wurden wiederholt durch die Hechel gezogen, um grobe Reste zu entfernen und das Material verspinnbar zu machen. Solche Werkzeuge waren bis ins 20. Jahrhundert in der bäuerlichen Faserverarbeitung im Einsatz. [Henrik Pauly]

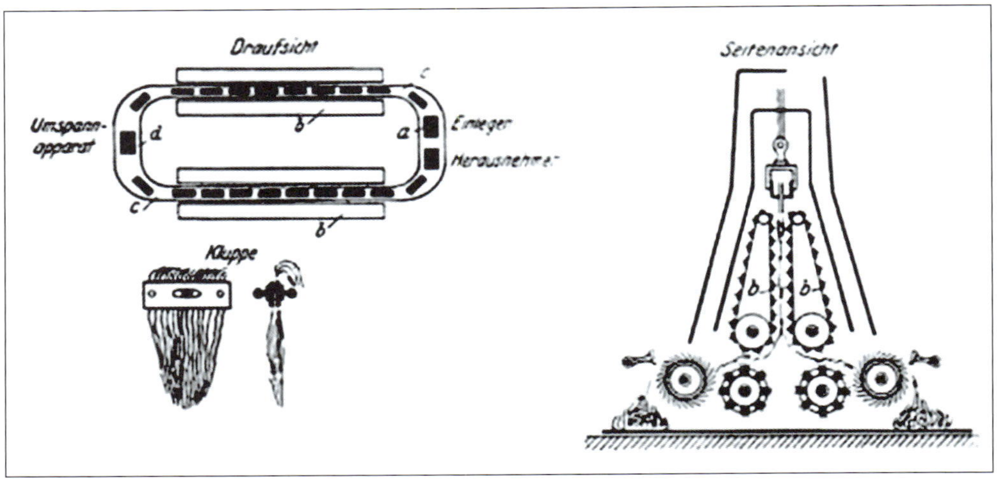

Abb. 102: Die historische Skizze zeigt den schematischen Aufbau einer Hechelmaschine zur mechanischen Faseraufbereitung. Die Zeichnungen in Draufsicht und Seitenansicht erklären den Ablauf: Fasern werden eingezogen, über Kämme geführt und in mehreren Schritten gereinigt, gekämmt und vereinzelt. Solche Maschinen lösten im 20. Jahrhundert zunehmend die manuelle Hechelarbeit ab und machten die Verarbeitung von Hanf und Flachs industriell effizienter. [Backe, H. (1936), *Der Hanfbau. Verlagsbuchhandlung Paul Parey, Berlin*

lagen weniger in der technischen Qualität der Fasern als vielmehr in wirtschaftlichen und geopolitischen Faktoren: Baumwolle ließ sich einfacher maschinell verarbeiten, da ihre kürzeren Fasern besser an die entstehenden Spinntechnologien angepasst waren. Zudem ermöglichte der koloniale Zugriff auf Baumwollplantagen günstige Rohstoffpreise, während Hanf arbeitsintensiv blieb. Mit der Entwicklung petrochemischer Synthesefasern ab den 1930er-Jahren verlor Hanf schließlich auch seine letzten Marktnischen in Seilen, Segeln und technischen Textilien (siehe Kapitel 2).

Produkte der traditionellen Verarbeitung

Die gewonnenen Langfasern fanden Verwendung für Garne, Segeltuche, Riemen, Feuerwehrschläuche, Postsäcke, Zelte, Wäscheleinen und Seile. Das anfallende Werg (Hanfwerk) diente als Dichtungsmaterial für Wasserleitungen, für Seilerware, Säcke und viele andere geringwertigere Textilanwendungen (Körber-Grohne, 1987). Die Schäben galten als Nebenprodukt und wurden entweder als Brennmaterial genutzt oder als Einstreu in Ställen eingesetzt.

Der Wandel zur modernen Faserverarbeitung

Die heutige Textilindustrie ist primär auf kurzfaserige Baumwolle und synthetische Fasern ausgelegt. Moderne Spinnereien können mit den langen, groben Bastfasern des Hanfs kaum umgehen und benötigen andere Maschinen sowie spezielle Vorbehandlungen: Gründliche Reinigung und Entstaubung, vollständiges Entfernen der Schäben, Kämmen und Kurzfaserabzug, mechanische oder enzymatische Cottonisierung (Aufspaltung der Faserbündel), Pektinabbau zur Erhöhung der Flexibilität sowie Ölauftrag und Befeuchtung zur Spinnvorbereitung.

Diese Anforderungen erklären, warum Hanffasern trotz ihrer technischen Vorzüge im Textilbereich eine Nischenrolle spielen. Für Baustoffe hingegen sind die langen, robusten Fasern und die dabei anfallenden Schäben ideal geeignet, da hier weder Feinheit noch textile Spinnbarkeit gefordert sind.

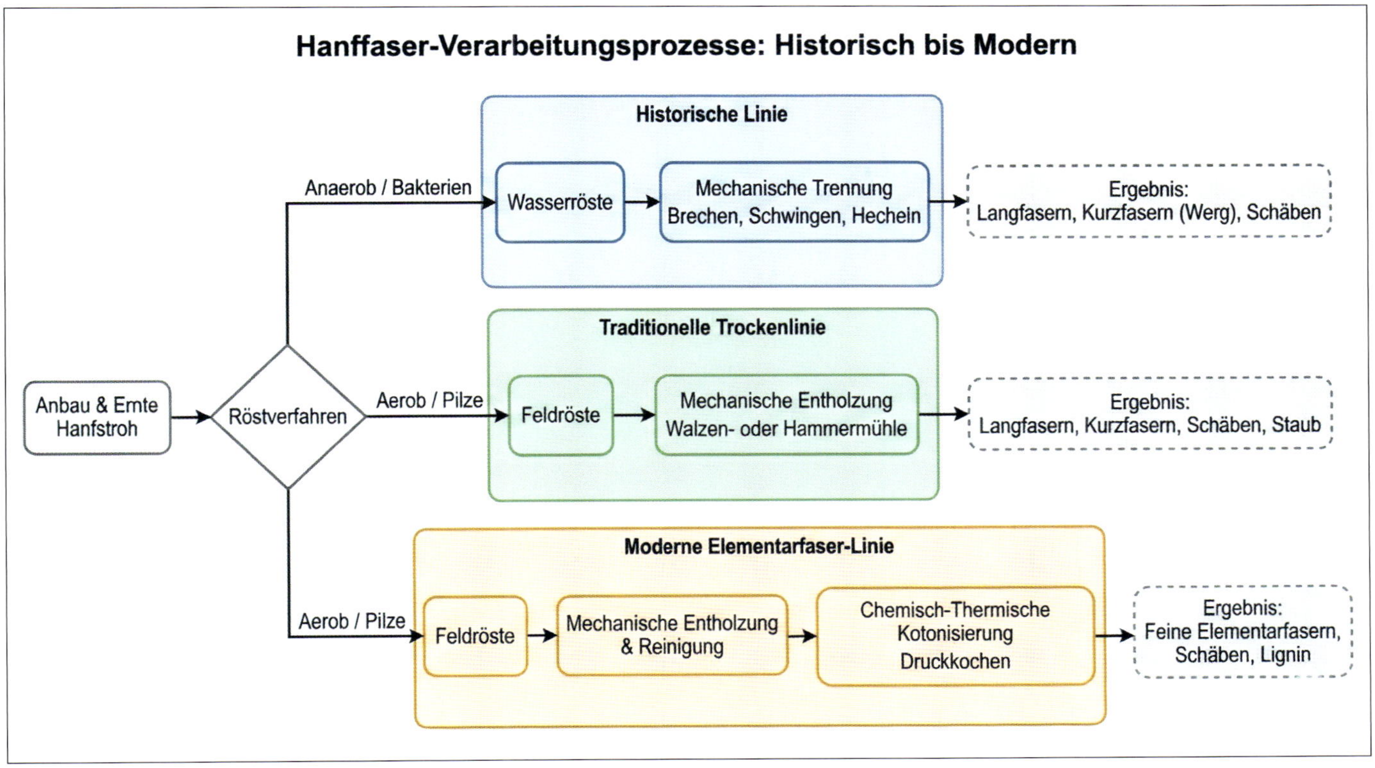

Abb. 103: Das Schaubild vergleicht historische, traditionelle und moderne Prozesslinien der Hanffaser-Verarbeitung. Es veranschaulicht, wie die Wahl des Röstverfahrens und der anschließenden Trenntechniken die Endprodukte bestimmen – von klassischen Lang- und Kurzfasern (Werg) bis hin zu chemisch-thermisch aufgeschlossenen Elementarfasern. Die Darstellung verdeutlicht: Die finale Faserqualität und Ausbeute sind das direkte Ergebnis der gezielt gewählten Aufbereitungskette. [Hanffaser-Verarbeitungsprozesse, generiert mit KI (Google Gemini) am 28.02.26.]

11.1 Produkte der modernen Hanfstroh-Aufbereitung

Beim modernen Faseraufschluss fallen mehrere Produktfraktionen an, die jeweils für unterschiedliche Anwendungen geeignet sind. Im Gegensatz zur historischen Praxis, die Schäben als Abfall betrachtete (Backe, 1936), gelten diese heute als Primärrohstoff. In einigen Regionen, insbesondere in Frankreich, wird Hanf gezielt mit Blick auf die Schäbenproduktion angebaut. Beim Aufschluss fallen typischerweise mehr als 50 Prozent des Hanfstrohs als Schäben an, was ihre wirtschaftliche Bedeutung unterstreicht.

Die Eigenschaften der Hanfpflanze sind aufgrund ihres pflanzlichen Ursprungs naturgemäß variabel, was sich auf Qualität und Zusammensetzung der Fasern und Schäben auswirkt (Evrard, 2003). Die Wahl des Verfahrens zur Aufschlüsselung der Pflanzenstängel hat erheblichen Einfluss auf zentrale Parameter, darunter die Korngröße der Partikel, den Restfaseranteil, die durchschnittliche Faserlänge, die Zusammensetzung und den Grad des Feinanteils sowie das Vorhandensein anderer organischer oder mineralischer Bestandteile.

Eine moderne Gesamtfaserlinie erzeugt verschiedene Produkte, wie es der Abbildung oben zu entnehmen ist.

Diese Verteilung verdeutlicht die Bedeutung effizienter Sortiertechnik und zeigt, wie wichtig die Weiterverwertung auch Nichtfaseriger-Fraktionen für die Wirtschaftlichkeit einer Faserlinie ist. Für Hanfkalk sind dabei sowohl die gereinigten Schäben als auch die Faser-Schäben-Gemische von Interesse, je nach gewünschter Dichte und Festigkeit des Endprodukts.

Die komplexen Zusammenhänge zwischen Standort, Anbau, Ernte und Verarbeitung beeinflussen die Faserqualität erheblich. Parameter wie Genotyp (siehe Kapitel 8.4), Klima, Erntezeitpunkt und Rösteverfahren wirken sich auf mechanische und sensorische Eigenschaften aus, etwa Farbe, Länge, Feinheit oder Schäbengehalt. Hochwertige Fasern sind das Ergebnis abgestimmter Prozessketten vom Feld bis zur Erstaufbereitung.

Abb. 104: Die Grafik illustriert die Halbwerkzeuge und Anwendungsbereiche der Hauptprodukte von Nutzhanf. Die verschiedenen Faserfraktionen (Technische Fasern, Kurzfasern und Superkurzfasern) finden breiten Einsatz (Bauwesen, Textilindustrie, Papierindustrie, Mobilität, industrielle Spezialbereiche). Schäben eignen sich primär als Baustoffe, Tiereinstreu und Stäube als Bodenverbesserer oder Briketts. Hanfnüsse dienen als Basis für die Ernährungsbranche, Futtermittelindustrie und Kosmetik. [Drewes, F. & Hering, A. (2026). NWG Bio Rohstoffe, Hochschule Merseburg. Datengrundlage: BAFA Neu GmbH]

Abb. 105: Die Grafik veranschaulicht die prozentuale Zusammensetzung der Halbwerkzeuge und Produkte, die bei der Verarbeitung von Hanfstroh anfallen. Den größten Anteil bilden dabei die Schäben mit 55 %, gefolgt von den technischen Fasern mit 25 %. Darüber hinaus entstehen bei dem Prozess weitere Fraktionen, darunter Staub (14 %), Kurz-Fasern (4 %) sowie Super-Kurz-Fasern (2 %).

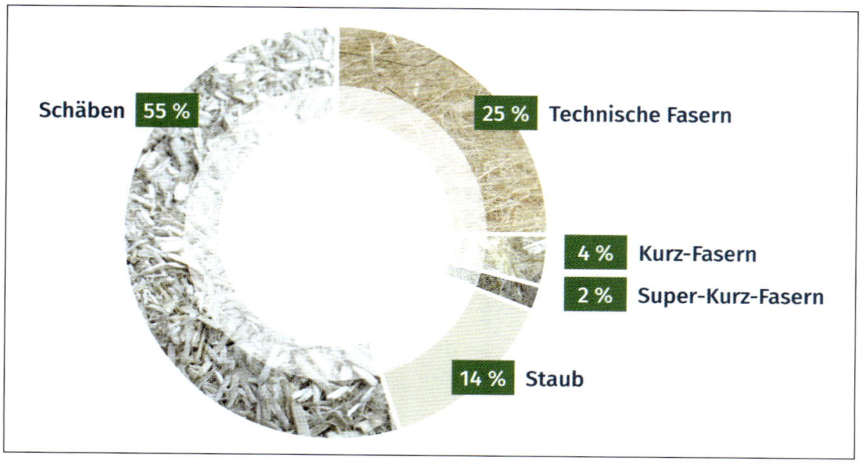

11.2 Moderne Aufschlussanlagen: Technologie und Verfahren

Der industrielle Faseraufschluss erfolgt heute in spezialisierten Anlagen, die mehrere Verarbeitungsschritte integrieren. Eine typische moderne Anlage umfasst Ballenmagazin, Ballenabroller (automatisches Öffnen der Strohballen), Metalldetektor und Störstofferkennung (Entfernung von Steinen, Metallteilen, Bindegarn), Brechereinheit (entspricht dem traditionellen Brechen), Schwungturbinen (entsprechen dem Schwingen, nutzen Luftstrom zur Schäbentrennung) sowie Faser- und Schäbenauslass mit Sortierung nach Faserlänge.

Die Trennung der Fasern ist ein entscheidender Schritt im Hanfaufbereitungsprozess, unabhängig davon, ob die Fasern für Nassspinnverfahren (lange Fasern), Trockenspinnverfahren (kurze, cottonisierte Fasern) oder Nonwoven-Produkte und Vliesstoffe verwendet werden. Ein einzelner Hanfstängel kann Hunderte von Fasern im Querschnitt enthalten. Um diese Potenziale optimal zu nutzen, müssen die Fasern effektiv getrennt werden, was sowohl die Qualität der Endprodukte als auch die Effizienz des Produktionsprozesses maßgeblich beeinflusst.

Dabei gilt: Die Art des Aufschlusses bestimmt maßgeblich die Eigenschaften der entstehenden Produkte. Lange, unbeschädigte

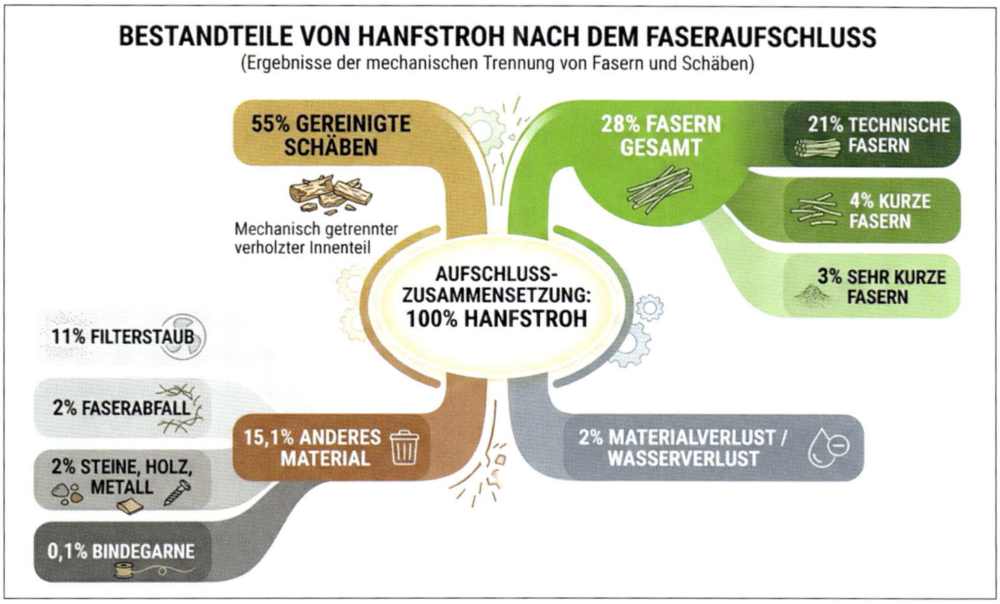

Abb. 106: Die Grafik veranschaulicht die beim Strohaufschluss anfallenden Materialfraktionen. Neben den Hauptprodukten entstehen Verluste und Nebenfraktionen: Filterstaub (11 %), Faserabfall (2 %), Materialverlust durch Trocknung (2 %), Fremdstoffe wie Steine oder Metall (2 %) sowie Bindegarne (0,1 %). Dies unterstreicht die Notwendigkeit effizienter Sortiertechnik und die wirtschaftliche Bedeutung der Weiterverwertung dieser Nebenprodukte für eine Faserlinie. [Eigene Darstellung (generiert mit KI/Google Gemini am 28.02.2026), Datenbasis: nova-Institut, 2007 (zitiert nach Carus et al., 2008)]

Fasern eignen sich für textile und technische Anwendungen, während kürzere Fasern und Schäben-Faser-Gemische hervorragende Dämmstoffe und Zuschlagstoffe für Hanfkalk bilden. Die Wahl zwischen schonenden und intensiven Aufschlussverfahren hängt daher vom angestrebten Endprodukt ab.

Walzenmühle: Schonender Aufschluss für hochwertige Fasern

Die Walzenmühle (englisch: roller-based process) trennt Hanffasern und holzige Schäben durch kontrollierten Druck gegenläufiger Walzen mit unterschiedlicher Geschwindigkeit. Die entstehenden Scherkräfte brechen den Hanfstängel, während die Fasern weitgehend intakt bleiben. In mehreren hintereinander geschalteten Walzenpaaren wird das Material stufenweise zerkleinert, Schäben fallen nach unten durch, Fasern werden weitertransportiert.

Das Verfahren erzeugt Fasern mit minimalen mechanischen Schäden und bewahrt deren Länge und Festigkeit bei niedrigem Verunreinigungsgrad. Der Energieverbrauch ist relativ niedrig, die Staubentwicklung gering. Nachteile sind der geringere Durchsatz bei großen Materialmengen sowie höhere Investitionskosten für Anschaffung und Wartung.

Typische Anwendungen sind Langfasern für textile Anwendungen oder technische Verbundwerkstoffe.

Hammermühle: Effizienter Aufschluss für Volumenprodukte

Die Hammermühle arbeitet mit rotierenden Hämmern oder Messern, die das Material mechanisch zerkleinern. Die intensive Bearbeitung erzeugt kürzere Fasern mit höherem Verunreinigungsgrad, ermöglicht aber schnelle, kosteneffiziente Verarbeitung großer Mengen. Die hohe Staubentwicklung erfordert zusätzliche Filtertechnologien.

Das Verfahren ist flexibel für verschiedene Materialien einsetzbar, relativ günstig in Anschaffung und Betrieb und effektiv beim Aufbrechen holziger Bestandteile. Allerdings reduziert die starke Faserschädigung die Faserlänge deutlich. Mechanische Eigenschaften können durch Mikroschäden beeinträchtigt werden, darunter sogenannte Kink-Bänder (lokale Fehlstellen innerhalb der Zellstruktur), die die Faser schwächen. Typische Anwendungen sind Kurzfasern für Dämmstoffe, Papier, Einblasdämmung oder Schüttmaterialien für Baustoffe.

Vergleich und Anwendungsempfehlung

Für Baustoffe wie Hanfkalk sind beide Verfahren grundsätzlich geeignet, da kürzere Fasern und höherer Schäbenanteil je nach Bauprodukt unproblematisch sind. Walzenmühlen liefern längere, stärkere Fasern bei geringerem Energieverbrauch und niedriger Staubentwicklung, haben aber geringeren

	Walzenmühle	Hammermühle
Funktionsweise	Druck- und Scherkräfte durch gegenläufige Walzen	Schlagwirkung mit rotierenden Messern
Staubentwicklung (kommt auch sehr auf Röstegrad an)	Weniger Staub	Höhere Staubentwicklung
Materialtrennung	Schonende Trennung von Schäben und Fasern; Fasern bleiben intakt. Schäbenqualität ist gut.	Aggressivere Zerkleinerung, führt zu mehr Defekten wie Kink-Bändern* in Fasern. Schäbenqualität ist gut.
Faserqualität & Schäbenqualität	Längere, stärkere Fasern, weniger mechanische Schäden; gut geeignet für technische Anwendungen und Textilien	Kürzere, brüchigere Fasern, dadurch mehr Kurzfasern bis Ultrakurzfasern, geeignet für Anwendungen mit geringeren Qualitätsanforderungen
Energieverbrauch	Relativ energieeffizient durch gezielte mechanische Druck- und Scherkräfte	Höherer Energieverbrauch durch die intensive Zerkleinerung
Staub	Weniger Staub durch gezielte Steuerung der Walzenkraft	Mehr Staub
Vorteil	Mittel bis hohe Kapazität, weniger Energieverbrauch, längere, intakte Fasern, weniger Staub, längere Fasern	Sehr hohe Kapazität, sehr schneller Durchsatz, geringe Wartungskosten, jedoch höherer Verschleiß, feine Fasern

* Kink-Bänder sind lokale Fehlstellen innerhalb der Zellstruktur der Faser. Sie erscheinen als Bereiche mit einer plötzlichen Verschiebung oder Verdrehung der Zellwand, wodurch die Faser an dieser Stelle geschwächt wird

Tabelle basierend auf: (Mariz, 2024), (Grégoire, 2021), (Grégoire, Investigation of the potential of hemp fibre straws harvested using a combine machine for the production of technical load-bearing textiles., 2019), (Darvish, 2022), (Dilts, 2007),

Durchsatz und höhere Investitionskosten. Hammermühlen bieten sehr hohe Kapazität bei schnellem Durchsatz und geringen Wartungskosten, erzeugen jedoch kürzere, brüchigere Fasern bei höherem Energieverbrauch und stärkerer Staubentwicklung.

Im Kontext von Hanfbaustoffen eignen sich Hammermühlen eher für Dämmstoff-Kurzfasern und Schäben für Hanfkalk, Walzenmühlen für hochwertige Langfaseranwendungen wie Textilien oder Verbundwerkstoffe. Beide Anlagentypen gibt es in verschiedensten Größen von wenigen Kilogramm bis mehrere Tonnen Durchsatz pro Stunde.

Grenzen konventioneller Verfahren und neue Entwicklungen

Für besonders stabile Fasern für naturfaserverstärkte Kunststoffe begrenzen konventionelle Verfahren des Faseraufschlusses, also Brechen, Schwingen und Hecheln, die erreichbare Qualität. Beim Brechen entstehen durch hohen Druck Mikrobrüche in der Faserstruktur, beim Hecheln und Schwingen kommt es zu Längsbrüchen und zu stark schwankenden Faserlängen. Wird das Holz nicht vollständig getrennt, bleiben Verunreinigungen an den Bastfasern zurück. Diese mechanischen Bearbeitungen verändern die Mikrostruktur, schwächen die mechanischen Eigenschaften der Zellulosefasern und führen zu inhomogenen Faserbündeln.

Die Technische Universität Dresden arbeitet gemeinsam mit Hanffaser Uckermark an einem schonenden Verfahren auf Basis eines Schälprinzips. Dieses erhält die mechanischen Eigenschaften weitgehend und liefert parallele Verstärkungsfasern, die sich für hochbelastbare Verbundwerkstoffe als Alternative zu Glas und Kunststoffen eignen. Für Baustoffe bleiben Hammermühlen und Walzenmühlen weiterhin gut geeignet, da dort kürzere Fasern und ein höherer Schäbenanteil je nach späterem Bauprodukt unproblematisch sind.

Dezentrale Verarbeitung: Kleine mobile Anlagen

Neben den großindustriellen Anlagen gibt es auch kleine, mobile Brechmaschinen wie den Hurdmaster MD1000. Solche Geräte ermöglichen eine dezentrale Erstverarbeitung auf dem Feld oder in kleinen Betrieben. Sie arbeiten nach dem Walzenprinzip und können wenige hundert Kilogramm pro Stunde verarbeiten. Für regionale Wertschöpfungsketten und Pilotprojekte im Hanfbau sind solche Kleinanlagen von besonderem Interesse, da sie die Abhängigkeit von wenigen zentralen Verarbeitungsstandorten reduzieren.

Sie erinnern etwas an die ersten mechanisierten Hanfbrechen im frühen 20. Jahrhundert, siehe Abb. 110, Seite 106. Solche Lösungen sind interessant für kleine regionale Wertschöpfungsketten und gemeinschaftliches Bauen. Allerdings sind sie aktuell unzulänglich, um Hanfbaustoffe aus ihrer Nische zu holen.

Deutsche Aufschlussanlagen mit Relevanz für den deutschen Baustoffmarkt

Das Fehlen von Aufschlussanlagen ist ein wesentliches Hindernis für die Skalierung von Hanfbaustoffen. Ihre Stärken entfalten sie vor allem in regionalen Wirtschaftskreisläufen, weshalb Verarbeitungskapazitäten vor Ort entscheidend sind. In Deutschland existieren derzeit mehrere Anlagen mit unterschiedlichen Schwerpunkten und Kapazitäten:

- Hanffaser Uckermark eG (Brandenburg) ist seit 1996 aktiv und damit die älteste kontinuierlich betriebene Hanfverarbeitungsanlage Deutschlands. Die Anlage arbeitet mit mechanischem Trockenaufschluss nach dem klassischen Prinzip von Brechen, Schwingen und Reinigung. Verarbeitet wird regional angebautes Hanfstroh von circa 400 Hektar zu Fasern für Dämmstoffe und technische Anwendungen sowie zu Schäben für Bau und Tierhaltung. Die genossenschaftliche Organisationsform ermöglicht Privatpersonen den Erwerb von Anteilen und stärkt damit die regionale Wertschöpfung.
- Hanffaser Geiseltal eG (Sachsen-Anhalt) befindet sich im Aufbau mit geplantem Produktionsstart Ende 2026. Die Anlage setzt auf Walzenmühlentechnologie mit Fokus auf Bauprodukte und technische Fasern. Als Kooperationsparter der Hanffaser Uckermark eG profitiert das Projekt von deren jahrzehn-

Abb. 107: Das Bild zeigt die Walzenbrechanlage der Hanffaser Uckermark, in der Hanfstängel mechanisch aufgeschlossen werden. Die gegenläufigen Walzen zerkleinern das Material und trennen die harten Schäben vom flexiblen Bast. Dieser zentrale Schritt in der Faseraufbereitung entscheidet maßgeblich über die Qualität der nachfolgenden Faserprodukte. [Adrian Darvish, Praktikumsbericht (2023)

Was hat es mit den Qualitäten auf sich?

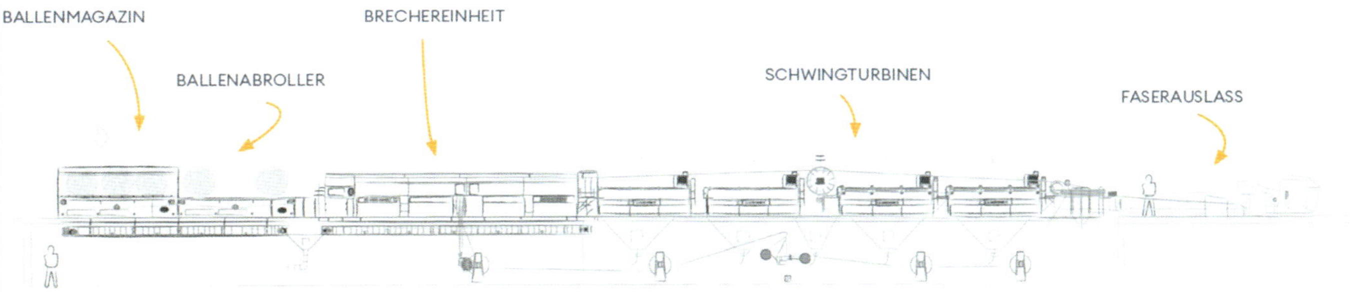

Qualität 3: Schäben
mit geringem Faseranteil

- Tiereinstreu
- Pilzsubstrat
- Baustoffe
- Verpackungen
- Zellstoffgewinnung

70%

Qualität 2: Schwungwerg:
Fasern mit einer Länge von 100 – 600 mm und einem Schäbenanteil von ca. 5- 10 %:

- Werkspinnerei für Garne bis Nm 20 (Schnüre, Grobe Gewebe, Teppiche etc)
- **Faserverbundanwendungen wie FUSE UD-Tapes**
- Weiterverarbeitung zu cottonisierten Fasern für Baumwollspinnerei, textile Füllstoffe (Wattierung)
- Vliesstoffe
- Dämmstoffe

15%

Qualität 1: Langfasern
mit einer Länge zwischen 600 und 1000 mm

- 100% sauber
- Langfaserspinnerei für Garne Nm 20 - 40 (Kleidungstextilien, Heimtextilien etc.)

15%

Abb. 108: Die schematische Darstellung zeigt den technischen Ablauf einer modernen Hanf-Aufschlussanlage von der Ballenöffnung bis zum Faserabwurf. Die Anlage trennt Hanfstroh in drei Qualitätsstufen: Qualität 3 – Schäben (70 %): mit geringem Faseranteil für Tierstreu, Baustoffe, Verpackungen oder Zellstoff. Qualität 2 – Schwungwerk (15 %): mittellange Fasern (100–600 mm) mit ca. 5–10 % Schäbenanteil, z. B. für Vliesstoffe, Dämmung oder textile Verbundstoffe wie FUSE UD-Tapes.

Abb. 109: Der HurdMaster MD 1000 in stationärer Anwendung mit manuellem Einzug über den Aufgabetisch. Die Maschine ist walzengetrieben, kompakt konstruiert und für dezentrale Verarbeitung in Landwirtschaft, Ausbildung und Forschung ausgelegt. Technische Kenndaten: Stromanschluss 220 V, Leistungsaufnahme 1.500 W, Abmessungen ca. 80 × 200 × 125 cm, Gewicht rund 320 kg. [Hurdmaster, 2023.

telanger Erfahrung. Auch hier ermöglicht die genossenschaftliche Struktur den Anteilserwerb durch Privatpersonen. Die geplante Kapazität geht bis ca. 600 Hektar.

▸ VOFA Vogtlandfaser GmbH & Co. KG (Thüringen/Sachsen-Anhalt, nahe der Landesgrenze) verarbeitet seit 2008 regional angebauten Hanf über Brech- und Walztechnik in kleinen bis mittleren Mengen zu Faser- und Schäben-Produkten für Bauwirtschaft, Dämmstoffe und Tierstreu. Die Anlage bedient vor allem regionale Abnehmer.

▸ Rottal Hanf eG (Bayern) etabliert seit 2024 eine regionale Wertschöpfungskette im Rottal mit Fokus auf Hanfbaustoffe. Die genossenschaftlich organisierte Initiative verbindet lokale Landwirtschaft mit der Verarbeitung zu Hanfkalk und anderen Bauprodukten. Das Konzept zielt auf kurze Transportwege und geschlossene Stoffkreisläufe, wobei die Verarbeitungskapazität sukzessive ausgebaut wird. Auch hier ermöglicht die Genossenschaftsstruktur den Anteilserwerb durch Privatpersonen und stärkt die regionale Verankerung.

▸ CARTOMAT GmbH (Nordrhein-Westphalen) betreibt eine Aufschlussanlage mit Fokus auf Verpackungsprodukte. Hier wird die gesamte Hanfpflanze vor Ort zu Verpackungsmaterialien verarbeitet. Aktuell werden keine Hanfhalbwerkzeuge für Baustoffe hergestellt. Der Schwerpunkt liegt auf Ganzstrohnutzung zu Papier- und Verpackungsprodukten.

▸ Felde Fibres GmbH, Neuanlage Temnitzpark Neuruppin (Brandenburg) nahm 2024 eine Industrieanlage mit einer Jahreskapazität von circa 20.000 Tonnen Hanfstroh in Betrieb, woraus etwa 6.000 Tonnen Textilfasern gewonnen werden. Der mechanische Aufschluss umfasst Reinigung, Kämmen und optionale Bleiche. Der Schwerpunkt liegt

Abb. 110: Mechanisierte Verarbeitung von Hanfstroh in einer mechanischen Breche, vermutlich frühes 20. Jahrhundert. Arbeiter führen Bündel in eine riemengetriebene Walzenbreche ein, die die Fasern von den holzigen Bestandteilen trennt. [Hash Marihuana & Hemp Museum, 2025.

auf textilen Anwendungen, weniger auf Baustoffen.

- FUSE Fiber GmbH (Sachsen) plant die Inbetriebnahme einer Anlage mit Fokus auf hochwertige textile Langfaserqualität. Die Startkapazität liegt bei circa 80 Tonnen Fasern pro Jahr, das Ausbauziel bei etwa 500 Tonnen jährlich. Ziel ist die regionale Versorgung von Textil- und Compositeindustrien. Das Projekt wurde durch SachsenLeinen e.V. im Rahmen des Strukturwandelprogramms „Unternehmen Revier" angestoßen und verkörpert den Versuch, Hanfverarbeitung in strukturschwachen Regionen zu etablieren.

Zu nennen ist auch die BAFA Neu GmbH (ehemals Badische Naturfaseraufbereitung GmbH), die ihre Aufschlussanlage allerdings nach Frankreich verlegt hat und dort heute unter dem Namen Planet Chanvre firmiert. Dieser Verlust einer etablierten Verarbeitungskapazität verdeutlicht die Herausforderungen beim Aufbau stabiler regionaler Wertschöpfungsketten.

Auffällig ist die Konzentration der Anlagen in Ostdeutschland, was sowohl mit Flächenverfügbarkeit für den Hanfanbau als auch mit Strukturförderprogrammen zusammenhängt. Für die Baustoffbranche sind aktuell mit Ausnahme von CARTOMAT und den primär textilorientierten Anlagen alle Verarbeitungsbetriebe relevant, wobei die genossenschaftlichen Initiativen in Uckermark, Geiseltal und Rottal durch ihre explizite Ausrichtung auf Bauprodukte besondere Bedeutung haben.

Wirtschaftliche Rahmenbedingungen

Eine weitere Schwierigkeit für Landwirte und Verarbeiter: Abnehmer können die Qualität von Hanfstroh in großen Quaderballen kaum zuverlässig beurteilen. Von außen ist nicht erkennbar, ob zu früh oder zu spät geerntet wurde, ob bereits Fäulnis eingesetzt hat oder ob das Material durch Hagel oder Lagerfeuchtigkeit geschädigt ist. Daher ist eine enge Zusammenarbeit zwischen Aufschlussanlagen und Landwirten essenziell, um die erforderliche Qualität des Hanfstrohs sicherzustellen.

Auch die Kostenstruktur und Erlöse variieren je nach Anlage und erzeugtem Rohstoff erheblich. Dabei hängt die Wirtschaftlichkeit stark von der Produktpalette ab. Für Baustoffe sind insbesondere die Schäben von Interesse, deren Preise im Vergleich zu Langfasern deutlich niedriger liegen, aber aufgrund der Mengen (über 50 Prozent des Strohs) dennoch wirtschaftlich attraktiv sein können. Die regionale Verfügbarkeit von Aufschlusskapazitäten entscheidet letztlich darüber, ob Hanfbaustoffe in größerem Maßstab produziert werden können oder Nischenprodukte bleiben.

11.3 Zusammenfassung Anbau und Ernte von Nutzhanf

Der erfolgreiche Anbau und die Verarbeitung von Nutzhanf für Baustoffe erfordert ein abgestimmtes Zusammenspiel von Standortwahl, Bestandesführung, Erntezeitpunkt und Aufschlussverfahren.

Anbau und Bestandesführung (siehe Kapitel 8):
Für verlässliche Faser- und Stroherträge verlangt Hanf tiefgründige, gut wasserleitende Böden ohne Staunässe und einen pH-Wert knapp über 6. Die Saatstärke wird in keimfähigen Körnern pro Quadratmeter angegeben, typischerweise 200 bis 300 keimfähige Körner pro Quadratmeter bei 12,5 bis 20 Zentimeter Reihenweite. Frühe Saaten nutzen Winterfeuchte optimal und erreichen raschen Reihenschluss, müssen jedoch standortgerecht und frostkritisch geplant werden. Die Stickstoffgabe wird am Nmin und an der Ertragserwartung kalibriert, praxisnah gelten etwa 160 Kilogramm Gesamtstickstoff je Hektar als Obergrenze. Für Nutzhanf sind in Deutschland keine Pflanzenschutzmittel zugelassen, die Kultur wird kulturtechnisch geführt.

Ernte und Röste (siehe Kapitel 9 und 10):
Der optimale Erntezeitpunkt für Baustofforientierte Faserproduktion liegt typischerweise zwischen Vollblüte und Ende Blüte.

Abb. 111: Zu sehen ist die Hanfbrechmaschine HurdMaster MD 1000 beim Einsatz unter Freilandbedingungen. Hanfbündel werden manuell zugeführt und mechanisch aufgeschlossen, die Schäben fallen unterhalb der Maschine aus, die Bastfasern werden seitlich abgeführt. Leistung bis etwa 100 kg pro Stunde, maximale Stängeldicke 2,5 cm, ausgegebene Schäbenlängen ca. 5 bis 30 mm. [Hurdmaster, 2023.

Die anschließende Feldröste oder Tauröste dauert in der Regel drei bis vier Wochen, wobei die tatsächliche Dauer stark von Temperatur und Niederschlägen abhängt. Der Röstegrad ist qualitätsbestimmend und wird in Röstklassen eingeteilt (siehe Kapitel 10.1.6). Für Baustoffe sind prinzipiell alle Röstklassen verwendbar, wobei geringere Röstgrade sich für Faserverbundwerkstoffe und Stopfwolle mit hoher Elastizität eignen, während höhere Röstgrade flexiblere Fasern für andere Anwendungen liefern.

Faseraufschluss (siehe Kapitel 11.1 und 11.2):
Die Trennung von Fasern und Schäben ist ein zentraler Verarbeitungsschritt, der maßgeblich die Qualität der Endprodukte beeinflusst. Dabei ist die Wahl des Verfahrens entscheidend für Länge, Reinheit und Unversehrtheit der Fasern sowie für den Reinheitsgrad der Schäben. Moderne Verfahren wie Walzenmühlen ermöglichen eine schonendere Trennung mit dem Ziel, lange und wenig beschädigte Fasern zu gewinnen. Hammermühlen hingegen zeichnen sich durch hohe Effizienz und Verarbeitungsgeschwindigkeit aus, führen aber zu kürzeren, mechanisch stärker beanspruchten Fasern. Die Faserbeschaffenheit entscheidet über die Eignung als Bauprodukt.

Beim Strohaufschluss entstehen typischerweise 55 Prozent Schäben, 35 Prozent Fasern unterschiedlicher Längen sowie etwa zehn Prozent Nebenprodukte (Filterstaub, Faserabfall, Fremdstoffe, Bindegarne) und Trocknungsverluste.

Wirtschaftliche Aspekte:
Die Kosten für Aufschlussanlagen variieren stark je nach Leistungsfähigkeit, von etwa 15.000 Euro für kleine mobile Einheiten bis zu zehn Millionen Euro für großindustrielle Verarbeitungslinien. Das Fehlen von Aufschlussanlagen ist ein wesentliches Hindernis für die Skalierung von Hanfbaustoffen. Ihre Stärken entfalten sie vor allem in regionalen Wirtschaftskreisläufen, weshalb Verarbeitungskapazitäten vor Ort entscheidend sind. Grundsätzlich sollte der Hanf nicht weiter als 50 Kilometer von der Aufschlussanlage angebaut werden, da ansonsten die Transportkosten den Gewinn auffressen.

12. Baustoffe und -produkte aus Hanf

> *Ein Haus kann zu 70 % aus Hanf bestehen.*
> Felix Drewes

Nach der Schätzung der Autoren kann ein Haus bis zu 70 Vol.-% oder vielleicht sogar mehr aus Hanf bestehen. Zum Beispiel kann PU-Schaum in nahezu allen Anwendungsbeispielen durch Hanfprodukte ersetzt werden. Einsatzgebiete, in denen Hanfbaustoffe (noch) nicht eingesetzt werden können, sind in der Gründung und im Sockelbereich oder klar, Glas. Hanfbaustoffe können in Wand-, Boden- und Deckenaufbauten genutzt werden, als Dachdeckung dienen, Holzschutz oder Großteil von Farben sein. Es gibt Hanf-Dichtungen für Fenster, Rohre und Gewinde, Fußabtreter und Teppichböden aus Hanffaser, Hanfholz für Möbel und vieles mehr. Sogar in Sachen statisch tragende Elemente macht Hanf Fortschritte.

Fast das gesamte Haus kann also, bildlich gesprochen, vom Acker kommen.

Dieses Kapitel gibt einen Überblick über etablierte und neue Hanfbaustoffe, genormte Produkte und experimentelle Ansätze.

Außerdem lohnt sich für einen umfassenden Überblick ein Blick in die Produktkataloge verschiedener Hersteller, die ab Seite 288 aufgelistet sind.

12.1 Baustoffe aus ganzem Hanfstroh

Für die allermeisten Hanfbausoffe ist Hanfstroh der Ausgangsstoff (Ausnahmen: Baustoffe auf Hanfölbasis), welches mithilfe von Aufschlussanlagen (Siehe 11.2) weiterverarbeitet wird.

Allerdings kann Hanfstroh auch ohne vorigen Aufschluss direkt als Baustoff verwendet werden, z. B. gepresst zum Ballen analog zum klassischen Strohballenbau (Siehe Antonio Honorati).

Auch kann Hanfstroh nach der Ernte mit einem konventionellen Mähdrescher (siehe 10.3) als Fasern und Schäben-Gemisch bei

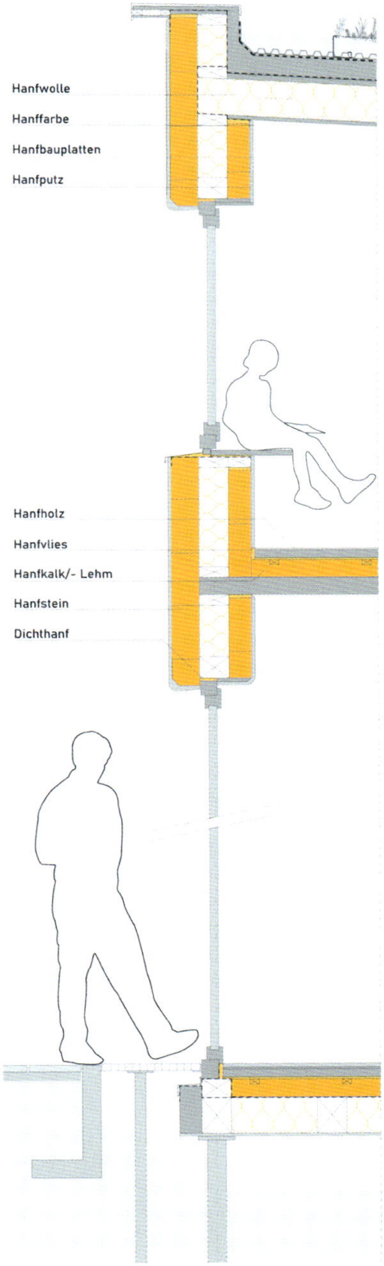

Abb. 112: Hanf kann in einem Gebäude vielfältig eingesetzt werden. [Henrik Pauly]

Abb. 114: Das Bild zeigt ein Gebäude im Bau, bei dem Hanfstrohballen in ein Holzständerwerk eingefügt werden. Diese Bauweise kombiniert die hohe Dämmleistung von Hanfstroh mit der Tragstruktur des Holzbaus. Hanfstrohballen sind diffusionsoffen, regional verfügbar und besonders klimafreundlich – ideal für einfache, ressourcenschonende Gebäudehüllen. [Tania Bini (Italien), ilovepdf_merged / HempToday.net

Abb. 113: Das Bild zeigt ein Wohngebäude aus Hanfstrohballen im Holzrahmenbau. Die Ballen werden direkt in das Gefach gesetzt und später verputzt. Diese Bauweise ist einfach, kostengünstig und ideal für Selbstbauprojekte. [Tania Bini, ilovepdf_merged (Italien)

der richtigen Qualität direkt vom Acker ohne Zwischenschritte als Dämmung (siehe Stopfwolle 0) eingesetzt werden. Hanfstroh kann während der Lagerung unter hoher Feuchte eventuell kleine Organismen (Milben, Bücherläuse) beherbergen, welche unter Umständen im Bauprodukt landen (siehe 0). Weder für Hanf-Strohballen noch für Stopfhanf vom Feld existieren aktuell Normen. Die bauphysikalischen Eigenschaften müssten hierbei ähnlich wie bei klassischen Strohaufbauten bzw. Stopfhanf sein.

Dennoch haben wir mit Stopfhanf vom Feld bereits bei einigen Projekten gute Erfahrungen gemacht. Die Herausforderung hierbei ist es, eine ausreichende Bauqualität zu erreichen (wenig Staub). Vorteile von Hanfbaustoffen direkt vom Acker sind potenzielle Mehreinnahmen für Landwirte und damit eine höhere Attraktivität für den Hanfanbau für Landwirte. Ein Vorteil wäre die direkte Vermarktungsmöglichkeit und somit der Zuverdienst für Landwirte sowie eine regionale Erzeugung und Verarbeitung und dadurch geringere Transportkosten und Emissionen.

Eine weitere Verwendungsmöglichkeit für Hanfstroh ist Hanfholz (siehe Seite 129).

12.2 Baustoffe aus ganzen Hanfstängeln

Auch ganze Hanfstängel können direkt ohne große Aufbereitung als Baustoff eingesetzt werden. Das wurde schon vor hunderten Jahren in Japan gemacht, wobei geschälte Hanfstängel (nach Abzug und Verwendung der Fasern) als Innenwand oder Stabilisierung der Dachbedeckung genutzt wurden (siehe Kapitel 3). Auch eine Verwendung ähnlich wie Reet ist denkbar.

Auch Hanfholz wie das von Hempwood wird aus ganzen Hanfstängeln gemacht. Doch der Verarbeitungsprozess für die gängigsten Hanfbaustoffe beginnt mit der Ernte (siehe 9.3) und Röste (Siehe 10) und dem Faseraufschluss (Kapitel 11.2).

Fasern und Schäben sind Rohstoff für unterschiedlichste Bauprodukte. Beginnen wir mit den Schäben.

12.3 Baustoffe und -Produkte aus Hanfschäben

Hanfschäben (auch Schäben) sind die holzigen Bestandteile des Hanfstrohs, die nach der Abtrennung der Fasern in kleine Stückchen zerkleinert werden. Sie bestehen aus verschiedenen Schichten und Poren, die für ihre hervorragenden Dämmeigenschaften und Wasserdampfdurchlässigkeit verantwortlich sind. Hanfschäben können im Verbund mit einem Bindemittel als feste Dämm- und Baustoffe oder als lose Trockenschüttung verwendet werden.

Die physikalischen Eigenschaften der Hanfschäbe macht sie zu einem idealen Material für die Dämmstoffindustrie. Mit ihrer geringen Schüttdichte von nur etwa 110-112 kg/m³ und einer bemerkenswert niedrigen Wärmeleitfähigkeit von ca. 0,048 W/m·K ist sie ein hervorragender Ausgangsstoff für verschiedene Dämmstoffe. Darüber hinaus sorgt die poröse Struktur für eine effektive Schalldämmung und eine ausgezeichnete Feuchtigkeitsregulierung, was sich positiv auf das Raumklima auswirkt und den Wohnkomfort erhöht (Walker et al., 2014).

Die Porenmatrix im Zusammenspiel mit der Schäbenmatrix sind zwei wesentliche Faktoren für die hervorragende Dämmwirkung und Wasserdampfdurchlässigkeit von Trockenschüttungen (Siehe 0) und Hanfkalk (siehe 14.2).

Abb. 115: Das Bild zeigt japanische Handwerker bei der traditionellen Eindeckung eines Daches mit Hanfstängeln. Diese Technik wurde in einigen Regionen über Jahrhunderte angewendet – wegen der Wasserbeständigkeit, Langlebigkeit und regionalen Verfügbarkeit des Materials. [Instagram: taima_cannabis_museum

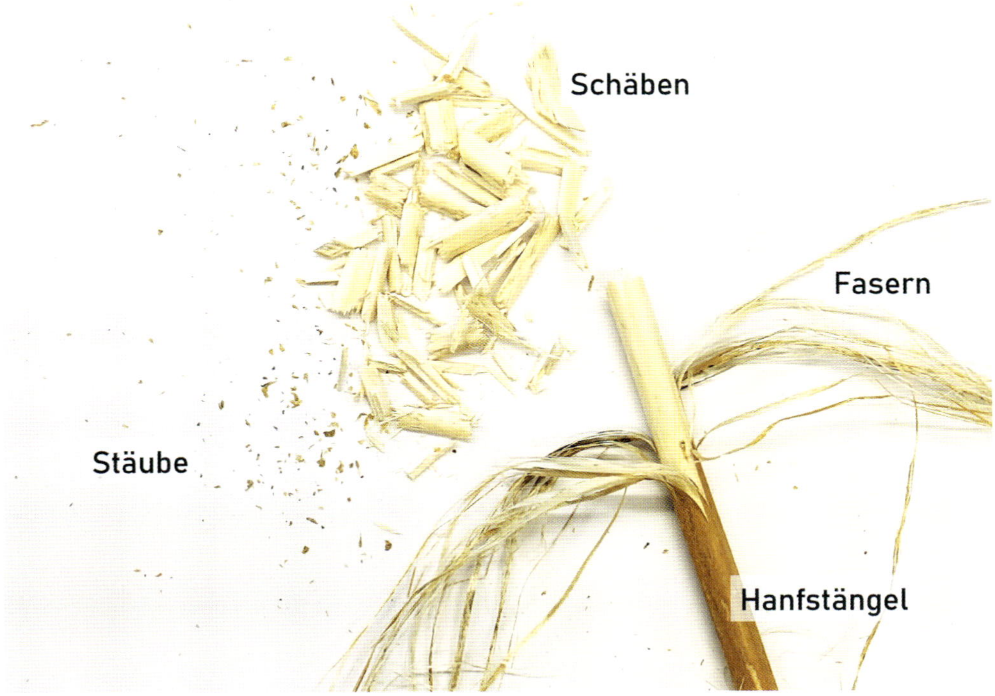

Abb. 116: Das Bild zeigt die typischen Bestandteile des Hanfstängels nach der mechanischen Aufbereitung: die holzigen Schäben im Inneren, die langen Bastfasern außen, sowie feine Staubpartikel, die bei der Verarbeitung entstehen. Diese drei Komponenten werden für unterschiedliche Anwendungen genutzt – etwa als Baustoff, Dämmmaterial oder Zusatzstoff. [Henrik Pauly]

Produkte	Einsatzbereiche	Bauphysik	Besonderheiten	Hersteller
Leichtlehmschüttung LLS200 Hanflehm-Schüttung 200 kg/m³	Hanf-Lehm Schüttung für Decken, Böden	Dichte (trocken): 220 – 250 kg/m³ Wärmeleitfähigkeit: λ = 0,066 W/mK Brandschutzklasse: E	Volldeklaration: 100 % Hanfschäben und Lehm	Hanffaser Uckermark eG Hanffaser Geiseltal eG
Schallschüttung LLS400 aus Lehm und Hanf Hanflehm-Schüttung 400 kg/m³	Hanf-Lehm Schüttung für Wand, Decken und Böden	Dichte (trocken): 420 – 450 kg/m³ Wärmeleitfähigkeit: λ = 0,074 W/mK Brandschutzklasse: E	Volldeklaration: 100 % Hanfschäben und Lehm	Hanffaser Uckermark eG Hanffaser Geiseltal eG
Hanfkalk-Trockenschüttung	Wand, Decke, Bodenaufbauten	Schüttdichte: 250–300 kg/m³ Wärmeleitfähigkeit: λ = 0,07 W/mK	Volldeklaration: 100 % Hanfschäben und Kalk	Schönthaler IsoHemp, Nick Naturbau
Mehabit Bitumengebundene Schüttung	Ausgleichsschüttung für stark beanspruchte Belastungen im Wohnbereich	Schüttdichte: ca. 140 kg/m³ Wärmeleitfähigkeit: λ = 0,060 W/mK	Gebundene Schüttung nach DIN 18560-2	MEHA Dämmstoffe
Mehasport, Bitumengebundene Schüttung mit Schaumglasgranulat	Sportböden mit dynamischer Langzeitbeanspruchung	Schüttdichte: ca. 145 kg/m³ Wärmeleitfähigkeit: λ = 0,064 W/mK	Gebundene Schüttung nach DIN 18560-2	MEHA Dämmstoffe

Trockenschüttungen

Schäben werden in Form von Trockenschüttungen verwendet. Oft werden sie mit Lehm oder Kalk vermischt, für Spezialanforderungen (Sportböden) auch mit Bitumen. Die Schüttungen können trocken ohne Zugabe von Wasser eingebracht werden. Ein großer Vorteil dieser Trockenschüttung ist, dass sie je nach Aufbaustärke sofort weiter belegt werden kann, was wertvolle Zeit im Bauablauf spart.

Trockenschüttung selbst machen

Wenn beim Zuschneiden von Hanfsteinen Verschnitt anfällt, kann dieser als Trockenschüttung oder zur Hinterfüllung von Vorsatzschalen genutzt werden. Auch ist es möglich, eine Hanfkalk-Trockenschüttung selbst herzustellen. Dafür werden Schäben mit Kalk gemischt, auf einer LKW-Plane oder Ähnlichem ausgehärtet und getrocknet und dann als lose trockene Schüttung eingefüllt. Die nun gecoateten Hanfschäben sollten mindestens 2 Wochen trocknen, besser sind 4 Wochen. Während dem Trockenprozess alle 3 Tage wenden, damit es gleichmäßig trocknet.

Ausgleichsschüttung MEHABIT und MEHASPORT

Die Schüttungen von MEHA Dämmstoffe gehören zu den ältesten Hanf-Bauprodukten in Deutschland.

MEHABIT ist eine hochbelastbare, staubfreie Dämmschüttung und Ausgleichsschüttung, die sich durch ihre einfache Handhabung und hohe Stabilität auszeichnet. Sie besteht aus Hanfschäben, die mit lösungsmittelfreiem Bitumen behandelt sind, das auch im Trinkwasserbereich Verwendung findet. Diese Bituminierung sorgt für eine verbesserte Stabilität und Klebewirkung, wodurch die Schüttung nach dem Vorverdichten leicht abbindet und begehbar ist. Im Laufe der Zeit verfestigt sich die Schüttung unter Druck zu einer fugenlosen Dämm- und Ausgleichsschicht gemäß DIN 18560-2 (MEHA).

Technische Daten von MEHABIT:

- Wärmeleitfähigkeit: 0,060 W/(m·K) (DIN EN 12667)
- Trittschallverbesserungsmaß: 19-26 dB (aufbauabhängig, Betondecke)
- Brandverhalten: B2 (DIN 4102-1)
- Schüttdichte: ca. 140 kg/m³

- Empfohlene Einbauhöhe: 10–200 mm
- Bauaufsichtliche Zulassung: DIBt [Z-23.11-1185]

Vorteile und Eigenschaften:
- Geringes Gewicht mit minimalen Auswirkungen auf die Statik
- Geeignet für geringe Schütthöhen, punktuell auf Null auslaufend
- Einfache und schnelle, staubfreie Verlegung
- Hohe Stabilität durch gebundene Form und Klebeeffekt der Bituminierung
- Erfüllt Emissionsanforderungen nach AgBB

MEHABIT ist ideal für den Höhenausgleich auf Beton- oder Holzbalkendecken und kann als Unterkonstruktion unter Trocken-, Nass- und Gussasphalt-Estrichen verwendet werden. Es eignet sich besonders für Böden mit starken Belastungen, wie in Wohnbereichen (z. B. Kinderzimmer und Flure), und zur stabilen Auffüllung und Überdeckung von Zwischenräumen und Rohrleitungsbündeln

MEHASPORT

MEHASPORT ist eine spezielle Ausgleichsschüttung, die für den Einsatz unter Sportböden entwickelt wurde. Sie besteht aus Hanfschäben, lösungsmittelfreiem Bitumen und hochfestem Schaumglasgranulat, das aus recyceltem Glas gewonnen wird. Die Einbettung des Schaumglasgranulats in bituminierte Hanfschäben erhöht die Stabilität der Schüttung erheblich. Diese Kombination führt zu einer gebundenen Form gemäß DIN 18560-2, sobald sie eingebaut ist.
- Wärmeleitfähigkeit: 0,064 W/(m·K) (DIN EN 12667)
- Kornfestigkeit: 4 kN (DIN 4226-3)
- Brandverhalten: B2 (DIN 4102-1)
- Druckspannung bei 10 % Stauchung im eingebauten Zustand: ≥ 0,1 N/mm² (DIN EN 826)
- Schüttdichte: ca. 145 kg/m³
- Wasserdampfdiffusionswiderstand: 9 (DIN EN 12806)

Diese Eigenschaften machen MEHASPORT besonders geeignet für dynamische Langzeitbeanspruchungen, wie sie in Sporthallen vorkommen. Die bituminierte Schüttung sorgt für eine feste Verklebung, wodurch eine stabile, gebundene Schicht entsteht.

Untersuchungen und Praxistests haben bestätigt, dass MEHASPORT hervorragende Leistung bei der Anwendung als Ausgleichsschüttung für Sportböden bietet.

Hanfkalk

Hanfkalk ist ein so vielseitiges und fundamental revolutionäres Bauprodukt, dass es in einem eigenen Kapitel beschrieben wird (siehe Kapitel 13). Es gibt verschiedene Verarbeitungsmethoden und jeweils eigene Rezepte. Hanfkalk ist so vielseitig, dass einige im Folgenden genannten Hanfbaustoffe verschiedene Variationen von Hanfkalk oder Hanflehm sind.

Zwecks Vollständigkeit folgt hier eine kurze Zusammenfassung von Hanfkalk:

Die Einsatzbereiche von Hanfkalk

Neubau:
- Wandfüllungen für Holzrahmen- oder Fachwerkhäuser.
- Dach- und Bodendämmungen, um thermischen und akustischen Komfort zu verbessern.

Altbausanierung:

Abb. 117: Schüttungen mit MEHABIT [MEHA Dämmstoff und Handels GmbH]

- Ergänzung und Sanierung historischer Wände bei Erhalt der Atmungsaktivität.
- Verbesserung der Dämmleistung ohne die Bausubstanz zu schädigen.

Innenraumgestaltung:

- Lehm-Hanf-Kalk-Putze für ästhetische und schadstofffreie Innenraumlösungen.

Schallschutz:

- In Partitionen oder Trennwänden, um Schallübertragung zu minimieren.

Klimatisierung:

- Einsatz in Gebäuden mit hoher Feuchtigkeitsbelastung, da Hanfkalk hygroskopisch ist und die Raumluftfeuchtigkeit reguliert.

Bauphysikalische Daten von Hanfkalk

Wärmedämmung:

- Wärmeleitfähigkeit: ca. 0,07 bis 0,1 W/mK, abhängig von der Dichte und Mischung.
- U-Werte von Hanfkalk-Wänden erfüllen häufig die Anforderungen an Passivhäuser.

Dampfdiffusionsfähigkeit:

- Hoher µ-Wert (ca. 5-10), was ihn „atmungsaktiv" macht und die Schimmelbildung reduziert.

Hygroskopie:

- Kann Feuchtigkeit aufnehmen und abgeben, ohne an Dämmleistung zu verlieren, wodurch ein angenehmes Raumklima entsteht.

Brandschutz:

- Hohe Feuerwiderstandsklasse, da Hanfkalk schwer entflammbar ist.

Druckfestigkeit:

- Typische Werte liegen zwischen 0,5 und 3 MPa, was ausreichend für nicht tragende Anwendungen ist.

Schallschutz:

- Sehr gute Schallabsorptionseigenschaften durch die poröse Struktur.

Hinweise zur Verarbeitung von Hanfkalk (Orthanf)

Materialvorbereitung:

- Hanfschäben, Bindemittel und Wasser sorgfältig, je nach Rezept , mischen, um gleichbleibende Qualität sicherzustellen.
- Wasser in 2 Schritten hinzufügen und im Tagesverlauf ggf. Menge anpassen.

Mischung:

- Mischen mit einem Zwangsmischer oder Horizontalmischer für eine homogene Masse. Handmischer sind für kleine Mengen geeignet.

Anwendung:

- Für Wandfüllungen: Die Mischung gleichmäßig in Schalungen einbringen und leicht verdichten, ohne zu stark zu pressen.
- Für Dämmungen: Locker, aber gleichmäßg einbringen, um die Porosität zu erhalten.

Aushärtung:

- Sicherstellen, dass nicht mehr als 1,5 m am Tag aufgebaut werden (je nach Rezept)
- Aushärtezeit beträgt je nach Mischung und Umgebungsbedingungen mehrere Wochen bis Jahre.

Witterungsschutz:

- Frischen Hanfkalk vor Regen und Sonne schützen.

Werkzeuge und Sicherheit:

- PSA beachten!
- Nach der Verarbeitung Werkzeuge gründlich reinigen

Hanflehm

Lehm und Hanf bilden einen hervorragenden Baustoff, der sehr vielseitig angewandt werden kann. Im Prinzip kann jede Form von Hanfkalk auch anstelle von Kalk mit Lehm gemacht werden – Mörtel, Dämmputz, Hanfsteine, Sprühen. Der wohl herausragendste Vorteil von Hanflehm gegenüber Hanfkalk ist seine einfache Rezyklierbarkeit (einsumpfen), geringen Kosten und sehr geringen graue Energie bei der Herstellung. Außerdem brauchen wir bei der Arbeit mit Hanflehm keine PSA! Für eine Übersicht Hanflehm versus Hanfkalk siehe unten.

Siehe auch Kapitel „Ein Hanfhaus bauen" (Kapitel 17) für Bodenschüttungen und Innenwände.

Tragende Hanflehmsteine

Die Hanfbau Pionierin Monika Brümmers hat Canabrics, lastabtragende Mauersteine aus Hanflehm entwickelt. Sie werden in Südspanien hergestellt und verkauft.

Abb. 118: Eine Hanflehmwand aus LLS400 im Bau. [Felix Drewes]

Abb. 119: Das Bild zeigt ein im Bau befindliches Gebäude aus tragenden Hanflehmsteinen des Typs Cannabric. Die massiven Blöcke bestehen aus Hanfschäben, Tonerde und Kalk – ganz ohne Zement – und bieten hervorragende bauphysikalische Eigenschaften. Durch ihre hohe Dichte tragen sie das Gebäude selbst, regulieren Feuchtigkeit und speichern Wärme. Ein Beispiel für regional verwurzeltes, ökologisches Bauen. [Dr. Monika Brümmer, CANNATECTUM]

Unterschied zwischen Hanfkalk und Hanflehm

Vergleich Hanfkalk & Hanflehm	Hanfkalk	Hanflehm
Witterungsbeständigkeit	hoch	sehr gering
Empfohlener Putz	frei wählbar	Lehmputz
Dämmung (abhängig von der Mischung; Mittelwert)	$\lambda = 0{,}07$	$\lambda = 0{,}07$
Rohdichte	175–350 kg	200–600 kg
Schimmelresistenz	hohe Alkalität sorgt für hohe Schimmelresistenz	schimmelanfällig durch niedrigen pH-Wert
Druckfestigkeit	0,2–1,0 MPa	< 0,1–1,0 MPa
Kreislauffähigkeit (ohne Beschichtungen)	downcycling: als Schüttung beliebig oft kreislauffähig	durch Wasserlöslichkeit beliebig oft kreislauffähig
Brandverhalten	schwerentflammbar, B, s1, d0	schwerentflammbar, B, s1, d0
Gleichgewichtsfeuchte	unter 2 %	über 6 %

Die Einsatzbereiche von Hanflehm

Identisch mit den Einsatzbereichen von Hanfkalk, mit der Ausnahme von Außenwänden.

Wann benutzt man Hanflehm und wann Hanfkalk?

In gemäßigten Klimata wie dem deutschen Klima ist Hanfkalk für Außenwände die bessere Wahl aufgrund seiner Wetterbeständigkeit und Stabilität. Lehm hingegen ist hervorragend für Innenwände geeignet, da er durch die höhere Masse den Schall besser dämmt und eine bessere Ökobilanz vorweist.

Dämmputz und Dämmmörtel

Sehr kleine Schäben (Kollerschäben) mit einer Körnung von 1–4 mm können als dämmender Zuschlagstoff/Sandersatz für Mörtel und Dämmputze eingesetzt werden.

Darüber hinaus eignet sich Mörtel aus Kollerschäben besonders gut zur Reparatur und zum Auffüllen von Fehlstellen/Löchern im Fachwerk und im Strohballenbau.

Hanfputz bzw. Hanfmörtel kann hervorragend als Unterputz verwendet werden. Er bietet eine äußerst robuste und atmungsaktive Basis für weitere Behandlungen. Durch seine Diffusionsoffenheit kann Feuchtigkeit

Abb. 120: Hanfkalkputz [Hemp Eco Systems]

Abb. 121: Nahaufnahme Hanfkalkputz geglättet mit natürlicher Oberfläche [Henrik Pauly]

Abb. 122: Hanfkalkputz geglättet mit natürlicher Oberfläche [Henrik Pauly]

leicht entweichen, wodurch die Gefahr von Schimmelbildung und Feuchtigkeitsschäden reduziert wird. Dieser Unterputz eignet sich sowohl für den Innen- als auch für den Außenbereich und schafft eine solide Grundlage für nachfolgende Putzschichten wie Kalk- oder Lehmputz.

Rezept für Hanf-Kalk-Putz (Rezept von Hemp Eco Systems):

- 40 L Sumpfkalk
- 40 L sehr feine Hanfschäben (4 – 8 mm)
- 22 L Marmorsand (0-1 mm)
- 10 L Wasser ca. (bis zur richtigen Konsistenz)

Hanfkalk-Putze sind besonders als Innenputze auf verschiedensten Untergründen anwendbar. Es empfiehlt sich, bei schwierigen Untergründen oder Trockenbauplatten zuerst eine Gewebespachtelung mit einem Haftputz aufzutragen und anschließend (je nach Bedingungen) am nächsten Tag den Hanfkalk-Putz aufzutragen.

Die Aufragsstärke beträgt ca. 1–3 cm. Wenn besonders kleine Hanfschäben verwendet werden, kann der Putz auch mit gängigen Maschinen verarbeitet werden.

Sobald der Putz nach dem Auftragen und Abziehen anfängt anzusteifen, beginnt die Oberflächenbearbeitung. Der Putz kann gerieben oder geglättet ausgeführt werden, wobei sich beim Reiben die länglichen Hanfschäben häufig aufstellen, was störend sein kann. Häufiger wird der Hanfkalkputz deshalb geglättet ausgeführt, wie auf den Abbildungen zu erkennen ist. Dabei verleihen die Hanfschäben dem Putz eine besonders ästhetische Optik. Dem Putz können auch Marmorsande oder andere Zuschlagsstoffe hinzugefügt werden, um die Optik zu verändern.

Putzrezept Hanfbaukollektiv:

- 1 Teil Weißkalkhydrat
- 0,5 Teile feine Hanfschäben 8–16 mm
- 1 Teil Marmorsand 0,5/1 mm
- 1 Teil Marmorsand 0/0,5 mm
- 0,5 Teile NHL 3,5
- 30 Liter Wasser

Spanplatten aus Hanfschäben

Spanplatten können auch aus Hanfschäben hergestellt werden. Diese Platten bieten eine ökologische Alternative zu herkömmlichen Holzspanplatten und können vielseitig eingesetzt werden.

Wie vorab beschrieben, hat Martin Butter mit der Butter'schen Hanffabrik seit 1963 Spanplatten für Innentüren aus Hanfschäben produziert (siehe Kapitel 4).

In den 1990er Jahren führte Heinrich Rennebaum der Universität Halle Forschungsarbeiten durch, bei denen er ebenfalls Spanplatten aus Hanfschäben herstellte. Dabei wurden jedoch petrochemische Kleber wie Epoxidharz verwendet, die hinsichtlich der Wohngesundheit und Kreislauffähigkeit problematische Eigenschaften aufwiesen.

Die Eigenschaften von Spanplatten aus Hanf variieren je nach Schäbengröße, Plattendicke und Art sowie dem Anteil des verwendeten Bindemittels. Die meisten herkömmlichen Spanplatten werden mit Phenol-Formaldehydleim (PF) verklebt, welcher gesundheitsschädliches Formaldehyd ausdünstet. Auch ökologisch zertifizierte Platten wie Lignum 6.5 oder E1 enthalten weiterhin Formaldehyd (Lignum, 2008).

Spanplatten gehören zum Ende der Kaskade der Holznutzung und werden oft nicht recycelt, sondern verbrannt oder deponiert. Besonders problematisch sind Spanplatten mit PVC-Beschichtung oder Brandschutzimprägnierung, die nur in speziellen Verbrennungsanlagen entsorgt werden dürfen (BM, 2015). 53 Millionen Kubikmeter Spanholz werden jährlich in Europa hergestellt. Vieles davon landet nach kurzer Nutzung besonders im Messe- und Veranstaltungsbereich schnell als Sondermüll.

Seit Ende 2023 plant das Kieler Startup Planterial die Serienfertigung von klimafreundlichen Spanplatten aus Hanf. Diese werden mit einem selbst entwickelten Klebstoff aus Pflanzenproteinen hergestellt, der biologisch abbaubar und recycelbar ist. Industriedesigner Mika Siponen und Claudius von Thaler betonen, dass ihre Produkte eine Antwort auf schrumpfende Waldbestände und steigende CO_2-Emissionen sind (Welding, 2023).

Auch international gibt es Bestrebungen, Hanf als nachhaltigen Rohstoff für Spanplatten zu nutzen. In den USA produziert das Unternehmen CannaGrove unter der Leitung von Lawrence Serbin CannaBoard, eine Spanplatte aus Hanffasern und einem ungiftigen, formaldehydfreien Harz. Diese Platten können traditionelle Holzspanplatten ersetzen (Derouin, 2021).

Ein weiteres US-Unternehmen, HempTraders, bietet Hempboard an, das aus amerikanischem Hanf hergestellt wird. Diese Spanplatten nutzen ebenfalls formaldehydfreie Bindemittel und sind für vielfältige Anwendungen wie Möbel, Regale und Türen geeignet (HempTraders, 2022).

Spanplatten aus Hanf stellen eine umweltfreundliche und nachhaltige Alternative zu herkömmlichen Holzspanplatten dar. Durch innovative Entwicklungen, wie die Verwendung biologisch abbaubarer Klebstoffe, und internationale Bemühungen können sie einen wichtigen Beitrag zur ökologischen Transformation der Baubranche leisten.

Die Einsatzbereiche von Spanplatten

Spanplatten finden im Bauwesen vielfältige Anwendungen, insbesondere im Innenausbau und Messebau. Beispiele:

Wand- und Deckenverkleidungen: Spanplatten werden häufig als dekorative Verkleidung für Wände und Decken verwendet. Sie bieten eine kostengünstige Möglichkeit, Oberflächen zu gestalten und gleichzeitig funktionale Aspekte zu erfüllen.

Fußbodenaufbau: Im Fußbodenbereich kommen Spanplatten als Untergrund für verschiedene Bodenbeläge zum Einsatz. Sie dienen als stabile Basis für Laminat, Parkett oder andere Bodenbeläge.

Möbelbau: Ein Haupteinsatzgebiet von Spanplatten ist die Möbelherstellung. Sie werden für Rückwände von Schränken, Sofas und als Einlegeböden in Regalen verwendet

Messe- und Ladenbau: Die Vielseitigkeit und Kosteneffizienz von Spanplatten macht sie zu einem beliebten Material im temporären Bau, wie bei Messeständen und Ladeneinrichtungen.

Abb. 123: Platten aus Hanf [Planterial GmbH]

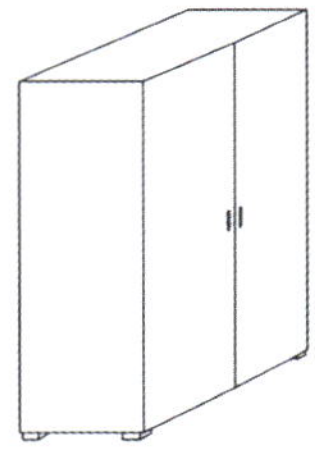

Einsparungen beim Bau anhand eines Schrankes mit Planterial Hanfplatten (3,85 m^2) im Vergleich zu normalen Spanplatten.

CO_2 Einsparung:	- 5,93 kg
Erdgas Einsparung:	- 3,12 m^3
Gewicht Einsparung:	- 15 kg

Abb. 124: Einsparungspotenzial Hanfplatten [Planterial GmbH]

Abb. 128: Das Bild zeigt Hanf-Lehmbauplatten in verschiedenen Stärken – 10, 14 und 22 mm – wie sie von Schleusner produziert werden. Die Platten bestehen aus Lehm, Hanfschäben und Naturfasern, sind stabil, feuchtigkeitsregulierend und vollständig rückbaubar. [Lehmbaustoffe Schleusner & Söhne GmbH]

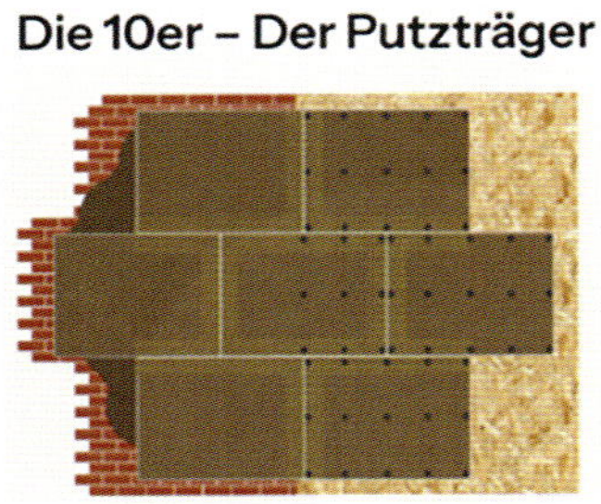

Abb. 125: Diese 10 mm starke Hanf-Lehmbauplatte eignet sich ideal zur vollflächigen Bekleidung von Wänden und Decken – etwa auf OSB, Holzfaserplatten oder Ziegelmauerwerk. Sie dient als Träger für Lehm- oder Kalkputze, nicht aber zur Beplankung von Ständerwerken. [Lehmbaustoffe Schleusner & Söhne GmbH]

Abb. 126: Die 14 mm starke Hanf-Lehmbauplatte wird typischerweise zur Beplankung von Wand- und Deckenkonstruktionen mit bis zu 31,25 cm Achsmaß verwendet. Sie verbindet gute Handhabbarkeit mit vielseitiger Einsetzbarkeit – auch für Vorsatzschalen und Installationswände. [Lehmbaustoffe Schleusner & Söhne GmbH]

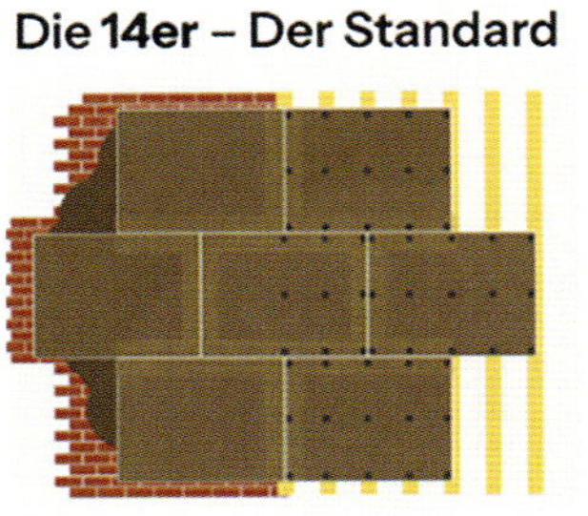

Abb. 127: Diese 22 mm starke Hanf-Lehmbauplatte ist besonders tragfähig und kann für Unterkonstruktionen mit bis zu 62,5 cm Achsabstand eingesetzt werden – an Wand, Decke oder im Dachgeschoss. Sie ist das robuste Allroundtalent für den ökologischen Trockenbau. [Lehmbaustoffe Schleusner & Söhne GmbH]

Auf Orthanf-Baustellen finden Spanplatten Einsatz als temporäre Schalung (siehe Abschnitt Orthanf auf Seite 135).

Bauphysikalische Daten von Spanplatten
Leider gibt es von keinem Hersteller bisher Datenblätter mit genauen bauphysikalischen Daten ihrer Hanfspanplatten. Planterial gibt an, dass ihre Platten CO_2-negativ, formaldehydfrei, leicht zu recyceln, biologisch abbaubar und circa 30 % leichter als konventionelle Spanplatten sind.

Hinweise zur Verarbeitung von Spanplatten
Die richtige Stärke ist zu beachten. Auch die mangelnde Kreislauffähigkeit, wenn syntehethsiche Bindemittel eingesetzt werden.

Lehmbauplatten mit Hanfschäben

Hanf-Leichtlehmbauplatten bestehen aus einer Kombination von Lehm, Hanfschäben, Hanffasern und beidseitigem Glas- oder Naturfasergewebe. Sie sind optimiert für raumklimaregulierende Eigenschaften, einschließlich der Regulierung der Luftfeuchtigkeit und der Absorption von Luftschadstoffen. Schleußner ist ein herausragender Hersteller für diese Platten (Schleusner, 2024). Dessen 22-mm-Lehmbauplatte hat eine sehr gute CO_2-Bilanz und speichert beispielsweise bis zu 7 kg CO_2/m^2. Das liegt daran, das die Hanf-Leichtlehmbauplatten zu über 60 % aus Lehm bestehen, ergänzt durch Hanfschäben und Hanffasern. Der verwendete Lehm wird durch direkte Sonnenstrahlung getrocknet, wodurch fossile Brennstoffe vermieden werden.

Die Platten sind in Stärken von 10 mm, 14 mm und 22 mm erhältlich. Sie zeichnen sich durch eine hohe Feuchtigkeitsregulierung und Schadstoffabsorption aus und verbessern somit das Raumklima nachhaltig.

Die Einsatzbereiche von Lehmbauplatten
Lehmbauplatten sind vielseitig einsetzbar:

- **Innen- und Trennwände**: Sie eignen sich zur Beplankung von Holz- oder Metallständerkonstruktionen bis zu einem Achsmaß von 62,5 cm.
- **Decken- und Dachflächen**: Sie sind auch für schrägen Einbau oder abgehängte Decken geeignet, wobei die Achsabstände je nach Dicke der Platte angepasst werden müssen.
- **Vorsatzschalen und Installationsebenen**: Lehmbauplatten können als robuste Putzträger verwendet werden, die auch auf unebenen Untergründen eingesetzt werden können.

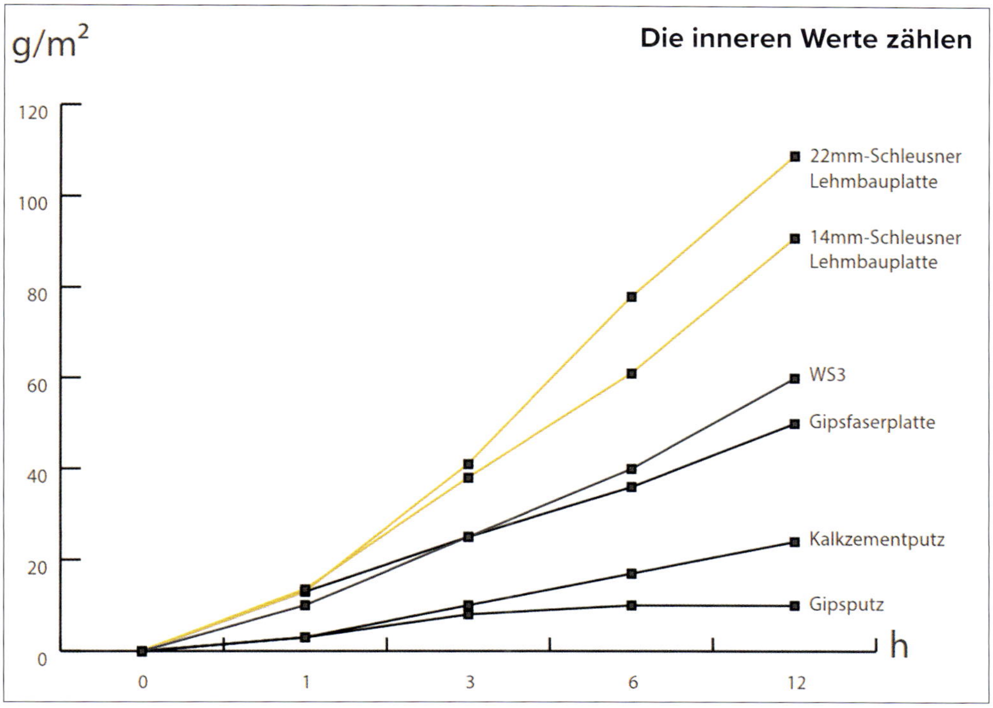

Abb. 129: Die Grafik vergleicht die Wasserdampfaufnahme verschiedener Bauplatten und Putze über 12 Stunden. Hanf-Lehmbauplatten zeigen deutlich höhere Sorptionswerte als Gips- oder Kalkzementprodukte. Das bedeutet: Sie regulieren die Luftfeuchtigkeit besser und sorgen für ein wohngesundes Raumklima. [Lehmbaustoffe Schleusner & Söhne GmbH, Kompendium 2024]

Bauphysikalische Daten von Lehmbauplatten

Lehmbauplatten zeichnen sich durch hervorragende bauphysikalische Eigenschaften aus:

- **Rohdichteklasse**: ca. 0,7 kg/m³.
- **Wärmeleitfähigkeit**: etwa 0,17 bis 0,21 W/mK, wodurch sie als effektive Wärmespeicher fungieren.
- **Wasserdampfsorptionsklasse WSIII**: Mit 109 g/m² in 12 Stunden übertreffen sie herkömmliche Baustoffe wie Gipskartonplatten (19 g/m²) deutlich.
- **Brandschutz**: Feuerwiderstandsklassen wie EI 60 sind bei bestimmten Wandkonstruktionen erreichbar

Hinweise zur Verarbeitung von Lehmbauplatten

Montage mit Lehmkleber:

- Lehmkleber mit Zahnkelle auftragen (max. 10 mm Dicke).
- Plattenrückseite leicht befeuchten, um die Haftung zu verbessern.

Armierung:

- Maschenweite zwischen 4x4 mm und 8x8 mm.
- Gewebeeinlagen sollten mindestens 5 cm überlappen und symmetrisch über den Stößen liegen.

Trocknung:

- Temperaturen von über 10 °C und eine relative Luftfeuchtigkeit unter 70 % sind während der Verarbeitung essenziell. Technische Trocknung kann erforderlich sein.

Akustikpaneele aus Hanfschäben

Akustikpaneele gibt es aus Hanffaser und Hanfschäben. Meistens kommen Bindemittel zum Einsatz.

Anbieter wie Hempstatic oder Schönthaler (Sappapanels) bieten Schallpaneele aus Hanfkalk an. Aufgrund der offenporigen Oberfläche ist Hanfkalk ein exzellenter Schallabsorber für Raumschall, solange er unverputzt bleibt (Siehe Kapitel 14.5).

Die Schallpaneele von Hempstatic (R) werden mit einem Schallabsorptionsgrad αw von 0,65 [16] als hochabsorbierend angegeben. Andere Anbieter, wie Sappa, geben Schallabsorptionsgrade bis zu 0,70 (direkt an der Wand) oder sogar 0,80 bei einem Abstand zur Wand von 20 cm an. Solche Unterschiede sind auf spezifische Variationen in Material-

16 Ein Wert von 0 bedeutet, dass die Oberfläche keine Schallenergie absorbiert (alle Schallenergie wird reflektiert: es „hallt"). Ein Wert von 1 bedeutet, dass die Oberfläche die gesamte Schallenergie absorbiert (keine Schallenergie wird reflektiert).

Abb. 130: Das Bild zeigt eine ökologische Trockenbauwand in einem Berliner Altbau. In das Holzständerwerk wurden Hanffasern als Schallentkopplung eingebracht und anschließend Hanf-Lehmbauplatten montiert. Eine Kombination aus natürlicher Dämmung, wohngesunden Materialien und effizientem Innenausbau. [Felix Drewes]

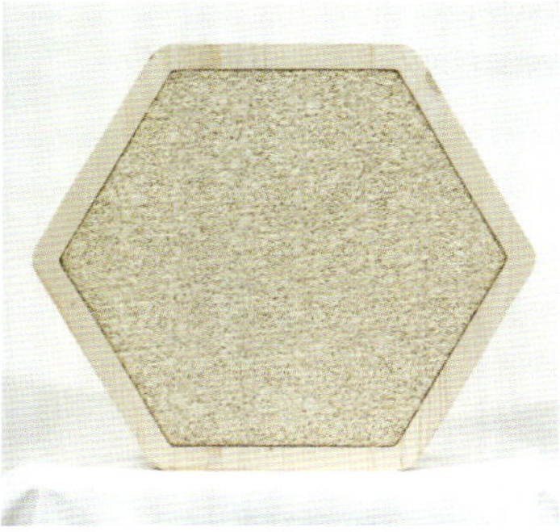

Abb. 131: Modulare Schallabsorber aus Hanfkalk aus Österreich [Hempstatic(R)]

dichte, Porosität und Oberflächengestaltung zurückzuführen.

Die Einsatzbereiche von Akustikpaneelen aus Schäben

Innenräume mit hoher Schallbelastung:

- Besonders geeignet für Konferenzräume, Büros, Schulen und Eventräume, um Nachhallzeiten zu reduzieren und die Sprachverständlichkeit zu verbessern.
- Anwendung in Gastronomie und Wohnräumen zur Schaffung einer angenehmen Akustik.

Nachhaltige Bauprojekte:

- Ideal für Projekte mit Fokus auf Umweltfreundlichkeit, da die Paneele aus industriellen Reststoffen hergestellt werden und eine negative CO_2-Bilanz aufweisen.

Spezielle Anforderungen an Schallschutz:

- In Kombination mit anderen Materialien (z. B. Hanffaserdämmung) zur Optimierung der Schalldämmung zwischen Räumen.

Bauphysikalische Daten von Akustikpaneelen aus Schäben

- **Dichte:** Etwa 140 kg/m³ (abhängig vom Hersteller).

Abb. 132: Das Bild zeigt die gestalterische Bandbreite der SAPPA-Akustikpaneele aus Hanf. Ob farblich variabel, mit floralen Mustern oder als schlichte Deckenverkleidung – die Paneele verbinden akustische Wirksamkeit mit kreativen Oberflächen. Alle Elemente bestehen aus Hanfschäben und Naturfasern und lassen sich trocken montieren. [SAPPA panels]

- **Schallabsorptionsgrad (αw):** Zwischen 0,60 und 0,80, je nach Dicke und Aufbau.
- **Wärmeleitfähigkeit (λ):** Niedrig, zusätzlich wärmeisolierend.
- **Brandverhalten:** Meist B-s1,d0 (nach EN 13501-1) ohne den Einsatz von chemischen Flammschutzmitteln.
- **Feuchtigkeitsregulierung:** Diffusionsoffen und hygroskopisch, was zu einer Verbesserung der Raumluft beiträgt.

Hinweise zur Verarbeitung von Akustikikpaneelen aus Schäben

Montage:

- Paneele können geklebt oder geschraubt werden. Verklebung mit mineralischen Klebstoffen ist besonders effizient.
- Bei Deckenanwendungen ist auf eine sichere Abhängung zu achten.

Lagerung:

- Trocken und waagerecht lagern, um Verformungen zu vermeiden.
- Vor der Montage akklimatisieren lassen, damit sie sich an die Umgebungsbedingungen anpassen.

Oberflächengestaltung:

- Unverputzte Oberflächen bieten die besten akustischen Eigenschaften.
- Beschichtungen oder Farben können die Schallabsorptionsfähigkeit beeinflussen und sollten gezielt ausgewählt werden.

Pflege:

- Mit einem trockenen Tuch oder weicher Bürste reinigen, um Staub zu entfernen.
  Keine übermäßige Feuchtigkeit aussetzen, da dies die Struktur beeinträchtigen könnte.

Mulch, Boden- und Pflanzenschutz mit Schäben

Auch der Garten ist Teil eines Bauprojektes. Deswegen möchten wir hier kurz auf die Eigenschaften von Schäben für Garten und Landschaftspflege hinweisen, besonders als Mulch, Bodenverbesserer und Schädlingsbekämpfer, besonders gegen Schnecken (https://hanfland.at/hanfschaeben-im-garten/).

12.4 Baustoffe aus Hanffasern

Aus unterschiedlichen Faserqualitäten werden unterschiedliche Baustoffe hergestellt. Grob unterscheiden wir zwischen Baustoffen aus losen Fasern sowie weichen Faser-Matten und härteren Faser-Platten.

Stopfwolle

Eine unserer Lieblingsbaustoffe aus Fasern ist der sogenannte Stopfhanf, auch bekannt als Stopfwolle oder Hanf-Dämmwolle. Hanfwolle gibt es in unterschiedlichen Qualitäten hinsichtlich Röste, Schäbenanteil und Faserlänge für verschiedene Anwendungen. Es handelt sich dabei immer um aufgeschlossenes Hanfstroh.

Besonders in der Altbausanierung und bei komplexen Geometrien bietet Stopfhanf entscheidende Vorteile. Da er nicht zugeschnitten werden muss, können auch schwierige geometrische Bereiche problemlos ausgefüllt werden. Dies führt zu einer fugenfreien Dämmung ohne Schneiden und ohne Verschnitt, im Gegensatz zu Dämmplatten oder Filzmatten, bei denen typischerweise 5-15 % Verschnitt anfallen.

Durch sein verhältnismäßig hohes Gewicht bietet Stopfhanf neben der Dämmwirkung auch einen guten sommerlichen Hitzeschutz. Diese Eigenschaft macht ihn zudem für Schallschutzanwendungen sehr interessant. Die Kombination aus Wärmedämmung, Hitzeschutz und Schallschutz

Abb. 133: Das Bild zeigt den Einsatz von Hanfschäben als Mulchmaterial in einer gestalteten Außenanlage. Die Schäben schützen den Boden vor Austrocknung, unterdrücken Unkrautwuchs und fördern das Bodenleben. Eine regionale und biologisch abbaubare Alternative zu Rindenmulch oder Folien. [Hanffaser Geiseltal eG]

Abb. 134: Juckt nicht und fühlt sich schon bei der Verarbeitung gut an: Hanffasern als lose Dämmwolle. [Henrik Pauly]

Abb. 135: Ökologische Trockenbauwand im Aufbau, das Holzständerwerk ist mit Hanf-Lehm-Bauplatten beplankt, feine Hanfwolle wird händisch in die Gefache eingebracht, die Elektroinstallation ist im offenen Wandaufbau sichtbar. [Henrik Pauly]

macht Stopfhanf zu einem vielseitigen und effektiven Baustoff.

Auf dem deutschen Markt gelten die Stopfhanf-Produkte der Hanffaser Uckermark und Hanffaser Geiseltal als besonders hochwertig.

Stopfhanf aus 100 % Hanf, ohne Zusätze, eignet sich hervorragend als Dämmmaterial

- sehr günstig und einfach anzuwenden. Er wird einfach in Ständerwerk und Hohlräume gestopft
- schwierige geometrische Bereiche problemlos ausfüllbar
- weniger Müll, kein Kratzen und Jucken bei der Anwendung, keine Belastung der Atemwege
- Atmungsaktiv, gute Wasseraufnahmekapazitäten, gutes Raumklima

Nicht zu verwechseln mit Dichthanf (siehe Seite 124).

Die Einsatzbereiche von Stopfwolle sind (HFU, 2022):

Dachdämmung:

- Aufdachdämmung
- Zwischensparrendämmung
- Dachboden-Dämmung (begehbar mit LLS200)
- Hanfzell-Dachdämmung (Einblasdämmung) HKF 90

Wanddämmung mit Hanfwolle:

- Holzrahmenbau
- Trockenbau
- Fassadendämmung

Dichtungen und Fugenfüller:

- Ausfüllen von Hohlräumen bei der Fenster- und Türenmontage
- Fugendämmung zwischen Anschlüssen (Mauerwerk/Holz oder Holz/Holz)
- Winddichte (in Kombination mit Lehmkleister) Anschlüsse im Niedrigenergie- und Passivhausbau

Bauphysikalische Daten von Stopfwolle

- Dichte = 50 kg pro m3 $\lambda = 0{,}045$ W/mK
- Brandschutzklasse: C-s2.d0 und C-s3.d0, schwer entflammbar, kein Tropfen, keine hochgiftige Chlorverbindungsdämpfe wie bei Styropor
- Stopfhanf ist durch Bitterstoffe im Hanf schimmelresistent und stellt kein Nahrungsmittel für Nager und Insekten dar.

Hinweise zur Verarbeitung

- Beim Einbringen Staubmaske tragen und – besonders, wenn über Kopf gearbeitet wird – Schutzbrille.
- Das Gefach sollte optisch gut gefüllt sein, um eine Fülldichte von 50 kg/m^3 zu erreichen.
- Ohne Kraftanstrengung klemmen; bei zu viel Kraft erhöht sich der Materialverbrauch unnötig
- Verlassen Sie sich auf die optische Kontrolle, um die richtige Fülldichte zu gewährleisten.
- Ein gut gefülltes Dach oder eine gut gefüllte Wand bleibt über Jahrzehnte setzungsstabil.

Abb. 136: Hanfdämmung in einer betonfreien Bodenplatte [Henrik Pauly]

- Tragen Sie eine Staubmaske und Handschuhe beim Einbringen von Stopfhanf ST 50, um sich vor natürlichen Bitterstoffen und scharfkantigen Drahtenden zu schützen.

Langfaserige Hanfwolle für große Bereiche, kurzfaserige Hanfwolle als „Dichthanf" für Fugen und kleine Stellen.

In wenigen Fällen können im Hanfstroh/Stopfwolle Bücherläuse sein, besonders wenn das Stroh zu feucht ist. Dies ist meistens auf Befall im Lager zurückzuführen. Diese Läuse sind für Menschen ungefährlich und vergehen bei sachgerechtem Einbau, wenn die Hanfwolle abtrocknen kann.

Kalfaterhanf, Fugenband

Unter Dichthanf verstehen wir losen, feinfasrige Hanffasern, die sich gut verdichten lassen und Fugen, Risse im Fachwerk, Heizungsrohre, Fenster- und Rohranschlüsse abdichten können. Kalfaterhanf sind feinfasrige Bänder aus Hanf.

Kalfaterhanf ist ein natürliches Abdichtungsmaterial, das aus Hanffasern hergestellt wird. Der Name Kalfaterhanf kommt von „kalfatern", ein Begriff aus dem Schiffsbau. Damals wurden die Planken der Schiffe mit Hanf, Wachsen und Pech dicht gemacht. Auch der Flaschner verwendet solchen Hanf.

Kalfaterhanf wird durch das Rösten der Hanfstängel und das anschließende Zerfasern der Stängel in langen Fasern gewonnen. Diese Fasern werden dann gereinigt, getrocknet und gegebenenfalls zu Strängen verarbeitet. Sie zeichnen sich durch eine hohe Flexibilität, Zugfestigkeit und Widerstandsfähigkeit gegen Feuchtigkeit aus. Es dämmt hervorragend und dichtet ab.

Einsatzbereiche von Kalfaterhanf

- Traditioneller Schiffbau mit Holz, insbesondere bei der Abdichtung von Fugen und Spalten zwischen den Holzplanken von Schiffen.
- Restaurierung von Fachwerk: Abdichtung von Fugen und Spalten in Holzkonstruktionen,
- Fenster- und Türenmontage: Als Dichtungsmaterial zwischen Fensterrahmen, Türen und Mauerwerk oder Holzkonstruktionen.
- Rohrleitungsbau: Zur Abdichtung von Rohrverbindungen und Gewindeverbindungen, um Leckagen zu vermeiden.

Abb. 137: Das Bild zeigt einen Strang Kalfaterhanf, wie er traditionell zum Abdichten von Fugen zwischen Bauteilen verwendet wird – etwa im Holzbau oder beim Einbau von Fenstern. Die gedrehte Hanffaser ist dauerhaft elastisch, verrottungsresistent und lässt sich einfach verarbeiten. [Hanffaser Uckermark eG]

Abb. 138: Das Bild zeigt einen Handwerker beim Eindichten von Hanffasern in eine Bauteilfuge. Mit einem Holzspatel wird der Kalfaterhanf in den Spalt zwischen Lehm und Holz eingearbeitet – eine jahrhundertealte Technik, die auch heute noch im ökologischen Bau Anwendung findet. [Hanffaser Uckermark eG]

Abb. 139: Das Bild zeigt das Eindichten einer Fuge zwischen einem Hanflehmbauteil und einem Holzständer. Die Hanffasern werden mit einem Spatel in die Fuge gedrückt und dichten diese luft- und winddicht ab – ganz ohne Schaum oder Folie. Eine einfache, reversible und diffusionsoffene Lösung im Naturbau. [Hanffaser Uckermark eG]

Bauphysikalische Daten von Kalfaterhanf	
Temperaturleitwert	α = 0,341 mm²/s
Wärmedurchgangswert (statisch)	λ = 0,048 W/mK
Wärmedurchgangswert (dynamsich)	1/b = 0,014 m²K/W·√s
Wasserdampf-Diffusionswiderstand	μ = 20
längenbezogener Strömungswiderstand bei 20 mm	6,4 kPa s/m²
Brandschutzklasse	C – s2, d0
Dichte	200 kg/m²
Volldeklaration	Hanffasern

Abb. 140: Die feine Hanffaser ist angenehm zu verarbeiten und eignet sich gut zum Verschließen von Fugen und Öffnungen. [Henrik Pauly]

Die Tabelle auf der folgenden Seite speist sich größtenteils aus Datenblättern der jeweiligen Hersteller und dient zum praktischen Vergleich.

Hinweise zur Verarbeitung von Kalfaterhanf

In Kombination mit Lehmkleber: Kalfaterhanf kann mit Lehmkleber gemischt werden, um eine verbesserte Haftung und eine dichtere Abdichtung zu erreichen. Diese Mischung kann bei der Abdichtung von Fugen in Holzkonstruktionen oder beim Verschließen von Hohlräumen bei der Fenster- und Türenmontage verwendet werden.

Als Dichtung für Fenster und Türen: Kalfaterhanf sollte gleichmäßig in die Fugen oder Spalten zwischen Fenster- oder Türrahmen und Mauerwerk oder Holzkonstruktionen eingepasst werden. Es kann mit einem geeigneten Werkzeug, wie einem Spachtel oder einem Kalfaterwerkzeug, in die Fugen gedrückt werden.

Dichthanf (Kurzfaserstopfhanf)

Dichthanf in loser Form ist ein feinfasriges Material aus Hanffasern, das ebenfalls zur Abdichtung von Spalten und Ritzen verwendet wird. Dieser lose Dichthanf eignet sich besonders für Bereiche, in denen eine hohe Anpassungsfähigkeit an unterschiedliche Spalten und Fugen erforderlich ist, ohne dass die Dichtwirkung verloren geht. Das Material ist atmungsaktiv, feuchtigkeitsregulierend und trägt zur Verbesserung der Winddichtigkeit in Gebäuden bei, was zu einer besseren Energieeffizienz führt. Für eine besonders hohe Winddichtigkeit, welche ggfs. mit einem Blower-Door-Test nachgewiesen werden muss, sollten zusätzlich die Fugen mit Lehmkleister, Kalk oder Klebebändern abgeklebt werden. Dichthanf in loser Form wird oft in Kombination mit anderen natürlichen Baustoffen wie Lehm oder Kalk eingesetzt, um ein nachhaltiges und gesundes Raumklima zu fördern.

Auch kann er, wie Stopfhanf, in jegliche geometrischen Formen als Dämmung eingebracht werden. Allerdings wird eine Einbaudichte von über 70–125 Kilogramm pro Kubikmeter empfohlen. Eine wichtige Sache gibt es bei den losen Hanffaser-Dämmstoffen zu beachten: Die Bezeichnungen „Dichthanf“ und „Stopfhanf“ sind nicht geschützt. Deshalb kann es häufig vorkommen, dass Dichthanf auch als Stopfhanf verkauft wird und umgekehrt.

Grundsätzlich kann man sich jedoch merken, dass grobe Stopfwolle (Stopfhanf) sich zum Dämmen großer Hohlräume eignet. Der deutlich feinere Dichthanf eignet sich vorwiegend für das Ausdämmen kleiner Fugen und Öffnungen von wenigen Zentimetern. Denn die Rückstellkraft, also die Kraft, die der Dämmstoff gegen die Verschalung drückt, ist bei Dichthanf deutlich geringer als bei Stopfhanf.

Im Zweifel über den richtigen Baustoff sollte der Naturbaustoffhändler oder Hersteller zu Rate gezogen werden.

Hanf-Einblasdämmung

Einblasdämmung aus Hanf wird am besten aus staubfreien Ultrakurz- oder Kurzfasern gemacht. In der Regel muss der Druck für das Einblasen von Hanf-Einblasdämmung etwas höher liegen als der für Zellulose. Der Vorteil gegenüber Zellulose ist ein geringeres Setzverhalten und mehr thermische Masse für sommerlichen Hitzeschutz sowie besserer Umgang mit eventuell auftretender Feuchtigkeit in der Konstruktion. Sie kann mit nahezu allen herkömmlichen Einblas-Geräten eingebracht werden.

Hersteller	Produkte	Einsatzbereiche	Bauphysik	Besonderheiten	Preis/m³
HempFlax Building Solutions GmbH (Marke: THERMO HANF®)	THERMO NADELFILZ HANF	▸ Trittschalldämmung unter Parkett-, Laminat- und Fertigfußböden ▸ Schallschutzvlies zur flächigen oder streifenweisen Schallentkopplung ▸ Schallentkopplung unter Deckenbeschwerungen ▸ Entkopplung von Lagerhölzern (z. B. gegen Rohdecke, Dielung) ▸ Akustische Wand- oder Deckendämmung ▸ Trockenbau (Metall- oder Holzständerwände)	▸ **Dicke:** 3 bis 10 mm (±10 %) ▸ **Rohdichte:** 133 bis 175 kg/m³ (±10 %) ▸ **Flächengewicht:** 400 bis 1400 g/m² ▸ **Spezifische Wärmekapazität c:** 2300 J/kg·K ▸ **Wasserdampfdiffusionswiderstand µ:** 1 bis 2 (Klimabedingung 23-50/93)	▸ 100 % Hanffasern, **frei von Bindemitteln** ▸ **Mechanisch vernadelt**, keine chemischen Zusätze ▸ **Diffusionsoffen**, schadstofffrei, CO_2-bindend ▸ **Heimwerkergeeignet**, leicht schneidbar ▸ Kein Nahrungsmittel für Nager oder Insekten ▸ Entsorgung über Kompost oder Biotonne möglich ▸ **Produziert in Nördlingen**, Hanf aus eigenem Anbau	
Hanffaser Uckermark eG	Hanffilz, Akustikvlies (HDM) In der Stärke 3 mm oder 5 mm	▸ Trittschalldämmung unter schwimmenden Estrichen, Holz- und Trockenböden ▸ Hohlraumdämmung bei Decken ▸ Unterlage für Fliesenaufbau mit Trockenestrich ▸ Schalldämmung im Wand- und Bodenbereich	▸ Trittschallminderung: bis zu 30 dB (bei 4-fach 5 mm Kreuzverlegung, 17 mm) ▸ Schallabsorptionsgrad: 0,40 (bei 17 mm BH) ▸ Dichte (unter Belastung): 120 130 kg/m³ ▸ Dynamische Steifigkeit: 26,6 MPa/m ▸ Zusammendrückbarkeit (EN 12431): 14,1 % ▸ Langzeitverformung (EN 1606-14): 4,39 mm ▸ Verhalten unter Punktlast (EN 12430-15): 44,3 N bei 2,5 % Deformation ▸ Zerstörungsfreie Belastbarkeit: e 80 kPa ▸ Strömungswiderstand: 6,4 kPa·s/m² ▸ Temperaturleitwert: 0,341 mm²/s ▸ Wärmeleitfähigkeit (statisch): 0,048 W/mK ▸ Wärmeverlust (dynamisch): 1/b = 0,014 $mW^{-1}s$ ▸ Spezifische Wärmekapazität: 2,2 kJ/kg·K ▸ Brandschutzklasse: D-s2, d0 ▸ Wasserdampfdiffusionswiderstand ¼: 5 10 ▸ Feuchtesorption: 5,19 kg/m²	▸ 80 % Hanffasern, 20 % Leinenfasern ▸ mechanisch verfestigt, **ohne Zusätze** ▸ langlebig, schwer zu schneiden = hohe Faserdichte ▸ **Geotextil** zur Schichttrennung einsetzbar ▸ besonders geeignet für massive und trockene Böden ▸ kann getackert und unter Fliesenaufbau verwendet werden	
EDEN Logic GmbH, Leipzig, Brandenburg)	Naturdämmmatte (Akustikvlies) NDM in der Stärke 3, 5, 10 mm	▸ Trittschalldämmung unter Parkett, Laminat und anderen flächigen Böden ▸ Schallentkopplung unter Deckenbeschwerungen ▸ Anwendung im Holz- und ▸ Denkmalpflege und Restauration ▸ Verwendbar unter Fußbodenheizungen (in Abstimmung mit dem Heizsystem)	▸ Wärmeleitfähigkeit (λ): 0,047 W/mK (nach EN ISO 10456) ▸ Wärmedurchlasswiderstand: 0,06 m²K/W ▸ Wasserdampfdiffusionswiderstand (µ): 1–2 (nach EN 12086) ▸ Dynamische Steifigkeit (s): 85 MN/m³ (EN 29052-1) ▸ Strömungswiderstand: 6,0 kPa·s/m (EN 29053) ▸ Rohdichte: 160–180 kg/m³ (EN 1602) ▸ Brandverhalten: ▸ DIN 4102: B2 ▸ EN 13501-1: Euroklasse E (D-s2, d0)	▸ Material: 100 % entstaubte Hanffasern, keine chemischen Zusätze ▸ Emissionen: emissionsgeprüft nach DIBt-Grundsätzen und DIN EN 16515 ▸ Zulassung: bauaufsichtliche Zulassung Z-158.10-117	

Nadelfilz (Akustikvlies) aus Hanf

Nadelfilz aus Hanf ist ein vielseitiges Dämm- oder Akustikvlies, das aus reinen Hanffasern besteht und ohne chemische Zusätze oder Bindemittel auskommt. Die Verfestigung erfolgt rein mechanisch durch sogenanntes „Nadeln": Dabei durchstechen Tausende feiner Nadeln das lose Faserflies und verhaken die Fasern miteinander. So entsteht ein dichtes, formstabiles Vlies – robust, flexibel und diffusionsoffen. Wird dieses Material für akustische Zwecke eingesetzt, spricht man häufig von Akustikvlies aus Hanf – technisch handelt es sich um denselben Werkstoff.

Zentrale Merkmale:

- Mechanisch verfestigt: die Faserstruktur wird durch wiederholtes Nadeln stabilisiert – ganz ohne Kleber oder Stützfasern.
- Schallschluckend: reduziert Nachhall und Luftschall, z. B. in Decken- oder Wandhohlräumen.
- Trittschalldämmend: dämpft Trittgeräusche durch Entkopplung der Gehfläche von tragenden Bauteilen.
- Flexible Verlegung: häufig mehrlagig eingesetzt (z. B. 4 × 5 mm = bis zu 30 dB Reduktion).
- Ökologisch: diffusionsoffen, feuchteregulierend, CO_2-speichernd, langlebig, kompostierbar.
- Verarbeitungsfreundlich: mit Messer, Schere oder Schneidwerkzeug zuschneidbar.
- Fußbodenkonstruktionen (unter Nass- oder Trockenestrich, Parkett, Dielen)
- Akustische Wand- und Deckenverkleidungen
- Altbausanierung, Denkmalpflege, Innenausbau im Holz- und Trockenbau
- Schallentkopplung zwischen Bauteilen (z. B. Balken, Lagerhölzer, Trennwände)
- Geotextil zur Schichttrennung, z. B. zwischen Bodenaufbauten

i

Bohren in Hanffilz

Möchte man ein Loch durch ein Filz bohren (z. B. durch den Bodenbelag ein Loch für die Heizungsrohre bohren), dann kann es passieren, dass das zähe Hanffilz sich um den Bohrer wickelt und der Bereich um das Bohr-/Schraubloch mit hineingezogen wird. Ausschnitte müssen vorher gemacht werden.

Abb. 141: Hanffilz-Rolle 5 m x 10 cm x 10 m [EDEN Logic GmbH]

Verfügbare Maße (je nach Hersteller):

- Dicken 3 / 5 / 10 mm
- Breite 0,1 / 1,0 m bzw. auf Anfrage
- Länge 10,0 bis 25,0 m

Kosten (Stand 2026)

- Hanffilz 3 mm, Rolle à 1,0 x 25 m ca. 5,00 €/m^2
- Hanffilz 5 mm, Rolle à 1,0 x 25 m ca. 6,00 €/m^2
- Hanffilz 10 mm, Rolle à 1,0 x 15 m ca. 9,00 €/m^2

Verwendung als Trittschalldämmung: Trittschalldämmung bei überkreuzt vierlagigem Einbau von 5 mm starken Matten mit effektiver Bauhöhe von 17 mm (Unter Ausbaulast): L_w = 30 dB (Besser als die meisten konventionellen Konkurrenzprodukte! Steinwolle ca. L_w = 25 dB, Holzweichfaser ca. L_w = 21 dB)

Die Einsatzbereiche von Akustikvlies

Einsatzbereiche von Hanffilz: Randdämmstreifen, Trittschallunterlage für schwimmenden Estrich.

Hinweise zur Verarbeitung von Akustikvlies

Das hohe Maß an **Trittschallminderung** der Hanf-Akustik-Matten resultiert aus der Eigenschaft, Schwingungen aufzunehmen und in Eigenenergie nicht weiter zu tragen, sondern in den feinen Fibrillen der Fasern zu „verzehren" (i.w. in Wärme zu verbrauchen). Daher werden solche konkurrenzlosen Werte von Lw = 30 dB erreicht. (Hanffaser Uckermark eG)

Werkzeuge zur Bearbeitung von Hanffilz:

- Akku-Universalschere
- Solingen-Hanf-Schere (z. B. Hanffaser Uckermark)

Abb. 142: Hanffilz zur Verbesserung der Trittschalldämmung unter Klick-Linoleum im Ferienhaus auf Rügen [Martin Meyer]

Hanffaser-Fibrillen sind kleine, faserartige Strukturen, die aus verschiedenen Materialien bestehen können, wie zum Beispiel Pflanzenfasern, tierischen Fasern oder synthetischen Fasern. Sie sind oft Bestandteil von größeren Fasern oder Faserbündeln und können verschiedene Eigenschaften haben, abhängig von ihrer Zusammensetzung und Anordnung.

In Bezug auf Dämmstoffe und Schallschutz spielen Fibrillen eine wichtige Rolle, da sie zur Dämpfung und Absorption von Schall beitragen. Die feinen Fibrillen der Fasern haben die Fähigkeit, Schallwellen aufzunehmen und zu „verzehren", indem sie die Schwingungen in Eigenenergie umwandeln und diese anschließend nicht weiterleiten. Dies führt zu einer Verringerung der Schallübertragung und einer verbesserten Schalldämmung.

Im genannten Beispiel wird Hanf als Material für Akustikmatten verwendet. Hanffasern bestehen aus Fibrillen, die sich gut für Schallschutz und Trittschalldämmung eignen. Die Hanf-Akustik-Matten sind in der Lage, die Schwingungen, die durch Trittschall entstehen, aufzunehmen und in Eigenenergie umzuwandeln, anstatt sie weiterzuleiten. Das hohe Maß an Trittschallminderung resultiert aus dieser Eigenschaft der Hanffasern und ihren feinen Fibrillen.

Randdämmstreifen

Randdämmstreifen sind schmale Streifen aus Hanf-Nadelfilz. Sie bestehen aus mechanisch verfestigten Hanffasern ohne Bindemittel oder chemische Zusätze. Das Material ist identisch mit Hanfvlies oder Akustikvlies, nur in Streifenform zugeschnitten und auf Rolle gewickelt.

Die Einsatzbereiche von Randdämmstreifen

- Schallentkopplung zwischen Lagerhölzern und Rohdecke
- Entkopplung von Trennwänden (Holz- oder Metallständer) zu angrenzenden Bauteilen
- Als Randstreifen bei Estrichsystemen zur Aufnahme von Dehnungen
- Dichtstreifen im Blockbohlenbau
- Anwendbar im Holzbau, Massivbau, Trockenbau und in der Denkmalpflege
- Auch unter Fußbodenheizung (nach Abstimmung mit dem System)

Bauphysikalische Daten von Randdämmstreifen

Siehe Nadelfilz!

Hinweise zur Verarbeitung von Randdämmstreifen

Randdämmstreifen entkoppeln den Nass- und Trockenestrich von der Wand und anderen aufgehenden Bauteilen. Hanf-Dämm-Streifen sind während des Abbindens von Kalk- oder Zementestrich resistent gegen das alkalische Milieu. (HANFFASER Uckermark eG, 2023)

Auch im Rundholzbau (Blockhaus) werden die Hanffilze erfolgreich in den Lagerfugen zwischen den Rundhölzern eingesetzt. Sie gewähren die Luftdichtigkeit und gleichen Unregelmäßigkeiten in den Abständen aus.

Abb. 143: Hanffilz-Rollen als Bahnware unter dem Bodenbelag oder auch als Mulch-Material [EDEN Logic GmbH]

Abb. 144: Hanfdämm-Matten aus Hanffasern für den Holzbau [HempFlax Building Solutions GmbH]

Weiche Dämmmatten aus Hanffasern

Werden die Hanffasern mit einer Stützfaser zu Matten gepresst, entstehen Dämmmatten, die deutlich weniger Energie in der Herstellung benötigen, als beispielsweise Holzweichfaser-Dämmstoffe. Solche Hanfdämmung besteht aus Hanffasern, polymerer Stützfaser und einem Flammschutz-Mittel. Bei dem Hersteller HempFlax Building Solutions GmbH aus Deutschland wird Soda als Brandschutz zugesetzt, der auch in Bio-Lebensmitteln enthalten ist, und polymere Stützfasern aus recyceltem PET. Diese Dämmmatten können in einem geschlossenen Kreislauf recycelt werden.

Die Eigenschaften der Dämmmatten ähneln denen der losen Hanfdämmung.

Die Einsatzbereiche von Weichfaser-Dämmmatten

Hanffaserdämmung wird überall dort eingesetzt, wo auch andere weiche Dämmstoffe zum Einsatz kommen. Z.B.:

- Zwischensparren auf dem Dach
- Vorgehängte Fassaden
- Außenwanddämmung
- Deckendämmung
- Innenwände (Trockenbau)

Bauphysikalische Daten von Weichfaser-Dämmmatten

- Wärmeleitfähigkeit ca. 0,04 W/(m·K)
- Rohdichte ca. 35 - 40 kg/m³

Hinweise zur Verarbeitung

Die Verarbeitungsfreundlichkeit von Hanfdämmmatten ist ein weiterer Pluspunkt. Die Verarbeitung ist staubarm, die Dämmung entwickelt keinen Juckreiz und auch eine spezielle Schutzkleidung ist nicht erforderlich.

Verarbeitet werden können die Dämmstoffe mit einer Dämmstoffsäge, einem Alligator mit Wellenschliff-Messern oder einer Dämmstoffsäge.

Eigenschaft	Typische Werte	Quelle / Produktbeispiel
Wärmeleitfähigkeit (λ)	0,034 – 0,047 W/m·K	Naturwerk Hanf Paneel Premium: 0,0342–0,038 W/m·K
		Caparol CapaCoustic Nature Panel: ca. 0,042 W/m·K
		Eden Logic NDS: 0,047 W/m·K
Rohdichte	ca. 85 – 180 kg/m³	Eden Logic: 160–180 kg/m³ , Caparol: ca. 140 kg/m³, Naturwerk: 85–115 kg/m³
Spezifische Wärmekapazität (c)	ca. 2300 J/kg·K	Naturwerk Hanf Paneel, Eden Logic
Druckfestigkeit (bei 10 % Verformung)	bis 25 kPa	Naturwerk: ≤ 25 kPa
Zugfestigkeit	längs: ≤ 100 kPa, quer: ≤ 15 kPa	Naturwerk
Schallabsorptionsgrad (αw)	bis 1,00 (Klasse A), abhängig von Dicke	Naturwerk: αw = 1,00 bei 100 mm, Caparol: αw = 0,75 bei 45 mm
Wasserdampfdiffusionswiderstand (μ)	1–2 (diffusionsoffen)	Naturwerk: ≤ 2, Eden Logic: 1–2
Brandverhalten (EN 13501-1)	Klasse E (meist), teilweise B2 nach DIN 4102	Naturwerk: Klasse E, Caparol: B2 (DIN), E (EN)
Feuchteverhalten	kapillar aktiv, feuchteregulierend	Naturwerk + Caparol + Eden Logic – explizit für feuchte Innenwände geeignet
Temperaturbeständigkeit	–40 °C bis +120 °C	Caparol: –40 °C bis +80 °C, Eden Logic: bis 120 °C

Hartfaser Platten aus Hanffasern (Putzträgerplatten, Akustikplatten, Dammplatten)

Die bauphysikalischen Eigenschaften von Hartfaserplatten aus Hanffasern variieren je nach Produktaufbau, Dichte und Verarbeitungstechnik (z. B. Thermobonding, Nadeln, Pressen). In der Regel handelt es sich um **mitteldichte bis hochverdichtete Dämm- oder Ausbauplatten** mit **guter Wärmedämmung**, **hoher Formstabilität** und **akustischer Wirksamkeit**. Sie sind **diffusionsoffen**, **feuchteregulierend** und eignen sich für den **Einsatz ohne Dampfbremse**, insbesondere im **Altbau und ökologischen Neubau**. (Krahofer, 2019)

Die Einsatzbereiche von Hartfaserplatten

Hartfaserplatten aus Hanf sind vielseitig einsetzbar, weil sie gleichzeitig formstabil, wärmedämmend, schalldämmend und diffusionsoffen sind. Je nach Produkttyp (z. B. Putzträgerplatte, Akustikplatte oder Trittschalldämmplatte) kommen sie in unterschiedlichen Baubereichen zum Einsatz.

Bauphysikalische Daten von Hartfaserplatten

- Innenwanddämmung (z. B. von Altbauwänden): Die Platten werden direkt auf die Wand geklebt, mit Gewebe armiert und anschließend verputzt. Ideal für energieeffiziente Sanierung ohne Dampfbremse.
- Putzträgerplatte im Holzbau: Als Alternative zu Gipskartonplatten – klammerfähig, diffusionsoffen, tragfähig für Lehm- und Kalkputze.
- Raumakustik: Offenporige Platten (z. B. Caparol CapaCoustic) verbessern die Nachhallzeit in Klassenräumen, Büros oder Kitas.
- Trittschalldämmung: In schwimmenden Bodenaufbauten unter Estrich oder Trockenestrich.
- Dach- oder Deckenaufbauten: Als druckfeste Schicht in ökologischen Flachdächern oder Decken mit Putzträgerfunktion.
- Feuchteempfindliche Bereiche im Innenraum: Durch kapillare Feuchteführung (z. B. gegen feuchte Außenwand).

Hinweise zur Verarbeitung

- Lagerung: Platten trocken und flach lagern – keine Feuchtigkeit!
- Zuschneiden: Möglich mit Hand-, Stich- oder Kreissäge (feine Zahnung). Auch Kantenbearbeitung (Fasen, Schleifen) möglich.
- Montage auf Unterkonstruktion: Klammerbar (z. B. mit Breitrückenklammern im Abstand von 15 cm).
- Verklebung: Bei Innenwanddämmung werden die Platten mit mineralischem Kleber (z. B. MC 55 W) vollflächig verklebt.
- Armierung: Bei Putzauftrag wird ein Glasfasergewebe flächig eingelegt (Stoßüberlappung ca. 8–10 cm).
- Putzaufbau: Dünnschichtig (3–4 mm) oder bis 10 mm – abhängig vom System.
- vollflächige Verklebung und systemische Ausführung erreicht.
- Blower-Door-Test bestanden: Einige Systeme sind nachgewiesen luftdicht (z. B. Naturwerk mit FLEX-System).

Hanfholz

Hinter HempWood® steht das US-amerikanische Unternehmen Fibonacci LLC aus Murray, Kentucky. Die Firma wurde mit dem Ziel gegründet, erneuerbare Rohstoffe in langlebige Holzersatzprodukte zu verwandeln. HempWood® ist ihr bislang bekanntestes Produkt: eine biobasierte Werkstoffinnovation, die aussieht wie Holz, sich verhält wie Holz, aber aus Hanf besteht. Die Produktion erfolgt vollständig in den USA, mit Blick auf regionale Wertschöpfung und kreislauffähige Materialsysteme.

Aktuell ist HempWood® ausschließlich für nicht tragende Anwendungen im Innenbereich zugelassen. Das Unternehmen forscht jedoch bereits an einer tragfähigen Variante, die künftig auch in der tragenden Konstruktion zum Einsatz kommen könnte, ein bedeutender Schritt in Richtung biobasierter Baustoffe der nächsten Generation.

Produktvarianten

Der Name HempWood® steht für eine Produktfamilie technischer Holzwerkstoffe

Abb. 145: Hanfholz (v. u. n. o.:) Parkett aus Hanfholz in zwei unterschiedlichen Finishes, rohe Hanfstängel, Hanfholz [Henrik Pauly]

auf Hanfbasis. Je nach Anwendung werden unterschiedliche Varianten angeboten:

- **HempWood® Lumber:** Platten und Rohlinge für Möbel, Handwerk, Ausbau
- **HempWood® Engineered Flooring:** Fertigpaneele für Fußböden, inklusive Klicksystem oder Nut und Feder
- **HempWood® Blocks/Panels:** Massive Werkstücke für kreative und handwerkliche Anwendungen und statische Bauteile.

Alle Varianten basieren auf demselben Prinzip: Verholzte Hanffasern, die Schäben, werden unter Druck und Hitze mit pflanzenbasierten Bindemitteln verpresst, ohne zugesetzte VOCs oder Formaldehyd.

Einsatzbereiche

HempWood® ist für Innenanwendungen ohne statische Last vorgesehen und überzeugt dort mit hoher Oberflächenhärte. Typische Anwendungsfelder sind:

- **Fußbodenbeläge:** als nachhaltige Alternative zu Hartholzparkett
- **Möbelbau:** für Tische, Regale, Fronten, Rahmen
- **Küchen und Arbeitsplatten:** aufgrund der Robustheit und geringen Emissionen
- **Innenausbau:** Wandverkleidungen, Sichtoberflächen, Akzente
- **Drechsel- und Handwerksarbeiten:** beispielsweise Messergriffe, Schalen, Deko-Objekte

Der Einsatz im Außenbereich sowie in tragenden Konstruktionen ist derzeit noch nicht möglich.

Bauphysikalische Kennwerte

Die technischen Kennwerte zeigen, dass HempWood® Harthölzern in nichts nachsteht, im Gegenteil: Die Dichte und Janka-Härte übertreffen sogar klassische Hölzer wie Weißeiche oder Hickory.

Verarbeitung

Die Verarbeitung erfolgt mit Standard-Holzwerkzeugen. Beim Sägen und Schleifen entsteht Holzstaub, daher sind Staubabsaugung und persönliche Schutzausrüstung empfohlen.

In Deutschland wurde 2021 das Startup ‚Canamo Hanfholz' in Leipzig gegründet, das eine ähnliche Vision verfolgte: Hanf als Holzersatz für Möbel und Innenausbau. Trotz vielversprechender Ansätze und Medieninteresse sind derzeit keine Aktivitäten mehr bekannt, das Unternehmen scheint inaktiv zu sein. Bisher gibt es weltweit kein vergleichbares Produkt auf dem Markt.

Eigenschaft	Wert	Testnorm
Dichte	850 kg/m^3	ASTM D2395
Janka-Härte	2.600 lbf	ASTM D1037-6a
Quellung (20–90 % r. F.)	0.02 / 0.06 / 0.77 %	ASTM D1037
Brandverhalten (Rauchdichte)	237 / 207 (flaming / non-flaming)	ASTM E662
Abriebfestigkeit	1.600–1.800 Umdrehungen	ASTM 1037
Kratzfestigkeit	21 N	ASTM 1037
Rutschhemmung	R10	BGR 151 / DIN 51130
Formaldehyd-Emission	konform (CARB 2, TSCA Title VI)	zertifiziert
Flammpunkt	315 °C	SDS
Zündtemperatur	260 °C	SDS

12.5 Dämmstoffteller aus Hanfkunststoff

Die in Kapitel 5.6 beschriebenen Hanfkunststoffe finden zunehmend auch Anwendung in Befestigungssystemen für Wärmedämmverbundsysteme, als Dämmstoffteller aus Hanfkunststoff.

Auf dem Markt haben sich zwei Ansätze etabliert. Vollständig kompostierbare Produkte basieren auf Stärke und Naturfasern, sie können am Ende der Gebäudelebensdauer kompostiert werden. Alternativ werden biobasierte Hochleistungskunststoffe aus Pflanzenölen eingesetzt, die zwar nicht verrotten, aber mechanisch mit konventionellen Kunststoffen vergleichbar sind und die für Windlastsicherung erforderliche Langzeitstabilität gewährleisten.

Die technischen Herausforderungen liegen vor allem in der Feuchtebeständigkeit, da Naturfasern Wasser aufnehmen können. Hersteller begegnen diesem Problem durch spezielle Beschichtungen und Kopplungsvermittlern. Bauphysikalisch bieten Hanfkunststoffe jedoch Vorteile: Durch Lufteinschlüsse in den Fasern wird die Wärmeleitfähigkeit reduziert, was punktuelle Wärmebrücken minimiert und die gefürchteten Dübelabzeichnungen an Fassaden verringert.

Systemanbieter wie ‚Naturwerk Borken' integrieren biobasierte Dämmstoffteller bereits als Standardkomponente in ihre Hanfdämmsysteme und realisieren damit die Vision der kreislauffähigen Gebäudehülle.

Abb. 146: Dämstoffteller aus Hanfplastik [Naturwerk Borken]

Abb. 147: Anwendung von Hanföl auf verschiedenen Holzoberflächen (v.l.n.r.: Kiefer, Lärche, Eiche, Buche, Douglasie)

12.6 Hanffarbe

Seit jeher wurde Hanföl für Malfarben genutzt und für seine Langlebigkeit geschätzt. Auch im Bauwesen finden Hanffarben heute Anwendung. Allerdings gibt es wenige bis keine Hersteller.

Calcecanapa® Tinteggio ist eine Wandfarbe auf Basis von Sumpfkalk und ätherischem Hanföl. Sie ist laut Hersteller diffusionsoffen und schimmelhemmend. Das ätherische Hanföl soll dabei die Eigenschaften der Anwendbarkeit verbessern.

12.7 Hanföl als Holzschutzmittel

Hanföl kann auch als natürliches Holzschutzmittel eingesetzt werden. Laut (Havera, 2020) gehört Hanföl (je nach Sorte und Anbaugebiet) wie auch Leinöl oder Walnussöl zu den trockenen Ölen, da es über 50 % mehrfach ungesättigte Fettsäuren enthält. Mit Hanföl behandeltes Holz „[…] ist schon nach einigen Stunden oberflächentrocken, für eine vollständige Absorption durch das Holz braucht es trotzdem etwa 30 Tage. Nach abgeschlossener Trockenphase hinterlässt Hanföl keinen Film und gibt dem Holz ein mattes Finish.“ (Havera, 2020)

Vorteile von Hanföl

- 100 % Hanföl: Frei von Zusatzstoffen, Konservierungsmitteln und Lösungsmitteln
- Umweltfreundlich
- lebensmittelecht
- 100 % natürlich und biologisch abbaubar
- Geeignet für Gegenstände, die mit Lebensmitteln in Kontakt kommen

Im getrockneten Zustand matte Oberfläche, kein Glanz.

Nachteil

- Durchtrocknung dauert bis zu 30 Tage.

13. Einführung zu Hanfkalk

> *Es klingt wie ein architektonischer Traum. Ein Material, das zugleich Wand, Isolation, und Oberfläche sein kann, gut für die Umwelt ist und auch noch dank seiner Struktur eine spezielle Ästhetik aufweist. Ein feuerfestes Material, das sich monolithisch in verschiedenen Formen stampfen lässt, auf eine Holzbaukonstruktion aufbaut und sich bei Umbauten nahtlos an den Bestand anschmiegen kann.*
>
> Delphine Schmid, Kalkwerk, Strada

13.1 Grundlagen – Agrarbetone

Agrarbetone sind Baustoffe, bei denen landwirtschaftliche Nebenprodukte den mineralischen Zuschlagstoff ersetzen. Anstelle von Sand oder Kies kommen die verholzten Reststoffe von Nutzpflanzen zum Einsatz, darunter Hanf, Flachs, Miscanthus, Sonnenblume, Reishülsen oder Holz. In Kombination mit einem mineralischen Bindemittel wie Kalk, Lehm oder Geopolymeren entstehen leichte, poröse, dämmende Baustoffe mit bemerkenswerten Eigenschaften in Bezug auf Wohngesundheit und Kreislauffähigkeit (Arnaud, 2014).

Eigenschaften und Vorteile:
Was Agrarbetone von konventionellen Leichtbaustoffen unterscheidet, ist die Kombination aus niedriger Wärmeleitfähigkeit, hoher Feuchteregulierungsfähigkeit und einer tendenziell CO_2-negativen Herstellungsbilanz. Die pflanzlichen Zuschlagstoffe binden während des Wachstums Kohlenstoff, der im Baustoff gespeichert bleibt. Zugleich sorgt ihre poröse Struktur für eine effektive Aufnahme und Abgabe von Feuchtigkeit, was Schimmelbildung vorbeugen und die Raumluftqualität verbessern kann.

Diesen Vorteilen stehen Einschränkungen gegenüber: Die pflanzlichen Rohstoffe sind saisonal verfügbar und erfordern sorgfältige Verarbeitung. Die Druckfestigkeiten liegen deutlich unter denen von Stahlbeton, weshalb Agrarbetone in der Regel als nichttragende Ausfachung eingesetzt werden.

Terminologie und Systematik:
Unter den Agrarbetonen nehmen Hanfbaustoffe eine besondere Stellung ein. Ihre exzellenten hygrothermischen Eigenschaften und das Nachhaltigkeitspotenzial entlang der gesamten Wertschöpfungskette machen sie zum am weitesten entwickelten und am besten dokumentierten Vertreter dieser Baustoffgruppe.

Hanfbaustoffe lassen sich systematisch nach zwei Dimensionen ordnen: Dem verwendeten Bindemittel und der Produktform. Abb. 150 zeigt diese Systematik als Matrix. In der Horizontalen stehen vier Bindemittel: Kalk, Lehm, Geopolymer und Myzel. In der Vertikalen fünf Produktformen: Orthanf (gestampft), Sprühhanf (gesprüht), Schüttung (lose eingebracht), Stein (gemauert) und Wand-Modul (vorgefertigt). Die Kombina-

Abb. 148: Hanfkalk besteht aus Hanfschäben und Kalk [Henrik Pauly]

tion aus Bindemittel und Produktform ergibt den präzisen Baustoffnamen, etwa Hanfkalk-Orthanf oder Hanflehm-Stein.

International hat sich, ausgehend vom französischen béton de chanvre[17], die Bezeichnung Hempcrete bzw. Hanfbeton etabliert. Dieses Buch vermeidet den Begriff, weil er irreführend ist: Hanfkalk enthält keinen Sand als Zuschlagstoff, erreicht mit etwa 0,3 MPa nur rund ein Hundertstel der Druckfestigkeit eines Normalbetons C 30/37 und hat mit einer Rohdichte von rund 340 kg/m³ weniger als ein Sechstel von dessen etwa 2.300 kg/m³. Auch die Wärmeleitfähigkeit unterscheidet sich um den Faktor 30: Hanfkalk liegt bei $\lambda = 0{,}071$ W/(m·K), Normalbeton bei etwa 2,1 W/(m·K). Mit einer Wasserdampfdiffusionswiderstandszahl von $\mu \approx 3$ ist Hanfkalk zudem extrem diffusionsoffen, während Normalbeton bei $\mu = 60–100$ praktisch dampfdicht ist.

Funktional steht Hanfkalk einem anderen Baustoff deutlich näher: Porenbeton. Bei vergleichbarer Rohdichte (ca. 350 kg/m³ für PP2/0,4) und ähnlicher Wärmeleitfähigkeit ($\lambda = 0{,}070$ W/(m·K)) teilen sich beide Materialien eine bauphysikalische Nische. Der entscheidende Unterschied liegt im Feuchtehaushalt und in der Ökobilanz: Hanfkalk reguliert Feuchtigkeit aktiv, ist diffusionsoffen ($\mu \approx 3$ gegenüber $\mu \approx 5–10$ bei Porenbeton) und weist eine negative CO_2-Bilanz in der Herstellung auf. Er verbindet die Dämmwirkung eines Leichtbaustoffs mit den bauphysikalischen Vorteilen eines kapillaraktiven, diffusionsoffenen Materials.

Im Folgenden wird daher konsequent von Hanfkalk (engl. Hemplime), Hanflehm und Hanf-Geopolymer gesprochen. Wer im Internet nach Hanfbeton sucht, findet in der Regel Informationen zu Hanfkalk.[18]

17 In der französischen Fachliteratur und den Règles professionnelles wird der Begriff béton de chanvre verwendet, was wörtlich übersetzt Hanfbeton ergibt. Im Französischen ist béton jedoch ein deutlich weiterer Begriff als im Deutschen und bezeichnet allgemein eine Mischung aus Zuschlagstoff und Bindemittel.

18 Wird im Folgenden verkürzt von Hanfstein gesprochen, ist damit in der Regel ein Hanfkalk-Stein gemeint, sofern der Kontext nicht eindeutig auf ein anderes Bindemittel verweist.

Vergleich Hanfkalk und Beton

	Hanfkalk mittelschwer	Normalbeton C 30/37
Rohdichte [kg/m³]	340	2.000
Druckfestigkeit [MPa]	0,3	30
Wärmeleitfähigkeit [W/(m·K)]	0,071	1,35
Wasserdampfdiffusionswiderstandszahl μ	3	60/100
Brandverhalten	B, S1, d0	A1
Feuchteregulierung	hervorragend (kapillaraktiv)	keine
CO_2-Bilanz [kg CO_2 eq/kg]	−0,6 bis −0,25	≈ 0,15–0,20
Primärenergieinhalt nicht erneuerbar [MJ/kg]	0,5–1,0	1,8–2,5

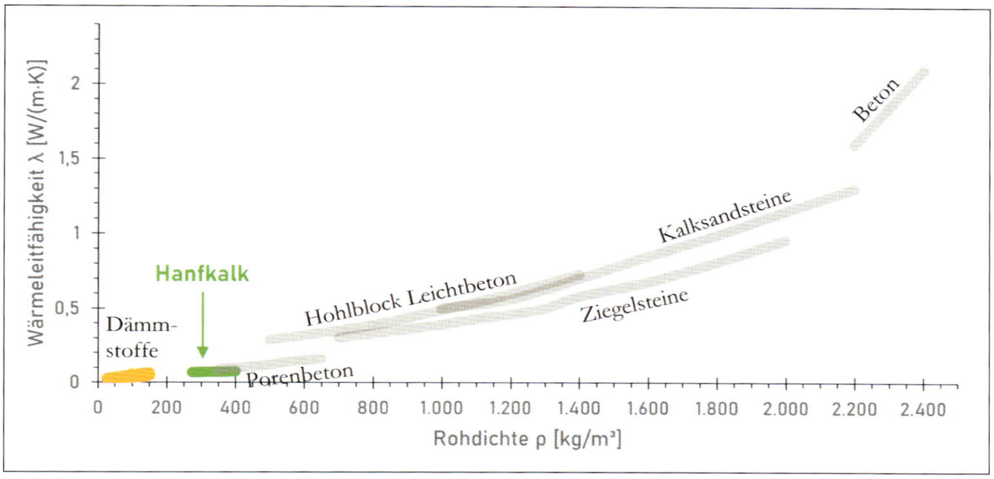

Abb. 149: Hanfkalk ist sowohl Dämmstoff (gelb) als auch Massivbaustoff (beige). Daraus ergeben sich völlig neue Anwendungsmöglichkeiten. [Henrik Pauly]

13.2 Was ist Hanfkalk?

Hanfkalk ist ein massiver Bau- und Dämmstoff, der ausschließlich aus natürlichen Materialien hergestellt und verarbeitet wird. Er eignet sich vor allem als nichttragendes Ausfachungsmaterial in Holz, Stahl- und Betonkonstruktionen für Wände, Dächer und Decken. Dort ersetzt er mehrschichtige Wandaufbauten durch einen homogenen, monolithischen Baustoff, der zugleich dämmt, Wärme speichert und die Außenhaut bildet.

Bei der Herstellung werden die verholzten inneren Teile des Hanfstängels, die Schäben, mit Kalk und Wasser gemischt. Die hochporöse Struktur der Schäben auf mikroskopischer Ebene verleiht dem Hanfkalk eine

	Bindemittel: Produktformen:	Hanfkalk	Hanflehm	Hanf-Geopolymer	Hanf-Myzel
In-situ (Baustoffe)	Orthanf (gestampft)	Hanfkalk-Orthanf	Hanflehm-Orthanf	-	-
	Sprühhanf (gesprüht)	Hanfkalk-Sprühhanf	Hanflehm-Sprühhanf	-	-
	Schüttung (lose eingebracht)	Hanfkalk-Schüttung	Hanflehm-Schüttung	-	-
Vorgefertigt (Bauprodukte)	Stein (gemauert)	Hanfkalk-Stein	Hanflehm-Stein	Hanf-Geopolymer-Stein	Hanf-Myzel-Stein
	Wand-Modul (vorgefertigt)	Hanfkalk-Wand-Modul	Hanflehm-Wand-Modul	-	-

Abb. 150: Systematik der Hanfbaustoffe nach Bindemittel und Produktform. Die Matrix unterscheidet vier Bindemittel (Kalk, Lehm, Geopolymer, Myzel) und fünf Produktformen, gegliedert in In-situ-Baustoffe (Orthanf, Sprühhanf, Schüttung) und vorgefertigte Bauprodukte (Stein, Wand-Modul). Grau hinterlegte Felder kennzeichnen Entwicklungsthemen (s. Kap. 20). [Generiert mit KI (Google Gemini) am 28.02.26, Drewes/Pauly]

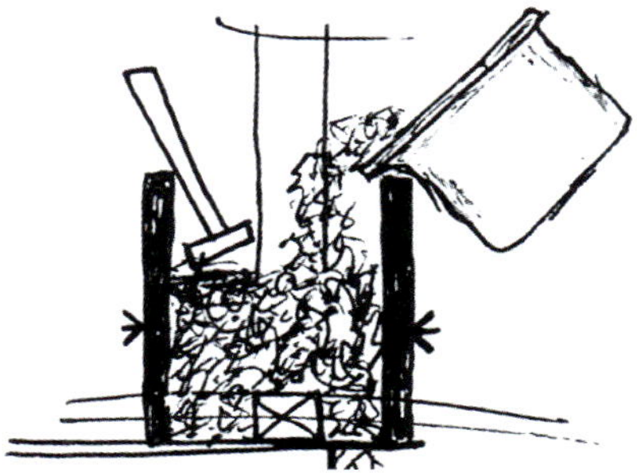

Abb. 151: Baumethode Orthanf

Abb. 152: Orthanf auf Sicht gestampft [Henrik Pauly]

Abb. 153: Hanfkalk wird in die Schalung gestampft

Abb. 154: Druckfeste Bodendämmung mit Hanfkalk im Bad [Henrik Pauly]

natürliche Flexibilität und begründet seine besonderen bauphysikalischen Eigenschaften: Gute Wärmedämmung, ausgezeichnete Feuchteregulierung, hohe Diffusionsoffenheit und Kapillaraktivität sowie eine für die geringe Rohdichte bemerkenswerte Wärmespeicherfähigkeit. Für detaillierte bauphysikalische Kennwerte und deren messtechnische Grundlagen siehe Kap. 14.

13.3 Baumethoden von Hanfkalk

Die in Abb. 150 dargestellte Systematik unterscheidet fünf Produktformen: Drei In-situ-Baustoffe (Orthanf, Sprühhanf, Schüttung) und zwei vorgefertigte Bauprodukte (Stein, Wand-Modul). Die folgenden Abschnitte beschreiben die Baumethoden im Detail. Obwohl die Darstellung sich auf Kalk als Bindemittel konzentriert, gelten die Verarbeitungsprinzipien analog für Hanflehm.

Orthanf

Die lateinische Bezeichnung in situ heißt übersetzt „am Ort“, was die Verarbeitungsweise treffend beschreibt. Die Schäben werden zusammen mit dem Bindemittel und Wasser vor Ort auf der Baustelle gemischt.

Abb. 155: Hanfkalk gegen sommerliche Hitze auf dem Dach [Hanfingenieur]

Die frische Mischung wird dann sofort mit Eimern an den Einbauort gebracht. Immer häufiger werden auch für diesen Transport Förderbänder eingesetzt, wobei sie die geforderte Flexibilität nicht immer leisten können, da der Einbauort ständig wechselt.

Die Orthanf-Methode, umfasst das direkte Einbringen von Hanfkalk in Schalungen am Bauort, ähnlich dem Verfahren bei Beton.

Der frische Hanfkalk, bestehend aus Hanfschäben und Kalkbindemittel, wird schichtweise eingefüllt und manuell verdichtet, um Hohlräume zu vermeiden. Die optimale Einfüllhöhe beträgt dabei etwa 20 cm (Magwood, 2016). Für Schalungsbau, Verdichtungstechnik und praktische Ausführung siehe Kapitel 17.2. Alternativ können auch wiederverwendbare Kunststoffschalungstafeln genutzt werden, die ein schnelleres Arbeiten ermöglichen (Stanwix, 2014).

Diese Methode bietet hohe Flexibilität in der Formgebung und ermöglicht fugenlose Konstruktionen, was zu einer ausgezeichneten Dämmleistung führt. Allerdings ist die Methode arbeits- und zeitaufwändig und hat die längsten Trocknungszeiten, was die Bauzeit verlängern kann (Stanwix, 2014). Ein Vorteil ist der geringere Ausrüstungsaufwand im Vergleich zu mechanisierten Methoden, was sie besonders für kleinere Projekte oder individuelle Bauvorhaben attraktiv macht (Schulz, 2020).

Sprühhanf

Während bei der Orthanf-Methode viel Personaleinsatz nötig ist, überwiegt beim Sprühverfahren von Hanfkalk der Einsatz von Maschinen. Wie beim Orthanf wird die Mischung vor Ort in einem Hanfkalk-Mischer hergestellt. Die Leistungsfähigkeit von Mischer, Sprühmaschine und Kompressor muss dabei aufeinander abgestimmt sein.

Als Tragwerk dient auch hier ein Holzständerwerk, das die Lasten an den Baugrund weitergibt. Zwar hat Hanfkalk durchaus eine aussteifende Wirkung, jedoch wird nach aktuellem Stand der Technik die Statik in beiden Verfahren vom Holztragwerk übernommen. Deshalb eignet sich Hanfkalk auch hervorragend für die Ausfachung von Holzfachwerken bei der Sanierung von alten Fachwerkhäusern (siehe Kapitel 17.5).

Das Sprühverfahren eignet sich vor allem für großflächige und professionellere Anwendungen, in denen Schnelligkeit und Kosteneffizienz von Relevanz sind. Mit Durchsatzleistungen von – theoretisch – bis zu 6 m^3/h ermöglicht es einen deutlich schnelleren Baufortschritt als die Orthanf-Methode, erfordert jedoch nur eine einseitige Schalung. Nachteilig sind die hohen Gerätekosten und der hohe Energieverbrauch. Für Maschinentechnik, Sprühverfahren und praktische Ausführung siehe Kapitel 17.3.

Hanfkalk-Steine

Mauersteine aus Hanfkalk (Hanfkalk-Steine) haben gegenüber den anderen Baumethoden den Vorteil, dass sie deutlich weniger Baufeuchte in das Gebäude einbringen. Deshalb eignen sie sich gut für die Sanierung und Modernisierung im Altbau.

Bei dieser Methode wird Hanfkalk in Formen gegossen, mittels Vibration verdichtet und zusätzlich gepresst, was eine gleichbleibend hohe Qualität gewährleistet (Arnaud & Amziane, 2013). Die werkseitige Produktion unter kontrollierten Bedingungen stellt eine

Abb. 156: Baumethode Sprühhanf

Abb. 157: Sprühhanf wird gesprüht [Hanfingenieur]

Abb. 159: Hanfsteine für die Fachwerksanierung [Henrik Pauly]

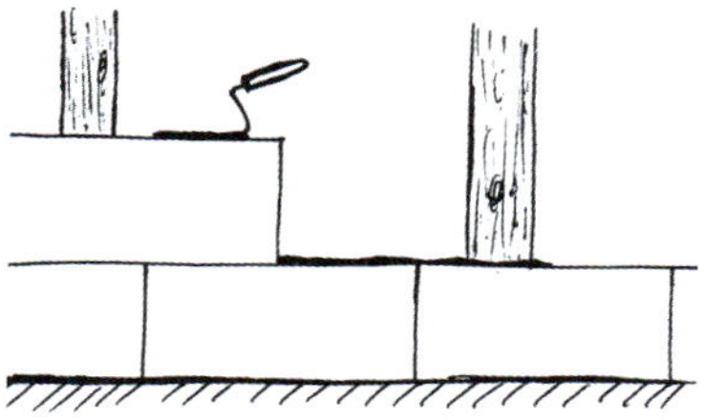

Abb. 158: Baumethode Mauern

gleichbleibende Qualität sicher und eliminiert lange Trocknungszeiten auf der Baustelle. Hanfkalk-Steine sind in verschiedenen Abmessungen erhältlich und können für monolithische Wandaufbauten, Kombinationen mit anderen Bauweisen oder für die Innendämmung verwendet werden. Sie werden je nach Hersteller geklebt oder vermörtelt.

Vorgefertigte Plansteine, in die bereits ein Holzständerwerk integriert ist, sind ebenfalls verfügbar und eignen sich besonders für größere Bauprojekte (Magwood, 2016). Diese Elemente ermöglichen ein schnelles, großflächiges Arbeiten ohne zusätzliche Schalung. Nachteile dieser Methode sind die potenziellen Wärmebrücken durch die Mörtelfugen und die Notwendigkeit, die Elemente gegebenenfalls an das Ständerwerk anzupassen (Stanwix, 2014).

Wand-Module und -Paneele

Bis dato gibt es erst wenige Gebäude in Deutschland, die aus Hanfkalk-Wand-Modulen gebaut sind. Hersteller in europäischen Nachbarländern sind zum Beispiel Dun Agro in den Niederlanden, Hemspan in England und Wall'up Préfa in Frankreich. Die Aushärtungszeit und die benötigte Lagerfläche sind bei der Wand-Modul-Produktion eine große Herausforderung.

Schüttung

Bei der Schüttung werden Hanfschäben lose, also ohne vorherige Verdichtung, in Hohlräume eingebracht. Das Bindemittel wird entweder vor dem Einbau untergemischt (Hanfkalk-Schüttung, Hanflehm-Schüttung) oder die Schäben werden zunächst rein als Schüttdämmstoff eingebracht und erst nachträglich mit einer Kalkmilch getränkt. Typische Einsatzbereiche sind Fußbodenaufbauten, Deckenhohlräume und Dachschrägen, also überall dort, wo ein formgebendes Bauteil bereits vorhanden ist und die Schüttung lediglich den Zwischenraum füllt. Im Vergleich zu Orthanf und Sprühhanf ist die Schüttung die einfachste und geräteärmste Methode, erfordert jedoch eine zuverlässige Begrenzung des Hohlraums, um Setzungen zu vermeiden. Zur Verwendung von Hanfschäben als reine Schüttdämmung ohne Bindemittel (siehe Kapitel 12.3)

Zusammenfassung:

Die Wahl der geeigneten Methode zur Verarbeitung von Hanfkalk hängt von den spezifischen Anforderungen des Bauprojekts, den örtlichen Bedingungen und den verfügbaren Ressourcen ab. Jede Methode bietet einzigartige Vorteile und Herausforderungen, die sorgfältig abgewogen werden müssen, um optimale Ergebnisse zu erzielen.

Zur Optimierung der Bauweise kann eine Kombination der Methoden verwendet werden. Beispielsweise können Hanfkalk-Steine außen als verlorene Schalung für von innen aufgespritzten Hanfkalk genutzt werden. Diese Hybridtechnik vereint die Vorteile der einzelnen Methoden, steigert die Ausführungsgeschwindigkeit und verbessert die Wärmedämmeigenschaften durch die Vermeidung von Mörtelfugen (Schulz, 2020).

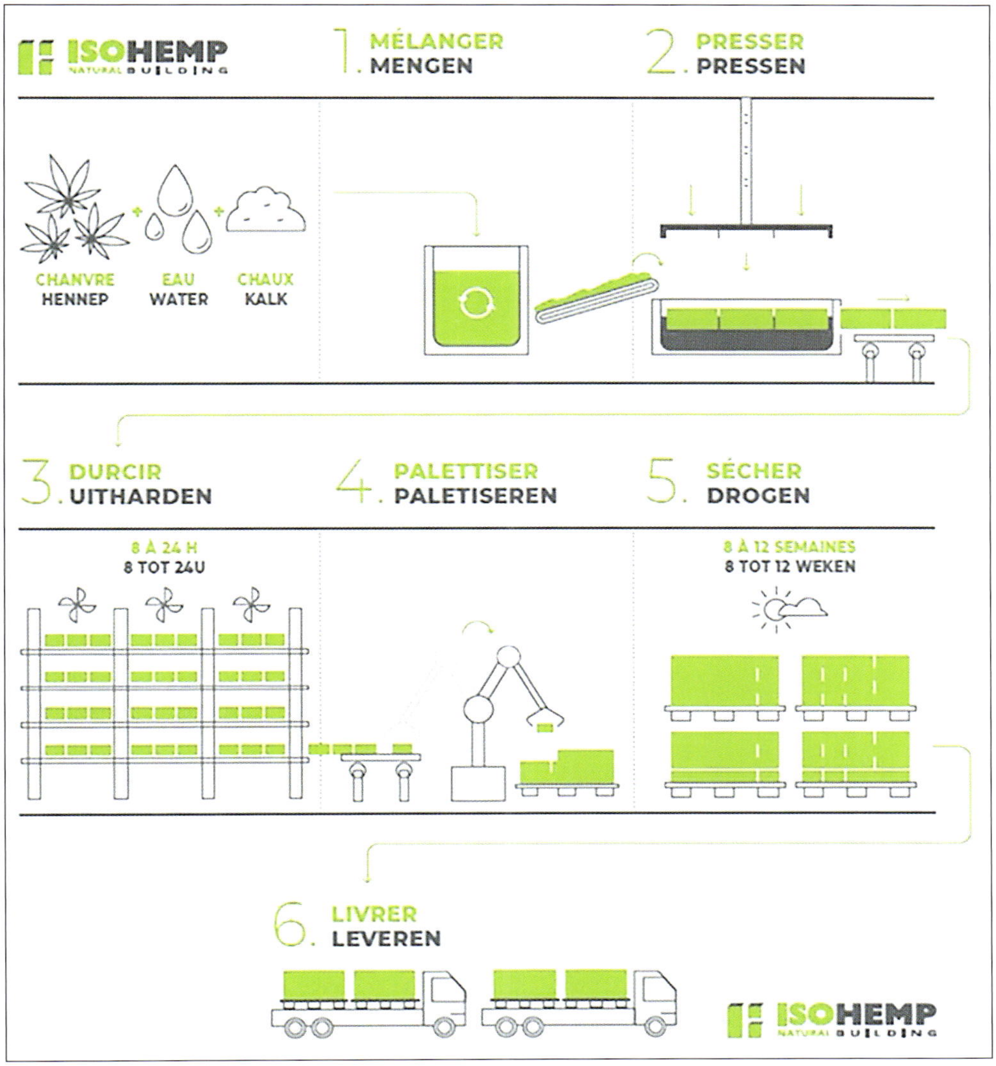

Abb. 160: Die Grafik zeigt den Herstellungsprozess von Hanfsteinen bei IsoHemp. Zunächst werden Hanfschäben, Kalk und Wasser gemischt (1), in Formen gepresst (2) und über 8 bis 24 Stunden vorgehärtet (3). Danach erfolgt das Palettieren (4) und eine natürliche Trocknung über 8 bis 12 Wochen (5). Abschließend werden die fertigen Steine ausgeliefert (6). [www.isohemp.com]

Abb. 162: Hanfkalk Fertigteile auf dem LKW, bereit für den Einsatz [Wall'up préfa]

Abb. 161: Fertigteile aus Hanfkalk [Wall'up préfa]

Kalk

Vorkommen: eines der häufigsten Sedimentgesteine der Erde

Entstehungszeit: Einige Ablagerungen sind über 540 Millionen Jahre alt

Entstehung: Biogene Ablagerungen und chemische Ausfällungen

Besonderheit: Kalksteinlagerstätten können bis zu dutzende Kilometer lang und mehrere hundert Meter dick sein.

Abb. 163: Das Bild zeigt drei Hanfkalk-Probewürfel, die mit unterschiedlichen Bindemitteln hergestellt wurden: oben mit Romanzement, in der Mitte mit NHL 3,5 (natürlichem hydraulischen Kalk), unten mit Weißkalkhydrat (WKH). Die Unterschiede in Farbe und Verdichtung zeigen den Einfluss des Bindemittels auf die Materialeigenschaften. [Henrik Pauly]

13.4 Bindemittel für Schäben: Lehm, Kalk, Zement, Gips

Die nachfolgend beschriebenen Bindemittel wurden bereits in einer Vielzahl von Publikationen eingehend beschrieben. Deshalb konzentrieren sich die folgenden Seiten auf die wesentlichen Punkte und beziehen sich auf den Kontext in der Kombination mit Hanf(-Schäben).

Lehm, Kalk und Gips werden seit Jahrtausenden als Baustoff genutzt und sind bis heute wichtige Rohstoffe für die Bauwirtschaft. Lehm und einige Kalkarten eignen sich als Bindemittel für Hanfschäben besonders gut. Zement und Gips eher nicht. Warum, das wird auf den folgenden Seiten beschreiben.

Kalke

Kalk hat eine bemerkenswerte Geschichte, die bis in die Frühzeit der Menschheit zurückreicht. Als vielseitiger Baustoff wurde er in den unterschiedlichsten Kulturen und Klimazonen eingesetzt. Archäologische Funde in Palästina und der Türkei, die bis 12.000 v. Chr. datiert werden, belegen die frühe Verwendung von Kalk als Bindemittel (Landsberg, 1992). Doch was macht Kalk so besonders und wie entsteht dieser faszinierende Baustoff?

Die Grundlage für die Herstellung von Kalk bildet Kalkstein, ein Sedimentgestein, das etwa 4 % der Erdkruste ausmacht. Seine Entstehung ist ein beeindruckender Prozess, der Jahrmillionen dauert. Kalkstein entsteht überwiegend in marinen Umgebungen. Hier sinken die Überreste von Meeresorganismen wie Muscheln, Korallen und mikroskopischem Plankton auf den Meeresboden und bilden dort Ablagerungen. Diese biogenen Prozesse werden ergänzt durch chemische Ausfällung von Calciumcarbonat ($CaCO_3$) direkt aus dem Meerwasser, insbesondere in warmen, flachen Gewässern.

Mit der Zeit üben die darüber liegenden Sedimentschichten enormen Druck auf die Ablagerungen aus, wodurch sich der lockere Kalkschlamm zu festem Kalkstein verdichtet. Plattentektonische Bewegungen heben diese ehemaligen Meeresböden schließlich an die Erdoberfläche, wo sie heute als imposante Kalksteinformationen in Steinbrüchen abgebaut werden können (Allin, Building with hemp, 2005).

Um Kalk als Baustoff nutzbar zu machen, wird der Kalkstein in einem Brennprozess erhitzt, wodurch das enthaltene Kohlendioxid entweicht und sogenannter Branntkalk entsteht. Vermischt mit Sand und Wasser werden aus dem Kalk Mörtel oder Mauersteine. Vermischt mit Hanfschäben und Wasser wird daraus Hanfkalk. Dieser reagiert mit Kohlendioxid aus der Luft und härtet zu einem stabilen Material aus, das sowohl Druck- als auch Zugkräfte gut aufnehmen kann.

Arten von Kalk

Als Baukalk werden verschiedene Kalkarten verwendet, die sich in ihrer Zusammensetzung, ihren Aushärtungsprozessen und Anwendungsbereichen unterscheiden. Denn im Gegensatz zu Lehm hat Kalk einen auffälligen Unterschied: Kalk „trocknet" nicht, sondern „härtet aus", durch zwei chemische Prozesse: Karbonatisierung und Hydratation.

Luftkalke und Sumpfkalke sind Kalke mit besonders hoher Reinheit. Der natürlich vorkommende **Kalkstein** (kohlensaurer Kalk, Calciumcarbonat, $CaCO_3$) wird im Steinbruch abgebaut.

Wird der reine Kalkstein (Calciumcarbonat, $CaCO_3$) gebrannt, entweicht aus ihm Kohlendioxid (CO_2) und es entsteht **Branntkalk** (Calciumoxid CaO).

Durch die spätere Zugabe von Wasser (H_2O) wird der Kalk „abgelöscht" und es entsteht **Löschkalk** (vgl. Weißkalkhydrat; Luftkalk, Calciumhydroxid, $Ca(OH)_2$). Dieser Löschkalk kann nun in Wasser als Suspension aufgeschlämmt und so unter Ausschluss von Luft als **Sumpfkalk** über Jahrzehnte hinweg haltbar gemacht werden.

Wird der Löschkalk nun auf der Baustelle als Baustoff verarbeitet, spricht man von **Luftkalk**. Dieser beginnt durch die Aufnahme von CO_2 aus der Umgebung wieder auszuhärten. Der Prozess ist relativ langsam und führt zu einer weichen Struktur mit hoher Dampfdurchlässigkeit, aber geringer

Festigkeit. Dabei wird idealisiert betrachtet dieselbe Menge CO_2 aus der Umgebung aufgenommen, die vorher beim Brennvorgang entwichen ist. Durch diesen Abbindevorgang entsteht wieder **Kalkstein** (Calciumcarbonat, $CaCO_3$) und der Kalkkreislauf ist geschlossen. Nun könnte man theoretisch damit beginnen, ihn erneut zu brennen und den Prozess ein zweites Mal ablaufen zu lassen. In der Praxis lässt sich das nur selten realisieren, weil der Kalk stets mit anderen Zuschlägen wie Sand, Schäben, etc. vermischt wird und nicht 100 % rein belassen wird.

Da es sich jedoch um ein natürliches Produkt handelt, kommt Kalk in der Natur nie in 100 % reiner Form vor, sondern ist immer mit anderen Mineralien „verunreinigt". Der Grad und die Art der Verunreinigung sind der Grund für die vielen verschiedenen Arten von Kalk, die es im Handel zu kaufen gibt.

Die DIN EN 459-1 definiert fünf Arten von Luftkalk:

- Weißkalk 90 ($\geq$ 90 % $Ca(OH)_2$)
- Weißkalk 80 ($\geq$ 80 % $Ca(OH)_2$)
- Weißkalk 70 ($\geq$ 70 % $Ca(OH)_2$)
- Dolomitkalk 85 ($\geq$ 85 % Calcium-Magnesium-Carbonat $CaMg(CO_3)_2$)
- Dolomitkalk 80 ($\geq$ 80 % Calcium-Magnesium-Carbonat $CaMg(CO_3)_2$)

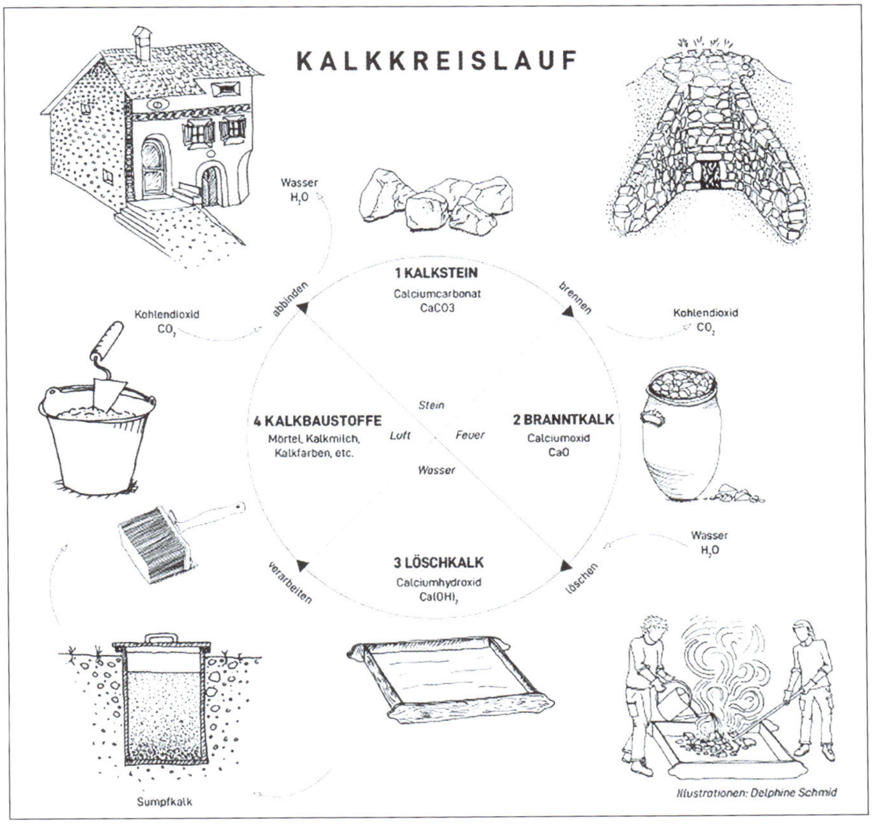

Dolomitkalk ist streng genommen gar kein Kalk, sondern ein Dolomit Mineral, welches dem Kalkstein sehr ähnlich ist. Dieses Karbonatgestein enthält zusätzlich noch

Abb. 164: Die Grafik zeigt den traditionellen Kalkkreislauf: Aus Kalkstein ($CaCO_3$) entsteht durch Brennen Branntkalk (CaO), der mit Wasser zu Löschkalk ($Ca(OH)_2$) reagiert. Dieser wird zu Mörtel, Kalkfarbe oder Sumpfkalk verarbeitet – und bindet durch Abbinden wieder CO_2 aus der Luft zu Kalkstein. Ein nahezu geschlossener Stoffkreislauf. [Delphine Schmid, www.kalkwerk.ch]

Abb. 165: Kalkbrenner bei der Arbeit an einem alten Kalkofen in Sur En, Schweiz [Henrik Pauly]

Abb. 166: Kalk löschen von Hand in Sur En, Schweiz [Henrik Pauly]

einen hohen Anteil an Magnesium. (Grimm, 2024)

Luftkalk findet vor allem in traditionellen Putzen, Mörteln und bei der Restaurierung historischer Gebäude Verwendung. Die Fähigkeit von Luftkalk zur Karbonatisierung, verbessert die Innenraumluft in Wohn- und Arbeitsräumen, indem CO_2 absorbiert wird, was für eine sauberere, frischere und gesündere Umgebung sorgt. Auch sorgt der hohe pH-Wert von über 12 dafür, dass in diesem alkalischen Milieu Bakterien, Schimmelpilze und viele weitere organische Substanzen abgetötet werden. Deshalb wurden früher Viehställe mit Sumpfkalk „geweißelt" und so desinfiziert. Auch in der Schimmelsanierung tötet Sumpfkalk die Schimmelsporen erfolgreich ab. Der Kalk ist der Grund, warum Hanfkalk als schimmelhemmend gilt. Es ist aber zu beachten, dass mit zunehmendem Alter der pH-Wert des Kalks auf 9,5 bis 10,5 absinkt.

Sumpfkalk

bietet eine feinere Kornstruktur und höhere Reinheit im Vergleich zu herkömmlichem gelöschten Kalk, was zu besseren Verarbeitungseigenschaften und einer höheren Qualität der Endprodukte führt.

Sumpfkalk ist ein traditioneller Baustoff, der aufgrund seiner hohen Qualität und Vielseitigkeit in der Restaurierung historischer Gebäude sowie im ökologischen Bauen geschätzt wird. Er wird hergestellt, indem Löschkalk in Wasser „eingesumpft" wird. Es gibt kein festes Mengenverhältnis zwischen Kalk und Wasser bei der Herstellung von Sumpfkalk. Das Verhältnis kann je nach gewünschtem Endprodukt variieren. Über die Dauer eingelagert, entwickelt er eine teigige Konsistenz. Sie kann durch erneutes Aufmischen mit Wasser wieder beliebig variiert werden.

Traditionell wurde Sumpfkalk in speziellen Gruben oder Behältern über viele Jahre gelagert. Durch die lange Lagerung bilden sich immer feinere Kristalle, und Verunreinigungen setzen sich ab. Dies führt zu einer Verbesserung der Qualität und Verarbeitungseigenschaften. Sumpfkalk wird hauptsächlich für hochwertige Kalkputze, Kalkmörtel und Kalkfarben, aber auch für Hanfkalk verwendet. Er eignet sich besonders gut für Innen- und Außenanstriche. Wird dem Sumpfkalk Kasein (z. B. Quark aus dem Lebensmittelgeschäft) hinzugefügt, erhöht man die Abriebfestigkeit.

Die Porengröße der Luftkalke ähnelt denen der Hanfschäben, weshalb diese gut miteinander harmonieren.

Aufgrund seiner geringen Brenntemperatur und dadurch weniger Grauenergie sowie der hohen Porosität und Elastizität wird er von vielen Hanfkalk-Praktikern als bevorzugtes Bindemittel für Hanfkalk angesehen.

Allerdings härtet er sehr langsam aus, was ihn in der Praxis in Bezug auf Bauverzögerungen einschränkt.

Technische Eigenschaften von Luftkalk:

Rohdichte	$\rho = 300 - 1.000\ kg/m^3$
Wärmeleitfähigkeit	$\lambda = 0{,}6 - 1{,}0\ W/(m \cdot K)$

Hydraulische Kalke (HL, NHL)

Im Gegensatz zu Luftkalken werden für hydraulische Kalke mergelige Kalkgesteine gebrannt. Beinhalten die abgebauten Kalke bereits die gewünschte Menge an Tonmineralien, spricht man von natürlich hydrau-

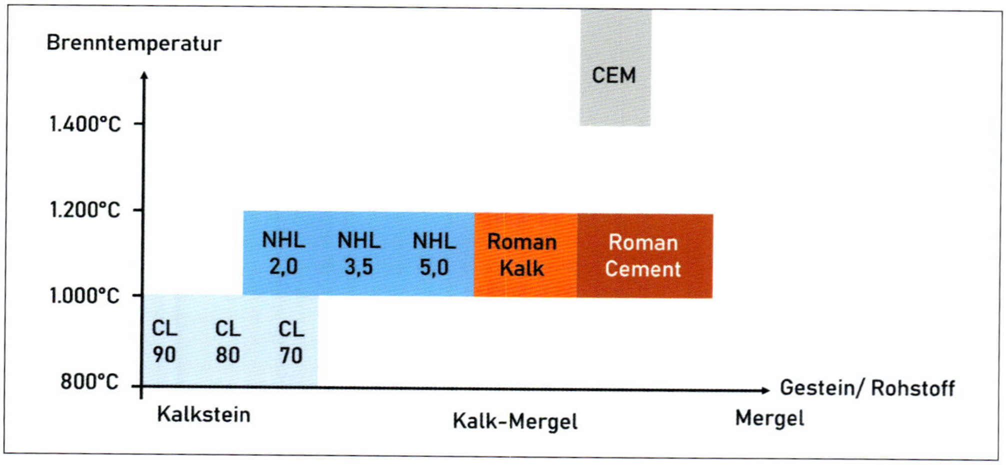

Abb. 167: Einstufung veschiedener Kalke nach Brenntemperatur und Rohstoffzusammensetzung. Reine Kalke ergeben Luftkalke (CL 90–70), tonhaltige Kalke führen bei höheren Temperaturen zu natürlichen hydraulischen Kalken (NHL 2, 3,5, 5). Noch tonreichere Gesteine liefern Roman Cement, während künstlich zusammengesetztes Rohmehl (Mischzement) bei rund 1400 °C zu Portlandzementen (CEM) mit alitdominierter Hydratation führt. Mit steigendem Tonanteil und höheren Temperaturen verschiebt sich das Bindemittel von Luftkalk über hydraulische Kalke zu Natur- und Portlandzement. [Höpfer, 2019]

lischem Kalk (engl. Natural hydraulic lime, NHL). Wird vor dem Brennvorgang der Kalk mit den Tonmineralien nach einem Rezept künstlich vermischt, spricht man nur von Hydraulischem Kalk (engl. Hydraulic lime, HL).

Hydraulische Kalke enthalten nach Brennung neben Calciumoxid (CaO) verschiedene Anteile von Silizium- (Si_2O), Aluminium- (Al_2O_3), Eisenoxiden (Fe_2O_3) und weitere. Aus diesen Komponenten bilden sich während des Brennprozesses hydraulische Bestandteile, die eine Erhärtung (Hydratation, schneller als Karbonatisierung) durch Reaktion mit Wasser ermöglichen. Für die Hydratation wird keine Luft benötigt, weshalb diese sogar unter Wasser stattfinden kann. Diese Eigenschaft machte hydraulische Kalke seit jeher unverzichtbar für den Bau von Häfen, Kanalisationen und anderen Wasserbauprojekten.

Natürliche hydraulische Kalke entwickeln verschiedene Festigkeiten, die nach DIN EN 459 in drei Klassen abgestuft werden. Die Zahlen geben Auskunft über die Druckfestigkeit des hydraulischen Kalkes.

NHL2 (schwach hydraulischer Kalk)
- Brenntemperatur ca. 900-1.000°C
- Enthält 5-10 % hydraulische Komponenten, ansonsten vor allem Calciumhydroxid $Ca(OH)_2$ und Magnesiumhydroxid $Mg(OH)_2$
- Härtet überwiegend durch Karbonatisierung, teilweise aber auch hydraulisch
- Gute CO_2-Aufnahme durch hohen Anteil von nicht-hydraulischen Komponenten
- Eignet sich für Anwendungen, die eine moderate Festigkeit erfordern, aber eine hohe Dampfdurchlässigkeit benötigen
- „weicher" Kalk
- Druckfestigkeit zwischen 2 und 7 MPa (DIN EN 459-1)

NHL3,5 (moderat hydraulischer Kalk)
- Brenntemperatur ca. 1.000-1.100°C
- Weist 20-25 % hydraulische Komponenten auf
- Härtet durch eine Mischung aus Karbonatisierung und hydraulischer Erhärtung
- Mäßige CO_2-Aufnahme, beschränkt auf den nicht-hydraulischen Anteil bei Karbonatisierung von Calciumhydroxid $Ca(OH)_2$, und Magnesiumhydroxid $Mg(OH)_2$
- Bietet ein ausgewogenes Verhältnis zwischen Festigkeit und Dampfdurchlässigkeit
- Druckfestigkeit zwischen 3,5 und 10 MPa (EN 459-1)

NHL5 (eminent hydraulischer Kalk)
- Brenntemperatur ca. 1.100-1.200°C
- Enthält den höchsten Anteil an hydraulischen Komponenten unter den NHL-Kalken
- Härtet vorwiegend hydraulisch aus
- Geringe CO_2-Aufnahme, beschränkt auf den geringen nicht-hydraulischen Anteil
- Bietet eine höhere Festigkeit bei geringerer Dampfdurchlässigkeit
- Eignet sich für Anwendungen, die eine höhere Belastbarkeit erfordern
- Druckfestigkeit zwischen 5 und 15 MPa (EN 459-1)[19]

Naturzemente wie Romanzement
- Brenntemperatur ca. 900–1100 °C
- Enthält 45-50 % hydraulische Komponenten
- Härtet fast ausschließlich hydraulisch aus
- Sehr wenig CO_2-Aufnahme, beschränkt auf den sehr geringen nicht-hydraulischen Anteil
- Bietet eine schnelle Aushärtung und hohe Festigkeit bei geringer Dampfdurchlässigkeit
- Eignet sich für spezielle Anwendungen wie schnelle Reparaturen besonders bei historischen Sanierungsprojekten mit hohen Festigkeitsanforderungen

Abb. 168: Kalksäcke auf einer Hanfkalk-Baustelle (hier NHL3,5) [Henrik Pauly]

Abb. 169: Romanzement auf einer Hanfkalk-Baustelle als Zusatz zu Weißkalkhydrat [Lara Krause]

19 NHL 5 hat zwar den höchsten Anteil an hydraulischen Komponenten unter den NHLs, aber es gibt keinen festgelegten Prozentsatz. Der Anteil kann variieren, solange die erforderliche Druckfestigkeit erreicht wird. Die Klassifizierung basiert auf der Mindestdruckfestigkeit nach 28 Tagen, nicht auf einem festen Prozentsatz der hydraulischen Komponenten

Portlandzement (CEM I nach EN 197-1)

- Brenntemperatur ca. 1.400-1.500°C
- Enthält den höchsten Anteil an hydraulischen Komponenten unter den obigen mineralischen Bindemitteln, besonders sogenannte „Zementklinker“
- Härtet ausschließlich hydraulisch aus
- Bietet sehr hohe Festigkeit bei geringer Dampfdurchlässigkeit
- Eignet sich für Anwendungen, die hohe Belastbarkeit und schnelle Festigkeitsentwicklung erfordern

Portlandzement ist die industrialisierte Weiterentwicklung hydraulischer Bindemittel mit deutlich höheren Brenntemperaturen und einem alitdominierten Klinker, während Romanzement (Natural cement) durch einfaches Brennen natürlich toniger Kalksteine bei niedrigeren Temperaturen entsteht und belit- sowie aluminatreich ist. (Stark & Wicht, 2000; Stafford Holmes, 2014; Copsey, 2019).

Zusammensetzung und Herstellung
Portlandzement entsteht aus einem gezielt eingestellten Rohmehl aus Kalkstein und Ton, gebrannt bei etwa 1400–1500 °C zu Klinker, anschließend mit Gips fein vermahlen, um das Erstarren zu steuern. Der Klinker enthält typischerweise C3S ~40–80 %, C2S ~2–30 % sowie Aluminate und Ferrite. (Stark & Wicht, 2000).

Romanzement wird dagegen ohne Rohmehlmischung und ohne Zumahlstoffe aus natürlich mergelhaltigen Kalksteinen bei ≈ 900–1100 °C gebrannt und nur gemahlen. Durch die niedriger gehaltene Brennführung bildet sich kein Alit (C3S), sondern überwiegend Belit (C2S) und reaktionsfähige Aluminate, was die rasche Erhärtung erklärt. (Stafford Holmes, 2014; Stark & Wicht, 2000).

Hydratation und Eigenschaften.
Portlandzement erhärtet schnell und dicht durch die Alit-Hydratation, die die Früh- und Endfestigkeit dominiert, bei hoher Hydratationswärme; er ist daher für Stahlbeton optimiert, aber für weiche, diffusionsoffene Mauerwerke oft zu starr und zu dicht. (Stark & Wicht, 2000; Brocklebank, 2006).

Romanzement bindet sehr schnell ab, zeigt anfänglich hohe Festigkeit bei geringeren Brenntemperaturen, wurde historisch im Wasserbau, für Außenputze und Formteile genutzt, jedoch selten als Regel-Mauerwerksmörtel. (Copsey, 2019).

Variabilität und Normkontext.
Portlandzemente sind als CEM nach EN 197-1 streng normiert, Zusammensetzung und Leistungsklassen sind eng geführt. (Stark & Wicht, 2000).

Romanzemente liegen außerhalb von EN 197-1, ihre Eigenschaften variieren lagerstättenbedingt; heutige Produkte werden national geregelt, teils herstellerspezifisch, und schließen an die historische Romanzement-Tradition an. (Stafford Holmes, 2014; Copsey, 2019).

Ökologischer Fußabdruck von Kalk
Grundsatz. Kalkstein muss für die Entsäuerung auf ≥ 900 °C erhitzt werden. Der beim Brand frei gesetzte Kohlenstoff wird bei der Karbonatisierung teilweise wieder gebunden. Je weniger Bindemittel bei gleicher Funktion, je kürzer die Transportwege und je effizienter der Ofen, desto geringer die Umweltlast. (Stafford Holmes, 2014).

Hebel in der Praxis.

- Regionale Produktion und kleinere, effizient betriebene Öfen können Transport und Energieverluste senken, zugleich lokale Wertschöpfung und Handwerk stärken. (Stafford Holmes, 2014).
- Puzzolane verschieben Kalksysteme hydraulisch nach rechts, reduzieren freien Kalkanteil in der Matrix, können also den erforderlichen Kalkanteil senken, ohne Dichtigkeit und Festigkeit zu verlieren. (Brocklebank, 2006).

Schonende Nachbehandlung steigert die Ausnutzung des eingesetzten Kalks: Intermittierende Befeuchtung fördert Dichte und Festigkeit von Luftkalkmörteln deutlich. (Burchartz, 1908).

Auch der Einsatz von geringer gebranntem Luftkalk in Kombination mit Puzzolanen, Geopolymeren (siehe Kapitel 20.2) oder Eiweiß- und stärkehaltigem Bindemittel sowie Myzel (siehe Kapitel 20.1) reduziert den ökologischen Fußabdruck.

Die Verwendung von Kalk als Bindemittel für Hanfkalk wird häufig kritisiert – vor allem wegen der Klimaauswirkungen durch seinen Abbau und den Brennvorgang.

Kalk ist zwar regenerativ, allerdings nur in einem geohistorischen Kontext, nicht innerhalb weniger Generationen. Daher muss mit Kalk als Ressource sorgsam umgegangen werden, auch wenn es großflächig vorhanden ist. Allerdings eignen sich nicht alle kalkreichen Gegenden zum Abbau, nicht zuletzt durch die erheblichen Eingriffe in die Natur. In Deutschland und Europa arbeiten Kalkwerke dank gesetzlicher Vorschriften schonend und renaturieren ihre Abbauflächen im Nachgang. Gleichzeitig kann argumentiert werden, dass auch der Abbau von Gestein für Portlandzement reduziert werden müsste. In Italien gibt es ein Projekt das aus Muschelkalk von Fischrestaurants entlang der Küste Putze herstellt. Dies ist ein innovativer Ansatz für die Ressourcenschonung und die Reduzierung von Grauenergie für Kalkprodukte.

Zement und hydraulische Kalke in Hanfkalk
Die Beigabe von Zement in den Hanfkalk ist unter Hanfbau-Praktikern oft verpönt und wird von den meisten abgelehnt. Dabei kann der Zusatz von Zement zu Hanfkalk sowohl positive als auch negative Auswirkungen haben, ähnlich wie bei Kalkmörtel. Im Folgenden werden die spezifischen Auswirkungen des Zementzusatzes zu Hanfkalk beleuchtet und mit den Erfahrungen aus der Verwendung von Luftkalk und hydraulischen Kalken verglichen.

Verbesserte Erstarrungszeit
Ein Vorteil des Zusatzes von Zement zu Hanfkalk ist die verbesserte Zeit bis zur Erstarrung. Zement beschleunigt den Aushärtungsprozess, was die Bauzeit verkürzt und ermöglicht, dass Bauarbeiten schneller abgeschlossen werden können. Dies ist besonders vorteilhaft bei der Herstellung von Hanfkalk in situ oder bei der Vorfertigung von Hanfkalkbauteilen.

Gefährdung der Langzeitbeständigkeit
Ähnlich wie bei Kalkmörtel kann der Zusatz von Zement zu Hanfkalk die Langzeitbeständigkeit des Materials beeinträchtigen. Hanfkalkmischungen mit hohem Zementanteil neigen dazu, spröder zu sein und ihre Fähigkeit zur Feuchtigkeitsregulierung zu verlieren, was zu Rissen und Schäden über die Zeit führen kann. Die langfristige Haltbarkeit, die durch die natürliche Karbonatisierung von Kalk gewährleistet wird, wird durch den Zementzusatz verringert.

Verringerte Dampfdurchlässigkeit
Der Zusatz von Zement zu Hanfkalk verringert die Dampfdurchlässigkeit des Materials. Hanfkalk ist für seine Fähigkeit bekannt, Feuchtigkeit zu absorbieren und wieder abzugeben, was zur Regulierung des Raumklimas beiträgt. Zement beeinträchtigt diese Eigenschaft.

Geringere Karbonatisierung
Ein wesentlicher Nachteil des Zementzusatzes zu Hanfkalk ist die geringere Karbonatisierung des Materials. Hanfkalk nimmt normalerweise CO_2 aus der Luft auf und wandelt sich dabei in Calciumcarbonat um, was zur Festigkeit und Stabilität des Materials beiträgt. Der Zementzusatz reduziert diese Fähigkeit erheblich, was zu einer geringeren CO_2-Absoption (Karbonatisieurng) und somit zu einer verminderten ökologischen Nachhaltigkeit führt.

Schwächere Mischungen bei weniger als 50 % Kalkanteil
Mischungen mit einem Kalkanteil von weniger als 50 % werden manchmal mit Zement ausgeführt und führen dennoch insgesamt zu einem schwächeren Hanfkalk, der anfälliger für Witterungseinflüsse ist. Diese Mischungen bieten nicht die gleiche Elastizität und Atmungsaktivität wie reiner Hanfkalk, was zu einer erhöhten Anfälligkeit für Schäden durch Frost und Feuchtigkeit führt.

Höhere Druckfestigkeit
Höhere Leitfähigkeit
Die verringerte Porosität durch den Zementzusatz führt auch zu einer erhöhten Wärmeleitfähigkeit des Hanfkalks.

Verlängerte tatsächliche Trocknungszeit
Obwohl Zement die Erstarrungszeit verkürzt, kann er die tatsächliche Trocknungszeit des Hanfkalks verlängern. Dies liegt daran, dass die dichtere Struktur die Verdunstung von Wasser verlangsamt. Dies kann zu länger anhaltender Feuchtigkeit im Material führen, was potenziell zu Problemen wie Schimmelbildung und anderen Feuchtigkeitsschäden führen kann.

Zusammenfassung
Der Zusatz von Zement zu Hanfkalk bringt sowohl Vorteile als auch Nachteile mit sich. Während die schnelle Erstarrung und erhöhte mechanische Festigkeit in einigen Bauprojekten von Vorteil sein können, müssen die langfristigen Auswirkungen auf die Haltbarkeit, Dampfdurchlässigkeit, Porosität und ökologische Nachhaltigkeit sorgfältig abgewogen werden. Die Erfahrungen aus der Verwendung von Kalkmörtel zeigen, dass eine Balance zwischen den gewünschten Eigenschaften und den langfristigen Auswirkungen gefunden werden muss. Bei Hanfkalk ist es besonders wichtig, die natürlichen Vorteile des Materials zu bewahren, um die Vorteile in Bezug auf Feuchtigkeitsregulierung, ökologische Nachhaltigkeit und Raumklima nicht zu verlieren.

Zusammenfassung Kalk und Eigenschaften

- Die Herstellung von Kalk erfolgt durch das Brennen von Kalkstein oder mergelhaltigen Kalkstein bei Temperaturen zwischen 840°C und 1200°C, abhängig von der gewünschten Kalkart. Der Brennprozess, das anschließende Löschen (bei Luftkalk) und Mahlen bestimmen die endgültigen Eigenschaften des Produkts.
- Die Aushärtungsprozesse unterscheiden sich je nach Kalkart. Während Luftkalk ausschließlich durch Karbonatisierung aushärtet, kombinieren hydraulische Kalke diesen Prozess mit einer hydraulischen Erhärtung, bei der Wasser zur Bildung von Calciumsilikaten, -aluminaten und -ferriten führt.
- Die Eigenschaften der verschiedenen Kalkarten bestimmen ihre Anwendungsbereiche. Luftkalk eignet sich besonders für atmungsaktive Putze und Mörtel, während hydraulische Kalke in feuchteren Umgebungen und für stabilere Konstruktionen eingesetzt werden. Romanzement findet Anwendung bei schnell aushärtenden Projekten und Reparaturen.
- In Bezug auf Umweltaspekte bietet Kalk Vorteile gegenüber Portlandzement. Die CO_2-Emissionen bei der Herstellung sind deutlich geringer, und karbonatisierende Kalke nehmen während der Aushärtung CO_2 auf. Es besteht zudem Potenzial zur weiteren Emissionsreduktion durch lokale Produktion und die Verwendung von Biomasse als Brennstoff.
- Luftkalk unterscheidet sich optisch von hydraulischem Kalken aufgrund der Farbe.

Bindemittel	Luftkalk	Hydr. Kalk	Romanzement	Portlandzement	Metakaolin
Festigkeit	niedrig	mittel	hoch	hoch	-
Porengröße [µm]	0,5 – 1,0	0,1 – 1,0	0,5 – 1,0	> 0,05	
Porenanteil [%]	40	25	40	10	-
Schüttdichte [kg/m³]	500	550	900	1.000	440
Reindichte [kg/m³]	2.200	2.400	-	3.100	2.580
Wärmeleitfähigkeit [W/(m·K)]	0,65	0,3 – 1,0	-	2	-
CO2-Ausstoß [kg/t]	650	710	693	866	96
Preis [€/25kg]	8	14	35	4	8

Zusammenfassende Parameter der Bindemittel nach Roman Schulz

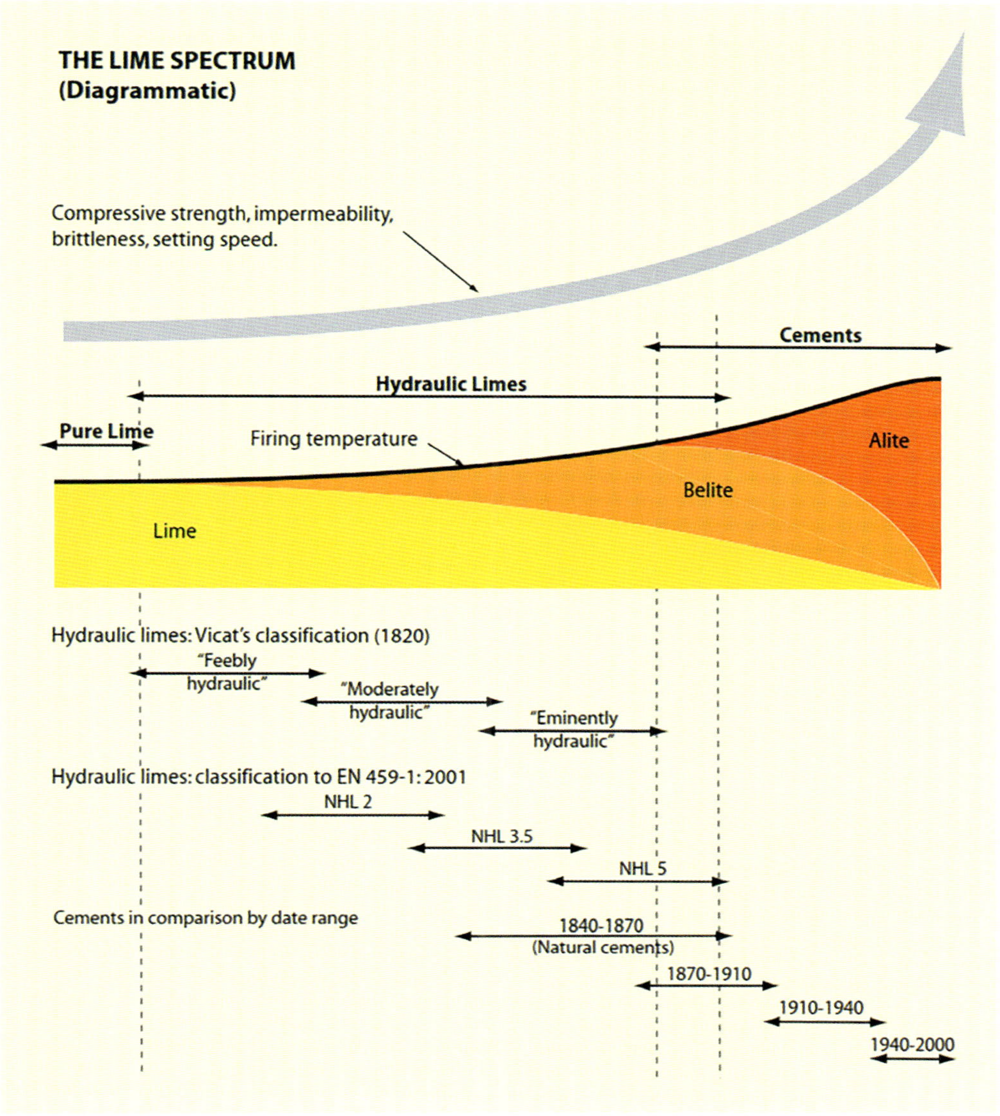

Abb. 170: Kalkspektrum von Luftkalk über hydraulische Kalke bis zu Zementen. Mit steigender Brenntemperatur und zunehmendem Silikatanteil verändern sich die Bindemittel: Druckfestigkeit, Wasserundurchlässigkeit, Sprödigkeit und Abbindegeschwindigkeit nehmen zu. Belit ($2CaO{\cdot}SiO_2$) härtet langsam und steigert die Festigkeit über Zeit, Alit ($3CaO{\cdot}SiO_2$) reagiert schneller, liefert Frühfestigkeit und höhere Hydratationswärme. Historische Skalen nach Vicat (1820) sowie heutige EN-459-Klassifikation (NHL 2, NHL 3,5, NHL 5) ordnen die Übergänge ein, eine Zeitachse zeigt die Entwicklung der Zemente seit dem 19. Jahrhundert. [Brocklebank, 2006]

Während Luftkalk aufgrund seines hohen Kalziumkarbonat-Anteils weißer ist, ist hydraulischer Kalk aufgrund der höheren Mergel-Anteile grauer.

- Das Abbinden von Kalk ist ein komplexer Prozess, der sowohl von der Karbonatisierung als auch von der Hydratation abhängt. Diese chemischen Reaktionen sind entscheidend für die Aushärtung und die Festigkeit des Kalkmaterials. Es ist wichtig, diese Prozesse zu verstehen, um die richtige Handhabung und Anwendung von Kalk in verschiedenen Bau- und Restaurierungsprojekten zu gewährleisten. Die Wahl des richtigen Bindemittels hängt von vielen Faktoren ab, darunter die mechanischen Eigenschaften, die Herstellungsmethode und die Umweltbilanz. Während Portlandzement aufgrund seiner hohen Festigkeit und schnellen Erhärtung weit verbreitet ist, bietet gelöschter Kalk Vorteile in Bezug auf Diffusion und CO_2-Aufnahme, was zu einem besseren Innenraumklima beiträgt. Romanzement und Natürlich hydraulische Kalke bieten eine Balance zwischen Festigkeit und Diffusionsfähigkeit und sind besonders für spezielle Anwendungen wie Hanfkalk geeignet.
- Grundsätzlich eignen sich alle Kalke für die Herstellung von Hanfkalk. Je nach Anwendungsfall muss unter den verschiedenen Kalken abgewogen werden.

Charakterisierung natürlicher Kalke						
Typ	**Beispiel**	**Aushärtungsprozess**	**Aushärtegeschwindigkeit**	**strukturelle Integrität**	**Diffusionsoffenheit**	**Druckfestigkeit**
Luftkalk Weißkalk	Sumpfkalk	Carbonisierung	langsam ↕ schnell	weich ↕ hart	höher ↕ niedriger	niedrig ↕ hoch
Natürlich hydraulischer Kalk (NHL)	schwach hydraulisch	hauptsächlich karbonisierung				
	moderat hydraulisch	Mischung aus Karbonisierung und hydraulischem Aushärten				
	besonders hydraulisch	hauptsächlich hydraulisches Aushärten				
	natürliche Zemente, z. B. Prompt Natural Cement	hydraulisches Aushärten				

- Da Luftkalk zum Abbinden das CO_2 aus der Umgebung aufnehmen muss, ist er in Reinform nicht für die Herstellung von Hanfkalk geeignet, da die Luft nicht oder erst nach vielen Jahren in das Innere der Wände vordringt. Deshalb ist Luftkalk nur in Verbindung mit Puzzolanen einzusetzen.
- Luftkalke brauchen sehr lange, um eine ausreichende Festigkeit zu erlangen, was es zu einem unwirtschaftlichen Bindemittel macht. Vorteilhaft ist hingegen die offene Porenstruktur.
- Portlandzement hat eine hohe Festigkeit, dennoch limitiert die hohe Dichtheit des Porengefüges die Verwendung in Kombination mit Pflanzenmaterial. Hinzukommt, dass er bei der Herstellung den größten CO_2-Ausstoß verursacht.
- Natürlich hydraulischer Kalk besitzt eine bessere Frühfestigkeit als Kalk, dennoch erhärtet er recht langsam. Die Porenstruktur ist vergleichbar mit den reinen Kalken, aber dichter.
- Romanzement bringt ein gutes Verhältnis aus Festigkeit und Porosität.
- Puzzolane Additive bringen signifikante Erhöhungen der Festigkeiten, ohne die thermischen Eigenschaften groß zu verändern. Im richtigen Verhältnis und in Kombination mit Kalkhydrat angewandt, sind sie ein guter Bindemittelzusatz für Hanfkalk.

Puzzolane sind Materialien, die in fein gemahlenem Zustand in Gegenwart von Wasser mit Kalziumhydroxid reagieren, um zementartige Verbindungen zu bilden. Diese Reaktion verbessert seit je her die Festigkeit und Haltbarkeit von Beton und Kalk und findet auch im Hanfbau Anwendung.

Die Reaktion von Luftkalk kann z. B. durch folgende puzzolanen Zusätze beeinflusst werden:

Metakaolin (quasi Glaspulver)

- Metakaolin ist ein spezieller Typ von kalzinierter Kaolin-Tonerde. Kaolin, ein natürlich vorkommendes Tonmineral, wird abgebaut und dann durch Kalzinierung bei hohen Temperaturen (600-8000 Grad) behandelt. Während der Kalzinierung verliert Kaolin seine kristalline Struktur und wird zu einem amorphen Material namens Metakaolin umgewandelt.
- Metakaolin reagiert leicht mit Kalziumhydroxid, was zur Bildung zusätzlicher CSH-Phasen (Calcium-Silikat-Hydrate) führt. Dies verbessert die Festigkeit und Dichte vom Bindemittel.

Flugasche:

- Ein Nebenprodukt der Kohleverbrennung in Kraftwerken.
- Verbessert die Verarbeitbarkeit, Festigkeit und Haltbarkeit von Beton.
- Reduziert die Wärmeentwicklung und die Schrumpfung des Betons.

Hüttensand (Hüttensandmehl):
- Ein Nebenprodukt der Eisenherstellung in Hochöfen.
- Wird durch schnelles Abkühlen der geschmolzenen Schlacke gewonnen.
- Verbessert die Festigkeit und Haltbarkeit von Beton.

Silicastaub (Mikrosilica):
- Ein Nebenprodukt der Silizium- und Ferro-Siliziumproduktion.
- Sehr fein und hat eine hohe spezifische Oberfläche.
- Verbessert Dichte, Festigkeit und Beständigkeit gegen chemische Angriffe im Beton.

Natürliche Puzzolane:
- Vulkanische Asche und Bimsstein werden in speziellen Betonanwendungen verwendet.
- Besonders in Gebieten mit natürlichen Vorkommen dieser Materialien.

Vulkanischer Tuff/ Rheinischer Trass:
- Zu Mehl gemahlene magmatische Gesteine

Reisstrohasche:
- In einigen Regionen, besonders in Asien, wird Reisstrohasche als Puzzolan genutzt.
- Verbessert die Festigkeit und Haltbarkeit des Betons.

Calcinierte Schiefer:
- Wird in speziellen Anwendungen verwendet, wo seine Eigenschaften besonders vorteilhaft sind.
- Reagiert gut mit Kalziumhydroxid und verbessert die Festigkeit.

Zeolithe:
- Weniger verbreitet als andere Puzzolane, aber in speziellen Anwendungen genutzt.
- Besonders in ökologisch orientierten Bauprojekten wegen ihrer natürlichen Herkunft.

Natur- und Kunststeinmehle:
- Werden in bestimmten Betonmischungen verwendet, um spezifische Eigenschaften zu erreichen.
- Besonders in dekorativen Betonen und Spezialanwendungen.

Abb. 171: Übersichtskarte Kalkhersteller in Deutschland

Ziegelmehl
- Hersteller für Additive (Zusätze für Weißkalkhydrat) wie z. B. Hempire, Wolf Jordan, Hemp Eco Systems, etc. setzen auf den Einsatz von Puzzolanen.

Lehm

Lehm ist ein hervorragender, vielseitiger Baustoff im Hinblick auf Ökologie, Anwendungsgebiete und Baubiologie. Er ist in vielerlei Hinsicht einzigartig, weshalb er hier nur kurz und vor allem in Bezug auf die Kombination mit Nutzhanf beschrieben wird. Als Bestandteil vieler Böden ist Lehm weltweit reichlich verfügbar. Der Begriff „Lehm“ umfasst verschiedene Mischverhältnisse aus Ton (Korngröße 0,00063 – 0,002 mm),

Abb. 172: Natürliche Lösung zur Abdichtung: Leinenvlies mit Lehmkleister [Henrik Pauly]

Schluff (0,002 – 0,063 mm) und Sand (0,063 – 2,0 mm), die je nach Anwendung variieren.

Durch die Vermischung mit Wasser kann diese „Erde“ in einen Baustoff umgewandelt werden. Die Zusammensetzung von Lehm variiert je nach Herkunft und Verwendungszweck. Ton fungiert als Kleber, der bei Wasserzugabe quillt und bei Trocknung schwindet. Lehm mit hohem Tonanteil, sogenannter „fetter“ Lehm, ist plastischer und formbarer als „magerer“ Lehm, der weniger Ton und mehr Sand enthält. Fetter Lehm schwindet beim Trocknen stark, während magerer Lehm, der zu wenig Ton-Kleber enthält, nach dem Trocknen bröselig werden kann.

Lehmkleber mit hohem Ton-Anteil wird z. B. in Verbindung mit Kalfaterhanf verwendet, um z. B. Fugen an Fenstern winddicht zu machen. Ton kann sogar Keller abdichten und wird im Teichbau verwendet.

Lehm ist für seine Fähigkeit zur Feuchteregulierung bekannt, da er Feuchtigkeit aufnehmen und wieder abgeben kann. Dies trägt zu einem gesunden Raumklima bei und macht ihn zu einem idealen Baustoff in Kombination mit Hanf, der ebenfalls hervorragende baubiologische Eigenschaften aufweist.

Wenn Hanfschäben mit Lehm gemischt werden, spricht man von Hanflehm. Hier ist in der Regel kein oder sehr wenig Sand ent-

Unterschiede zwischen Kalk und Lehm (Qualitative Einschätzung)

	Lehm	Kalk
Wasserlöslichkeit	wasserlöslich	nicht wasserlöslich
Abbindevorgang	trocknet aus durch Verdunstung von Wasser	Härtet aus durch chemische Reaktionen
Kapillaraktivität	hoch	abhängig von Kalkart mittel bis hoch
Verarbeitbarkeit	sehr einfach, für Laien geeignet	komplex, Erfahrungen von Vorteil
Sicherheit	pH-Wert 7 (neutral) Keine persönliche Schutzausrüstung nötig	pH-Wert >12 (alkalisch) Haut und Gesicht müssen geschützt werden!
Schimmelresistenz	schimmelanfällig durch niedrigen pH-Wert	hohe Alkalität sorgt für hohe Schimmelresistenz
Abriebfestigkeit	sehr niedrig	mittel
Witterungsbeständigkeit	niedrig	mittel bis hoch (abhängig von der Sorte)
Ökobilanz	sehr gut, sofern nicht technisch getrocknet	schlecht
Lebensdauer	extrem lang	extrem lang
Gleichgewichtsfeuchte	über 6 %	unter 2 %

halten. **Hanflehm** eignet sich aufgrund seiner thermischen und akustischen Masse besonders gut für Innenwände.

Ein großer Vorteil von Lehm ist zudem die wesentlich einfachere Verarbeitung im Vergleich zu Kalk. Sogar Kinder können bedenkenlos mit Lehm umgehen.

Typische Produkte aus Lehm:

- Stampflehm
- Wellerlehm
- Lehmbauplatten
- Lehmschüttungen
- Hanflehm
- Strohlehm
- Leichtlehm
- Lehmmörte

Gips

Gips (Kalziumsulfat, $Ca(SO_4)$ ist wie Kalk hygroskopisch und kann Wasserdampf gut aufnehmen. Allerdings hält Gips Feuchtigkeit auch gut, er absorbiert sie. Im Gipsputz wird Feuchtigkeit in der Struktur des Gipses eingeschlossen, bis der Sättigungsgrad erreicht ist. Danach bricht die Struktur des Gipses zusammen und er fällt von der Wand. Diese Eigenschaft macht Gips ungeeignet für die Kombination mit Hanfschäben in Hanfkalk, da die Hanfschäben ebenfalls hygroskopisch sind und bei Feuchtigkeitsüberschuss ihre Festigkeit verlieren können.

Aus diesem Grund waren Gipsputze, die in der Regel zusammen mit nicht dampfdurchlässigen Anstrichen verwendet wurden, fatal für den Ersatz von Kalkputzen in älteren Gebäuden. Wie Zement trug der Einsatz von Gips bei der Sanierung im Altbestand dazu bei, dass langfristig mehr Schaden angerichtet wurde als ursprünglich repariert werden sollte. Gips, der in der Abgasreinigung von Kohlekraftwerken entsteht, wäre bei einer Reduktion oder Abschaffung von Kohlekraftwerken ebenfalls weniger verfügbar, was die Abhängigkeit von alternativen Materialien wie Kalk noch verstärken würde.

Eiweiß und Stärke als Hanfkalkbindemittel

Die Erforschung historischer Bautechniken hat bisher faszinierende Erkenntnisse über die Verwendung organischer Zusätze in Mörteln und Bindemitteln zutage gefördert. Ein besonders interessantes Beispiel ist der Mörtel der Chinesischen Mauer, bei dem Klebreis als Zuschlagsstoff verwendet wurde (Yang et al., 2020). Das im Klebreis enthaltene Amylopectin, ein verzweigtes Polysaccharid, beeinflusst die Kristallstruktur des Kalks signifikant. Dies führt zur Bildung eines stärkeren und widerstandsfähigeren Mörtels, der über Jahrhunderte hinweg Bestand hatte (Zeng et al., 2008).

Diese Entdeckung unterstreicht die Bedeutung traditioneller Handwerkstechniken für moderne Bauanwendungen und hat das Interesse an der Verwendung von Stärke und Proteinen in Kalkbindemitteln neu entfacht. In Experimenten mit Kartoffelstärke wurden ähnliche festigkeitssteigernde Effekte beobachtet (Izaguirre et al., 2011). Dabei zeigte sich, dass die optimale Dosierung und die Art des verwendeten Kalks entscheidende Faktoren für den Erfolg sind. Die Wechselwirkungen zwischen den Stärkemolekülen und den Calciumionen des Kalks führen zu einer Modifikation der Kristallbildung und können die mechanischen Eigenschaften des ausgehärteten Materials verbessern (Ventolà et al., 2011).

Neben Stärke haben sich auch andere natürliche Zusätze als vielversprechend erwiesen. Quark, der das Protein Kasein enthält, kann beispielsweise die Bindungseigenschaften und Wasserbeständigkeit von Kalkmörteln erhöhen (Čechová et al., 2010). Kasein bildet mit Calciumionen stabile Komplexe und kann als natürliches Bindemittel fungieren, was zu einer dichteren und widerstandsfähigeren Mörtelstruktur führt.

Auch die Verwendung von Heringswasser in traditionellen skandinavischen Bautechniken wurde dokumentiert (Válek et al., 2014). Die im Fischwasser enthaltenen Proteine und Mineralien können die Karbonatisierung des Kalks unterstützen und zu einer verbesserten Langzeitstabilität beitragen.

Diese Erkenntnisse eröffnen neue Möglichkeiten für die Entwicklung innovativer Hanfkalkbindemittel. Durch die gezielte Zugabe von Eiweiß- und Stärkekomponenten könnte die Festigkeit und Beständigkeit von Hanfkalk möglicherweise weiter verbessert werden, ohne die vorteilhaften atmungsaktiven Eigenschaften zu beeinträchtigen (Walker et al., 2014). Die Herausforderung besteht darin, das richtige Gleichgewicht zwischen den verschiedenen Komponenten zu finden, um optimale mechanische Eigenschaften bei gleichzeitiger Beibehaltung der ökologischen Vorteile von Hanfkalk zu erzielen.

Weitere Forschung in diesem Bereich könnte zu bahnbrechenden Entwicklungen in der Formulierung von Hanfkalkbindemitteln führen. Die Integration dieser natürlichen, biobasierten Zusätze hat das Potenzial, nicht nur die Leistungsfähigkeit von Hanfkalk zu steigern, sondern auch dessen Nachhaltigkeit weiter zu verbessern (Arizzi et al., 2015).

Effektive Mikroorganismen

Eine Hanfkalk-Mischung mit möglichst reinem Weißkalkhydrat (CL90) und effektiven Mikroorganismen beruht auf dem Ansatz, dass der Luftkalk das zum Abbinden nötige CO_2 aus der Ausscheidung der Mikroorganismen bezieht. Somit ist der Kalk nicht auf zusätzliches CO_2 aus der Umgebung angewiesen und kann kontrolliert aushärten. Darüber hinaus gibt es Hinweise darauf, dass effektive Mikroorganismen Schimmelpilze unterdrücken können und somit die Gefahr von Schimmel während des Aushärtens von Hanfkalk reduzieren (Vasiliauskienė, 2023), (Obuka, 2021).

Hersteller wie TecnoCanapa setzen mit ihrem Produkt „Additivo Probiotico“ auf diese Technologie und haben sich ihre Hanfkalk-Rezeptur patentieren lassen.

Abb. 173: Das Bild zeigt das gelblich gefärbte Anmachwasser für Hanfkalk von TecnoCanapa. Die Farbe und der süß-säuerliche Geruch entstehen durch zugesetzte Effektive Mikroorganismen (EMs), die die Fermentation unterstützen und die mikrobiellen Eigenschaften des Baustoffs beeinflussen können. [Felix Drewes]

Myzel als Bindemittel („Hanfpilz-Steine“)

Siehe Kapitel 20.1.

13.5 Schäben für Hanfkalk

Der Kauf von Schäben aus Tierpflegeläden wird nicht empfohlen, da die Qualität schwanken kann und die Preise oft zu hoch sind. Es ist wichtig, auf bauqualitative Standards zu achten.

Die Qualität von Hanfschäben spielt eine entscheidende Rolle für ihre Verwendung im Bauwesen, insbesondere für Hanfkalk. Da es sich um ein Naturprodukt handelt, das jedes Jahr auf dem Acker angebaut wird, wird die Qualität der Hanfschäben durch die Hanfsorte, Witterung, Erntetechnik, und Erfahrung der Landwirte beeinflusst. Deshalb gibt es auf dem Markt eine große Varianz in der Qualität der Schäben. Die verarbeitenden Betriebe kommen deshalb nicht drumherum, sich auf die Varianz der Schäbenqualität einzustellen und die Arbeitsweisen und Rezepturen mit der vorhandenen Qualität der Schäben abzustimmen.

Die Porenstruktur der Hanfschäben ist durchzogen von länglichen, miteinander verbundenen Poren, die sich längs zum Stängel der Pflanze erstrecken. Der Durchmesser dieser Poren liegt bei etwa 10 bis 50 µm, wobei ihre Länge durchschnittlich 80 µm beträgt. Diese Porenstruktur war ursprünglich für den Flüssigkeitstransport innerhalb der lebenden Pflanze zuständig und sorgt dafür, dass die Schäben eine hohe intra-granulare Porosität und Wasseraufnahmekapazität aufweisen (Schulz, 2019)

Europäischer Standard

In Europa werden nach dem französischen Vorbild von Construire en Chanvre trockene, weiße und staubfreie Schäben mit einer Korngröße von 10-25 mm bevorzugt. Diese Standardisierung entstand aufgrund industrieller Anwendungen wie Hanfkalk-Sprühen und Hanfsteinproduktion. Zu große Hanfschäben können diese Prozesse behindern.

Alternative Ansätze

In Nepal werden auch gröbere Schäben, teilweise mit Fasern oder sogar ganze Stängel, in Hanfkalk oder Hanflehm verwendet. Dies erhöht die Erdbebensicherheit und verringert den Schwund beim Aushärten/Trocknen durch verstärkte Armierung. Während die Industrie kleinere Korngrößen für maschinelle Verarbeitung bevorzugt, können in der von Hand gestampften Bauweise auch größere Schäben oder Stängel vorteilhaft sein.

Außerdem sollte auf folgende Dinge geachtet werden:

Staubanteil: Ein Staubanteil von über 2 % ist unbedingt zu vermeiden, weil das die strukturelle Integrität des Hanfkalks gefährdet (Beispiel im Kapitel „Was alles schief gehen kann" siehe 17.15). Ein zu hoher Staubanteil kann ganze Wände zum Einsturz bringen.

Faseranteil: Hanfschäben für Hanfkalk und Hanflehm dürfen nur eine geringe Menge an Fasern enthalten. Der Anteil muss gering sein, weil sich erstens die Fasern sonst in den Mischgeräten festsetzen und das Mischen erschweren. Zweitens steigt der Bindemittelverbrauch, weil bei vielen Fasern eine größere Oberfläche entsteht, an der das Bindemittel haften bleibt.

Röstegrad: Der Röstegrad (siehe Kapitel 10) beeinflusst die Verarbeitbarkeit des Materials. Zu wenig Röste kann die Reaktion mit dem Bindemittel aufgrund verschiedener Stoffe (siehe rechts) negativ beeinflussen. Die Röste schafft prinzipiell mehr Poren an der Oberfläche, welche dem Kalk als Kontaktfläche dienen. Zuviel Röste jedoch macht die Schäben brüchig.

Feuchtegrad: Schäben sollten trocken sein, um überschüssiges Wasser im Mischprozess zu vermeiden. Wenn die Schäben Anzeichen von Verrottung zeigen (z. B. Schwarzfärbung), sollten diese Teile entfernt werden, bevor sie dem Mischprozess hinzugefügt werden.

Die allgemeinen Anforderungen an Hanfschäben für Hanfkalk nach Construire en Chanvre sind in der Tabelle hier aufgeführt.

Schäbengröße

Für Orthanf wird eine Korngröße zwischen 8 und 63 mm mit gleichmäßiger Kornabstufung empfohlen. Im internationalen Hanfbau ist allgemein anerkannt, dass Schäben dieser Größe eine gute Schäben-Matrix im Hanfkalk bilden, was die Dämmwirkung und Stabilität unterstützt.

Die Größe und die Kornabstufung werden von der Anwendung und der Baumethode vorgegeben. Wird der Hanfkalk gesprüht, können hier zum Beispiel strenge Vorgaben an die Größe der Schäben gestellt werden, damit es zu weniger Verstopfungen in der Maschine kommt.

Für Putze oder feingliedrige Formen eignen sich sehr feine Schäben besser als grobe. Bei dünnen Bauteilen und für die Herstellung von Lehmbauplatten eignen sich feine und mittelgroße Hanfschäben gut. Grobe Schäben hingegen werden häufig in dicken Wänden eingesetzt, die von Hand gestampft werden. Der Hanfbau-Unternehmer Dhriraj von SHA Hemp Inno Ventures berichtet, dass sie in Nepal durchaus grobe Hanfschäben und sogar ganze Stängel von bis zu 10 cm verbauen. Die dadurch gewonnene Armierung hilft Schwund und Rissbildung bei der Aushärtung/Trocknung vorzubeugen, besonders bei der Anwendung mit Lehm. Die gröberen Schäben benötigen auch weniger Bindemittel.

Röstegrad

Der **Röstegrad** der Hanfschäben hat einen bedeutenden Einfluss auf ihre Reaktion mit Kalk sowie auf die Porenmatrix der Schäbe. Stärker geröstete Schäben vergrößern die Poren und schaffen Platz für das Bindemittel zum „Reinkrallen".

Entgegen früherer Annahmen zeigen neuere Studien, dass stärker geröstete Schäben

Abb. 174: Das Bild zeigt eine Handvoll besonders feiner Hanfschäben, wie sie in Rumänien für den Einsatz in Hanfkalk verwendet werden. Die feine Körnung sorgt für gute Verarbeitbarkeit und eine homogene Mischung mit dem Bindemittel. [Hanfingenieur]

Parameter	Anforderung
Materialmenge aus der Hanfpflanze	100 % der Rohstoffe müssen aus Hanf sein.
Schüttdichte der Hanfschäben	maximale jährliche Schwankung +/– 15 %
Korngrößenverteilung	Überwachung der Korngrößenverteilung und Stabilität der Korngrößenverteilung. 95 % der Partikel haben eine Länge von weniger als $L_{d,max}$ +/– 10 %
Feuchtigkeitsgehalt der Hanfschäben	< 19 %
Staubgehalt	< 2 % beim Durchgang durch ein 0,25 mm Sieb
Färbung	Anteil der nicht konformen Partikel < 5 %

Abb. 178: Das Bild zeigt die typische Korngrößenverteilung von Hanfschäben, wie sie im Hanfkalk verwendet werden. Die Partikel reichen von wenigen Millimetern bis über 6 cm Länge. Eine ausgewogene Sieblinie ist entscheidend für die Verarbeitbarkeit, die Verdichtung und die bauphysikalischen Eigenschaften des Hanfkalks. [Felix Drewes Hanfingenieur]

Länge der Hanfschäben						
Staub	ultrafein	sehr fein	fein	mittelgroß	grob	sehr grob
< 2 mm	2 – 4 mm	4 – 8 mm	8 – 16 mm	16 – 32 mm	32 – 63 mm	> 63 mm

Klassifizierung der Korngrößen von Hanfschäben. [Henrik Pauly]

Wie fein soll's sein?

Je feiner die Hanfschäben sind, desto größer ist ihre spezifische Oberfläche und desto mehr Bindemittel wird benötigt, um Hanfkalk herzustellen.

Abb. 175: Vergleich zwischen konformen (Nr. 1 und 3) und nicht konformen (Nr. 2 und 4) Hanfschäben gemäß den Qualitätsstandards von Construire en Chanvre. Bewertet werden unter anderem helle Färbung, gleichmäßige Partikelgröße, geringer Faseranteil und saubere Trocknung. Diese Kriterien wurden primär für industrielle Anwendungen wie Sprühverfahren und Hanfstein-Produktion entwickelt (siehe Abschnitt „Schäbengröße"). [Construire en Chanvre / Referenz zum Gütesiegel „Bauhanf"]

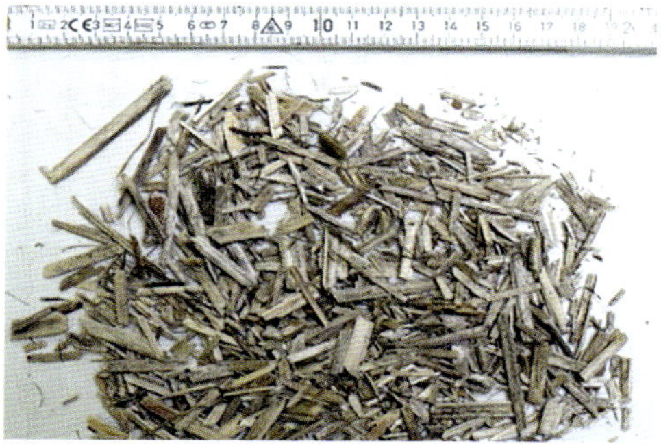

Abb. 176: Grobe Hanfschäben der Hanffaser Uckermark mit Längen zwischen etwa 1 und 4 cm. Die Farbvariation resultiert aus unterschiedlichen Röstegraden und anhaftenden Bastfaserresten (siehe Abschnitt „Röstegrad"). Trotz Abweichung von den in Abb. 178 gezeigten Industriestandards eignen sich Schäben dieser Art für handgestampften Orthanf (in-situ), wo die gröbere Struktur und der Faseranteil als Armierung wirken – vorausgesetzt, ein geeigneter Mischer ist vorhanden (siehe Abschnitt 13.5 „Alternative Ansätze"). [Schulz (2019)]

Abb. 177: Das Bild zeigt die ungebundene Schäbenstruktur, wie sie zur Herstellung von Hanfkalk verwendet wird. Die Mischung aus unterschiedlich langen Hanfstücken bildet nach dem Anmischen mit Kalk eine offenporige, dämmende und kapillaraktive Matrix – Grundlage für diffusionsoffenes Bauen mit pflanzlichen Rohstoffen. [Felix Drewes Hanfingenieur]

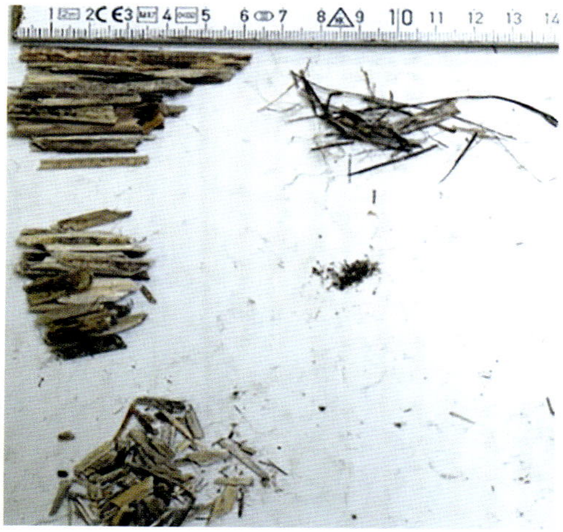

Abb. 179: Das Bild zeigt eine sortierte Analyse von Hanfschäben mit erkennbaren Störstoffen: Oben rechts liegen lange Fasern und Fremdmaterialien, in der Mitte Erd- und Staubanteile, unten links Bruchstücke und zu kurze Partikel. Solche Beimengungen beeinträchtigen die Qualität und Homogenität von Hanfkalkmischungen. [Schulz (2019)]

dem Kalk helfen, schneller abzubinden (Karbonatisierung/Hydratation) (Wang, 2021). Dies steht im Gegensatz zu ungerösteten oder helleren Schäben, die einen höheren Gehalt an Lignin und Pektin aufweisen und als Abbindeverzögerer wirken (Amziane, 2017). Mehr zum Röstegrad in Kapitel Röste von Hanfstroh.

Es ist allgemein bekannt, dass Zuckerstoffe (Saccharide) die Abbindezeit von Zement verzögern können (Wang, 2019). Hanfauswaschungen sind reich an einigen monomeren Zuckern (z. B. Galaktose, Glukose, Fruktose), die diesen Effekt verstärken können. Ein geringerer Röstegrad von Schäben verzögert die Abbindezeit von Kalk, da lösliche Bestandteile (z. B. organische Säuren, Einfachzucker, Proteine) vorhanden sind, die die Hydratations- und Karbonatisierungsreaktionen stören (Wang, 2021).

Um diese Effekte zu minimieren, werden verschiedene Strategien angewandt:

- Vorbehandlung der Hanfschäben durch Waschen oder chemische Modifikation, um lösliche Substanzen zu entfernen.
- Entwicklung spezieller Bindemittelmischungen, die resistenter gegen Verzögerungseffekte sind.
- Einsatz von Beschleunigern oder Verwendung von Bindemitteln mit hohem Calciumgehalt (Prétenot et al., 2018).

Wie der unterschiedliche Röstgrad in einer Hanfkalkwand sichtbar wird, zeigt die Abbildung unten eindrucksvoll. Kalk- und Wasseranteil sind immer gleichbleibend. Die unterschiedliche Färbung kommt von den verschiedenen Röstgraden, die von Sack zu Sack variieren. Mit diesen Farbunterschieden muss immer gerechnet werden.

Chemie der Schäben in Reaktion mit Kalk:

Die molekulare Zusammensetzung der Hanfschäben spielt eine entscheidende Rolle für ihre Funktionalität als Baustoff und ihre Interaktion mit mineralischen Bindemitteln in Hanfkalk-Mischungen. Das Wissen darüber ist entscheidend für die Optimierung von Hanfkalk-Rezepturen und die Verbesserung der Eigenschaften des Endprodukts. Hanfschäben bestehen hauptsächlich aus Zellulose (ca. 40–70 % der Trockenmasse), Hemizellulose (ca. 15–25 %), Lignin (ca. 11–25 %) und Pektin (ca. 3–5 %). Die genauen Anteile variieren je nach Hanfsorte, Röstegrad und

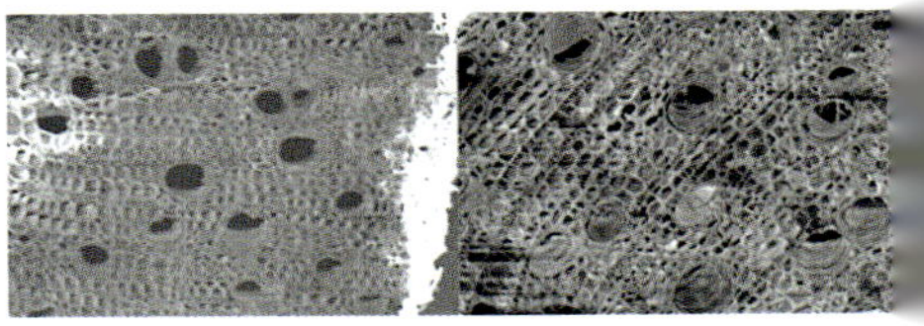

Abb. 180: Die SEM-Aufnahmen zeigen Hanfschäben nach 22 Tagen (A) und 42 Tagen (B) Röste. Mit zunehmender Dauer verändern sich die Zellwände deutlich: Strukturen lösen sich auf, Poren öffnen sich, die Oberfläche wird unregelmäßiger. Diese Veränderungen beeinflussen die Wasseraufnahme, Bindemittelhaftung und mechanische Eigenschaften im Hanfkalk. [Arufe et al. (2021), *Effect of retting on hemp shiv physicochemical properties*]

Abb. 181: Das Bild zeigt eine gestampfte Hanfkalkwand mit deutlich sichtbaren Farbschattierungen. Die unterschiedlichen Töne entstehen durch variierende Röstgrade der verwendeten Hanfschäben. [Hanfingenieur]

Üblicherweise werden Hanfschäben für die Baustelle auf Paletten mit 18 bis 21 Säcken geliefert. Ein Sack wiegt zwischen 18 und 20 kg und ist in Folie gepresst. Sie kosten zwischen 14 und 20 € inkl. MwSt, je nach Menge und Qualität. Auf einen durchschnittlichen LKW- Sattelzug passen ca. 31 Paletten à 21 Sack à 20 kg, also 13.020 kg Hanfschäben.

Abb. 182: Das Bild zeigt fertig verpackte und palettierte Säcke mit Hanfschäben, bereit zur Verarbeitung auf einer Baustelle. Die gepressten Ballen lassen sich gut lagern und transportieren – sie dienen als Hauptbestandteil für Hanfkalk oder als lose Schüttung für ökologische Dämmungen. [privat]

Analysemethode erheblich (Magniont et al., 2012; Pantawee, 2017; Ratsimbazafy, 2022). Zellulose, als Hauptbestandteil, ist relativ unbeteiligt (inert) und beeinflusst die Bindemittelreaktion kaum. Hingegen haben die anderen Komponenten signifikante Auswirkungen auf den Aushärtungsprozess:

- **Hemizellulose und Pektin:** Diese wasserlöslichen Komponenten können während des Mischvorgangs in die Bindemittelmatrix diffundieren. Sie verzögern die Hydratation zementöser und kalkhaltiger Bindemittel, indem sie die Bildung und das Wachstum von Calciumsilikathydrat (CSH) und Calciumhydroxid behindern. Dies führt zu einer Verlangsamung der Festigkeitsentwicklung in den ersten Tagen nach der Herstellung (Diquélou et al., 2015).
- **Lignin:** Obwohl weniger wasserlöslich, beeinflusst Lignin ebenfalls die Bindemittelreaktion. Es bildet Komplexe mit Calciumionen, was die Verfügbarkeit von Calcium für die Hydratationsreaktionen reduziert. Dies kann zu einer veränderten Porenstruktur und somit zu veränderten mechanischen und hygrothermischen Eigenschaften des ausgehärteten Hanfkalks führen (Števulová et al., 2017).
- **Zucker und organische Säuren:** Hanfschäben enthalten geringe Mengen dieser Substanzen, die als Verzögerer für die Zementhydratation wirken können. Sie adsorbieren an der Oberfläche der Zementpartikel und verhindern so den Zugang von Wasser, was die Bildung von Hydratationsprodukten verlangsamt (Walker et al., 2014).

Pantawee et al., 2017, untersuchen die chemische Zusammensetzung der Hanfschäbe in Bezug auf Wechselwirkung mit verschiedenen Bindemitteln. Dabei fällt auf, dass Hanfschäben besonders reich an chemischen Komponenten sind, die bei der Bildung von Silikaten unterstützen können, allen voran Kieselsäure Siliziumdioxid (SiO_2).

Dieselbe Studie bestätigt auch nochmal das wasserlösliche Zucker aus Zellulose und Hemi-Zellulose die Hydratation und Karbonatisierung hemmen können. Ein höherer Röstegrad kann dem entgegenwirken. Außerdem hilft es, die Schäben vorher zu coaten.

Gecoatete Hanfschäben

Hanfschäben enthalten wasserlösliche Stoffe, die die Karbonatisierung von Kalk beeinflussen können. Um dem vorzubeugen, können Schäben „gecoated" werden. Gecoatete Hanfschäben können als Trockenschüttung verwendet werden (siehe Kapitel: 13.3) oder den Abbindeprozess bei der Hanfsteinherstellung beziehungsweise bei Sprühanwendungen verbessern.

Komponente	Anteil der Komponente in der Asche in (%)	Reaktion
Siliziumdioxid (SiO_2)	20,4	reagiert mit Calciumhydroxid
K_2O (Kaliumoxid)	37,15	Kann Reaktionsgeschwindigkeit bei der Bildung von Gips und Ettringit beschleunigen.
CaO (Calciumoxid)	14,88	Trägt zur Bildung von Calciumsilikathydrat (C-S-H) bei, indem es mit SiO_2 reagiert.
SO_3 (Schwefeltrioxid)	7,30	**SO_3** reagiert in Gegenwart von Wasser mit Calciumhydroxid (**$Ca(OH)_2$**) und bildet **Gips ($CaSO_4 \cdot 2H_2O$)**
Al_2O_3 (Aluminiumoxid)	Nicht detektiert	

Die Werte in der Tabelle beziehen sich auf eine bestimmte Schäbenprobe (Arnaud, 2014). In der Literatur variieren die Werte erheblich: Schüttdichten von 64–144 kg/m^3, Partikeldichten von 190–496 kg/m^3 und Feststoffdichten von 1.444–1.569 kg/m^3 wurden für verschiedene pflanzliche Zuschlagstoffe berichtet (Avellaneda et al., 2023). Für Hanfschäben spezifisch liegen Schüttdichten typischerweise bei 100–130 kg/m^3.

Preise und Gebinde für Schäben

Seltener werden Hanfschäben in BigBags auf Paletten geliefert. Sie wiegen zwischen 100 und 300 kg und kosten ca. 0,85 bis 1,00 €/kg.

Hanfschäben werden vornehmlich unter hohem Druck in Foliensäcke gepresst. Grund dafür ist einerseits das einfache Handling mit gleichgroßen Säcken auf der Baustelle. Andererseits lassen sich durch die starke Kompression in Säcke deutlich mehr Hanfschäben auf einem LKW transportieren als lose Schüttung. In Säcken gepresst, können in einem großen LKW knapp 13,5 t Hanfschäben transportiert werden

Hanfschäben im LKW lose zu bestellen, macht wirtschaftlich nur Sinn, wenn große Mengen auf einmal gebraucht werden, wie z. B. bei der Hanfstein-Produktion. Da sie nur lose geschüttet und nicht komprimiert werden, passen auf gleichem Raum weniger Hanfschäben auf einen LKW wie in gepresster Form. Ein Standard-Sattelzug hat ein Ladevolumen von ca. 90 m^3 und kann somit nur ca. 9 Tonnen loser Hanfschäben transportieren.

Zusammenfassung:

Die Wahl der geeigneten Schäbenqualität ist abhängig von der spezifischen Anwendung, den lokalen Bautraditionen und den Baumethoden. Eine sorgfältige Auswahl und Kontrolle der Schäbenqualität rechtzeitig vor Beginn der Baumaßnahme ist entscheidend für die Leistung und Langlebigkeit von Hanfkalk-Konstruktionen. Bei Unsicherheiten sollten Hanfschäben eingesetzt werden, die einer professionellen Qualitätsüberwachung wie z. B. Construire en Chanvre unterzogen werden oder sich bereits in anderen Projekten bewährt haben.

Technische Eigenschaften von Hanfschäben (Arnaud, 2014). Die Schüttdichte hängt von der Partikelgröße der Schäben ab.

- Schüttdichte 112 kg/m^3
- Rohdichte 256 kg/m^3.
- Reindichte 1.460 kg/m^3
- Wärmeleitfähigkeit 0,048 W/(m·K)

13.6 Hanfkalk-Rezepte

Für die Herstellung von Hanfkalk gibt es verschiedene Rezepte für die individuellen Gegebenheiten.

Die Wahl des Bindemittels hängt von weiteren Faktoren ab, wie den mechanischen Eigenschaften, der Herstellungsart (In situ, Sprühen oder Vorfertigung), dem Anwendungsort (innen oder außen) oder der Öko-Bilanz (CO_2-Emissionen).

Die Verwendung der verschiedenen Kalkarten ist abhängig von den geforderten Eigenschaften an das Bindemittel oder das zu erstellende Bauteil. Es können auch zementöse- sowie puzzolanische oder organische Stoffe wie Stärke oder EMs in der Bindemittelzusammensetzung vorhanden sein. Der Hersteller kann hier Auskunft geben.

Es gibt wohl tausende Rezepte, die funktionieren. Als Anfänger ist es aber empfehlenswert, eine standardisierte und geprüfte Rezeptur zu verwenden, um keine bösen Überraschungen zu erleben. Mit etwas Übung sind eigene Rezepturen möglich. Zu beachten ist jedoch, dass selbst zusammengestellte Mischungen keine bauaufsichtliche Zulassung haben und nicht auf ihre Eigenschaften geprüft sind.

Bei geprüften Hanfkalk-Mischungen ist man an die Vorgabe der Hersteller bezüglich der Hanfschäben und Bindemittel gebunden. Weicht man davon ab, übernehmen die Hersteller keine Verantwortung für die Ergebnisse.

Man unterscheidet je nach Bindemittelanteil in leichte, normale und schwere Hanfkalk-Mischungen.

Leichte Mischungen (< 250 kg/m^3) werden vornehmlich dort verwendet, wo der fertige Hanfkalk allseitig durch andere Materialien gehalten wird. Sie zeichnen sich durch einen besseren Dämmwert und eine geringere Druckfestigkeit aus. Typischer Anwendungsfall ist die Dachdämmung. Eine besonders leichte, aber dennoch druckstabile Hanfkalk-Mischung wurde von EREASY in Frankreich auf den Markt gebracht. Die Mischung kann gesprüht und gestampft werden und ist auch für Böden, Wände und Dächer geeignet.

Rezepturen verschiedener Hersteller für gestampfte Wände aus Hanfkalk							
Hersteller	**Hanfschäben**	**Bindemittel 1**	**Bindemittel 2**	**Wasser***	**Rohdichte ρ [kg/m³]**	**Druckfestigkeit [MPa]**	**Wärmeleitfähigkeit λ [W/(m·K)]**
Saint-Astier	1 Ballen à 20 kg Isocanna®	2 Sack à 25 kg Batichanvre®	—	40–50 L	350–450	—	0,073
EREASY®	1 Ballen à 20 kg Cana-Granula (Eurochanvre)	1 Sack à 15 kg EREASY 120	—	24 L	224	0,78	0,066
Hem Eco Systems	1 Ballen à 20 kg	1 Sack à 25 kg Reines WKH	1 Sack à 3 kg HES plus (Additiv)	40–45 L	240–300	0,4–1,2	0,06
Hessler Kalkwerke	1 Ballen à 20 kg	2 Sack à 25 kg NHL 2	—	35–40 L	—	—	—
Tecno Canapa	BioBeton® Pronto (Fertigmischung)				175	0,071	0,053
Tecno Canapa	1 Ballen à 20 kg Canapulo Grosso	1 Sack à 25 kg Legante Dolomitico Naturale	0,4 Liter Additivo Probiotico	35–40 L	—	—	—
Otterbein Kalkwerke	1 Ballen à 20 kg	2 Sack à 25 kg Prompt FIX-ZEMENT	2 Fl. À 80 g TARDA Erstarrungs-verzögerer	24–30 L	450–550	> 0,2	0,07
Tradical®	1 Ballen à 20 kg Chanvribat	2 Sack à 22 kg Tradical® PF 70	—	60–70 L	320	0,9	0,085
Isohemp S.A.	1 Ballen à 20 kg Hempbag	2 Sack à 20 kg ProKalk	—	50 L	300	—	0,07
EXIE NV	CaNaCrete (Fertigmischung)				275	—	0,078
Klimapraxis & Dr. Norbert Höpfer	3–4 Raumteile	1 Raumteil NHL 3,5 oder NHL 5		1,2–1,5 Raumteile	—	—	—
—	3 Raumteile	1 Raumteil NHL 3,5		1 Raumteil	—	—	—
—	1 Ballen à 18 kg	½ Sack Weißkalkhydrat	½ Sack NHL 3,5	34–36 L	—	—	—
—	2 Ballen à 18 kg	1½ Sack NHL 3,5	½ Sack Weiß-kalkhydrat	55–65 L	—	—	—

* Wasserdosierung ist der Witterung und der gewünschten Konsistenz immer anzupassen

Mittelschwere, **normale Hanfkalk-Mischungen** (250 – 450 kg/m^3) sind der Standard-Anwendungsfall. Sie haben ein annehmbares Verhältnis von Wärmedämmung und Druckfestigkeit und können universell in nahezu allen Bereichen im Gebäude eingesetzt werden. Hierunter fallen die meisten Rezepturen.

Schwere Hanfkalk-Mischungen (> 450 kg/m^3) werden dort eingesetzt, wo hohe Stabilität nötig ist und die Dämmung eine sekundäre Rolle spielt. Das kann im Bodenaufbau, bei Innenwänden oder bei Objekten wie Möbel, Skulpturen, etc. der Fall sein.

Der Einfluss von Verdichtung bei Hanfkalk: Je hydraulischer das Bindemittel beziehungsweise je höher die Rohdichte des Bindemittels desto höher potenziell die Rohdichte des Hanfkalks. Auch der Grad der Verdichtung trägt maßgeblich zur Rohdichte vom Hanfkalk bei und darüber hinaus zum Verbrauch der Rohmaterialien. Grundsätzlich gilt: je höher die Rohdichte desto mehr thermische Masse (Phasenverschiebung), weniger Diffusionsoffenheit, weniger Dämmwirkung. Rohdichte und Dämmwirkung stehen reziprok proportional zueinander, Rohdichte und thermische Masse/Speicher proportional.

Mechanische und thermische Eigenschaften von Hanfkalk in Abhängigkeit des Verhältnisses von Schäben zu Bindemittel (Orientierungswerte)

Einsatzgebiet	Verhältnis Schäben zu Bindemittel (massebezogen)	Dichte ca. [kg/m^3]	Druckfestigkeit ca. [N/mm^2]	Wärmeleitfähigkeit λ ca. [W/(m·K)]
Dach	1:1	220	0,05	0,06
Wand	1:1,5	275	0,11	0,06 – 0,09
Wand	1:2	330	0,22	0,07 – 0,10
Wand	1:2 stark verdichtet	440	0,35	0,12
Wand	1:2,5	350	0,9	0,07
Boden	1:3	500	0,8	0,13
Boden	1:4	600	1,15	0,14

Abb. 183: Eine mittelschwere Hanfkalk-Mischung wird gemischt [Henrik Pauly]

Zement und hydraulische Kalke in Hanfkalk

Ausgangslage: Kalk harmoniert gut mit pflanzlichen Zuschlägen, Hanf-Bauteile wurden erfolgreich mit Kalkputzen und Kalkfarben ausgeführt, was Diffusionsoffenheit und Rückbaubarkeit stützt (Stafford Holmes, 2014).

Zementzugaben – Wirkprinzipien

- Vorteile: Alit-getragene Frühfestigkeit kann das Ausschalen oder Belasten beschleunigen, die Anfangsempfindlichkeit gegen Feuchte mindern, ähnlich wie bei Kalkmörteln mit Zementbeimengung (Stark & Wicht, 2000).
- Nachteile und Risiken: Höhere Dichte und Sprödigkeit, geringere Dampfdiffusion, möglicher Sulfateintrag durch Gips im Zement – alles Faktoren, die bei kapillaraktiven, biogenen Gefügen unerwünscht sein können und zu Riss- oder Feuchteproblemen führen (Brocklebank, 2006).

Hydraulische Kalke als Alternative

Natürliche hydraulische Kalke (NHL 2/3,5/5) bieten einen belitdominierten Hydratationspfad mit langsamerer, dafür stetiger Festigkeitsentwicklung; Auswahl nach Feuchte- und Salzlast, Untergrundsteifigkeit und gewünschter Diffusionsoffenheit, nicht pauschal (Brocklebank, 2006; Copsey, 2019).

Praxisempfehlung

Für Hanfkalk gilt: so viel Hydraulik wie nötig, so wenig wie möglich. Erst die Anforderungen des Bauteils definieren, dann Mischung und Nachbehandlung festlegen, Proben anlegen, Feuchteführung sichern (Brocklebank, 2006).

14. Detaillierte Eigenschaften von Hanfkalk

Im Naturbau gilt der Grundsatz: Was nicht auf den Kompost im eigenen Garten darf, wird nicht verbaut.

Hanfkalk vereint Eigenschaften, die bei konventionellen Baustoffen auf verschiedene Schichten verteilt werden müssen: Er dämmt, speichert Wärme, reguliert Feuchte, dämmt Schall und schützt vor Feuer, in einem einzigen, monolithischen Material. Die folgenden Abschnitte dokumentieren diese Eigenschaften anhand gemessener Kennwerte und ordnen sie in den Planungskontext ein. Vorangestellt ist ein Exkurs zur Volldeklaration, weil Transparenz über Inhaltsstoffe eine Voraussetzung für jede seriöse Baustoffbewertung ist..

14.1 Volldeklaration

Bei Lebensmitteln ist es schon eine Selbstverständlichkeit: Auf jedem Produkt muss der Hersteller mit einer Zutatenliste den Konsumenten über die Inhaltsstoffe aufklären.

Im Bauwesen gibt es das (noch) nicht. Die beste Auskunft über die (gesundheitsgefährdenden) Inhaltsstoffe in einem Bauprodukt liefert der Blick in das Sicherheitsdatenblatt. In Abschnitt 3 werden dort Angaben über die Bestandteile und deren Zusammensetzung gemacht.

Die Wahrung des geistigen Eigentums und Geschäftsgeheimnisse stehen im Vordergrund und im Konflikt zur vollumfänglichen Deklaration der Inhaltsstoffe. Aus Ehrlichkeit gegenüber den Verarbeitern und Konsumenten sollte jedoch hier mit offeneren Karten gespielt werden.

Pflichtbewusste Baubeteiligte sollten nur Baustoffe und Bauprodukte einsetzen, deren Inhaltsstoffe sie auch kennen und vertreten können.

14.2 Wärmedämmung, -speicherung und -reflektion

Hanfkalk ist sowohl massiver Bau- als auch Dämmstoff. Deshalb brauchen Häuser aus Hanfkalk keine zusätzliche Dämmung. Mit dem richtigen Kalk in Kombination mit Schäben haben wir ein Material, das bis zu 70 % Poren aufweist. In der Literatur finden sich unzählige unterschiedliche Angaben für die Wärmeleitfähigkeit von Hanfkalk-Mischungen. Dies ist sowohl auf verschiedene Messmethodiken, als auch auf die Zusammensetzung des Hanfkalks zurückzuführen. Grundsätzlich gilt: Je geringer die Rohdichte desto höher die Dämmwirkung.

Eine der wohl bemerkenswertesten Eigenschaften von Hanfkalk ist, dass er Dämmung und thermischer Speicher in einem ist. Mehrschichtige Wandaufbauten sind bei Hanfkalk überflüssig.

Durchschnittswerte für Hanfkalk:
Wärmeeindringkoeffizient $b = \sqrt{(\lambda \cdot \rho \cdot c)}$
0,166 kJ/(K·m²√s)
Wärmeleitfähigkeit λ
0,06–0,07 W/(m·K)
Wärmespeicherzahl s
540.000–600.000 J/(m³·K)
spezifische Wärmekapazität c
1.560–1.870 J/(kg·K)

Die hervorragende thermische Performance von Hanfkalk zeigt sich beim sommerlichen Hitzeschutz, wie die nachfolgende Tabelle zeigt. Schon bei 15 cm Dicke hat Hanfkalk eine Phasenverschiebung von 10 Stunden, während die sommerliche Hitze bereits nach 1,4 Stunden durch Glaswolle hindurch gekommen ist.

Materialien	c [J/(kg·K)]	ρ [Kg/m³]	Dicke [m]	Qs [J/(m²·K)]	λ [W/(m·K)]	A [h]
Hanfkalk	1.600	337	0,15	80.880	0,071	10,0
Hanflehm	1.500	435		97.875	0,080	9,8
Stampflehm	1.000	2.300		345.000	1,500	7,2
Porenbeton	1.000	350		52.500	0,070	6,8
Holzweichfaser	2.100	140		44.100	0,042	5,5
Hochlochziegel	1.000	650		97.500	0,390	5,3
Schaumglas	1.000	160		24.000	0,057	4,9
PUR-Schaum	1.450	34		7.395	0,029	4,9
Kalksandstein	1.000	2.000		300.000	1,100	4,3
Polystyrol	1.450	34		7.395	0,035	3,5
Beton	1.000	2.150		322.500	1,650	2,5
Glaswolle	1.030	30		4.635	0,035	1,4

Erläuterung:
c spezifische Wärmekapazität
ρ Rohdichte
Qs effektives Wärmespeichervermögen
λ Wärmeleitfähigkeit
A Temperatur-Amplituden-Verschiebung

14.3 Feuchteregulierung

Die optimale Luftfeuchtigkeit in unseren Wohn- und Büroräumen hat einen großen Einfluss auf unser Wohlbefinden.

Bauteile aus Hanfkalk regulieren die Luftfeuchtigkeit im Raum: Steigt die Luftfeuchtigkeit, beginnt die Hanfkalk-Wand, die überschüssige Feuchtigkeit aufzunehmen. Wird die Luft wieder trockener, gibt er sie wieder ab. Durch diese geniale Aktivität bleibt das Raumklima immer im behaglichen Bereich, ohne dass es eine technische Lüftungsanlage mit technischer Be- und Entfeuchtung bedarf.

Grund für diese besonderen Eigenschaften ist die Diffusionsoffenheit, in Verbindung mit der Kapillaraktivität und der niedrigen Gleichgewichtsfeuchte von ca. 2 %.

Durch seine extrem niedrige Gleichgewichtsfeuchte von 0,5 bis 2 % ist Hanfkalk trockener als Holz und sorgt dafür, dass die von Hanfkalk eingeschlossene Holzkonstruktion immer trocken gehalten wird. Deshalb ist Hanfkalk in der Fachwerksanierung so beliebt. Wenn Schlagregen in die Konstruktion eindringt, wird die Feuchtigkeit im Holz sofort vom Hanfkalk entzogen und nach und nach wieder nach außen abgegeben.

Grundsätzlich darf Hanfkalk aber nicht dauerhaft extremer Feuchtigkeit oder Nässe ausgesetzt werden (siehe Kapitel 14.14). Deshalb wird Hanfkalk nicht im Fundamentbereich oder in feuchten Kellerräumen eingesetzt. Hier sollte der Werkstoff rein mineralisch und frei von organischen Zusätzen sein, um Schimmel vorzubeugen.

Gleichgewichtsfeuchte verschiedener Baustoffe

Baustoff	Gleichgewichtsfeuchte ca.
Hanfkalk	unter 2 %
Ziegelstein	unter 2 %
Hanflehm	über 6 %
Holz	8 bis 18 %

Wasserdampfdiffusionswiderstandszahl μ verschiedener Hersteller für Hanfkalk
- 2,8 (Isohemp)
- 3,6/4,8 (Hemp Eco Systems)
- nass: 3,8 trocken: 4,3 (Schönthaler)
- 6/9 (Ereasy)

14.4 Kondensationsenergie

Was der Kleidung aus Hanf schon lange nachgesagt wird, ist bei Gebäuden aus Hanf auch zutreffend: Kühlt im Sommer und wärmt im Winter. Wissenschaftlich lässt sich das durch die Kondensationsenergie beschreiben.

Diese Kondensationsenergie wird leider bei Wärmeschutz-Berechnungen nicht berücksichtigt. Somit liegen Dämmwert-Be-

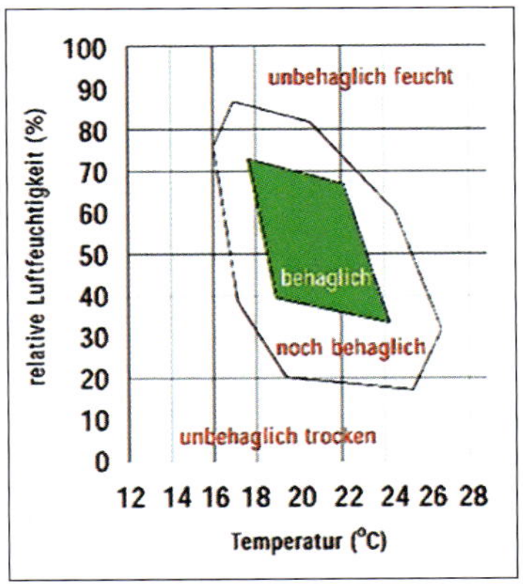

Abb. 184: Behaglichkeit in Abhängigkeit von der Temperatur und der relativen Luftfeuchtigkeit. [Bauökologie, 2025]

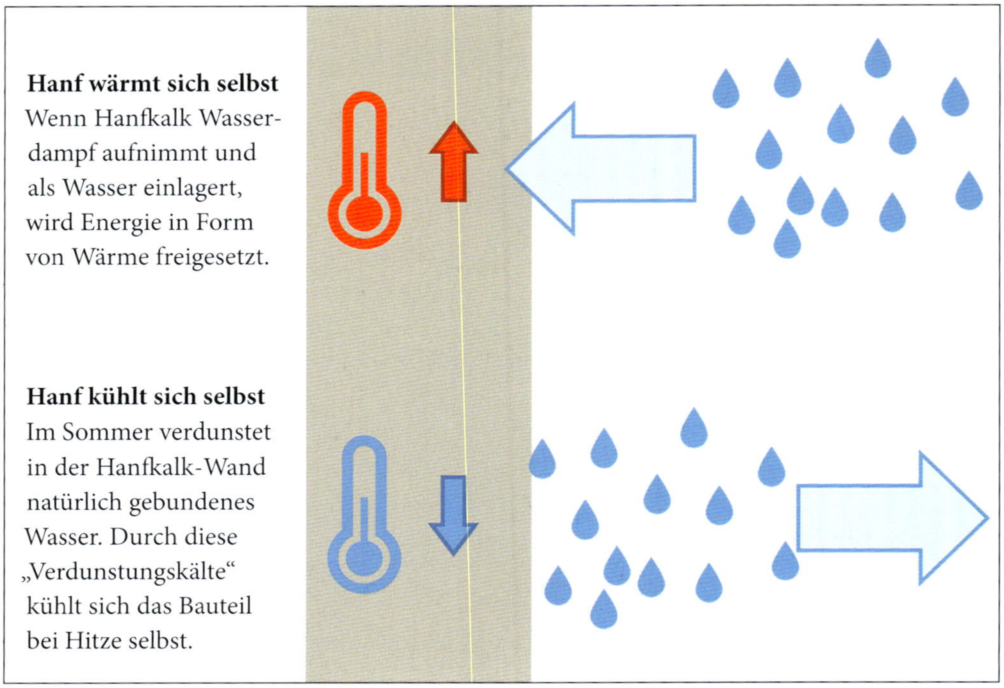

rechnungen für Häuser aus Hanfkalk auf der „sicheren“ Seite. Während im konventionellen Neubau die tatsächliche Heiz- und Kühllast häufig höher ist als vom Energieberater berechnet, ist sie bei Hanfhäusern meistens sogar niedriger.

14.5 Schall & Akustik

Hanfkalk ist super, wenn es um die Raumakustik geht. Beim Schallschutz gibt es bessere Baustoffe.

Akustik

Nach DIN EN 11654 wird Hanfkalk (Oberfläche unbehandelt) in die Absorberklasse B = höchst absorbierend, bewerteter Schallabsorpionsgrad α_w: 0,80 bis 0,85 eingeordnet. Deshalb kann es Sinn machen, die Hanfkalk-Oberfläche (zumindest stellenweise) im Raum unverputzt zu belassen, um so die Raumakustik zu verbessern. Ein einfacher Anstrich mit einer pigmentierten Kalk- oder Lehmfarbe verbessert die Abriebfestigkeit und ermöglicht farbliche Gestaltungen.

Abb. 185: Akustikplatten aus Hanfkalk [Sappa, Schönthaler Bausteinwerk GmbH]

Abb. 186: Proberaum mit Hanfsteinen ausgekleidet zur Verbesserung der Raumakustik. [Isohemp S.A.]

Wandaufbau	Bewertetes Schalldämm-Maß R_w
12 cm Hanfkalk ohne Putz	8 (0;-1) dB
12 cm Hanfkalk mit einseitigem Putz	38 (-1;-3) dB
12 cm Hanfkalk mit beidseitigem Putz	43 (-1;-3) dB

Der Putz hat einen großen Einfluss auf die Schalldämmung

Innenwand, beidseitig verputzt	Bewertetes Schalldämm-Maß R_w
Porenbeton 15 cm	39 – 44 dB
Hanfsteine 15 cm	43 dB
Kalksandstein 15 cm	53 – 54 dB
Porenbeton 20 cm	40 – 50 dB
Hanfsteine 20 cm	45 dB
Kalksandstein 20 cm	58 – 61 dB

Vergleich Schallschutz Hanfkalk-Wand mit konventioneller Wand

Dicke der Wand (zzgl. Putz)	12 cm	15 cm	20 cm	25 cm	30 cm	36 cm
Bewertetes Schalldämm-Maß R_w ($C;C_{tr}$) [dB]	38 (-1;-3)	38 (0 ;-3)	40 (-1;-5)	41 (-1;-5)	42 (-1;-5)	44 (-1;-6)

Schalldämm-Maß R_w einer einseitig verputzten Wand, nach Breite (nach Fa. Isohemp SA)

Auch speziell zu diesem Zweck hergestellte Platten werden erfolgreich als Akustikelement eingesetzt, wie auf den Bildern zu sehen ist. Die akustische Dämmung kann verbessert werden, wenn hinter der Akustikplatte ein Luftspalt gelassen wird. 1–5 cm je nach Anforderung genügen.

Hanfkalk-Akustikpaneele – akustische Stärken im Überblick

Die Schallabsorption von unverputztem Hanfkalk hängt von der jeweiligen Frequenz ab:

- Sehr hohe Absorptionsleistung ab 500 Hz
- Maximale Werte bei 500–1000 Hz (α_w bis 0,85)
- Wirksamkeit auch bei 2000–8000 Hz (α_w ca. 0,55–0,60)
- Begrenzte Wirkung bei tiefen Frequenzen unter 250 Hz (α_w ca. 0,15–0,45)

Vorteile nach Frequenzbereich:

500–2000 Hz (Sprachbereich)

- Ideal für Räume mit hoher Sprachaktivität.
- Verbessert Sprachverständlichkeit bei Meetings, Unterricht, Telefongesprächen.
- Reduziert Nachhall und sorgt für klarere Kommunikation.

2000–8000 Hz (Hochfrequenzbereich)

- Absorbiert störende Reflexionen von hellen Geräuschen wie Tastaturklicks, Gläserklirren, schrille Stimmen.
- Angenehmere Raumakustik in Küchen, Foyers, Veranstaltungsräumen.

125–250 Hz (Tieffrequenzbereich)

- Nur begrenzte Absorption möglich.
- Nicht primär für tieffrequente Schallquellen wie Bass, Maschinen oder Straßenlärm geeignet.
- Für tiefe Frequenzen sind zusätzliche schwere Bauteile erforderlich (z. B. Lehm, Massivholz).

Einsatzbereiche

- Akustikdecken oder Wandverkleidungen in Büros, Schulen, Wohn- und Veranstaltungsräumen.
- Ökologisches Akustikelement mit wohngesunden, atmungsaktiven Eigenschaften.
- Auch geeignet zur akustischen Optimierung in Leichtbauwänden oder nachträglichem Innenausbau.

Luftschall

Um den Luftschall von einem Raum in den anderen gut zu dämmen, benötigt ein Baustoff viel Masse. Im Vergleich zu schweren und dichten Baustoffen wie Kalksandstein oder Stahlbeton schneidet Hanfkalk also i. d. R. schlechter ab. 12 cm Hanfkalk dämmen lediglich zwischen 6 und 8 dB (A), also sehr wenig. Eine 20 cm dicke Wand, die beidseitig verputzt ist, erreicht ein bewertetes

Schalldämm-Maß R_w ($C;C_{tr}$) von ca. 40 (−1;−5) dB. Leider gibt es noch wenig Daten für das bewertete Bau-Schalldämm-Maß (R'_w) von Hanfkalk-Bauteilen, weshalb im Folgenden nur das bewertete Schalldämm-Maß R_w beschrieben wird.

Die genauen Daten sind bei den Herstellern bzw. Fachplanern zu erfragen.

Wenn Anforderungen an den Luftschallschutz gestellt werden, sollte die Hanfkalk-Wand auf jeden Fall verputzt werden. Je dicker und schwerer der Putz, desto besser die Schalldämmung.

Die folgende Tabelle zeigt das bewertete Schalldämm-Maß Rw in Abhängigkeit von der Wanddicke:

Trittschall

Die Trittschalldämmung ist abhängig von dem Bodenaufbau und der Dicke der jeweiligen Bauteile. Deshalb können hier keine pauschalen Werte angegeben werden.

Hanfkalk ist durch seine feste Struktur nicht für die Trittschalldämmung geeignet. Doch Matten aus gefilzten Hanffasern eignen sich hervorragend für den Einsatz als Trittschalldämmstoff, wie die Tabelle zeigt.

Auch Hanflehm-Schüttungen weisen sehr gute Trittschall-Dämmwerte auf. Die Genossenschaft Hanffaser Uckermark eG hat aufschlussreiche Informationen auf ihrer Webseite zur Verfügung gestellt, die im Folgenden zusammengefasst sind. Die Werte

	Hanfvlies*	PVC-Platte**	Steinwolle***	Holzweichfaser Matte****	PE Schaum Rolle*****	Kork Rolle*****	EPS-Schaum-Platte*****
Bauteildicke	17 mm	3 mm	12 mm	5 mm	5 mm	2 mm	5mm
ΔL_w Wert: Trittschallminderung	30 dB	19 dB	15 dB	20 dB	21 dB	17 dB	22 dB

* Akustikvlies (hanffaser.de)
** Trittschalldämmung im Test & Vergleich: 2 klare Sieger! – heimwerker.de
*** Akustic EP 3 – Trittschalldämmung schwimmende Estriche I ISOVER
**** Steico Ecosilent flex Trittschalldämmung (bausep.de)
***** Trittschalldämmung im Test & Vergleich: 2 klare Sieger! – heimwerker.de

Aufbau	ΔL_w
40 mm Hanflehm + 15 kg/m² Trockenestrich	16 dB
100 mm Hanflehm + 15 kg/m² Trockenestrich	18 dB
40 mm Hanflehm + 40 kg/m² Trockenestrich	18 dB
100 mm Hanflehm + 40 kg/m² Trockenestrich	23 dB
40 mm Hanflehm + 60 kg/m² Trockenestrich	20 dB
100 mm Hanflehm + 60 kg/m² Trockenestrich	25 dB
100 mm Hanflehm + 50 mm Nass-Estrich	25 dB
140 mm Hanflehm + 50 mm Nass-Estrich	30 dB

Wandaufbau	Testergebnis
Innendämmung 7,5 cm Hanfstein + 12 mm Kalkputz*	EI 45; E 60
12 cm Hanfstein ohne Putz**	EI 45
12 cm Hanfstein mit Kalkputz*, **	EI 60
20 cm Hanfstein + 10 mm Kalkputz*	EI 120
30 cm Hanfstein mit Kalkputz**	EI 240

Verschiedene geprüfte Wandaufbauten auf Feuerwiderstand

* Isohemp S.A.
** Schönthaler Bausteinwerk

Abb. 187: Hanffilz-Rolle 50 x 1 m [Edenlogic]

beziehen sich auf ein Hanfschäben-Lehm-Gemisch mit einer Trockendichte von 220 – 250 kg/m^3.

14.6 Brandschutz

Abb. 188: Nach wenigen Sekunden versagt die Glaswolle, während der Hanfkalk erst beginnt warm zu werden. [Henrik Pauly]

Der mineralische Mantel um die Hanfschäben macht Hanfkalk schwerentflammbar (DIN EN 13501: B, S1, d0: Schwerentflammbar, kein Rauch, kein brennendes Abtropfen/Abfallen). Beidseitig verputzt kann die Wand als feuerbeständig (z. B. Feuerwiderstandsklasse F90) eingestuft werden. Das macht Hanfkalk für den Einsatz in höheren Gebäudeklassen, wie z. B. öffentliche Bauten, interessant.

14.7 Druckfestigkeit

Grundsätzlich gilt Hanfkalk offiziell als nicht lastabtragendes Baumaterial und wird deshalb stets mit einer separaten Tragstruktur kombiniert. Diese kann im Idealfall aus Holz sein, aber auch Stahlbeton und Stahl eignen sich hierfür.

Was beeinflusst die mechanischen Eigenschaften von Hanfkalk?
Ausschlaggebend sind der Anteil und die Art des Bindemittels, der Grad der Verdichtung, die Aushärtungsbedingungen, das Alter des Hanfkalks, sowie die Eigenschaften der Hanfschäben. Allgemein lassen sich die mechanischen Eigenschaften durch einen höheren Anteil des Bindemittels, einer höheren Verdichtung des Materials sowie einen geringeren Anteil der Hanfschäben verbessern. Zudem nimmt die Belastbarkeit des Hanfkalks über Wochen und Monate zu. Die besten Werte können bei Proben, die bei einer Temperatur von 20 °C und 50 % relativer Luftfeuchtigkeit (RH) ausgehärtet wurden, beobachtet werden. (Kaptur, 2022)

Mechanische Größe	Ca.-Werte
Druckfestigkeit [MPa]	0,2 ... 0,9
Scherfestigkeit [MPa]	0,1 ... 0,5
E-Modul [MPa]	1 ... 15

Die Druckfestigkeit ist proportional zur Rohdichte und Wärmeleitfähigkeit. Grundsätzlich gilt, je höher die Dichte und der Bindemittelanteil, desto höher die Druckfestigkeit sowie Wärmeleitfähigkeit.

Im Zuge der Arbeit von (Kaptur, 2022) wurden verschiedene Hanfkalk-Rezepturen zusammengetragen und hinsichtlich ihrer mechanischen Eigenschaften verglichen. Das Diagramm zeigt die verschiedenen Rezepturen. Dehnung, Biegefestigkeit, E-Modul weisen hier ein ähnliches Verhalten auf.

Es ist wohl eine Frage der Zeit, bis die ersten lastabtragenden Hanfkalk-Häuser gebaut werden. Denn vergleicht man Hanfkalk mit lastabtragenden Strohballen, stellt man fest, dass diese eine noch geringere Druckfestigkeit als Hanfkalk aufweisen.

Wie die Arbeit von Julia Kaptur zeigt, könnten schon heute bauübliche Aussteifungssysteme wie Platten oder Streben durch Hanfkalk ersetzt werden, wenn das Seitenverhältnis b/h über 0,75 liegt. (Kaptur, 2022) Es kann nicht mehr lange dauern, bis die Hersteller von Hanfkalk bauaufsichtliche Prüfungen durchlaufen haben und Hanfkalk in den statischen Berechnungen als aussteifend angesetzt werden darf. Das ist noch Stand 2026 nicht möglich gewesen.

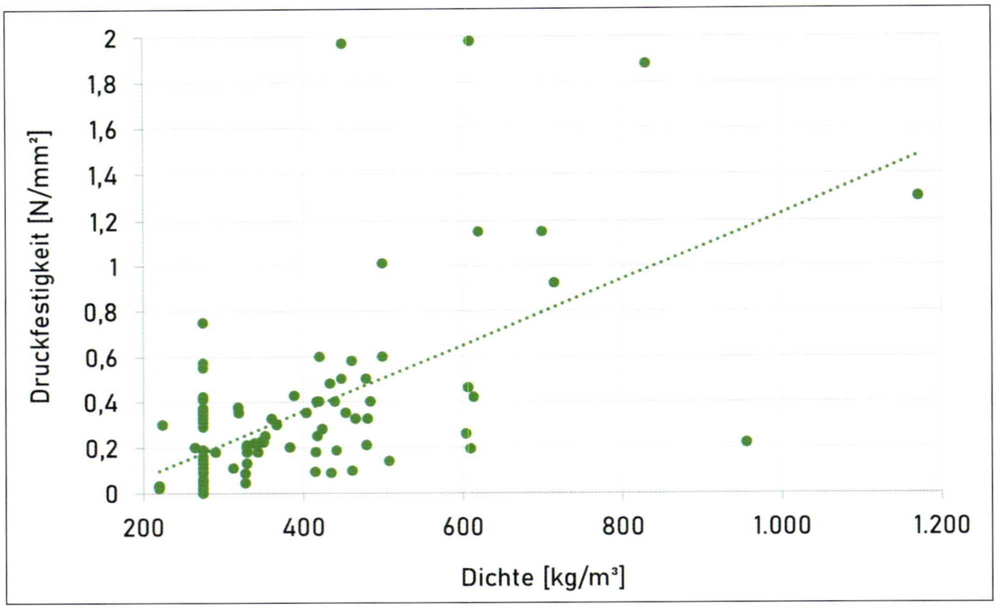

Abb. 190: Druckfestigkeit in Abhängigkeit von der Dichte. [Kaptur, 2022]

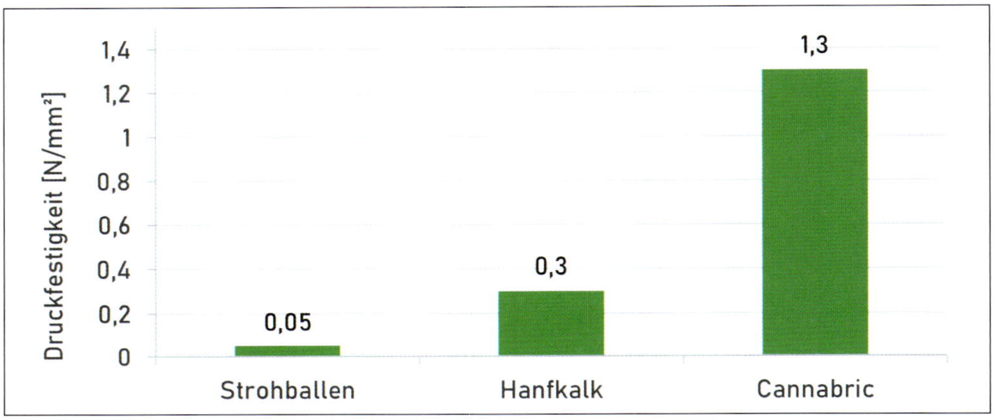

Abb. 189: Vergleich der Druckfestigkeit von lastabtragenden Strohballen, Hanfkalk und lastabtragenden Hanfkalk-Steinen. [Kaptur, 2022]

Abb. 191: Neubau mit lastabtragenden Hanfsteinen in Spanien. [Cannabric, Monika Brümmer]

14.8 Rohdichte

Die Rohdichte von Hanfkalk liegt normalerweise zwischen 300 und 450 kg/m³. In keiner Studie ist Hanfkalk dichter als 1.000 kg/m³ und somit immer ein „Leichtgewicht“ unter den Massivbaustoffen.

Der Grund für die geringe Rohdichte liegt an der geringen Dichte der Ausgangsstoffe. Leichte Bindemittel wie Luftkalke verursachen leichten Hanfkalk. Hoch hydraulische Kalke haben eine höhere Dichte und führen so zu einer höheren Rohdichte.

Die Varianz der Dichtewerte von Hanfkalk zeugt auch von der Vielseitigkeit der Anwendungen als Dämmmaterial oder Thermischer Speicher, je nach Ausführung und Bindemittel.

niedrige Rohdichte	hohe Rohdichte
größere Schäben	kleinere Schäben
Luftkalk mit Puzzolanen	hoch hydraulische Kalke & Zement
weniger verdichtet	stärker verdichtet
geringe Druckfestigkeit	hohe Druckfestigkeit

14.9 Ionisierung

Die Ionisierung ist eine wichtige, baubiologische Eigenschaft, die man tatsächlich spüren kann. Vielleicht ging es Ihnen auch schon so, dass Sie beim Betreten eines Gebäudes sofort tief eingeatmet haben, sich Ihr Puls beruhigt hat und Sie auf einmal ruhiger geworden sind. Mit großer Wahrscheinlichkeit waren Sie dann in einem Raum, der maßgeblich mit natürlichen Stoffen ausgebaut wurde. Sie verbessern die elektrische Ladung in der Raumluft. Das ist mittlerweile sogar messbar.

An Orten, an denen wir uns wirklich wohl fühlen (im Wald, am Meer, in den Bergen), kann eine hohe Konzentration an negativ geladenen Ionen gemessen werden. Andererseits wird in Städten und Büroräumen mit Lüftungsanlage eine besonders niedrige Konzentration an negativ geladenen Ionen gemessen.

Natürliche (und naturbelassene!) Baustoffe ermöglichen eine hohe Konzentration an negativ geladenen Ionen in der Raumluft. „Negativ geladene Ionen binden Feinstaub, Keime, Bakterien und Kohlenwasserstoffverbindungen (VOC).“ [proOXiON®][20]

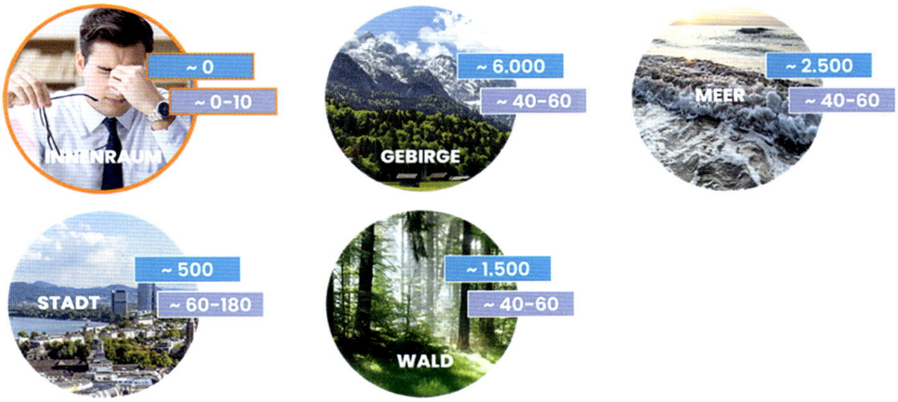

Abb. 192: blau: negativ geladene Ionen (Io/cm³), lila: Ozon (µg/cm³) [proOXiON®, RL Raumlufttechnik und Luftqualität GmbH]

14.10 Strahlung & Elektrosmog

Es bedarf noch einiger wissenschaftlicher Untersuchungen zu diesem Phänomen, von dem auch Hausbesitzer eines Hanfkalk-Hauses berichten: Beim Bau von Hanfkalk-Gebäuden fällt es immer wieder auf, dass sich der Mobilfunk-Empfang rapide verschlechtert, sobald man das Gebäude betritt. Selbst im Rohbau ist dieses Phänomen bereits messbar.

> »*Einfallende Funkstrahlen und elektromagnetische Felder werden durch die Schwingung des Kristallgitters auf biologischer Ebene vermindert oder sogar unschädlich gemacht.*«
>
> Jürgen Feistauer, Baubiologe und EM-Berater

20 https://www.rl-raumlufttechnik.de/prooxion/ionisierungstechnologie

14.11 Erdbebensicherheit

Hanfkalk gilt als ein besonders erdbebensicheres Baumaterial. Die Matrixstruktur der Schäben macht Hanfkalk fest und gleichzeitig flexibel, was die Widerstandsfähigkeit bei Vibrationen und Schwingungen erhöht. Die Hanfschäben sind in der Lage, die Bewegungen während eines Erdbebens zu absorbieren und im Bauteil zu verteilen, um Rissbildung zu verringern. Darüber hinaus ist Hanfkalk ein leichtes Baumaterial mit geringer Dichte, wodurch Vibrationen und Bewegungen besser widerstanden werden kann, im Gegensatz zu starren Baumaterialien wie Beton, die zu Rissbildung neigen. Gleichzeitig verringert das geringe Gewicht potenzielle Schäden und Verletzungen im Falle eines Einsturzes während eines Erdbebens deutlich.

Zusätzlich zu seiner Flexibilität und dem geringen Gewicht ist Hanfkalk auch robust und widerstandsfähig gegen Feuer und Schädlinge, was zusätzliche Vorteile in Katastrophensituationen bietet.

Summa summarum ist Hanfkalk aufgrund seiner einzigartigen Mischung aus Flexibilität und Stabilität sowie dem geringen Gewicht eine ausgezeichnete Wahl für den Bau in erdbebengefährdeten Gebieten. Er ist nicht nur umweltfreundlich und nachhaltig, sondern bietet auch erhebliche Sicherheitsvorteile.

Bei den verheerenden Erdbeben 2015 in Nepal hielten nur wenige Gebäude stand. Die wenigen Häuser aus Hanfkalk verformten sich zwar auch unter den horizontalen Lasten, doch sie stürzten nicht ein und schützten ihre Bewohner zuverlässig.

14.12 Nachteile von Hanfkalk

Wir sprechen ungern von Vor- und Nachteilen, da einige Vorteile auch Nachteile mit sich bringen und manche Nachteile auch Vorteile darstellen. Es sind vielmehr Eigenschaften, die man stets mit den Anforderungen abwägen muss. Die Anforderung selbst entscheidet darüber, ob eine Eigenschaft in diesem speziellen Fall ein Vor- oder ein Nachteil ist.

- Keine Lastabtragung
- Bei Orthanf lange Trocknungszeiten und hohe Riss-Anfälligkeit
- Hoher Primärenergiebadarf im Vergleich zu Lehm- und Strohbaustoffen
- Wenig verbreitetes Know-how

14.13 Zusammenfassung Hanfkalk

Die Eigenschaften von Hanfkalk variieren je nach Verarbeitungsweise (von Hand gestampft, gesprüht oder gemauert). Bei den nachfolgenden Eigenschaften handelt es sich um Durchschnittswerte für gestampften Hanfkalk.

Nachhaltige Eigenschaften

- Volldeklariert: Besteht in seiner Grundform ausschließlich aus Hanf, Kalk und Wasser.
- Gebäude mit Hauptbestandteil aus Hanf sind CO_2-neutral
- Regionaler Bezug der Baustoffe möglich
- Ist ein CO_2-Speicher (negative CO_2-Bilanz), wenig „graue Energie“
- Gute Wärmespeicherung, Wärmedämmung, Wärmereflektion
- 100 % wiederverwendbar bzw. abbaubar
- kein Sondermüll
- kreislauffähig
- sandfrei
- schafstofffrei

Bauphysikalische Eigenschaften

- Wärmeleitfähigkeit λ ca. 0,06–0,07 W/(m·K)
- Brandverhalten nach Bauregelliste A Teil 1 Anlage 0.0.2 bzw. DIN EN 13 501: B, s1, d0 (Schwerentflammbar, kein Rauch, kein brennendes Abtropfen/Abfallen)
- Sehr guter sommerlicher Hitzeschutz
- Wand mit beidseitigem, nicht brennbarem Putz: A2
- Sehr gute Akustikregulierung: Schallabsorptionsgrad α 0,85 (ohne Putz!)
- durchschnittliche Schalldämmung Rw 35-40 dB
- hält die Raumfeuchte konstant bei circa 40 %-50 %
- Gleichgewichtsfeuchte 2 %

Mechanische Eigenschaften

- Rohdichte ρ 250–350 kg/m³ (abhängig von Verdichtungsgrad und Bindemittelmenge)
- Druckfestigkeit 0,2 bis 0,3 MPa
- Nicht lastabtragend
- durch elastoplastisches Verformungsverhalten ideal für Erdbebengebiete

Baubiologische Eigenschaften

- schadstofffrei
- sehr guter sommerlicher Hitzeschutz durch Kondensationsenergie
- sehr gute Luftionisation
- keine toxischen Ausdünstungen an die Innenraumluft
- Alkalität sorgt für gute Raumluft
- Unterstützt die abfallarme Baustelle
- Viel Eigenleistung möglich
- Schutz von Flora und Fauna

14.14 Kann Hanfkalk schimmeln?

Diese Frage wird oft gestellt. In der Tat kann Hanfkalk bei schlechten Bedingungen schimmeln, so wie nahezu alle Baustoffe. Selbst eine Antischimmelfarbe kann unter schlechten Umständen zu gegebener Zeit schimmeln. Durch das alkalische Milieu im Hanfkalk (sehr hoher pH-Wert), tötet er im frischen Zustand Schimmelsporen und andere Pilze jedoch zuverlässig ab. Härtet der Kalk aus, sinkt der pH-Wert im Hanfkalk von über 12 auf Werte zwischen 9 und 10. Bei pH-Werten von 7 spricht man von pH-Neutralität. Es ist also sehr unwahrscheinlich, dass Hanfkalk bei richtiger Handhabung zu schimmeln beginnt. Im Gegenteil: Die Fähigkeit zur Feuchtigkeitsregulierung ist ein weiterer wichtiger Faktor, der zur Schimmelresistenz von Hanfkalk beiträgt.

Es gibt gelegentlich Behauptungen, dass Hanf aus der Feldröste besonders anfällig für Schimmel sei und zu verstärktem Schimmelwachstum in Hanfkalk führe. Richtig ist, dass bei der Feldröste neben Bakterien auch Schimmelpilze beim Faseraufschluss beteiligt sind (siehe Kapitel 11). Allerdings ist die Schlussfolgerung, dass daher ein erhöhtes Risiko für Hanfkalk besteht, aus mehreren Gründen kritisch zu hinterfragen.

- Erstens sind Schimmelsporen ubiquitär in der Umwelt vorhanden.
- Zweitens hängt das Schimmelrisiko vom Röstegrad des Hanfs ab.
- Drittens sollten der alkalische Kalkanteil in Hanfkalk sowie eine sachgemäße Planung (siehe Kapitel 17.1) und Ausführung (siehe Kapitel 18) die Schimmelgefahr erheblich reduzieren.

Wissenschaftliche Belege für einen direkten Zusammenhang zwischen Feldröste und erhöhter Schimmelanfälligkeit von Hanfkalk fehlen. Vielmehr sind Faktoren wie Baufeuchte, unzureichende Belüftung und konstruktive Mängel wahrscheinlichere Ursachen für Schimmelprobleme.

i

Präventionsmaßnahmen gegen Schimmel

- Zugluft ermöglichen
- Kontrolle der Luftfeuchtigkeit
- Verwendung von Kalkputz als Schutzschicht
- Nicht in den Wintermonaten verarbeiten

Schimmel während der Bauzeit

Wird Hanfkalk auf der Baustelle frisch verarbeitet und gesprüht oder gestampft, wird sehr viel Feuchtigkeit in das Gebäude getragen. Über 300 Liter Wasser können in einem Kubikmeter frischen Hanfkalk enthalten sein. Zwar wird das meiste Wasser zum Abbinden des Kalks gebraucht, aber der Rest wird durch Verdunstung an die Umgebung wieder abgegeben. Deshalb ist es das Beste, wenn die Fenster und Türen erst einige Wochen nach den Hanfkalk-Arbeiten montiert werden. So ist sichergestellt, dass der Orthanf viel Zugluft erhält und gut austrocknen kann.

Schäden durch Schimmel während der Bauzeit treten meistens bei gesprühtem oder gestampftem Hanfkalk auf. Siehe hierzu Kapitel 17.15 {Was alles schief gehen kann}. Am häufigsten passiert dies noch bei einer Innendämmung, in Kellerräumen und in Räumen, in denen bereits die Fenster und Türen montiert sind und nicht ausreichend gelüftet wurde. Aus der Erfahrung der Autoren bringt es nichts, mit Entfeuchtungsgeräten zu arbeiten oder die Luft aufzuheizen und sie durch Stoßlüftung auszutauschen. Fenster und Türen sollten Tag und Nacht geöffnet bleiben, um durch dauerhaften Luftwechsel eine zuverlässige Austrocknung des Hanfkalks sicherzustellen. „Tote Ecken", in denen keine Luft zirkuliert, sollten mit Ventilatoren unterstützt werden. Als Präventionsmaßnahme kann der Hanfkalk unmittelbar nach dem Einbringen mit einer ersten Kalkputzschicht überzogen werden.

Kann die dauerhafte Belüftung der Räume bei einer Innendämmung nicht sichergestellt werden, sind Hanfsteine dem Orthanf vorzuziehen.

Bei *Hanflehm* lautet die Empfehlung der Hanffaser Uckermark eG, nur von März bis August erdfeucht zu verarbeiten, da er sonst nicht mehr schnell genug trocknen kann.

Sollte sich Schimmel auf einer frischen Hanfkalk-Wand gebildet haben, muss die Wand trockengelegt werden. Nach Austrocknung kann der Schimmel abgebürstet und ggfs. mit Kalkmilch bestrichen werden. Der nachfolgende Kalkputz tötet die Schimmelsporen an der Oberfläche zuverlässig ab. Auch eine direkte Kalkputzschicht auf die trockene Hanfkalk-Wand kann den Schimmel dauerhaft beseitigen.

Die Kontrolle der Luftfeuchtigkeit und die Anwendung geeigneter Schutzmaßnahmen sind entscheidend, um die Vorteile dieses Materials voll auszuschöpfen und gleichzeitig potenzielle Risiken zu minimieren.

Schimmel während der Nutzung

Die Studie von (Raamets, 2021) zeigt, dass Schimmelwachstum bei Hanfkalk ab einer relativen Luftfeuchtigkeit von 80 % beginnen kann. Mit steigender Luftfeuchtigkeit nahm das Schimmelwachstum weiter zu. Die Schimmelsporen sind im Prinzip immer da.

Auf Dauer sollte bautechnisch dafür gesorgt werden, dass Hanfkalk (und Hanflehm) nicht einer relativen Feuchte von über 70 % ausgesetzt ist. Ein kurzzeitiger Anstieg der relativen Feuchte ist kein Problem für Hanfkalk. Seine antibakteriellen und antifungalen Eigenschaften in Kombination mit der niedrigen Gleichgewichtsfeuchte machen Hanfkalk auch zu einem idealen Baustoff in Bädern und Küchen.

Hanfkalk-Projekte in tropischen Gegenden wie Panama und Südamerika belegen, dass auch hier Hanfkalk erfolgreich eingesetzt werden kann. Eine effiziente Luftzirkulation und Schutz vor aufsteigender Feuchte durch Sperrschichten sowie lange Dachüberstände sind entscheidend für die Dauerhaftigkeit von Hanfkalk.

Abb. 193: Punktueller, weißer Schimmel auf Hanfkalk nach ein paar Wochen auf einer Orthanf-Baustelle [Henrik Pauly]

Abb. 194: Roter und weißer Schimmel, der sich hinter einer vergessenen OSB-Schalung bei einer zu fetten und dichten Hanfkalk-Mischung gebildet hat. Beißender Geruch feststellbar. [Henrik Pauly]

15. Die Nachhaltigkeit von Hanfkalk und Hanfbaustoffen

> *Neben den vielen Vorteilen, die Hanfbaustoffe zu bieten haben, erscheinen die Nachhaltigkeits-Aspekte schon fast als eine nette Nebensächlichkeit.*
>
> Henrik Pauly, CEO Hanfingenieur

15.1 Ökobilanzierung

Die immer höheren Wärmeschutz-Anforderungen haben zwar dazu geführt, dass neue Gebäude weniger Energie im Betrieb benötigen. Jedoch sind die Emissionen für die Errichtung dieser hochgedämmten Gebäude deutlich gestiegen. Je nach Gebäudetyp und Energieeffizienzstandard haben manche Neubauten schon bei der Schlüsselübergabe bis zu 50–60 % ihres gesamten Lebenszyklus-Energiebedarfs verbraucht, von der Herstellung des Zements bis zum Abriss und Recycling (Schlegl, 2019; WGBC, 2019).

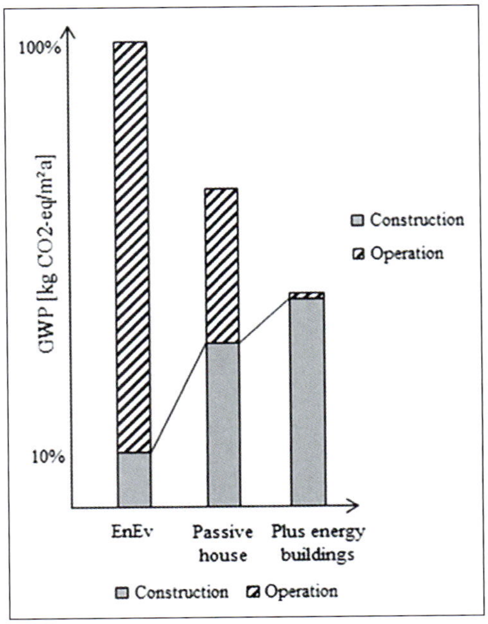

Abb. 195: Die Grafik zeigt den jährlichen CO_2-Ausstoß pro Quadratmeter Nutzfläche über den Lebenszyklus verschiedener Gebäudetypen: Während bei älteren Gebäuden der Betrieb den Großteil der Emissionen verursacht, überwiegt bei effizienten Neubauten zunehmend der Bauaufwand. Das macht die Wahl der Baustoffe entscheidend für die Klimabilanz. [Friederike Schlegl (2019)]

Um eine nachhaltige Wirkung zu erzielen, müssen also die Emissionen für den Bau eines Gebäudes verringert werden. Mit Naturbaustoffen wie Hanf und Holz ist das möglich. Realisierte Projekte zeigen, dass ein KfW40-Haus heute schon CO_2-negativ mit Hanf gebaut werden kann und während des Betriebs kaum Energie benötigt. Deshalb ist Hanf als Baustoff in den aktuellen Debatten um die CO_2-Emmissionen eine sehr gute Lösung.

CO_2- Senken durch Hanfbaustoffe

Aufgrund seines schnellen Wachstums und seiner tiefverzweigten Wurzeln ist Hanf ein hervorragender CO_2-Speicher. Verschiedene Studien beziffern die Netto-CO_2-Bindung auf etwa 7 bis 13 Tonnen CO_2-Äquivalente pro Hektar Anbaufläche (Vosper, 2011; de Beus et al., 2023). Die im Vergleich große Spanne erklärt sich durch Unterschiede in Sorte, Klima und Erntezeitpunkt. Im Vergleich dazu binden Wälder in der Regel ca. 2 bis 8 Tonnen CO_2-Äquivalente pro Hektar und Jahr, abhängig von der Anzahl der Wachstumsjahre, der Klimaregion, der Art der Bäume usw. (IPCC, 2019).[21]

Eine von Ip und Miller (2012) durchgeführte Studie ergab, dass 1 m^2 Außenwand

21 Für eine allgemeinverständliche Darstellung siehe auch: https://www.wald.de/waldwissen/wie-viel-kohlendioxid-co2-speichert-der-wald-bzw-ein-baum//

Abb. 196: Die CO_2-Bilanz von Hanfkalk setzt sich aus Emissionen und Speicherungen zusammen. [Kenneth Ip, 2012]

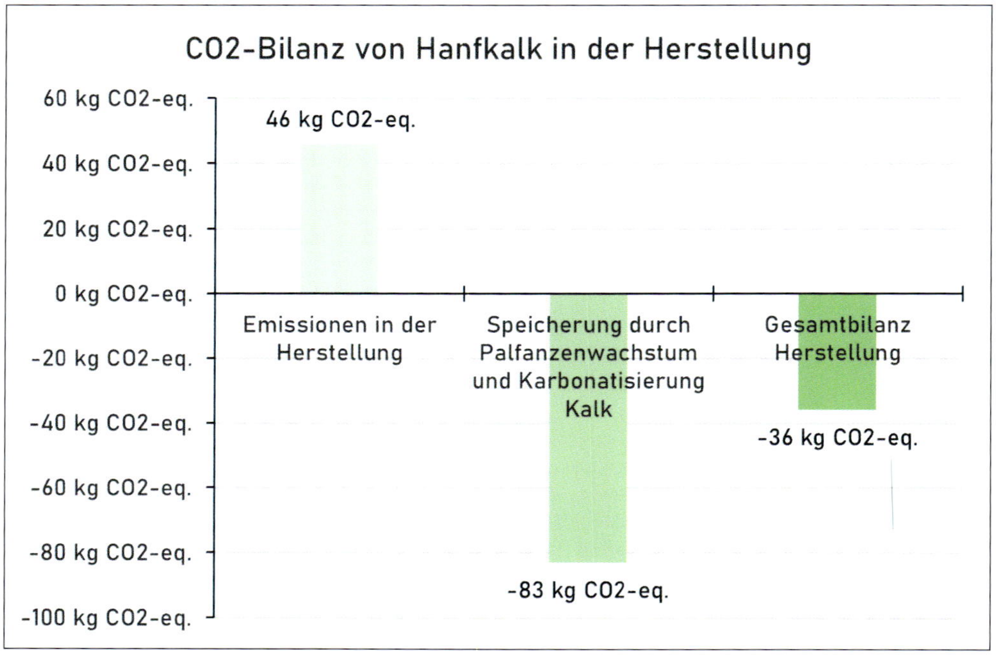

aus Hanfkalk mit 30 cm Dicke rund 83 kg Kohlendioxid gebunden hatte – ein Wert, der vollständige Karbonatisierung des Kalkbindemittels über die Nutzungsdauer voraussetzt. Das kompensierte nicht nur die 46 kg Kohlendioxid, die während des Anbaus, der Herstellung und der Bauprozesse, wie z. B. der Herstellung von Kalk, des Materialtransports usw., freigesetzt wurden, sondern ermöglichte auch eine zusätzliche Speicherung von 36 kg CO_2-Äq. pro m^2.

Allerdings zeigen neuere Untersuchungen von Arrigoni et al. (2017), dass die Karbonatisierung in realen Bauteilen deutlich langsamer verläuft als in älteren Studien angenommen: Nach 240 Tagen war mittels Röntgendiffraktometrie (XRPD) nur in den äußersten 0–2 cm eine signifikante Karbonatisierung nachweisbar. Bei unvollständiger Karbonatisierung sinkt die Netto-CO_2-Speicherung auf etwa –12 kg CO_2-Äq./m^2 (Arrigoni et al., 2017). Die reale Klimawir-

Abb. 197: LCA-Daten verschiedener Hersteller zusammengefasst. [Hanfingenieur]

		Produktionsstadium				Stadium der Errichtung des Bauwerks		Nutzungsstadium							Entsorgungsstadium				Sons-tiges	
		Rohstoffversorgung	Transport	Herstellung	Rohstoffversorgung, Transport, Herstellung zusammen	Transport (zur Baustelle)	Einbau (in Konstruktion)	Nutzung/ Anwendung	Instandhaltung	Reparatur	Ersatz	Renovierung	Energieeinsatz während Gebrauch (des Gebäudes)*	Wassereinsatz während Gebrauch (des Gebäudes) *	Rückbau/ Abriss	Transport	Abfallbehandlung	Beseitigung	Recycling-/ Rückgewinnungs-/ Wiederverwendungspotenzial	Total life cycle
		A1	A2	A3	A1–A3	A4	A5	B1	B2	B3	B4	B5	B6	B7	C1	C2	C3	C4	D	A-D
GWP [kg CO_2/ m^3]	Minimum	–109	16	–89	–96	5	1,5	–74	–	–	–	–	–	–	0,7	0,4	1	–38	–68	–194
	Mittelwert	–39	18	–23	–59	7	12,2	–37	–	–	–	–	–	–	1,0	1,9	82	40	–27	–65
	Maximum	17	20	4	27	8	21,1	–15	–	–	–	–	–	–	1,3	3,9	164	170	13	112
PENRT [MJ/m^3]	Minimum	820	241	22	338	74	1	–	–	–	–	–	–	–	12,0	0,1	15	2	–372	846
	Mittelwert	970	264	62	1149	98	41	–	–	–	–	–	–	–	16,2	28	15	20	–218	2402
	Maximum	1206	286	109	1602	120	100	–	–	–	–	–	–	–	18,5	56	15	67	–63	3375
PERT [MJ/m^3]	Minimum	1687	0,3	56	1530	0,11	0,006	–	–	–	–	–	–	–	0,02	0,04	0,9	0,03	–1038	2517
	Mittelwert	1934	0,4	171	1945	0,45	20	–	–	–	–	–	–	–	0,03	1,12	0,9	18	–726	3685
	Maximum	2060	0,4	251	2311	1,67	91	–	–	–	–	–	–	–	0,03	6,21	0,9	105	–414	4623

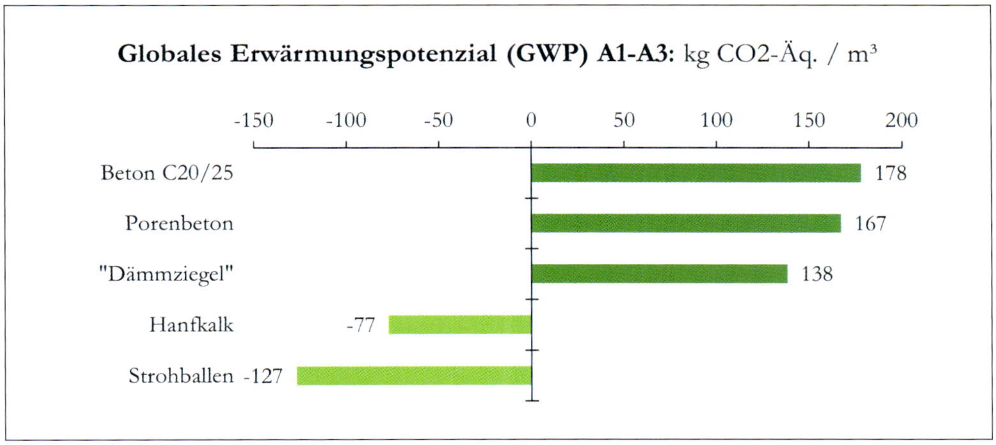

Abb. 198: Vergleich verschiedener Massivbaustoffe hinsichtlich ihres GWP in der Herstellung.

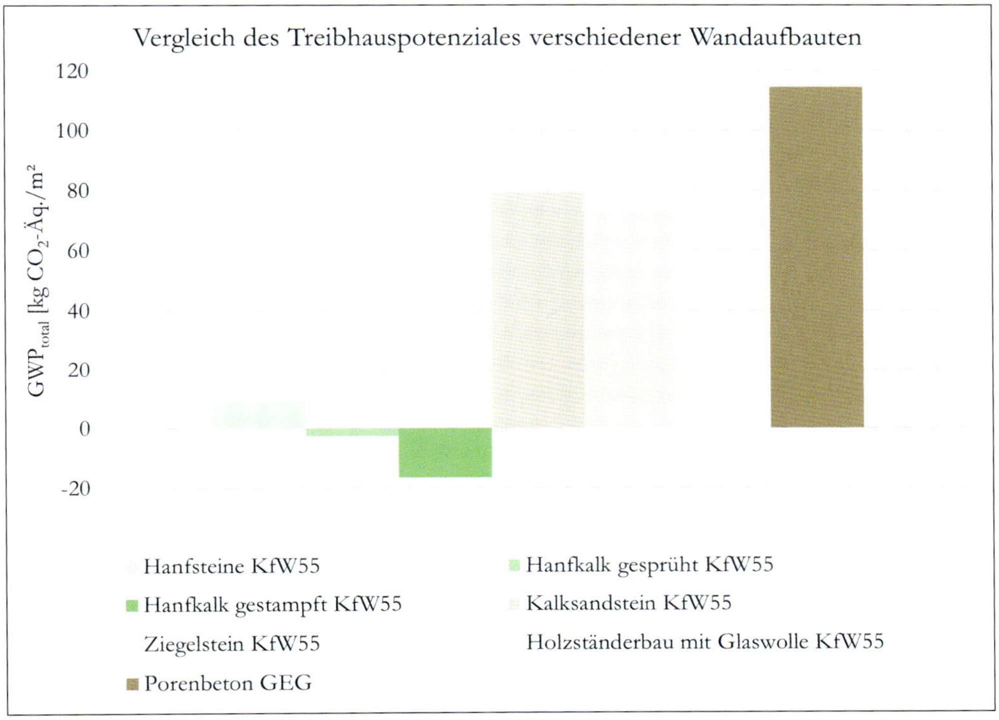

Abb. 199: Vergleich des GWPs konventioneller mit Hanfkalk-Bauweisen [Schramm, 2023]

kung einer Hanfkalkwand liegt daher je nach Karbonatisierungsgrad in einer Spanne von etwa –12 bis –36 kg CO_2-Äq./m^2.

Anderen Quellen zufolge beträgt das Globale Erwärmungspotenzial (GWP) von Hanfkalk in der Herstellung (A1–A3) im Mittel bei –55 bis –96 kg CO_2-Äq./m^3. Allerdings weist die LCA-Tabelle (Abb. 197) auch einen Maximalwert von +26,9 kg CO_2-Äq./m^3 aus: Unter ungünstigen Bedingungen, etwa bei langen Transportwegen, emissionsintensiver Kalksorte oder hohem Zementanteil im Bindemittel, kann Hanfkalk in der Herstellungsphase netto CO_2-positiv sein (vgl. Arrigoni et al., 2017). Somit kann Hanfkalk unter günstigen Voraussetzungen während der Nutzung des Gebäudes als CO_2-Senke fungieren.

Die CO_2-Bilanz von Hanfkalk wird maßgeblich beeinflusst durch:

- Kalksorte
- Transportwege zur Fabrik
- Verwertung nach Abriss (siehe Kapitel 15.2)

Verschiedene Hersteller haben für ihre Hanfkalk-Produkte bereits Lebenszyklusanalysen erstellen lassen, darunter Isohemp (2018, 2021), Schönthaler (2017) und TecnoCanapa (2022). Alle Daten sind in der Abbildung 197 zusammengefasst.

Hanfkalk in der Kreislaufwirtschaft

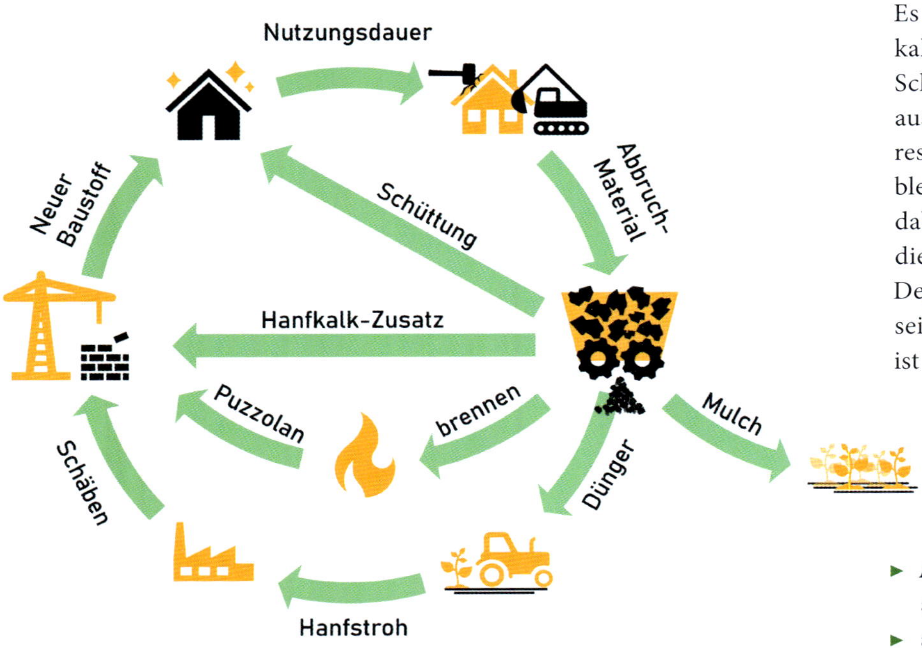

Abb. 200: Die Skizze zeigt, wie Hanfkalk nach dem Rückbau eines Gebäudes wiederverwertet werden kann. Der alte Baustoff wird sortiert und entweder direkt als Schüttung (I), als Zuschlag für neue Hanfkalkmischungen (II), als Dünger (III) oder – nach Brennvorgang – als Bindemittel (IV) genutzt. Auch eine Nutzung als Mulchmaterial im Gartenbau (V) ist möglich. Hanfkalk wird damit Teil einer echten Stoffkreislaufwirtschaft. [Henrik Pauly]

In den Systemgrenzen C3 (Abfallbehandlung) und C4 (Beseitigung) geben die Hersteller an, dass der Hanfkalk auf der Deponie gelagert wird und dort verrottet. Das in der Pflanze gespeicherte CO_2 wird bei diesem Prozess wieder anteilig ausgestoßen. Dabei ist anzumerken, dass Hanfkalk nicht auf der Deponie entsorgt, sondern wiederverwendet werden sollte. Damit würde die Klimabilanz deutlich besser ausfallen als von einigen Herstellern angegeben.

Die oben stehende Grafik vergleicht unterschiedliche Wandaufbauten bei gleichem U-Wert von 0,19 W/(m²·K). Betrachtet wurde jeweils 1 m². Es wurden die Lebenszyklus-Daten der jeweiligen Hersteller zugrunde gelegt. Die Systemgrenzen A1-A3, B4, C2-C4 und D wurden in die Berechnungen einbezogen. (Schramm, 2023). Auch wenn die Daten stets mit Vorsicht betrachtet werden sollten, so zeichnet sich ein klares Bild ab: Hanfkalk-Bauweisen haben das Potenzial, CO_2-neutrales Bauen zu ermöglichen.

Der Lebenszyklus von Hanfbaustoffen

Abriss wird sich nie gänzlich vermeiden lassen. Laut aktuellem Abfallschlüssel wird Hanfkalk beim Wertstoffhof in den Abfallschlüssel „Gemischte Bau- und Abbruchabfälle" [AVV-17 09 04] eingestuft. Es ist wichtig zu erwähnen, dass Hanfkalk selbst auf einer Mülldeponie keinen Schaden verursachen würde, da er nur aus Hanf und Kalk besteht. Auch Putzreste, die am Material beim Abriss haften bleiben, sind kein Problem, wenn es sich dabei um natürliche Putze handelt. Doch die Entsorgung von Baustoffen auf der Deponie darf langfristig nicht die Lösung sein! Denn der Hanfkalk aus dem Abriss ist ein wertvoller Rohstoff.

Wird er nach dem Abbruch in einer Backenbreche zerkleinert, kann Hanfkalk vielfältig wieder in Kreisläufen hinzugefügt werden, wie die Abbildung zeigt:

- Als Hanfkalk-Schüttung in neuen Bodenaufbauten,
- als Zusatz für neue Hanfkalk-Mischungen,
- als Nährstoff in Ackerböden,
- nach dem Brennvorgang als puzzolanes Bindemittel in neuen Hanfkalk-Mischungen oder Putzen,
- als Mulch-Material in Pflanzbeeten.

Heutzutage werden nur etwa 1 % aller in Neubauten eingesetzten Materialien wiederverwendet (Kapelle, 2021). Dabei kann die Wiederverwendung von Hanfkalk die Gesamtbilanz erheblich verbessern, weil die unter C4 bilanzierten Emissionen bei Kreislaufführung entfallen würden. Nach einer Untersuchung, die von der Firma IsoHemp SA 2019 in Auftrag gegeben wurde, können bis zu 2 t zerkleinerter Hanfkalk pro ha und Jahr auf einem Acker ausgebracht werden.

Hanfdämmung von ThermoNatur kann wieder von der Firma zurückgenommen und dem Produktionszyklus zugeführt werden – das Material bleibt im Kreislauf.

Hanfdämmung von ThermoNatur kann wieder von der Firma zurückgenommen und dem Produktionszyklus wieder zugeführt (bleibt im Kreislauf).

15.2 Nachhaltigkeit von Nutzhanf im Kontext der SDGs

Kurzfassung: Hanf als Baustoff verbindet Klimaschutz, Ressourceneffizienz und gesundes Bauen. Durch seinen kurzen Produktionszyklus, seine CO_2-Bindung in der Wachstumsphase und dessen langfristige Speicherung in Gebäuden, durch geringe Herstellungsenergie und durch Kreislauffähigkeit leistet Hanf einen messbaren Beitrag zu mehreren SDGs (Sustainable Development Goals) der UN-Agenda 2030. Im Folgenden wird jedes SDG im Kontext des Bausektors knapp eingeordnet (vgl. zu den nachstehenden Zitaten insgesamt: Westphal 2022, Kapitel 4). Das Kapitel entstand in Zusammenarbeit mit Jonas Westphal.

SDG 1 – Keine Armut

Regionale Hanfwertschöpfung schafft Arbeitsplätze in ländlichen und Strukturwandel-Regionen durch Anbau, Aufschluss, Produktion, Verarbeitung, Bauhandwerk. Lokale Lieferketten halten Wertschöpfung vor Ort und mindern Importabhängigkeiten. Dies ist besonders relevant vor dem Hintergrund, dass viele Baustoffe in entfernten Ländern unter fragwürdigen Bedingungen hergestellt werden.

SDG 2 – Kein Hunger

Hanfbaustoffe entstehen aus derselben Pflanze, die auch proteinreiche Samen liefert, sodass eine Koppelnutzung des Nutzhanfes möglich ist. Insoweit konkurriert der Baustoffeinsatz nicht mit der Lebensmittelproduktion, sondern erhöht die Flächeneffizienz.

SDG 3 – Gesundheit und Wohlergehen

Hanfbaustoffe sind in der Regel frei von gesundheitskritischen Zusätzen. In Gebäuden regulieren sie die Raumluftfeuchte, verbessern die Akustik und das Raumklima (vgl. Bennai et al. 2022; Rumänische Studie 2018). Sie reduzieren Schimmelrisiken in diffusionsoffenen Wandaufbauten. Durch ihre Schadstofffreiheit mindern sie zudem die Belastungen für Handwerker und Bewohner gegenüber synthetischen Alternativen.

SDG 4 – Hochwertige Bildung

Der Ausbau einer Hanf-Bauindustrie erfordert Qualifizierung entlang der Wertschöpfungskette in der Landwirtschaft, Materialtechnik, Architektur und Bauphysik. Um dieses Expertenwissen zu fördern, können Hochschulen, Kammern und Verbände spezielle Curricula und Fortbildungen etablieren, etwa für die Planung, Ausführung und Bewertung biobasierter Bauweisen.

SDG 5 – Geschlechtergleichheit

Biobasierte Bauweisen bieten Potenzial für diversere Teams in Planung, Forschung und Ausführung. Vergabekriterien und Förderprogramme können Gleichstellung, Arbeitsschutz und Vereinbarkeit gezielt adressieren. Schon heute kann man feststellen, dass auf Hanf-Baustellen eine überdurchschnittliche hohe Frauenquotezu beobachten ist..

SDG 6 – Sauberes Wasser und Sanitärversorgung

In der Lieferkette zum Baustoff wirkt der tiefwurzelnde Hanf boden- und grundwasserschonend. In der Produktion setzen Hersteller zunehmend auf geschlossene Wasserkreisläufe und reduzieren so Frischwasserbedarf und Abwasserlasten. Schadstoffreie Hanfbaustoffe sind zudem keine Gefahr für das Grundwasser.

SDG 7 – Bezahlbare und saubere Energie

Hanf-Dämmstoffe senken den Heiz- und Kühlenergiebedarf im Betrieb von Gebäuden. Ihre Herstellung benötigt weniger Prozessenergie als konventionelle Dämmstoffe; zugleich verbessern Hanfkalk-Bauteile die Energieeffizienz im Gebäudebetrieb. Reststoffe können zudem zu Biokraftstoff verarbeitet werden.

SDG 8 – Menschenwürdige Arbeit und Wirtschaftswachstum

Die Etablierung einer Nutzhanf-Wirtschaft hat das Potenzial, neue, sichere Arbeitsplätze in Landwirtschaft, Industrie und Bau zu schaffen, ohne Exposition gegenüber stark emittierenden oder toxischen Stoffen. Beispiele aus Europa belegen Wachstumspotenziale der Branche (Produktion, Handel, Verarbeitung, Bau).

SDG 9 – Industrie, Innovation und Infrastruktur

Hanf eröffnet innovative Bauverfahren (z. B. vor Ort gesprühter Hanfkalk, Fertigteile, vorgefertigte Steine). Durch industrielle Fertigung entstehen leistungsfähige Baustoffe mit geringerem Gewicht. Die regionale Verfügbarkeit kann eine resiliente, regionale Infrastruktur unterstützen. Zusätzlich zeigen Architekturprojekte in Europa und Australien, dass Hanfkalk auch gestalterisch und brandschutztechnisch überzeugt und bereits mit Architekturpreisen ausgezeichnet wurde (vgl. The Guardian 2024).

SDG 10 – Weniger Ungleichheiten

Dezentrale Anbauregionen und regionale Produktion stärken strukturschwache Räume. Faire Beschaffung, transparente Lieferketten und niedrigere Markteintrittsbarrieren eröffnen kleinen Betrieben den Zugang zu zukunftsfähigen Märkten.

SDG 11 – Nachhaltige Städte und Gemeinden

Hanf ersetzt CO_2-intensive Baustoffe und verbessert die Sanierungsökonomie im Bestand. Während die Produktion konventioneller Materialien hohe Emissionen verursacht, binden Hanfprodukte wachstumsbedingt CO_2 und speichern diese langfristig in Gebäuden ein.

SDG 12 – Nachhaltiger Konsum und Produktion

Hanf kann Holz (Papier) und Kunststoffe (Textilien, Plastik) ersetzen. Hanfbaustoffe sind kreislauffähig: ein Rückbau ermöglicht sortenreine Trennung, Wieder- oder Weiterverwendung (Urban Mining). Biobasierte Faserverbunde und Dämmstoffe reduzieren Primärrohstoffbedarf.

SDG 13 – Maßnahmen zum Klimaschutz

Hanf erzielt einen primären CO_2-Nettogewinn durch sein Pflanzenwachstum und einen sekundären Klimavorteil durch Substitution energieintensiver Baustoffe sowie durch Betriebseinsparungen durch Dämmung. In Hanfsteinen/Hanfkalk wird biogenes CO_2 dauerhaft gespeichert („Carbon Lock-in"). Lebenszyklusanalysen (z. B. Arrigoni et al. 2017) bestätigen, dass Hanfkalk einen negativen CO_2-Fußabdruck aufweisen kann

SDG 14 – Leben unter Wasser

Aus naturbelassenen Hanfbaustoffen werden keine Giftstoffe ausgeschwemmt. Hanfanbau mindert Nitrateinträge in Gewässer. In der Produktion können Kreislauf-Konzepte und die Substitution petrochemischer Komponenten helfen, Schadstoffeinträge in aquatische Systeme zu reduzieren.

SDG 15 – Leben an Land

Hanf fördert Biodiversität, wirkt erosionsmindernd und verbessert die Bodenstruktur. Als Fruchtfolgepflanze steigert er die Erträge nachfolgender Kulturen und erhöht die Resilienz von Agrarsystemen.

SDG 16 – Frieden, Gerechtigkeit und starke Institutionen

Klare, wissenschaftsbasierte Regulierung sorgt für Rechtssicherheit entlang der Wertschöpfungskette und stärkt Vertrauen in Institutionen. Öffentliche Förderung kann diese Standards vorantreiben.

SDG 17 – Partnerschaften zur Erreichung der Ziele

Hanf verbindet Landwirtschaft, Forschung, Industrie, Bauwirtschaft und Politik. Pilotprojekte und Förderprogramme bringen Akteure zusammen – für die Skalierung, Standardisierung und den Markthochlauf. Beispielhaft ist das Projekt der Lower Sioux Community in Minnesota, die ein energieeffizientes Gemeindezentrum aus Hanfkalk errichtete – ein Beleg dafür, wie Hanf technologische, kulturelle und soziale Dimensionen verbinden kann (vgl. The Guardian 2024).

Fazit

Hanf ist ein Hebel für klimaneutrales, gesundes und kreislauffähiges Bauen. Er verbindet landwirtschaftliche Ökosystemleistungen mit industrieller Wertschöpfung und urbaner Lebensqualität. Für den Markthochlauf braucht es Skalierung, Normung, Förderung und verlässliche Rahmenbedingungen – dann kann Hanf im Bausektor mehrere SDGs zugleich wirksam adressieren.

16. Ein Hanfhaus planen

> *So wie wir heute bauen,*
> *werden wir in 30 Jahren leben.*
> Henrik Pauly

16.1 Einführung in Planung

Die Planung eines Hauses aus Hanf unterscheidet sich nicht fundamental von der Planung konventioneller Häuser. Besonderheiten in den Details können die spätere Realisierung jedoch erleichtern oder erschweren.

Insbesondere wichtige Details wie die Gestaltung des Sockels und der Traufe, die Dimensionen der Holzkonstruktion und die Oberflächen können einen großen Einfluss darauf haben, wie einfach sich Hanfkalk einbauen lässt und – noch wichtiger – wie gut er funktioniert, wenn das Gebäude genutzt wird. Bevor Sie Ihr Hanfbauprojekt in Angriff nehmen, empfehlen wir eine fachliche Beratung in der Entwurfsphase.

Abhängig von der Gebäudeklasse (GK) bestehen unterschiedliche Anforderungen an die jeweiligen Bauteile. So werden bei GK 1 keine Feuerschutzanforderungen an die Außenwände gestellt, während bei GK 4 die Außenwände feuerhemmend ausgeführt werden sollen.

Der Entwurf des Gebäudes hat einen Einfluss darauf, welche Baumethode sich besonders eignet. Die folgende Tabelle gibt eine erste Orientierung.

Projekt-Art	Baumethode	Vorteile	Nachteile
▸ Überdurchschnittlicher Anteil an Eigenleistung ▸ Grundriss mit Rundungen & freien Formen ▸ Fachwerksanierung (einzelfallabhängig)	Stampfen	Viele Formen möglich, individuelles Bauen, schöne Optik, kann in Eigenleistung ausgeführt werden, geringere Materialkosten	Arbeitsintensiv, Setzungsrisse möglich bei unerfahrenen Verarbeitern, anfänglich hohe Baufeuchte
▸ Neubau ▸ Innendämmung ▸ Klassische Grundrisse ▸ Fachwerksanierung (einzelfallabhängig)	Mauern	Wenig Baufeuchte, Standard-Details, kann man alleine machen, kann in Eigenleistung ausgeführt werden	Rohware teurer als gestampft
▸ Fachwerksanierung ▸ Innendämmung	Sprühen	Schnell, effizient	Spezielle Maschinen notwendig, sollte nur von Fachunternehmen ausgeführt werden
▸ modulare Grundrisse ▸ Neubau	Fertigteile	Schnell, einfach wieder rückbaubar	Geringerer Grad an Individualisierung möglich

Abb. 201: Die Kosten müssen von Beginn an berücksichtigt werden [Judit Stott]

16.2 Kosten kalkulieren

Eine der meistgestellten Fragen ist sicherlich, was ein Hanfhaus kostet.

Preislich sind Häuser aus Hanf mit dem ökologischen Holzbau vergleichbar. Sie liegen preislich zwischen dem konventionellen Massivbau und der Massivholzbauweise. Zu betonen ist, dass eine Außenwand aus Hanfkalk häufig sogar preisneutral zu konventionellen Massivbauweisen mit Wärmedämmverbund-System ist. Auch die Rohware Hanfkalk ist verhältnismäßig günstig. Was Häuser aus Hanf häufig teuer macht, sind nicht die Hanfbaustoffe selbst, sondern die höheren Ansprüche der Bauherren an weitere Aspekte wie die Wohngesundheit und Zirkularität der im Innenraum eingesetzten Materialien. Ein Lehmputz etwa ist z. B. ca. dreimal so teuer wie ein Gipsputz. Holzfenster sind um ca. 40 % teurer als Kunststofffenster. Vollholzdielen sind ca. doppelt so teuer wie ein Vinylböden.

Zurzeit kann man für ein fertiges Hanfhaus rund 4.500 bis 5.500 €/m² Wohnfläche kalkulieren. Faktoren wie Eigenleistungen, Lage und Beschaffenheit des Grundstücks, etc. können den Preis nach oben und unten stark verändern. Fachplaner für Hanfgebäude können bei der Kalkulation unterstützen.

Für die konkrete Kostenkalkulation muss als erstes das verfügbare Budget für das Bauprojekt ermittelt und festgelegt werden. Dieses Budget entscheidet darüber, wie groß ein Haus geplant werden und wie der Entwurf gestaltet werden kann. Im Budget sollte ein Puffer von mind. 10 % für Unvorhergesehenes eingeplant werden. Wie hoch das maximale Budget liegt, können Bauherrschaften im Gespräch mit einem Finanzierungsberater ermitteln. Hierbei sollte stets vorsichtig und „auf der sicheren Seite" kalkuliert werden, um nicht in Schwierigkeiten zu geraten, wenn sich die Lebensumstände einmal ändern.

Die Preise für Naturbaustoffe, und damit für Hanfkalk, sind in den letzten Jahren stabil geblieben beziehungsweise nur moderat angestiegen. Die Preise für konventionelle Baustoffe sind seit 2020 hingegen stark gestiegen. Grund dafür sind die stark gestiegenen Energiepreise, die sich unmittelbar auf die Preise der Baustoffe auswirken, die in der Herstellung sehr energie-intensiv sind. Die Preise der Baustoffe, die wenig Energie in der Herstellung benötigen, haben sich im Vergleich dazu nur moderat verändert.

Kosten der einzelnen Bestandteile (inkl. MwSt, Stand 2025):

Rohstoffkosten Hanfkalk (Großmengen!)	Kosten inkl. MwSt
Hanfschäben (Sack à 18–20 kg)	15–20 €/Sack
Kalk (Sack à 25 kg)	14–20 €/Sack
ggfs. Additive (Sack à 3 kg)	8–14 €/Sack

Rohstoffkosten für Hanfkalk, ohne Frachtkosten, ab Werk, Preise variieren stark nach Bestellmenge!

Bauweise	€ inkl. MwSt.
Orthanf (Hanfkalk) nur Material, zzgl. Fracht	240–380 €/m³
Orthanf (Hanfkalk) fertig eingebaut inkl. Schalung und Verarbeitung	700–900 €/m³
Hanfsteine ab Werk (nur Material), zzgl. Fracht	350–480 €/m³
30er Hanfsteine fertig vermauert (EG)	180 €/m²
30er Hanfsteine fertig vermauert (OG)	222 €/m²
30er Hanfsteine fertig vermauert (DG)	257 €/m²
Innendämmung mit Hanfsteinen inkl. Material, Lohn und Hinterfüllung	
7,5 cm	160 €/m²
9 cm	164 €/m²
12 cm	179 €/m²
15 cm	199 €/m²
20 cm	129 €/m²
Hanfkalk fertig gesprüht	650–800 €/m³

Baukosten je nach Baumethode brutto (inkl. MwSt.), Stand 2026, 1. Quartal

Ein gängiges Vorurteil ist, dass das ökologische Bauen zu teuer sei. Tatsächlich spiegeln jedoch die Preise für konventionelle Baustoffe nicht ihre wahren Kosten wider, da sie von umfassenden Energiesubventionen profitieren (siehe Kapitel 20.3). Zusätzlich werden bei der aktuellen Bepreisung von Baustoffen weder Lebenszykluskosten noch der Ausstoß Grauer Energie betrachtet.

Durch Hanfkalk werden komplizierte Arbeitsschritte und Rückbaumaßnahmen verkürzt, was wiederum Kosten spart.

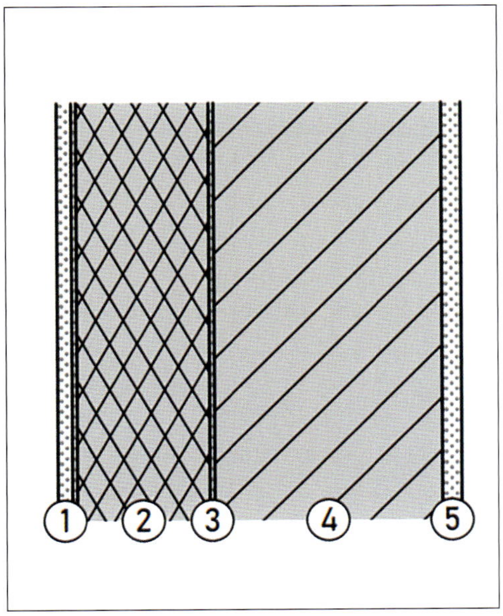

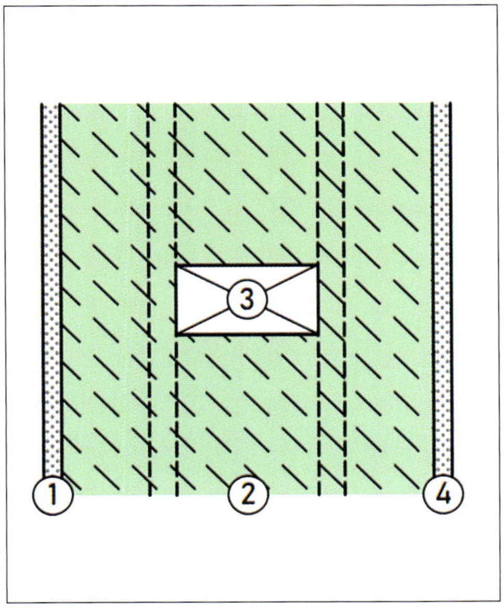

Links: Typischer, mehrschichtiger Wandaufbau mit WDVS
1 Fassadenfarbe mit chem. Zusätzen, Siliconharz-Oberputz und organischer Armierungsmasse
2 Polystyrol-Hartschaumplatten
3 Klebemörtel bzw. Dispersionskleber
4 Kalksandstein/ Beton/ etc.
5 Gipsputz mit Vliestapete und Anstrich

Aufbau einer Hanfkalkwand:
1 Kalkputz mit Kalkfarbe
2 Hanfkalk gestampft
3 Holzständerwerk
4 Lehmputz mit Lehmfarbe
Keep it simple!

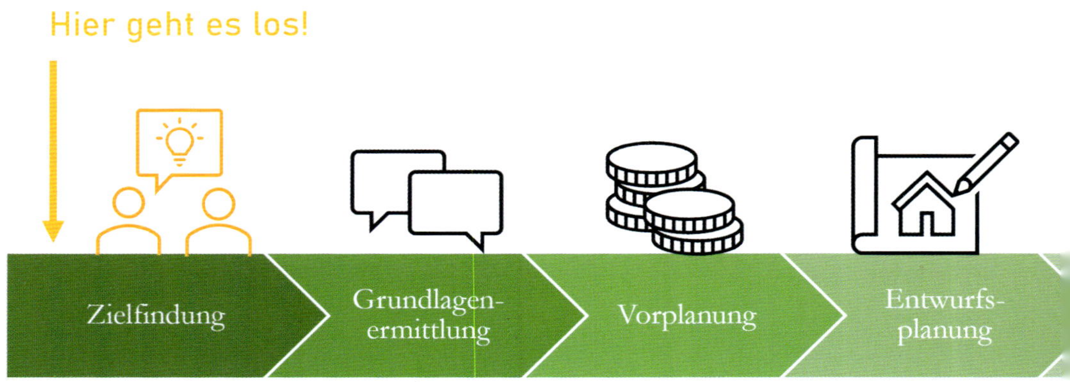

16.3 Terminplan erstellen

Die Planung eines Hanfhauses benötigt genauso viel (beziehungsweise wenig) Zeit, wie die Planung eines konventionell gebauten Hauses. Ist ein Planungsbüro zum ersten Mal mit der Planung eines Hanfhauses beauftragt, sollte für das erste Projekt ein Fachplaner für die Hanfarbeiten hinzugezogen werden, der während der Planungsphase beratend zur Seite steht, um auf Besonderheiten in der Planung hinzuweisen und so Fehlerpotenzial zu minimieren.

Für ein individuell geplantes, klassisches Wohnhaus sollte man von der Zielfindung bis zur Baugenehmigung mit rund 1 bis 1,5 Jahren rechnen – ein Zeitraum, der bei jeder Art eines individuellen Bauprojekts nötig ist. Ab der Baugenehmigung kann bis zum Einzug mit nochmals ca. 1 bis 1,5 Jahren gerechnet werden.

Abb. 202: Skizzen während der Vorplanung [Hanfingenieur]

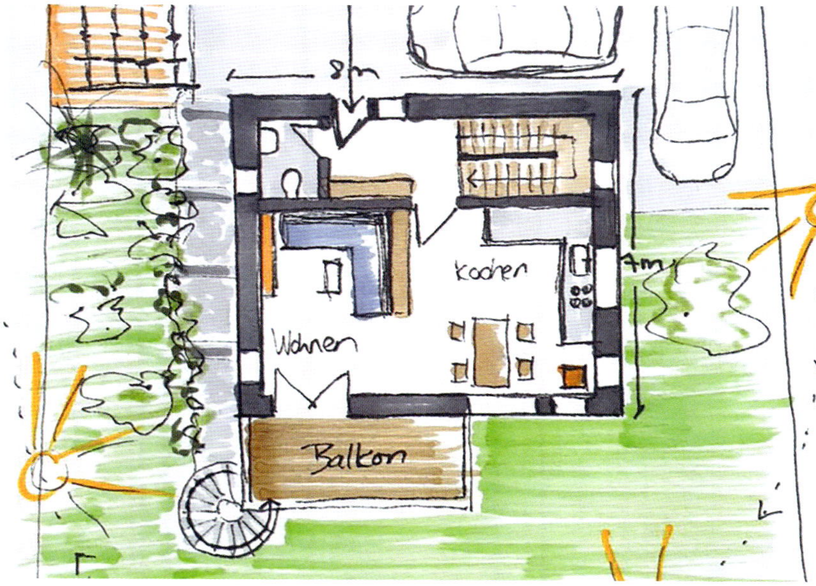

Jedes Bauprojekt durchläuft verschiedene Leistungsphasen (LPH). Dabei ist es egal, ob es sich um eine Sanierung oder einen Neubau handelt und wie groß das Projekt ist. In der Honorarordnung für Architekten und Ingenieure (HOAI) werden diese Leistungsphasen (LPH) erläutert. Hier eine kurze, vereinfachte Zusammenfassung der Leistungsphasen nach HOAI[22]:

„LPH 0" Zielfindung
Die ersten Ideen für das Projekt werden gesammelt und Ziele für das Projekt definiert. Hierfür sollte bereits ein Planer hinzugezogen werden.

LPH 1 Grundlagenermittlung
Die Gegebenheiten vor Ort werden untersucht und der Bauherr wird vom Planer zu dem erforderlichen Leistungs- und Untersuchungsbedarf beraten.

LPH 2 Vorplanung
Auf Basis der Grundlagen werden erste Skizzen und Konzepte sowie eine sehr grobe Kostenschätzung erstellt.

LPH 3 Entwurfsplanung
Die ersten Zeichnungen werden im Maßstab erstellt. Fachspezifische Anforderungen wie z. B. die Heizungsanlage werden in der Planung berücksichtigt.

22 Honorarordnung für Architekten und Ingenieure, vgl. https://www.hoai.de/

Abb. 203: Ablauf eines Projektes nach HOAI

LPH 4 Genehmigungsplanung
Es wird ernst! Nun werden die amtlichen Pläne erstellt und bei den Ämtern zur Genehmigung eingereicht. Anschließend heißt es: warten.

LPH 5 Ausführungsplanung
Nach erfolgreicher Baugenehmigung werden die Baupläne inklusive aller Details gezeichnet, nach denen später das Haus gebaut wird. Erst jetzt liegen Pläne vor, nach denen man bauen kann.

LPH 6+7 Ausschreibung und Vergabe
Die Leistungsverzeichnisse werden erstellt, mit denen man nun Firmen für die Realisierung des Projektes anfragen kann. Die Bauverträge werden geschlossen.

LPH 8 Objektüberwachung
Der Architekt erstellt die Terminpläne, koordiniert die Firmen auf der Baustelle und dokumentiert die Arbeiten vor Ort. Er kontrolliert die Kosten und begleitet die Abnahme und Mängelbeseitigung.

LPH 9 Objektbetreuung
Vor Ablauf der Verjährungsfristen wird nochmal kontrolliert, ob es noch offene Mängel am Haus gibt.

Detaillierte Zeitangaben für die Ausführung von Hanfkalk-Arbeiten sind in den jeweiligen Abschnitten beschrieben.

Abb. 204: Detailplanung eines Hanfhauses [Hanfingenieur]

16.4 Entwurf eines Hanfhauses

Den perfekten Baustoff für alle Anwendungen gibt es nicht und wird es auch nie geben. Die Anforderungen an ein Bauteil geben vor, welcher Baustoff dort eingesetzt werden sollte. Es ist immer eine Abwägung von Materialeigenschaften, die entweder den einen oder anderen Baustoff besser geeignet machen. Hanfkalk ist immer von Spritzwasser fernzuhalten!

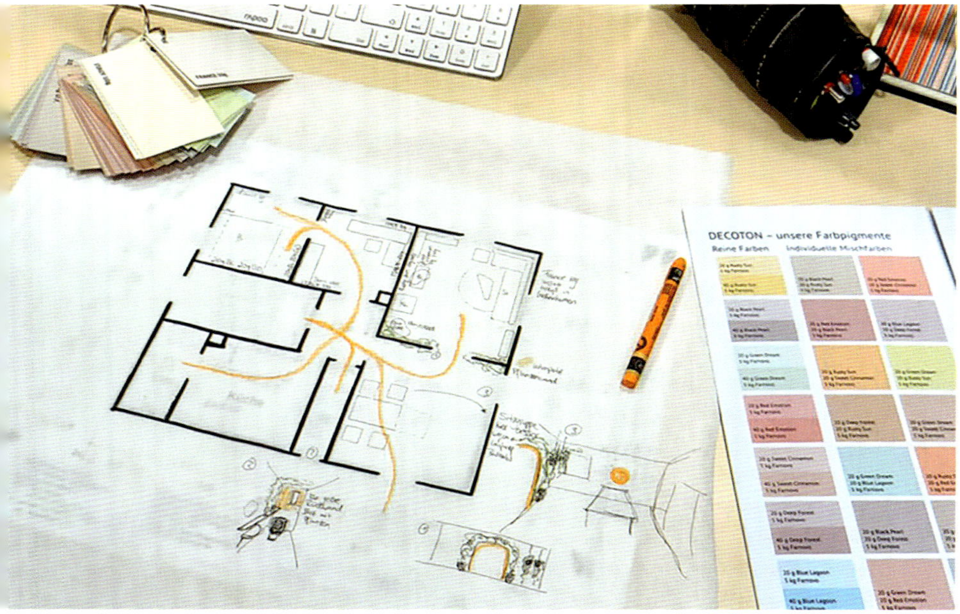

Abb. 205: Laufwege: Wie bewege ich mich durch das Gebäude nach dem Umbau? [Hanfingenieur]

Grundsätze für die Planung mit Hanf-Baustoffen:
Hanfkalk eignet sich aufgrund seiner Dämmleistung und Witterungsbeständigkeit hervorragend als Baustoff für die Gebäudehülle, wie z. B. die Außenwände. An Innenwände werden oft höhere Anforderungen an Schallschutz und Stabilität gestellt, weshalb hier Hanflehm oder schwere Baustoffe wie Lehmsteine besser geeignet sind. Die Schallschutz-Eigenschaften von Hanfkalk sind aufgrund seiner geringen Rohdichte eher schlecht, wohingegen die akustischen Eigenschaften hervorragend sind.

Stand heute ist Hanfkalk nicht als statisch tragend anzusehen, weshalb das Bauen mit Hanfkalk immer eine separate Tragstruktur erfordert.

Nachhaltige Planung

Nachhaltiges Bauen beginnt nicht erst beim Spatenstich, sondern mit einer vorausschauenden Planung. Wer frühzeitig klug plant, kann spätere Anpassungen erleichtern, Ressourcen schonen und die Lebensdauer des Gebäudes verlängern.

Tragstruktur und Raumaufteilung

Bewährt hat sich eine Planung, die mit möglichst wenigen tragenden, flächigen Wänden arbeitet. Stattdessen sollten primär Stützen eingesetzt werden, um eine flexible Grundrissgestaltung zu ermöglichen. So lassen sich Räume im Laufe der Zeit ohne viel Aufwand an neue Lebensphasen anpassen: etwa wenn Kinder ausziehen, das Arbeiten im Homeoffice zur Regel wird oder eine neue Familie einzieht.

Zukunft mitdenken

Stellen Sie sich bereits in der Planungsphase folgende Fragen:

- Welche Funktionen könnten die Räume in 10, 20 oder 30 Jahren übernehmen?
- Wo entstehen Rückzugsorte oder Lieblingsplätze?
- Welche Blickachsen gilt es zu bewahren?
- Gehen Sie Ihren Alltag im Geiste durch: Wie sind die Laufwege/ wo werden die Einkäufe abgestellt/ wo ziehen sich die Kinder die Schuhe an?
- Was könnte auf dem Grundstück und in der Umgebung in den kommenden Jahrzehnten passieren – gibt es mögliche Veränderungen durch Infrastruktur, Verkehr oder Nachverdichtung?

Technik und Wandelbarkeit

Auch die technischen Systeme eines Hauses sollten zukunftsfähig geplant werden. Hausinstallationen und Leitungsführungen lassen sich so planen und ausführen, dass ein späterer Austausch – etwa nach 50 Jahren – ohne große Eingriffe in die Bausubstanz möglich ist. Beim Bauen mit Hanfkalk spielt dieser Aspekt eine besonders wichtige Rolle: Der diffusionsoffene Wandaufbau bleibt dauerhaft intakt, wenn Leitungen in Installationsebenen geführt werden, die unabhängig von tragenden Wänden funktionieren.

Für Wandflächen, die hohe Ausbaulasten aufnehmen sollen, wie z. B. Küchenschränke oder schwenkbare Flachbildschirme, muss eine zusätzliche Unterkonstruktion vorgesehen werden.

Passiv-Solar

Kluge Fenstergrößen und Ausrichtungen in Kombination mit Dachüberständen an den richtigen Stellen sind entscheidend für eine optimale Ausnutzung der Sonnenenergie und des natürlichen Lichts. Durch die richtige Platzierung und Dimensionierung von Fenstern, können Häuser das Sonnenlicht effektiv einfangen, um den Innenraum zu beleuchten und gleichzeitig Wärme zu gewinnen. Im Winter lassen große, südlich ausgerichtete Fenster viel Sonnenlicht und Wärme ins Haus, während Dachüberstände im Sommer Schatten spenden und eine Überhitzung verhindern. Auch die Bepflanzung kann dem Haus dienlich sein: **Laubbäume geben im Sommer wertvollen Schatten und lassen im Winter das Sonnenlicht durchscheinen.**

Die Nutzung von natürlichem Licht und passiver Solarenergie trägt zum Wohlbefinden der Bewohner bei, indem sie für eine angenehme und helle Wohnatmosphäre sorgt und gleichzeitig den Energieverbrauch reduziert. Dies fördert nicht nur ein gesundes Raumklima, sondern hilft auch dabei, die Umweltbelastung zu minimieren.

Betrachtet man die Phasenverschiebung der Außenwände, könnten auch verschiedene Wanddicken an Nord- und Südseiten angedacht werden.

Die Verwendung von Hanfkalk und Lehmbaustoffen in Kombination mit dieser passiven Solartechnik erhöht die Energieeffizienz des Hauses noch weiter. Dazu muss der gesamte Bauteilaufbau diffusionsoffen und kapillaraktiv geplant werden. Hanfkalk und Hanflehm besitzen hervorragende spezifische Wärmekapazität, die dazu beiträgt, die im Raum gespeicherte Wärme zu regulieren. Sie absorbieren die Wärme, wenn es draußen kalt ist, und geben sie langsam wieder ab, wenn die Raumtemperatur sinkt. Diese Trägheit trägt zu einer gleichmäßigen Temperaturverteilung im Haus bei und sorgt für ein angenehmes und behagliches Raumklima, das zum Wohlbefinden der Bewohner beiträgt.

Fundamente und Sockel

Für Hanf-Häuser sind alle Arten von Fundamenten geeignet – Stahlbetonfundamente, Schraubfundamente, Stahlfundamente, Schaumglas, etc. sind möglich. Ein besonderes Fundament braucht es nicht, da Hanfkalk sieben Mal leichter ist als Beton!

Als ökologisch sinnvolle Alternative zu klassischen Betonfundamenten erfreuen sich Gründungen aus Schraubfundamenten (=schwebende Pfahlgründung) und Schaumglas (=Flächengründung oder Streifenfundamente) immer größerer Beliebtheit. Mit diesen Gründungsarten ist es schon heute möglich, **Gebäude zementfrei zu bauen!**

Schraubfundamente sind statisch gesehen schwebende Pfahlgründungen und können überall dort eingesetzt werden, wo vorwiegend bindige Böden anstehen. Sie bestehen aus Stahl und sind mit einer sehr dicken Zink-Schicht von über 100 µm versehen. Diese Zinkschicht wird im Laufe der Jahre „abgenutzt“, sodass mit einer Lebenszeit der Schraubfundamente von ca. 50 bis 100 Jahren zu rechnen ist.

Laubbäume geben im Sommer wertvollen Schatten und lassen im Winter das Sonnenlicht durchscheinen.

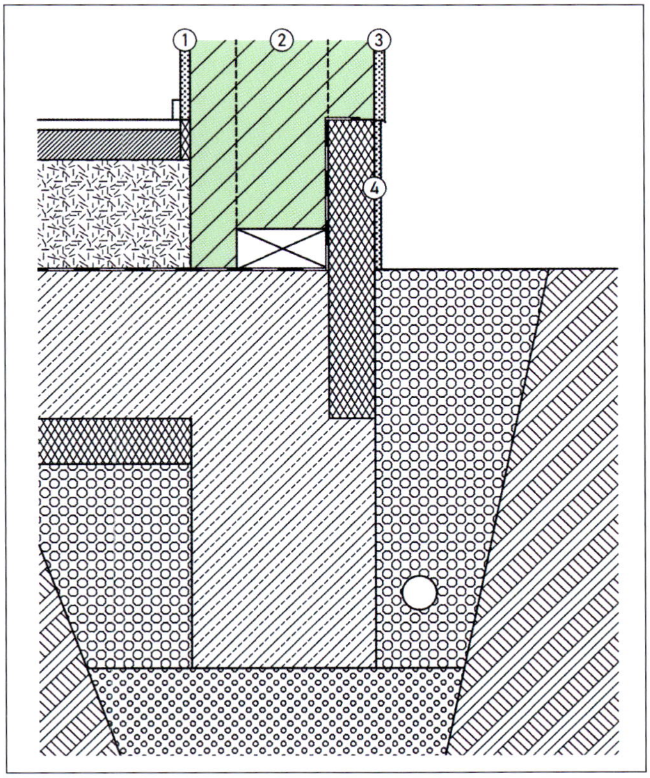

Abb. 206: Sockeldetail einer gestampften Hanfkalk-Wand auf Beton-Bodenplatte [Hanfingenieur]

Neue Gründungs-Systeme wie fertige Streifenfundamente aus Glasschaum-Platten ermöglichen nun auch, lastabtragende und kapillar brechende Linien- und Flachgründungen herzustellen.

Im Sockelbereich ist Hanfkalk wie Holz zu behandeln. Zwar kann Hanfkalk kurzzeitig Spritz- und Regenwasser ausgesetzt werden, sollte aber langfristig davon ferngehalten werden.

Die richtigen Dimensionen

Bevor mit dem Entwurf begonnen wird, ist der Dämmstandard festzulegen. Grundlegende Annahmen zu erforderlichen Bauteildicken bei Verwendung von Hanfkalk können der Tabelle unten entnommen werden. Dabei ist zu beachten, dass bei den aktuellen Berechnungen nach dem Gebäude-Energie-Gesetz die Gesamtbilanz zählt. Das heißt, dass eine geringere Wanddämmung durch eine effizientere Heizung oder eine bessere Dachdämmung ausgeglichen werden kann. Die Werte sind deshalb nur als Richtlinie zu sehen. Unregelmäßigkeiten in den Außenwänden wie z. B. Stahlbetonstützen oder Holzbauteile können den Wert verändern.

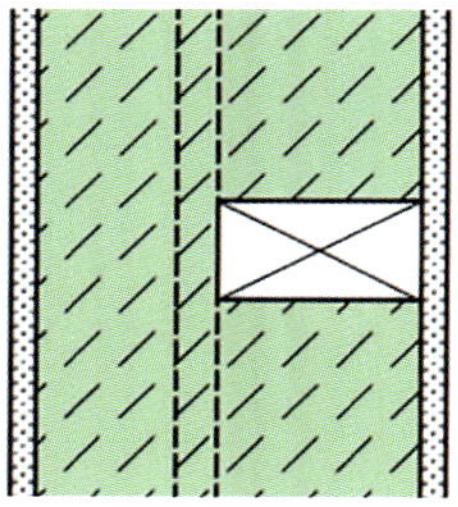

Abb. 207: U-Wert: 0,22 W/(m²K) 31 cm Hanfkalk

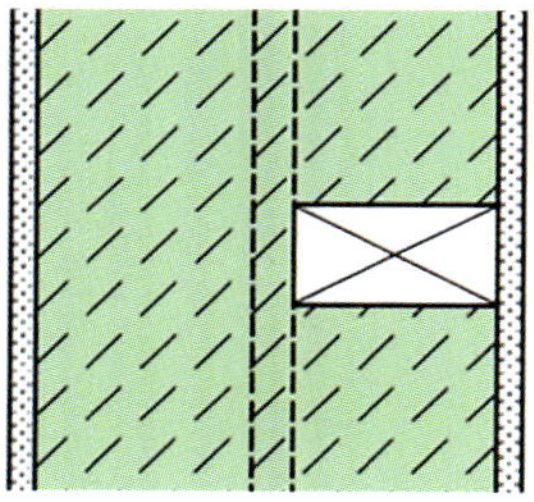

Abb. 208: U-Wert: 0,20 W/(m²K) 34 cm Hanfkalk

Abb. 209: U-Wert: 0,15 W/(m²K) 46 cm Hanfkalk Wanddicken in Abhängigkeit des Dämmstandards

Hanfkalk-Oberflächen

Hanfkalk zeichnet sich durch eine grobe Oberflächenstruktur aus – unabhängig davon, ob es sich um gestampften, gesprühten oder gemauerten Hanfkalk handelt. Diese raue Struktur sorgt für ausgezeichnete akustische Eigenschaften, da der Schall in Räumen „geschluckt“ wird. Aus diesem Grund erfreuen sich auch Schallschutzelemente aus diesem Material immer größerer Beliebtheit.

Gerade bei gestampftem Hanfkalk wird die Oberfläche in einigen Fällen unverputzt gelassen, um die charakteristische Lagenstruktur als Gestaltungselement zu nutzen. Das Material kann darüber hinaus mit kalkechten Pigmenten eingefärbt werden, um weitere gestalterische Elemente zu verwirklichen.

Je nach gewünschter Optik können gestampfte oder gesprühte Oberflächen mit einfachen Mitteln geglättet werden, um eine glatte und einheitliche Optik zu erreichen. In der Regel werden Hanfkalkoberflächen jedoch verputzt – wie andere Rohbau-Materialien auch. Putze können ohne zusätzliche Putzträger direkt auf dem Hanfkalk aufgetragen werden (siehe Kapitel 17.14 Putze auf Hanfkalk).

Abb. 210: Flaschen in der Hanfkalk-Wand geben später ein schönes Lichtspiel in den Räumen [Henrik Pauly]

Bauteildicken in Abhängigkeit des erforderlichen Dämmstandards (Anhaltswerte)

Dämmstandard ca.	Wand (λ = 0,07)		Dach (λ = 0,06)		Boden (λ = 0,07)	
	Dicke	U-Wert [W/(m²K)]	Dicke	U-Wert [W/(m²K)]	Dicke	U-Wert [W/(m²K)]
	20 cm	0,34	24 cm	0,24	14 cm	0,42
	26 cm	0,26	30 cm	0,20	20 cm	0,32
GEG-Standard 2023	31 cm	0,22	36 cm	0,16	23 cm	0,28
KfW 55	34 cm	0,20	42 cm	0,14	26 cm	0,25
KfW40	46 cm	0,15	52 cm	0,11	34 cm	0,19
Passivhaus	> 48 cm	0,14	> 52 cm	< 0,11	> 34 cm	< 0,19

16.5 Bauen im Bestand

Fachwerksanierung planen

Seine Geburtsstunde hatte der Hanfkalk in der Nachkriegszeit, als viele Fachwerkhäuser durch den falschen Einsatz von synthetischen und zementösen Baustoffen geschädigt wurden. Die Geschichte lesen Sie in Kapitel 3, ab Seite 32. Je nach Zustand und Geometrie des Fachwerks eignet sich die eine Baumethode besser als die andere. Grundsätzlich kann aber jede Baumethode für eine Fachwerksanierung angewandt werden.

> *In der Altbausanierung kann Hanfkalk mehrere seiner Vorteile ausspielen. Er ist sowohl in der Ausfachung als auch in der Innen- und Außendämmung einsetzbar. Durch seine geringe relative Ausgleichsfeuchte von unter 2 % (vgl. Holz > 10 %) kann er auch in feuchtebeeinflussten Räumen verwendet werden. Ob als Stein oder In-Situ verarbeitet, kann Hanfkalk problemlos mit Lehm- und Kalk verputzt werden. Damit ist er auch ein idealer Baustoff in der Denkmalpflege.*
>
> Dr. Norbert Höpfer

Zustand Fachwerk	empfohlene Baumethode
Fachwerk in neuwertigem Zustand, große Gefache, maßhaltig, rechteckige Balkenquerschnitte	ausfachen mit Hanfsteinen
Fachwerk krumm und schief, nicht maßhaltig, auch runde Balkenquerschnitte	ausstampfen mit Orthanf oder aussprühen mit Sprühhanf
Fachwerk krumm und schief, nicht maßhaltig, auch runde Balkenquerschnitte, kleine Gefache, komplizierte Geometrie	aussprühen mit Sprühhanf

Einordnung: Welche Baumethode eignet sich für welches Fachwerk am besten?

Die Vorteile von Hanfkalk in der Fachwerksanierung liegen auf der Hand:

- Massive Ausfachung
- sorgt für zusätzliche Stabilität
- dämmt gut
- hält die Holzkonstruktion trocken
- einfach zu verarbeiten
- sehr gutes Preis-Leistungsverhältnis
- Bei jedem Fachwerk anwendbar

In der Entwurfsplanung ist die richtige Wanddicke zu wählen. Siehe hierzu die Tabelle auf Seite 184: Bauteildicken in Abhängigkeit des erforderlichen Dämmstandards. In dieser Phase ist auch festzulegen, ob das Fachwerk auf einer Seite sichtbar bleiben soll oder ob Vorgaben der Denkmalpflege bestehen. Aus der Erfahrung der Autoren ist die Anwendung von Hanfkalk mit seinen

Abb. 211: Der ideale Anwendungsfall für gesprühten Hanfkalk: Ein altes, feingliedriges Fachwerk. [Henrik Pauly]

Abb. 212: Große Gefache und wenig Streben: Hier eignen sich Hanfsteine besonders gut. [Henrik Pauly]

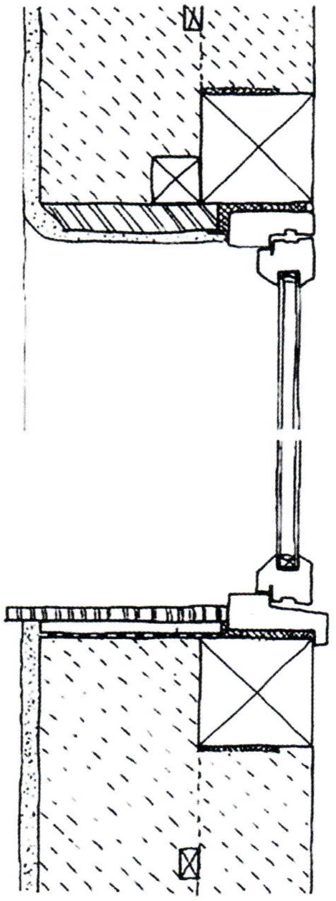

Abb. 215: Fensterdetails: Modernisierung eines bestehenden Holzfachwerks mit Hanfkalk. Das Holzfachwerk bleibt von außen sichtbar und wird von innen mit Hanfkalk überdeckt. Das Fensterdetail zeigt eine Ausführungslösung mit der konsequenten Umsetzung mit Naturbaustoffen (ohne den Einsatz von synthetischen oder petrochemischen Stoffen)

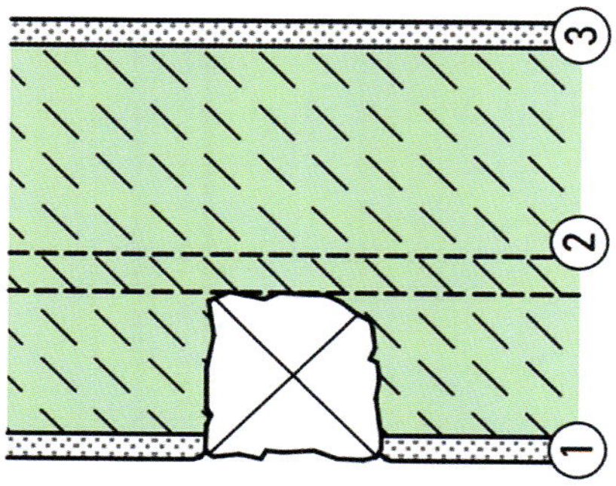

Abb. 213: Fachwerk mit gestampftem Hanfkalk gedämmt, auf einer Seite sichtbar

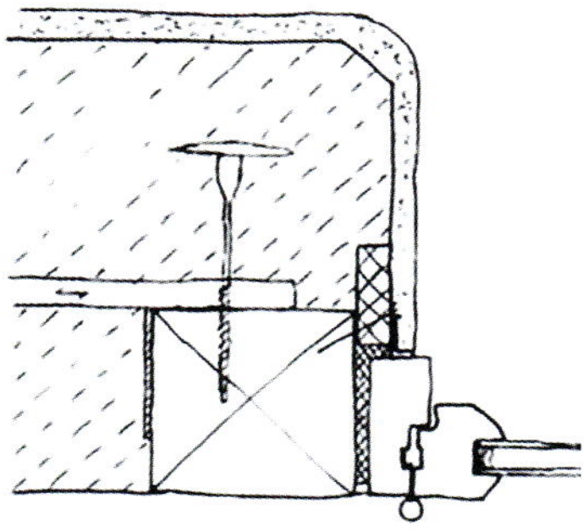

Abb. 216: Fensterdetail: Fachwerk mit Hanfkalk gestampft

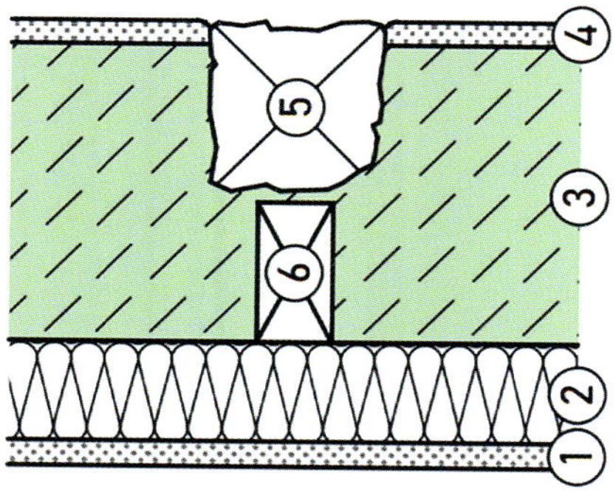

Abb. 214: Fachwerk mit gesprühtem Hanfkalk gedämmt, auf einer Seite sichtbar

vielen positiven Eigenschaften mit den Vorgaben der Denkmalpflege als authentischer Baustoff sehr gut vereinbar, auch wenn es manchmal Erklärung bedarf.

Wichtig für DIY: Soll die Fachwerkwand gut dämmen, kann das Fachwerk nur auf einer Seite sichtbar bleiben. Die Dicke einer gut gedämmten Fachwerkwand liegt normalerweise zwischen 30 und 45 cm.

Innendämmung planen

Bei der energetischen Sanierung bzw. Modernisierung historischer Bauwerke kommt aufgrund denkmalpflegerischer Gesichtspunkte häufig nur eine Innendämmung in Frage. Die Wahl des richtigen Materials ist entscheidend, um nicht nur den Erhalt des Bauwerks zu garantieren, sondern auch modernen Wohnkomfort zu ermöglichen und ein gesundes und behagliches Raumklima zu schaffen. Anforderungen an eine Innendämmung sind:

- mineralisch
- diffusionsoffen
- hohlraumfrei
- kapillaraktiv

Materialien wie Hanfkalk oder Kalk-Dämmputze erfüllen diese Anforderungen. Sie vereinen die genannten Eigenschaften und bieten damit eine ideale Lösung für die Innendämmung von Gebäuden.

Nachfolgend sind die Vorteile und Eigenschaften von Hanfkalk als Innendämmmaterial dargestellt:

Mineralisch: Das Bindemittel Kalk ermöglicht gute Feuchtigkeitsregulierung und durch den hohen pH-Wert eine gute **Schimmelresistenz**.

Diffusionsoffen: Die Diffusionsoffenheit ermöglicht eine gute Feuchteregulierung der Raumluft und trägt so zur Verbesserung der Raumluftqualität bei.

Kapillaraktiv: Hanfkalk zieht eventuell auftretendes Tauwasser aktiv an und gibt es schnell an die Innenraumluft ab. Damit schützt er die Bestandswand und Holzkonstruktionen vor anfallender Feuchtigkeit.

Thermische Eigenschaften

Wärmedämmung: Mit einer Wärmeleitfähigkeit von etwa 0,07 W/(m·K) bietet Hanfkalk eine akzeptable Wärmedämmung und kann auch historische Gebäude auf einen modernen Dämmstandard bringen.

Wärmespeicherung: Hanfkalk bietet eine gute Wärmespeicherung und -reflektion, was zu angenehmen Raumtemperaturen sowohl im Winter als auch im Sommer (sommerlicher Hitzeschutz) führt.

Bauphysikalische und baubiologische Vorteile

Raumklimaregulierung: Durch seine hygroskopischen Eigenschaften kann Hanfkalk flexibel Feuchtigkeit aufnehmen und abgeben, was die Raumfeuchte reguliert und Schimmelbildung verhindert. Bei der Beurteilung von Dämmstoffen für die Innendämmung ist es wichtig, über den reinen Dämmwert hinauszublicken. Obwohl Hanfkalk in Bezug auf die Wärmeleitfähigkeit konventionellen Materialien wie Holzweichfaser rechnerisch unterlegen ist, zeigt er in der Praxis beeindruckende Qualitäten. Ein entscheidender Faktor dafür ist seine außergewöhnliche Feuchtigkeitsregulierung:

Im Vergleich dazu zeigen konventionelle Dämmstoffe wie Mineralwolle deutliche Schwächen bei Feuchtigkeitsbelastung, die die Dämmleistung stark negativ beeinflusst.

Brandschutz: Eine Innendämmung mit 7,5er Hanfsteinen und Putz erfüllt bereits EI45 bzw. E60 und ist deshalb auch für öffentliche Gebäude interessant.

Nachhaltigkeit

Langlebigkeit: Hanfkalk hat eine Lebenserwartung von über 100 Jahren, was es zu einer nachhaltigen Wahl macht. Gleichzeitig ist er einfach auszubessern, falls das Material durch äußere Einflüsse beschädigt werden sollte.

Hanfkalk kann bis zu 12 Liter Wasser pro Kubikmeter aufnehmen, ohne an Dämmwirkung zu verlieren. Bei einer typischen Wandstärke von 20 cm entspricht dies etwa 2,4 kg/m^2.

Abb. 217: Innendämmung mit Hanfsteinen an eine alte Fachwerkwand mit Hinterfüllung.

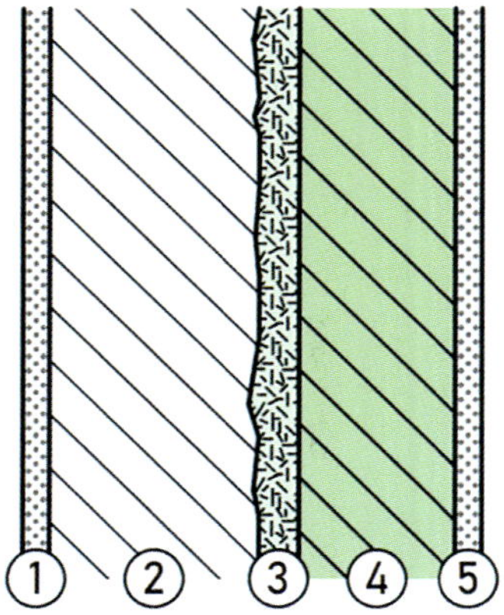

Abb. 218: Innendämmung mit Hanfsteinen

Innendämmung Altbausanierung
1 Außenputz Bestand
2 Bestandswand
3 Hanfkalkschüttung ca. 4 cm i. M.
4 Hanfsteine
5 Innenputz 2 cm

Gesundheit und Umwelt: Die Verwendung von natürlichen Materialien wirkt sich positiv auf die Gesundheit der Bewohner aus, minimiert die Gesundheitsgefahr für die Verarbeiter, ist gut für die Umwelt und fungiert als CO_2-Senke (CO_2-Negativ).

Diese Vielseitigkeit macht Hanfkalk zu einem idealen Material für die Renovierung alter Gebäude, insbesondere dort, wo herkömmliche Trockenbauplattensysteme ungeeignet sind oder andere Materialien Probleme mit Feuchtigkeit haben könnten. Eine sachgemäße Ausführung und ein gut durchdachtes Lüftungskonzept sind – wie bei anderen Materialien auch – für den optimalen Einsatz von Hanfkalk als Innendämmung entscheidend.

Wichtig bei einer Innendämmung im Allgemeinen ist im späteren Verlauf, dass im Sommer die „Umkehrdiffusion" stattfinden kann, damit evtl. angefallenes Wasser aus der Wand nach innen verdunsten kann. Das geschieht, wenn es außen wärmer ist als innen. Eine Kellerwand sollte also nur mit einer sehr dünnen Innendämmung versehen werden, weil keine Umkehrdiffusion stattfinden kann. In jedem Fall sollte man sich für die Planung einer Innendämmung fachlich beraten lassen.

Kosten einer Innendämmung aus Hanfsteinen

Bei einer Innendämmung mit Hanfsteinen ist unbedingt darauf zu achten, dass für eine hohlraumfreie Ausführung stets mit Hanfsteinen und einer Hinterfüllung mit losem Hanfkalk gearbeitet wird. Diese einfache und hohlraumfreie Ausführung von Hanfkalk sowie die Vermeidung komplizierter mehrschichtiger Wandaufbauten können zu Kosteneinsparungen gegenüber anderen konventionellen Materialien führen. Der Materialpreis für eine Innendämmung mit Hanfsteinen, bestehend aus Hanfsteinen, Mörtel, Hinterfüllung und Befestigungsmittel, ist in der untenstehenden Tabelle aufgeführt. Die Preise sind inkl. MwSt. und Versand (Stand 2025). Es sollte berücksichtigt werden, dass die tatsächlichen Kosten von vielen Faktoren abhängig sind, wie z. B. Größe, Komplexität, Frachtkosten, etc.

7,5 cm Hanfstein	55 €/m²
9 cm Hanfstein	60 €/m²
12 cm Hanfstein	76 €/m²
15 cm Hanfstein	96 €/m²
20 cm Hanfstein	128 €/m²

Materialkosten Innendämmung aus Hanfsteinen, Stand 2025

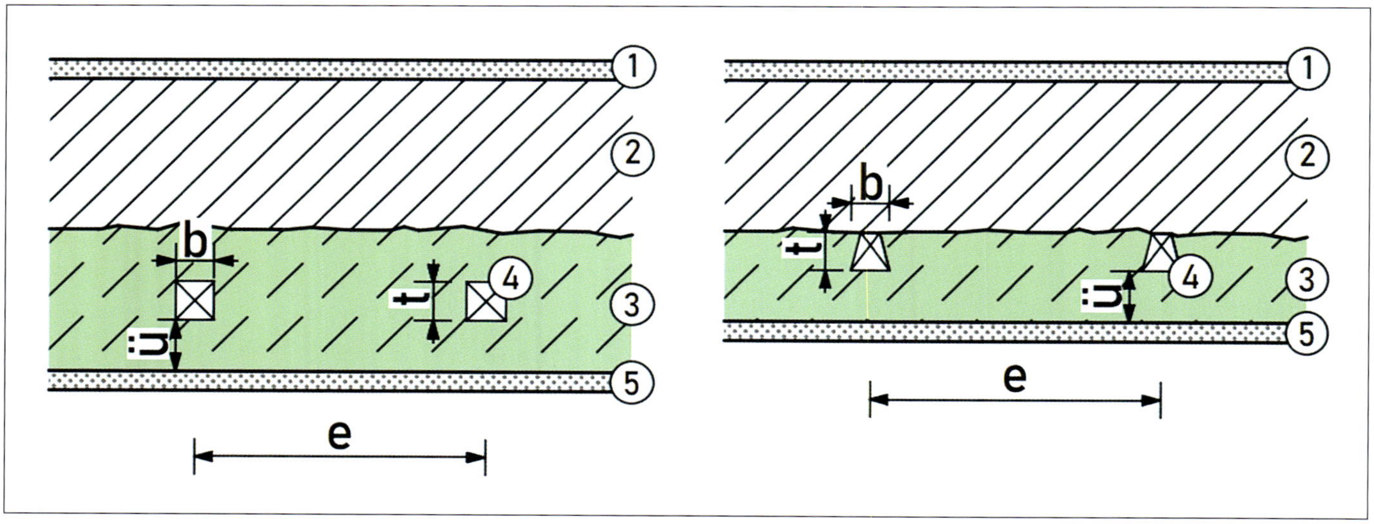

Abb. 219: Überdeckungsregel nach Construire en Chanvre bei gestampfter Innendämmung

1. Außenputz Bestand
2. Außenwand Bestand
3. Hanfkalk gesprüht oder gestampft
4. Halteleisten
5. Innenputz

b Breite der Halteleiste
t Tiefe der Halteleiste mind. 4 cm
ü Überdeckung Hanfkalk, s.S. 195
e Achsabstand der Halteleisten max. 80 cm

Innendämmung mit Orthanf
Soll die Innendämmung gestampft werden, wird mit einem Schalungssystem gearbeitet und der Hanfkalk direkt an das Bestandsmauerwerk angearbeitet (plastisches Innendämm-System). Durch seine Flexibilität als loses Material schmiegt sich Orthanf an Unebenheiten des Bestandsmauerwerks an, wodurch eine hohlraumfreie Verarbeitung möglich ist.

Bei der Verarbeitung von Orthanf als Innendämmung muss mit längeren Trocknungszeiten gerechnet werden, da der Hanfkalk nur über eine Seite austrocknen kann. Deshalb muss während der Trocknungszeit sehr viel gelüftet werden. Heizen und Lüften bringt hier wenig. Die Fenster sollten in der Anfangszeit Tag und Nacht offenstehen.

Die Balkenköpfe sind bei der Innendämmung von Gebäuden aus massiven Außenwänden mit Holzbalkendecke sehr gefährdet. Es gibt zwei Möglichkeiten, die Balkenköpfe dauerhaft trocken zu halten:

1. Der Balkenkopf wird nach außen belüftet und vor Schlagregen geschützt.
2. der Bereich um den Balkenkopf wird mittels Begleitheizung erwärmt, sodass kein Tauwasser in diesem Bereich anfällt.

In jedem Fall sollten Hohlräume um die Holzbalken herum mit Hanfkalk oder kalkgetränkter Hanffaser hohlraumfrei verschlossen werden.

Außendämmung planen mit Hanf

Eine Außendämmung aus Hanf kann sowohl mit Hanffasern als auch mit Hanfkalk ausgeführt werden. Welches System zum Einsatz kommen soll, entscheidet sich durch die Brandschutz- und Dämmanforderungen.

Außendämmung mit Hanffaser
Die Alternative zu klassischen Wärmedämm-Verbundsystemen (WDVS) aus geschäumten Kunststoffen oder Steinwolle, ist eine Außendämmung mit Hanffasern (Schwerentflammbar C-s2, d0 und C-s3, d0). Sie ist in den Gebäudeklassen 1 bis 3 meist problemlos anwendbar.

Dämmstoff	Wärmeleitgruppe λ·1.000
Polyurethan-Blockschaum	025
Polystyrol-Hartschaumplatten	033–035
Holzweichfaser	037
Hanffaser Mattenware	040
Mineralwolle	041
Hanffaser lose	045
Hanfkalk gesprüht	066
Hanfsteine	071

Grobe Anhaltswerte verschiedener Fassaden-Dämmstoffe (Nennwert λ_D)

Wie dick die Dämmung aus Hanf sein muss, kann mit untenstehender Formel berechnet werden. Auch wenn vom Energieberater ein Dämmstoff vorgeschlagen wird, der mit Hanf ersetzt werden soll, hilft folgende Formel:

$$d_{Hanf} = \frac{d_{bisher}}{\lambda_{bisher}} \times \lambda_{Hanf}$$

d_{Hanf} Dicke der Dämmung aus Hanf [cm]
d_{bisher} Dicke der bisher geplanten Dämmung [cm]
λ_{Hanf} Wärmeleitfähigkeit der Dämmung aus Hanf [W/(m·K)]
λ_{bisher} Wärmeleitfähigkeit der bisher geplanten Dämmung [W/(m·K)]

Vorteile einer Außendämmung aus Hanffasern:

- Vollständig rückbaubar und kreislauffähig
- Unebenheiten in der Außenwand werden einfach ausgeglichen
- Kann in Eigenleistung ausgeführt werden

Nachteile einer Außendämmung aus Hanffasern

- Teurer als andere WDVS-Systeme
- Brandschutz begrenzt

Wie eine Außendämmung ausgeführt wird, ist auf Seite 224 beschrieben.

Außendämmung mit Hanfkalk
Sollten brandschutztechnische Anforderungen an die Außendämmung bestehen, kann auch eine Außendämmung mit Hanfkalk (Schwerentflammbar B – s1, d0) realisiert werden. Das kann z. B. auch bei einer Innendämmung eines Gebäudes der GK 4 und hö-

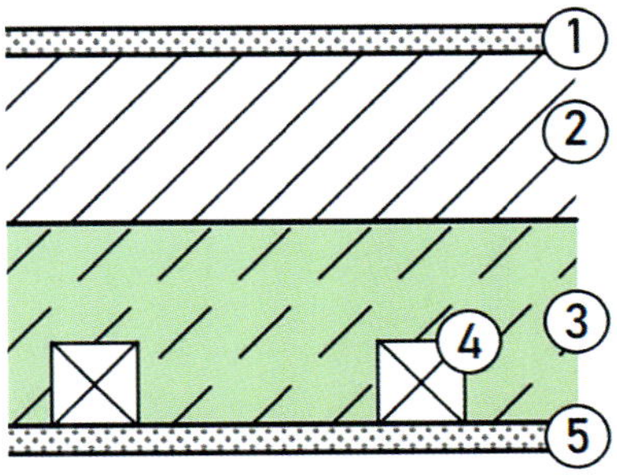

Abb. 220: Wandaufbau Außenwanddämmung mit gesprühtem Hanfkalk.
1 Innenputz Bestand
2 Außenwand Bestand
3 gesprühter Hanfkalk von aßen
4 Halteleisten
5 Kalkputz dreilagig vollflächig armiert

her der Fall sein. Die Außendämmung kann sowohl aus Hanfsteinen bestehen als auch aus Sprühhanf. Für die gesprühte Außendämmung wird eine Holz-Unterkonstruktion mit Gitterdraht-Gewebe benötigt. Welche Baumethode zur Anwendung kommt, hängt in erster Linie von den ausführenden Unternehmen und der Verfügbarkeit vor Ort ab. Der Hanfkalk kann grundsätzlich auch unverputzt belassen werden; hierfür ist jedoch ein erfahrener Profi zur Rate zu ziehen, um die Rezeptur und die Oberflächenbehandlung abzustimmen.

Vorteile einer Außendämmung mit Hanfkalk

- Gute Brandschutz-Eigenschaften
- Sehr gute Phasenverschiebung und Thermische Masse (Sommerlicher Hitzeschutz)
- Schallabsorbierende Fassade, wenn unverputzt

Nachteile einer Außendämmung aus Hanfkalk

- Geringerer Dämmwert (WLG 066 -071) im Vergleich zu klassischem WDVS (WLG 035)
- Teurer als andere WDVS-Systeme

Auch aus gestampftem Hanfkalk ist eine Außendämmung denkbar.

Nachträgliche Dachdämmung mit Hanffasern planen

Zur Dachdämmung mit Hanffaserdämmung hat die Hanffaser Uckermark eG ausführliche Dokumentationen auf ihrer Webseite veröffentlicht. Sie werden in diesem Kapitel zusammengefasst.

Bei einem Dachbodenausbau ohne Neueindeckung ist eine Zwischensparrendämmung von innen möglich. Dafür wird eine Sparschalung angebracht, in die der Hanf gestopft wird. Reichen die Sparren nicht aus, wird die Konstruktion durch eine Querlattung aufgedoppelt – ideal als Grundlage für Trockenbauplatten. Bei fehlendem Unterdach ist eine zusätzliche Dämmebene mit Holzweichfaserplatten möglich, wenn auch aufwendig. In Ausnahmefällen wird auch direkt gegen die Ziegel gedämmt.

Der innenseitige Abschluss muss luftdicht erfolgen – etwa mit Trockenbauplatten, Lehmbauplatten, Holzwolleplatten oder Holzverschalung. Wichtig sind dabei passende Dichtungsanschlüsse (z. B. mit Hanf-Randstreifen und HL-Lehmkleister) und eine Oberflächenbehandlung mit Lehm- oder Kalkputz.

Soll das Dach nachträglich gedämmt werden, muss die bestehende Konstruktion auf

Abb. 221: Rot eingefärbte Außendämmung aus Orthanf: Taberna portuguesa in Yverdun-les-Bains [Kay Rosit]

ihre Tragfähigkeit untersucht werden. Die zusätzliche Auflast eines ungedämmten Dachstuhls kann schnell über 100 kg/m² betragen. Diese zusätzlichen Lasten müssen von der Dachkonstruktion aufgenommen und kontrolliert in die darunter liegende Konstruktion bis in den Baugrund abgeleitet werden. Ein Statiker ist bei einer nachträglichen Dachdämmung immer hinzuzuziehen.

16.6 Neubau planen

Für den Neubau können grundsätzlich alle Verarbeitungsmethoden angewandt werden. So sind in den vergangenen Jahren sowohl Neubauten aus gestampftem Hanfkalk entstanden als auch Häuser aus Hanfsteinen, gesprühtem Hanfkalk und Fertigteilen.

Ein Vorteil von Hanfkalk ist, dass man völlig flexibel in der Auswahl der Gründung (Fundamente) ist. Egal ob Schraubfundamente, Streifenfundamente, Flachgründung oder betonfreie Glasschaum-Fundamente.

Unter nachhaltiger Planung verstehen wir auch, Grundrisse und Gebäudestrukturen zu planen, die flexibel an die verschiedenen Bedürfnisse der Nutzer*innen angepasst werden können. Konkret bedeutet dies, die Menge der tragenden Wände auf das Wesentliche reduzieren, Lastreserven einplanen, um so die leichten nichttragenden Innenwände flexibel neu anordnen zu können, wenn sich die Anforderungen nach einem Nutzer- oder Generationenwechsel geändert haben.

Neubau mit Hanfsteinen planen

Der klassische Massivbau, also die Stein-auf-Stein-Bauweise, stellt mit über 70 % Marktanteil immer noch den größten Anteil im Bauwesen in Deutschland. Durch die hohen Energieverbräuche in der Herstellung der Massivbaustoffe, gerät diese Branche jedoch immer weiter unter Druck. Hanfsteine sind die ideale ökologische Antwort auf dieses Problem. Mit ihnen ist ein klassischer Maurerbetrieb in der Lage, seinen Kunden eine ansprechende, ökologische Massivbau-Lösung anzubieten. Und das bei gleichbleibenden Kosten.

Die Hanfstein-Hersteller aus Belgien, Frankreich und Italien haben gegenüber konventionellen Mauersteinen wie Kalksandsteine oder Porenbeton andere Stein-Abmessungen. Sie richten sich aktuell nicht nach dem deutschen Rohbau-Richtmaß. Deshalb sind bei der Planung eines Hauses aus Hanfsteinen von Anfang an die individuellen Maße der Steine zu berücksichtigen. Da heutzutage die Fenster und Türen ohnehin nach Aufmaß gefertigt werden, sind die Fenster- und Türausschnitte an die Hanfstein-Formate anzupassen und nicht andersrum.

Ausnahme ist hier der deutsche Hersteller Nick Naturbaustoffe. Er stellt Hanfsteine seit 2024 in den folgenden Formaten her: NF/ 1,25 NF/ 2 NF/ 2 DF/ 3 DF/ 5 DF/ 5,8 DF/ 6,8 DF/ 8 DF.

Abb. 223: Hanfsteine im Hempro-System [Isohemp S.A.]

Wandbreite:	6	**7,1**	7,5	8	9	9,5	10	11	**11,5**	12	14	15	**17,5**	20	**24**	25	30	36	38	40	44	50
Biosys®							x					x		x			x					
Canabloc®		x				x			x		x		x		x		x					
Isohemp			x		x					x		x		x		x	x	x				
Schönthaler	x			x				x		x		x		x	x		x		x		x	
TecnoCanapa				x						x						x	x	x		x		x

Abb. 222: Hanfsteine in den Breiten 6, 8, 12, 15, 20, 24, 30, 38, 44 cm, [Schönthalter]

Abb. 224: Fassadenschnitt eines Massivbau-Systems mit Hanfsteinen

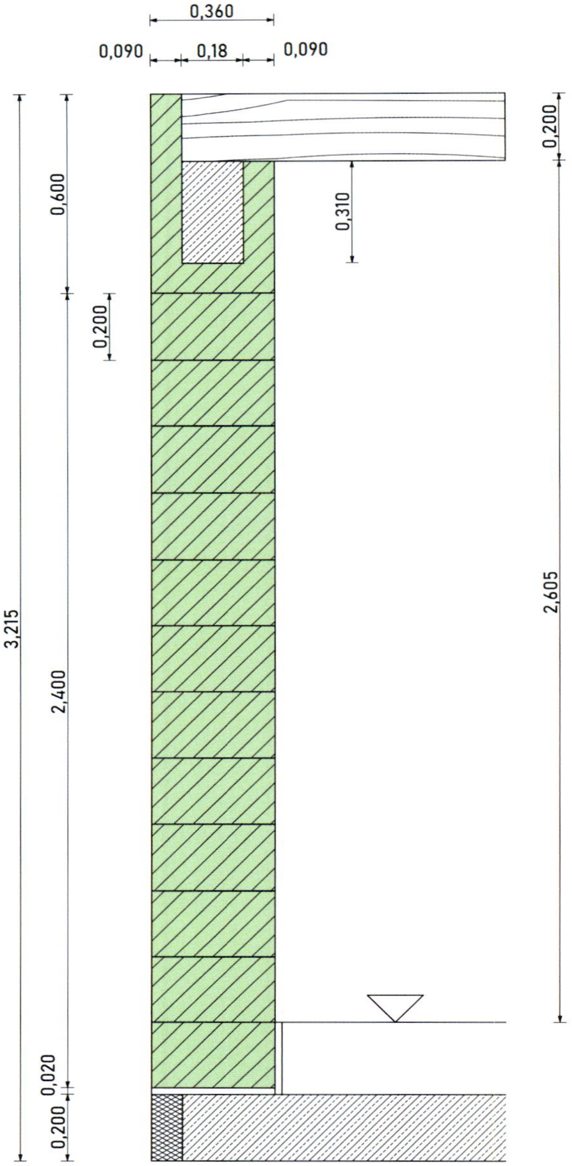

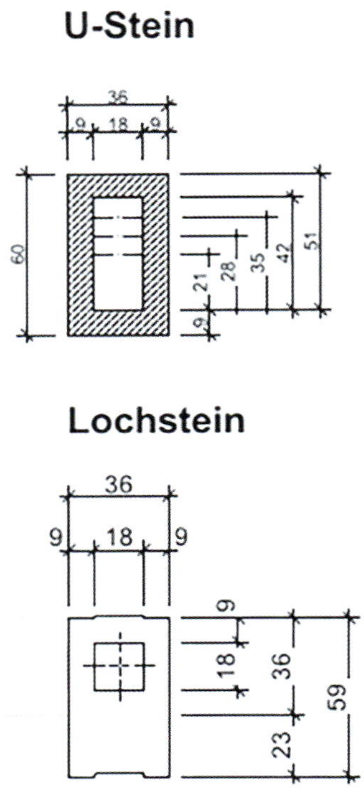

Abb. 229: Abmessung eines 36er Hanfstein-Systems [Isohemp S.A.]

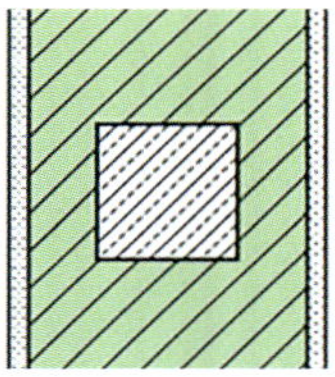

Abb. 227:
U-Wert ca. 0,23 W/(m²K)

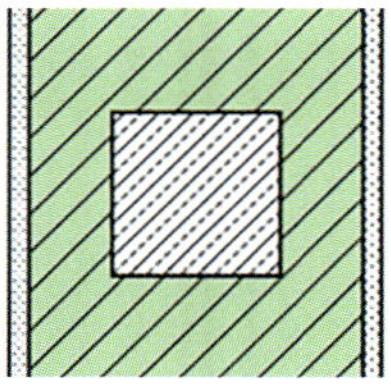

Abb. 226:
U-Wert ca. 0,19 W/(m²K)

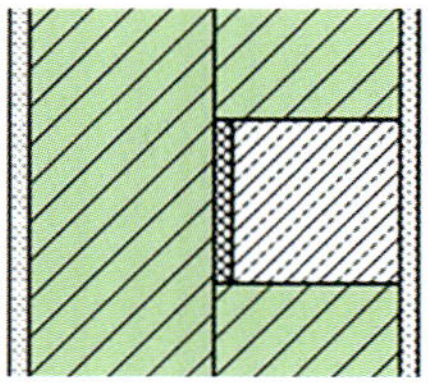

Abb. 225:
U-Wert ca. 0,17 W/(m²K)

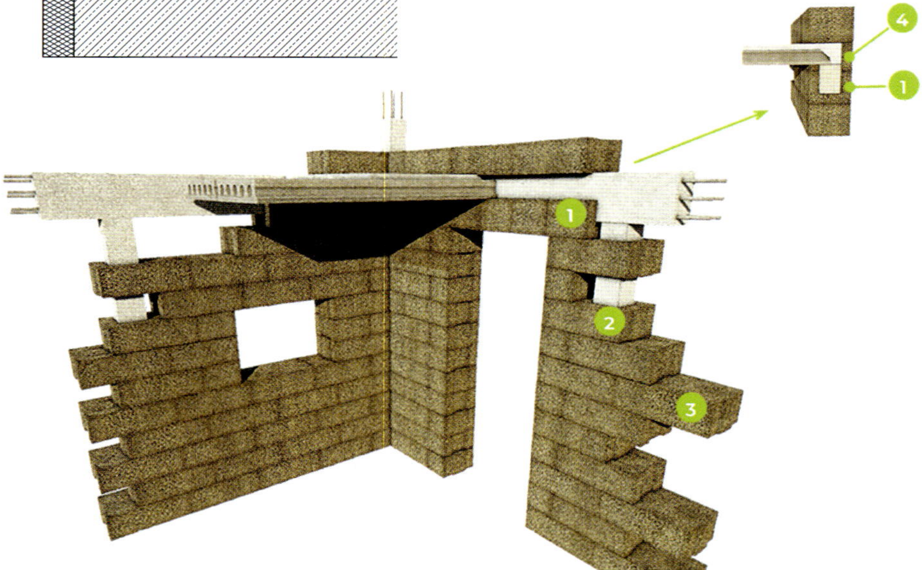

Abb. 228: Systemaufbau Hempro System: 1) U-Stein; 2) Lochstein; 3) Vollstein; 4) Schalstein [Isohemp SA]

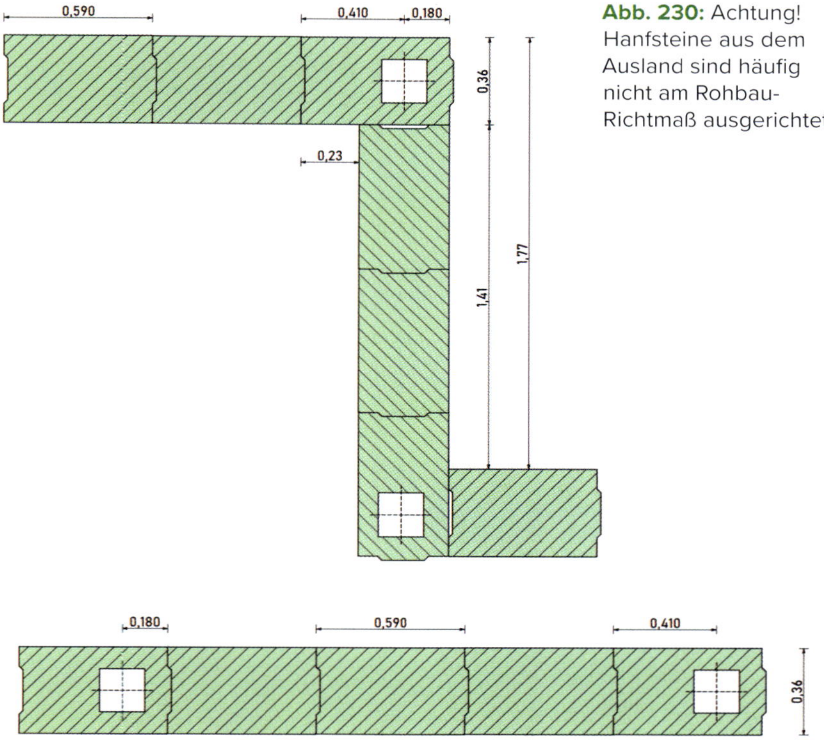

Abb. 230: Achtung! Hanfsteine aus dem Ausland sind häufig nicht am Rohbau-Richtmaß ausgerichtet!

Hanfsteine mit Beton-Skelett
Sowohl Schalsteine als auch Ausfachung eines Betonskeletts sind mit Hanfsteinen realisierbar.

Das Ziel in der Entwicklung des „Hempro"-Systems des Herstellers Isohemp war es, ein All-in-one-Bausystem für den Einsatz von Hanfsteinen zu schaffen. Es bietet deshalb eine sinnvolle Alternative für den Massivbau-Sektor und kann die nachhaltige Antwort auf den klassischen Massivbau-Sektor sein. Der Aufwand für die Umstellung eines klassischen Bauunternehmens auf die Hanfsteine ist gering.

Bei dem System werden Vollsteine mit Schalsteinen kombiniert. Die ausbetonierten Schalsteine bilden ein Betonskelett, das die statischen Lasten trägt. Der Hanfkalk macht den Rest. Als Deckenkonstruktion wird aus ökologischen Gesichtspunkten eine Holzbalken- oder Massivholzdecke empfohlen.

Fenster können direkt in den Hanfsteinen befestigt werden. Zur Überdämmung auf der Außenseite sollte ein Anschlag für die Fenster von ca. 2 bis 4 cm geplant werden. Sie können entweder aus dem Stein herausgesägt oder separat angeklebt werden.

Hanfsteine mit Holzkonstruktion
Bei der Konstruktion von Gebäuden mit einer **Holzständer-Konstruktion** sollte der Ständerabstand auf das Raster der Hanfsteine angepasst werden, um unnötiges Zuschneiden der Steine zu vermeiden. Der lichte Abstand liegt normalerweise zwischen 60 cm und 120 cm. Die Tiefe der Holzständer sollte dasselbe Maß haben wie die Dicke der Steine, z. B. 20 cm. Wenn die Außenwand verputzt werden soll, empfiehlt es sich, die Holzständer raumseitig zu planen und eine außenliegende Vormauerschale aus Hanfsteinen auszubilden, damit ein einheitlicher Putzgrund ohne Materialwechsel entsteht. Ist eine Holzfassade geplant, sollten die Holzständer unmittelbar hinter der Holzfassade angeordnet und eine winddichte Unterspannbahn geplant werden. Die Holzfassade ist an der Holzständerkonstruktion zu befestigen. Einbauten in den Wänden wie Fenster und Türen werden in der Holzkonstruktion befestigt, sodass die Hanfsteine keine tragende Rolle in der Konstruktion spielen.

Um Holz einzusparen, empfiehlt sich eine **Holzskelett-Konstruktion**. Hier übernehmen die Hanfsteine in den großen Gefachen, die gut und gerne bis zu 6 m breit sein können, zum Teil eine tragende Rolle, weil z. B. Fenster und Türen in ihnen befestigt werden. Die Holz-Querschnitte sind mit ca. 20/20 cm deutlich stärker als bei einer Holzständer-Konstruktion. Wenn die Hanfsteine nicht als

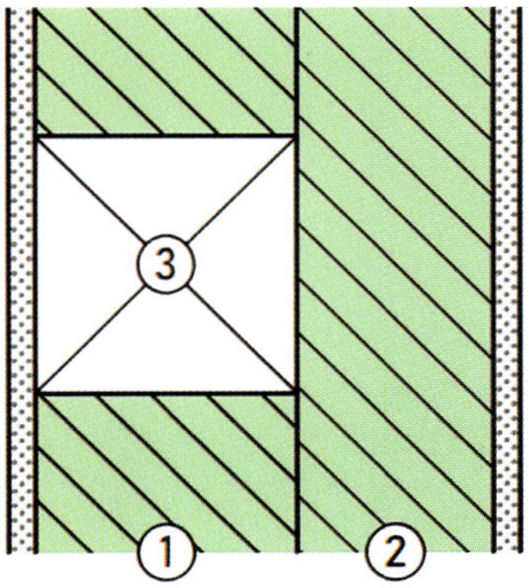

Abb. 232: Bei einem modernen Holz-Skelettbau werden die 20er Holzstützen (3) mit 20er Hanfsteinen (1) ausgemauert und eine geschlossene Schale Hanfsteine (2) davor gemauert.

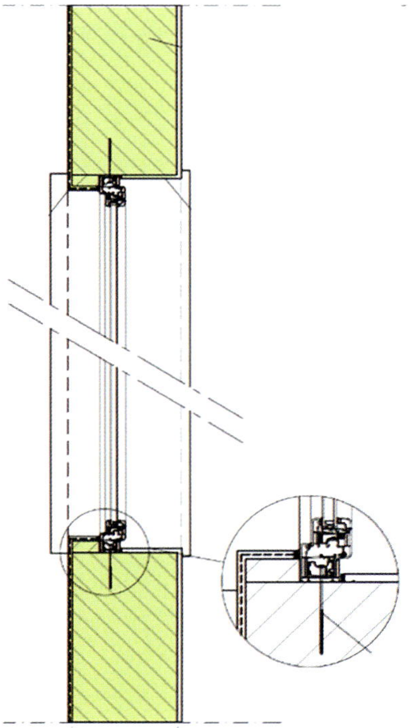

Abb. 231: Fensteranschlag an der Außenseite [Isohemp]

Abb. 233: Fassadenschnitt durch ein Haus aus Holz-Skelett-Konstruktion mit Hanfsteinen ausgefacht.

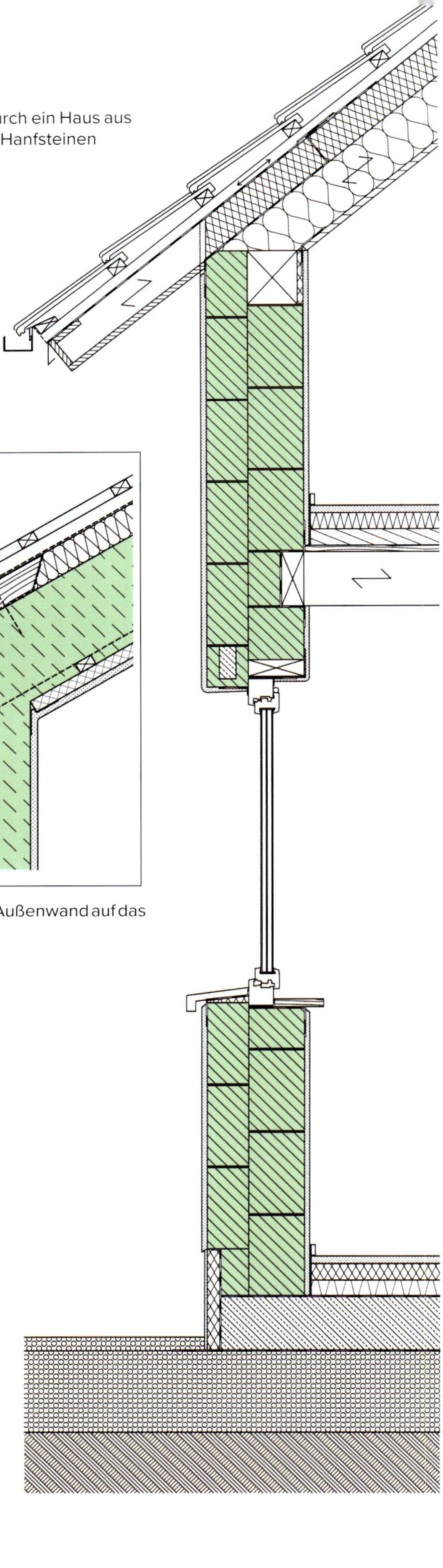

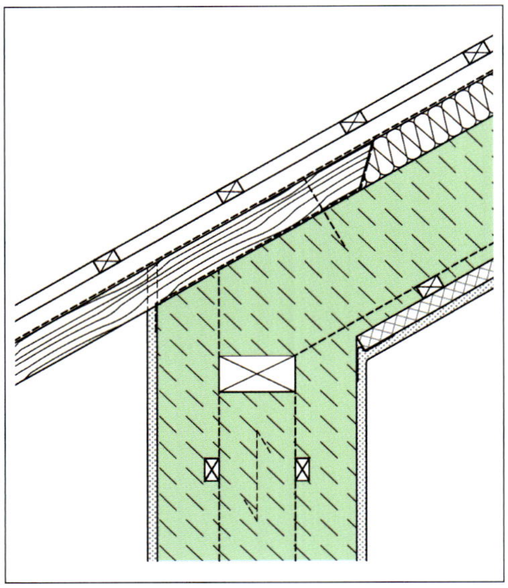

Abb. 234: Übergang von der Außenwand auf das Dach in einem Orthanf-Haus.

aussteifend angesetzt werden können (siehe Prüfung und Zulassung des Herstellers), kann die Aussteifung auch mittels Auskreuzungen hergestellt werden.

Neubau mit Orthanf

Orthanf wird vor Ort mit einem Mischer hergestellt und in eine Schalung lagenweise eingefüllt und verdichtet. Wie beim Betonbau wird auch hier zwischen zweihäuptiger und einhäuptiger Schalung unterschieden.

Um den Wandaufbau festzulegen, muss vorher entschieden werden, welche Außenbekleidung die Wand erhalten soll.

- Verputzt: Holzständer mittig oder innenliegend (Skizze)
- Vorgehängte Fassade (z. B. Holzfassade): Holzständer mittig oder außenliegend (Skizze)

Wird eine hinterlüftete Fassade geplant, ist die winddichte Ebene zwischen Hanfkalk und Grundlattung mit einem dünnen Putz oder einer Unterspannbahn auszubilden.

Orthanf zweihäuptig geschalt
Überdeckungsregel
Grundsätzlich sollte die Überdeckung „ü" des Hanfkalks größer sein als die Breite „b" der Holzbalken. Achtung: Die Streben sind im Holzständerbau oft breiter als die Ständer. Es gilt immer der breiteste Holzbalken. Kann die Überdeckungsregel nicht eingehalten werden, kann es zu Rissen entlang der Holzkonstruktion kommen. In jedem Fall ist das Holz mit mind. 7 cm Hanfkalk zu überdecken, damit es dauerhaft vor Feuchtigkeit, von außen wie z. B. Schlagregen geschützt ist.

Soll das Fachwerk sichtbar bleiben oder die Wand dünner konstruiert werden, dann sollte der Holzständer auf der Innenseite der Außenwand geplant werden. Das Detail lässt sich genauso auch für den Fall einer Fachwerkssanierung anwenden, bei dem das Fachwerk von außen sichtbar bleiben soll.

Neubau mit Sprühhanf

Der Einsatz von Sprühhanf, wie ihn das optimierte EREASY-System von Americhanvre ermöglicht, stellt eine kosteneffiziente und schnelle Methode für den ökologischen Neubau dar. Dieses Verfahren reduziert die

Breite b des Holzständers [cm]	4	5	6	7	8	≥ 10
Überdeckung ü des Hanfkalks mind. [cm]	7	7,5	8	8,5	9	ü ≥ b

Überdeckung von Hanfkalk in Abhängigkeit der Breite des Holzständers. Zwischenwerte können interpoliert werden.

Arbeitszeit auf Baustellen erheblich – um bis zu 60 % – und spart über das gesamte Bauprojekt hinweg 20 % bis 30 % der üblichen Kosten. Besonders bei größeren Vorhaben überzeugt Sprühhanf durch seine zügige und präzise Verarbeitung. Ein Beispiel hierfür ist eine Neubausiedlung mit elf Gebäuden, die innerhalb von vier Wochen fertiggestellt wurde. Dabei erreichte das Team von Americhanvre eine Produktionsleistung von 31,15 m³ Hanfkalk pro Tag. Ein Nachteil bleibt der Dieselverbrauch von rund 10 Litern pro Kubikmeter, der den ökologischen Fußabdruck erhöht. Dennoch überwiegen die Vorteile durch erhebliche Einsparungen bei Arbeitszeit und Kosten.

Wirtschaftlich sinnvoll?

Aus wirtschaftlicher Sicht ist der Einsatz von Sprühhanf auch für einen Neubau attraktiv. Die Kombination aus reduzierten Arbeitskosten und einer effizienten Bauweise ermöglicht die Errichtung energieeffizienter Gebäude zu konkurrenzfähigen Preisen. So wurde ein 150 m² großes Wohnhaus für weniger als 185.000 € gebaut – ein Beleg für die Marktchancen dieser Bauweise in preisbewussten Märkten. Darüber hinaus sorgt das Sprühsystem für gleichbleibend hohe Qualität, wodurch kostspielige Nacharbeiten minimiert werden. Förderprogramme, wie sie in den USA bereits erfolgreich etabliert sind, könnten diese Bauweise auch in Europa weiter vorantreiben und ihre Attraktivität zu-

Überdeckungsregel

$ü \geq 0{,}5 \cdot b + 5$

Abb. 236/237: Neubauprojekt in den USA mit Fertigteilen aus gesprühtem Hanfkalk

Abb. 238: Das Fertigteil aus Holz wird mit Hanfkalk ausgesprüht.

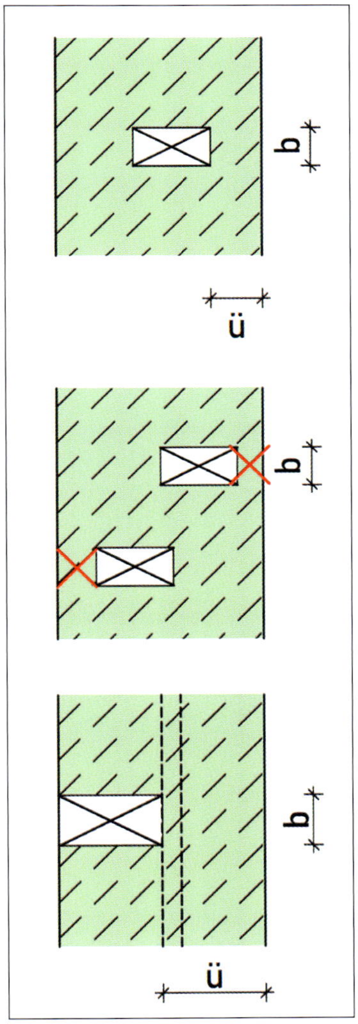

Abb. 235: Überdeckungsregelnbei Holzkonstruktionen mit Orthanf.
b Breite Holzständer
ü Überdeckung mit Hanfkalk

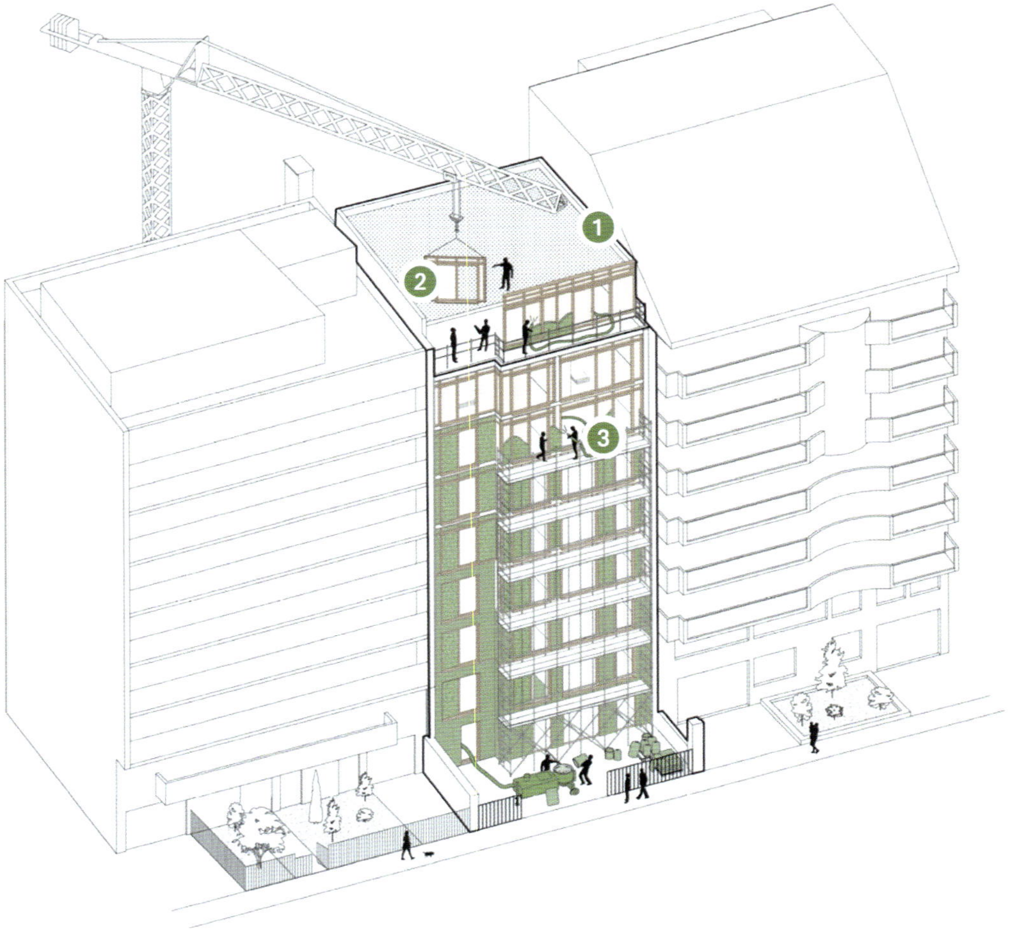

Abb. 239: Sozialer Wohnungsbau in Frankreich. [Raphaël Walther, Anatomies d'Architecture]

Abb. 240: Die Wand-Installationen sind fertig in der Wand montiert. Nun kann gesprüht werden. [Henrik Pauly]

sätzlich steigern. Neubauten mit Sprühhanf bieten somit nicht nur ökologische, sondern auch wirtschaftliche Vorteile und könnten eine zentrale Rolle im nachhaltigen Bauwesen einnehmen.

Nach unserer Einschätzung ist eine wesentliche Hürde für den deutschen Markt jedoch die geringe Verbreitung und Akzeptanz dieser noch jungen Technik. Insbesondere die konservative Prägung des deutschen Handwerks erfordert intensive Überzeugungsarbeit, um die Vorteile des Sprühhanfs zu vermitteln. Trotz dieser Hürden zeigt das Verfahren durch seine Effizienz und Zeitersparnis großes Potenzial, langfristig eine bedeutende Rolle im nachhaltigen Bauen zu spielen.

In Frankreich werden bereits 9-geschossige Gebäude aus Hanfkalk gesprüht, wie das Projekt für sozialen Wohnungsbau in Boulogne-Billancourt zeigt. Die Skizze von (Construire en Chanvre, 2020) zeigt, wie die fertigen Holzrahmen auf der Baustelle zusammengefügt und anschließend mit Hanfkalk ausgesprüht wurden. Diese Konstruktion aus 23 cm dickem Hanfkalk ermöglichte einen kostengünstigen Neubau.

- Primärstruktur aus Beton
- Vorgefertigte Rahmenkonstruktion aus Konstruktionsvollholz Fichte
- Hanfkalk gesprüht 23 cm

Ein spannender Vorteil von Sprühhanf im Neubau ist, dass die Haustechnik-Installationen schon vorher montiert werden können. So erspart man den Monteuren das lästige Schlitzen der Wände und erleichtert die Leitungsmontage ungemein. Wie in Abbildung 240 zu erkennen ist, wurde die gesamte Haustechnik an die innenseitige, verlorene Schalung montiert. Die verlorene Schalung ist in dem Fall eine leichte Lehmbauplatte mit 22 mm Stärke. Die vielen Zwischenräume sind für das Sprühen kein Hindernis, der Sprühhanf schmiegt sich überall an und füllt jeden Spalt aus.

Neubau mit Fertigteilen

In Deutschland gibt es bisher nur vereinzelte Gebäude aus Hanfkalk-Fertigteilen. Einheitliche Vorgaben für die Planung können deshalb nicht gemacht werden.

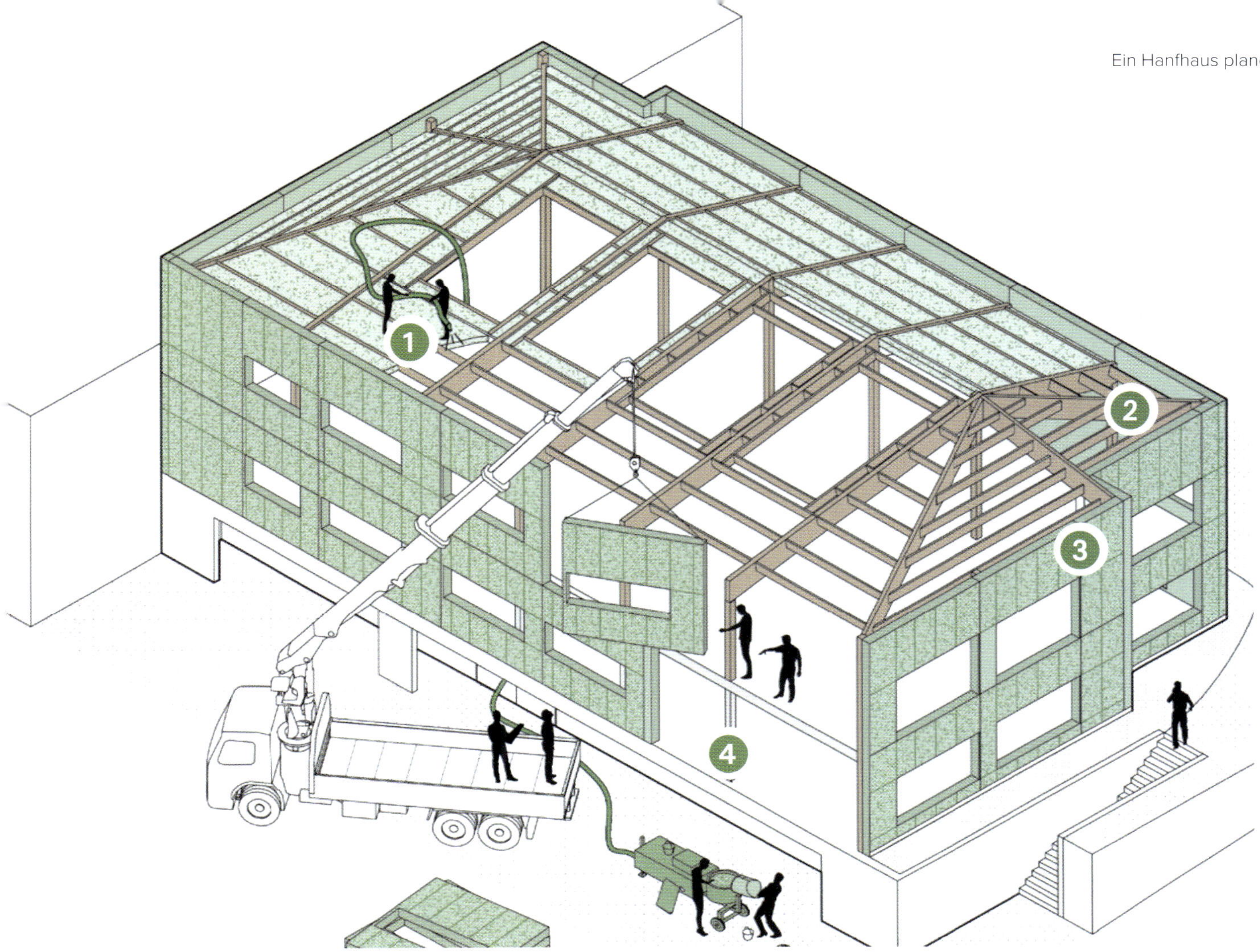

Abb. 241: Schema Darstellung einer Hanfbaustelle [Raphaël Walther, Anatomies d'Architecture]

Die aktuellen Herausforderungen für den Fertigteilbau mit Hanfkalk sind folgende:

- Lange Trocknungszeiten
- Große Lagerflächen benötigt
- Sicherung des Hanfkalks im Gefach während dem Transport
- teure Zulassungen für die Systeme

Herstellungsprozess (Construire en Chanvre, 2020):

- Herstellung in der Werkstatt mit einem Planetenmischer mit Durchsatz von 2 m^3/h
- **Lagerung** der Paneele zum Aushärten für **3 Wochen.**
- Montage auf der Baustelle und Herstellung des **Außenputzes** nach weiteren **2 Wochen**
- Dachdämmung aus Sprühhanf, 36 cm
- Leimbinder-Konstruktion
- Fertigteile aus Holzrahmen, mit Hanfkalk ausgefüllt (20 cm) und Holzweichfaserdämmung (8 cm)
- Pfosten-Träger-Konstruktion aus Stahlbeton

Dachdämmung planen mit Hanfkalk

Das Dach mit Hanfkalk zu dämmen, bietet entscheidende Vorteile. Durch die thermische Masse gewährleistet eine Dachdämmung aus Hanfkalk einen großartigen sommerlichen Hitzeschutz. Eine Herausforderung können die hohen Anforderungen an die Dämmstärke sein. Denn um einen U-Wert von 0,11 W/m^2K zu erreichen, müsste man ca. 55 cm dick dämmen. Das ist schlichtweg nicht sinnvoll. Bereits eine Dachdämmung von 26 cm Hanfkalk hat eine Phasenverschiebung von 12 Std; das heißt, dass die Kühle der Nacht am Tag auf der Innenseite ankommt und umgekehrt. Und das bei einem U-Wert von nur 0,26 W/m^2K.

Abb. 242: Dachaufbau mit Hanfkalk gesprüht
von oben nach unten:
- Ziegel mit Hinterlüftung
- Hanffaserdämmung
- Sparrenlage mit gesprühtem Hanfkalk dazwischen
- horizontale Lattung mit Hanfkalk ausgesprüht zur Lagesicherung
- verlorene Schalung diffusionsoffen als Putzträger
- Innenputz

Abb. 243: Bodenaufbau
- Bodenbelag
- Dreischichtplatte Nut-Feder 22 mm auf Lattung verschraubt
- Lattung
- LLS200 Hanflehmschüttung
- Bestandsbalkenlage
- Hölzer zum Höhenausgleich
- Rieselschutz
- Deckenverschalung

Die Dämmstärke sollte stets so gewählt werden, dass die Phasenverschiebung bei über 12 Std. liegt.

16.7 Bodenaufbauten aus Hanf

Hanfbaustoffe wie Hanffilze, Hanfkalk- und Hanflehm-Schüttungen werden seit vielen Jahren erfolgreich in Bodenaufbauten eingesetzt. Hanffilze weisen hervorragende trittschalldämmende Eigenschaften auf. Bereits vier Lagen der 5 mm Hanfvliese ermöglichen laut der Hanffaser Uckermark eG eine Verminderung des Trittschallpegels von L'w = 30 dB. Damit schneidet das Hanfflies besser ab als die meisten Trittschalldämmstoffe auf dem Markt.

16.8 Fassaden/ Applikationen planen

Die Oberflächen aus Hanfkalk und Hanflehm können wie klassische Oberflächen aus konventionellem Mauerwerk behandelt werden. Je nach Rezeptur ist die Hanfkalk-Oberfläche sehr stark saugend oder durch die Sinterschicht auf dem Kalk wasserabweisend.

Wenn eine Holzfassade angebracht werden soll, muss das Holzständerwerk außen bündig geplant werden. Die Winddichtigkeit hinter der Fassade ist mit einer winddichten Folie oder mit einem armierten Grundputz herzustellen.

Details zur Ausführung unter Kapitel 17.8.

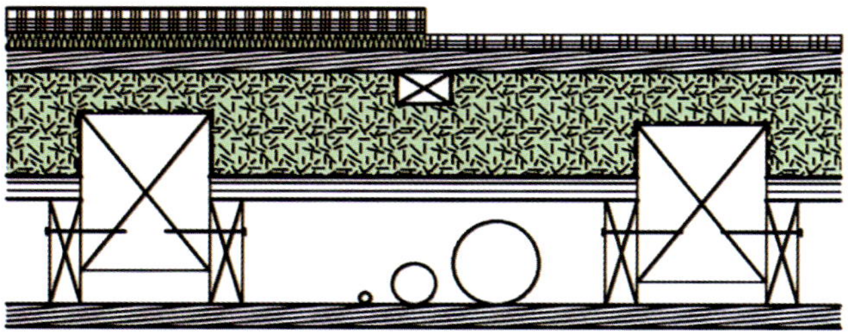

Abb. 244: Bodenaufbau mit Fehlboden und Installations-Ebene für die Haustechnik

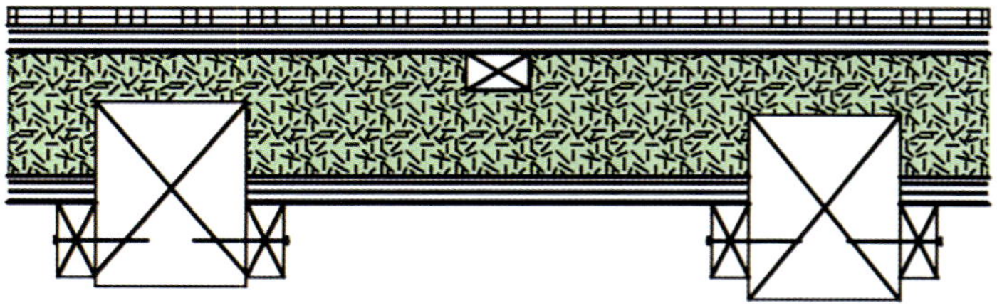

Abb. 245: Schlanker Bodenaufbau mit sichtbarer Balkenlage

17. Ein Hanfhaus bauen

Haben Sie sich dazu entschlossen, ein Haus aus Hanf(kalk) zu bauen, müssen Sie sich als Bauherrschaft darauf gefasst machen, dass viele Handwerker*innen die Bauweise noch nicht kennen. Die erste Reaktion ist dann manchmal große **Skepsis** bis hin zur Abneigung gegenüber der unbekannten Bauweise. Man wird auch versuchen, Ihnen diese Bauweise auszureden, obwohl diese gar nicht bekannt ist. In dieser Situation hilft es, Datenblätter und Unterlagen zu Referenz-Projekten stets bereit zu haben, um die Unsicherheiten auf der anderen Seite schnell auszuräumen. Wenn der Auftragnehmer von Grund auf neuen Dingen unaufgeschlossen ist, ist er möglicherweise nicht die beste Wahl für Ihr Projekt. Suchen Sie nach Handwerkern, die Lust haben, etwas Neues zu lernen.

Das **Wetter** spielt wie immer auf dem Bau eine wichtige Rolle und muss bei der Ausführung berücksichtigt werden. Hanfkalk oder Hanflehm sollten im feuchten Zustand nur zwischen 5°C und 30°C verarbeitet werden. Zudem ist frischer Hanfkalk vor direkter Sonneneinstrahlung, Regen und Frost zu schützen. Das gilt auch für Hanfkalk, der erst eine Woche alt ist.

Nach der Applikation muss für ausreichende **Belüftung** gesorgt werden. Es ist vorteilhaft, wenn die Fenster erst einige Wochen nach den Hanfkalkarbeiten montiert werden, um ein Fehlverhalten beim Lüften auszuschließen. Sind die Fenster bereits eingebaut, müssen sie stets offengehalten werden, um **Durchzug** sicherzustellen.

Vor Beginn der Arbeiten müssen die Vorleistungen der anderen Gewerke auf Maßhaltigkeit überprüft werden! **Rohbautoleranzen** von bis zu 2 cm sind keine Seltenheit.

17.1 Gesundheit und Sicherheit

Während der Planung der Baustelle ist u. a. eine Gefährdungsbeurteilung für die Hanfkalk-Arbeiten zu erstellen. Vorlagen sind bei der BG BAU[23] erhältlich. Bei der Verarbeitung von Hanfkalk sind folgende Schutzvorkehrungen zu treffen:

Augenschutz: Vollschutzbrille gegen Staub nach EN 166. Auch beim Stampfen sollte eine Schutzbrille getragen werden. Gefahr besteht zum Beispiel bei Arbeiten über Kopf oder wenn man versehentlich in das Auge fasst.

Atemschutz: Schutzklasse FFP2 nach EN 149, gerne mit Ventil.

Hautschutz: Schutz vor Feuchtigkeit und Kalk/ Zement: Nitrilgetränkte Handschuhe werden von der BG BAU empfohlen. Vor der Arbeit (und nach jeder Pause) empfiehlt es sich, die Hände und Unterarme zusätzlich mit einer Hautschutzcreme einzucremen. Das Tragen von langärmeliger Kleidung hat sich auf den Hanfkalk-Baustellen bewährt und wird daher empfohlen.

Auf jeder Hanfkalk-Baustelle ist eine Augenspülstation mit neutralisierender, pH-neutraler Augenspülung und normaler Augenspülung vorzuhalten.

Vorteil bei Hanflehm!
Hanf und Lehm sind für den Menschen völlig unbedenklich. Deshalb muss bei der Verarbeitung von Hanflehm meistens keine persönliche Schutzausrüstung (PSA) angelegt werden.

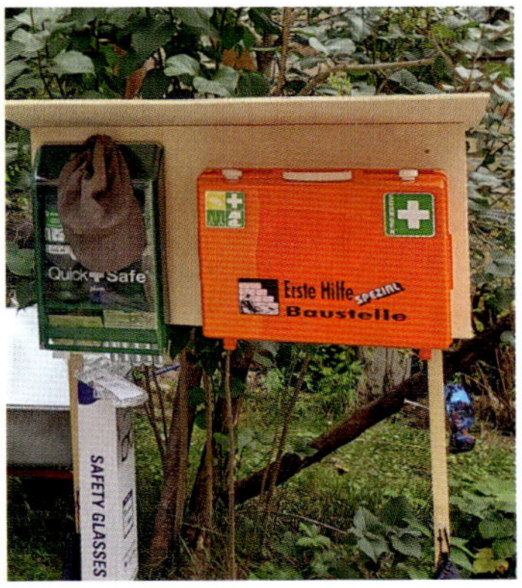

Abb. 246: Muss auf jede Baustelle: Die Sicherheitsstation

Abb. 247: Typische Ausrüstung eines Stampfers auf einer Hanfkalk-Baustelle.

23 Mehr Infos unter: https://www.bgbau.de/

17.2 Hanfkalk stampfen (Orthanf)

Ähnlich wie beim Ortbeton, bei dem der Beton vor Ort geschalt, eingefüllt und verdichtet wird, spricht man beim Orthanf vom vor Ort gemischten, geschalten und gestampften Hanfkalk.

Die Rohware ist vergleichsweise günstig, Verarbeitung dafür eher personalintensiv. Deshalb eignet sich der gestampfte Hanfkalk besonders gut für Bauherrschaften, die viel Eigenleistung einbringen und günstig bauen möchten. Auch in Regionen auf der Welt, in denen die Lohnkosten besonders niedrig sind, ist das Stampfen sicherlich die wirtschaftlichste Form der Verarbeitung.

Ist die Planung für das Orthanf-Projekt (siehe Kapitel „Ein Hanfhaus planen") abgeschlossen, kann es nun mit der Umsetzung auf der Baustelle losgehen.

Personaleinsatz planen

Eine Baustelle, auf der mind. 10 m³ Hanfkalk verarbeitet werden, kann mit 4-5 Personen gut abgewickelt werden. Professionelle Firmen kommen auch mit 3-4 Personen aus. Mit dieser Personalstärke können ca. 4 m³ Hanfkalk pro Tag verarbeitet werden. Dabei gibt es einen Mischmeister, der gleichzeitig „Springer" ist. Die anderen drei Personen sind so getaktet, dass sie gemeinsam die Schalung versetzen und anschließend den Hanfkalk einbringen und verdichten. Das erfolgt meistens im Halbtages-Takt: Die Schalung wird immer morgens und mittags hoch gesetzt und anschließend gefüllt.

Während der erste Meter der Wände sehr schnell gestampft ist (hier können es auch mal 10 m³ pro Tag sein), sind die Anschlussarbeiten an die Decken und Dächer sehr langwierig. Gerade zum Ende hin unter dem Dach kann es auch vorkommen, dass weniger als 1 m³ am Tag verarbeitet wird.

Eine Person allein kann auch Hanfkalk verarbeiten. Mit dem richtigen Mischer schafft eine Person ca. 1 m³ pro Tag.

Zu Beginn lassen sich mit einem großen Team auf Orthanf-Baustellen schnell viele Kubikmeter pro Tag machen, weil die Schalung in niedriger Arbeitshöhe befüllt und einfach verdichtet werden kann. Nach oben hin, besonders zum Deckenanschluss, wird die Verarbeitung schwieriger und es braucht teils andere Werkzeuge. Die letzte Schicht vor der Decke oder dem Dach kann häufig nicht von oben befüllt werden. Das Material muss von der Seite eingebracht und von Hand mit der Traufel gearbeitet werden. Dieser Prozess braucht viel Zeit; ein Kubikmeter am Tag sind dann schon ein Erfolg.

Leistungsansatz für ein Team aus Laien unter Anleitung eines Experten für ein kleines **Tinyhouse** („Ownhome[24]") aus Hanfkalk: Das Team aus acht Personen besteht aus zwei Mischmeistern, vier Stampfern und zwei Schalungsleuten. Mit einem kleinen 120 l Zwangsmischer verarbeitet man ca. 2 m³ am Tag, was ca. 40 Mischungen entspricht. Nach sieben Arbeitstagen können 13 m³ Hanfkalk verarbeitet und die Wände fertig gestampft sein.

Beispiel-Tagesablauf auf einer Orthanf-Baustelle:

Morgens

- Vor Beginn der Arbeiten versammeln sich alle Beteiligten auf der Baustelle, Bauleiter*in teilt die Arbeiten ein und teilt wichtige Infos.
- Mischmeister*in:
  - Ggfs. Mischer warten (ölen, reinigen)
  - Rohstoffe für den Tag zurechtlegen
- Schalmeister*in:
  - Werkzeuge und Schalmaterial zurechtlegen
  - Rohbau auf Maßhaltigkeit überprüfen
  - Schalung vorbereiten und hoch setzen
- Stampfer*in:
  - Arbeitsbereiche festlegen
  - Laufwege frei machen
  - Mörtelwannen bereitlegen
  - Mischmeister*in ggfs. unterstützen

Mittags

- Stimmungsbild einholen. Wer hat welche Erkenntnisse, die für das Team wichtig sind?
- Wird etwas benötigt?

24 Infos dazu siehe https://ownworld.org/

Abb. 248: Baustelleneinrichtung einer Kleinbaustelle (bis zu 20 m^3 Hanfkalk)

Abends

- Genügend Zeit einplanen für die Werkzeugreinigung und Aufräumarbeiten (ca. 30 min.)
- Bauleiter*in:
  - Bautagesbericht schreiben
- Mischmeister*in:
  - Mischer vollständig mit Kelle auskratzen und ggfs. mit Hochdruckreiniger reinigen
  - Ggfs. Wartungsarbeiten vornehmen
- Schalmeister*in:
  - Fertig gestampfte Wände ausschalen
  - Schalung reinigen
- Stampfer*in:
  - Flächen reinigen
  - Mörtelwannen und Stampfer reinigen

Baustellenlogistik

Eine gute Baustellenlogistik ist nicht nur für den reibungslosen Ablauf auf der Baustelle wichtig, sondern dient auch der Sicherheit. Grundsätzlich gilt:

- Sicherheitsstation muss immer sauber und gut erreichbar sein
- Kurze Wege vom Mischer zum Einbringort und zu den Rohstoffen, Stolperfallen vermeiden
- Jeden Abend aufräumen und Geräte reinigen (auch beim Reinigen der Geräte ist Schutzkleidung zu tragen!)
- Mischplatz bei Regen überdachen
- Mischer mit guter Sichtverbindung auf die Baustelle aufstellen
- Handwaschbecken mit Seife, Handtücher und Handcreme vorhalten

Abb. 249: Hanfkalk-Stampfer in verschiedenen Größen lassen sich einfach aus zwei Holzlatten zusammenschrauben [Hanfingenieur]

Materialien und Werkzeug

Der **Stampfer (ugs. „Klöppel")** kann aus Alt- oder Restholz zum Beispiel aus Dachlatten gefertigt werden. Bei einer T-förmigen Verschraubung entstehen zwei Enden zum Verdichten, für unterschiedlich große Flächen. Um verschiedene Einbaustellen zu erreichen, sollten verschiedene Längen für verschiedene Bauphasen genutzt werden.

Mischer für Hanfkalk

In der Praxis haben sich vor allem Zwangsmischer mit horizontaler Welle zum Mischen von Hanfkalk durchgesetzt. Bei der Auswahl des richtigen Mischers ist zu beachten, dass Hanfkalk deutlich leichter als z. B. Beton oder Putz ist und deshalb andere Anforderungen an den Mischer gestellt werden. Zum Beispiel eignen sich fast alle Sorten von Futtermittelmischern aus der Landwirtschaft gut zum Hanfkalk mischen. Schlecht geeignet sind hingegen Rührgeräte jeglicher Art. Das Material ist zu trocken und zu zäh, um es mit einem Rührgerät zu mischen. Für Ausbesserungsarbeiten können kleine Mischungen schnell und effektiv von Hand im Eimer hergestellt werden.

Zwangsmischer

Zwangsmischer sind Freifallmischern grundsätzlich vorzuziehen, da sie das Material aktiv mit Mischarmen durchmischen.

Zwangsmischer mit *horizontaler* Mischerwelle sind die erste Wahl für Hanfkalk-Mischer! Es gibt sie einerseits hydraulisch angetrieben, um sie z. B. an einen Traktor, Radlader, Bobcat, Hoflader, Teleskoplader, Minibagger, etc. anzuhängen. Man kennt sie auch als „Futtermittelmischer". Ein Mischer speziell für die Herstellung von Hanfkalk ist der Mischer von der Firma „Nature Nest (Vertrieb in Deutschland über das Hanfwerk)", der elektrisch betrieben und mit seinen Rollen mobil einsetzbar ist.

i

Checkliste Orthanf-Baustelle

Werkzeug und Hilfsmittel
- Hanfkalk-Mischer
- Wasserschlauch (erforderliche Länge und Anschlüsse vor Ort prüfen!)
- Wasserdosiergerät
- Mörtelwannen eckig >10 Stk.
- Eimer 10 Stk.
- Stampfer versch. Größen
- Rührgerät (optional)
- Wasserwaagen lang und kurz
- Richtscheit
- Mauerböcke o. ä.
- Leitern
- Baustellenradio
- Kabeltrommeln
- Akkuschrauber
- Holzschrauben (Sortiment von 45er bis 280er) mit einheitlichem Bit-System
- Handkreissäge
- Traufeln und Kellen

Baustellenlogistik
- Dielen zur Überbrückung
- Sackkarre
- Schubkarre
- ggfs. Hubwagen
- Rollbretter für Mikro-Logistik (volle Mörtelwannen)
- ggfs. Förderband

Baustoffe
- Hanfschäben
- Kalk
- Wasser

PSA
- FFP2-Masken
- Schutzbrillen
- Handschuhe
- Hautschutzcreme

Abb. 250: Profiausrüstung eines Mischmeisters

Abb. 251: Zwangsmischer für kleine Baustellen [Lara Krause]

Zwangsmischer mit *vertikaler* Mischerwelle sind die klassischen Zwangsmischer der Lehmbauer. Häufig kommt es vor, dass sich das Material im Mischer im Kreis dreht, ohne gemischt zu werden. In diesem Fall hilft es, die Anzahl der Mischerarme zu reduzieren oder „Stopper" an der Trommelwand anzuschweißen. Es kann maximal die Hälfte des angegebenen Mischer-Volumens gemischt werden. Wenn laut Herstellerangabe also 120 Liter Volumen möglich sind, können maximal 60 Liter Hanfkalk gemischt werden.

Hersteller passender Mischer sind beispielsweise SOROTO und Baron.

Großmischer

Auch große Futtermischwagen können für die Herstellung von Hanfkalk umfunktioniert werden. Mit ihnen lassen sich Mengen von 1 bis 8 m^3 auf einmal herstellen. Zu beachten ist, dass die frische Mischung auch zügig verarbeitet werden sollte, was die Misch-Menge limitiert.

Freifallmischer

Siehe Absatz „Hanfkalk mischen im Freifallmischer (ugs. Betonmischer)" auf Seite 206.

Unterkonstruktion/ Vorbereitung

Das Erste, was ein Hanfbau-Meister tut, wenn er auf die Baustelle kommt, ist, die bestehende Konstruktion auf ihre Maßhaltigkeit zu überprüfen. Mit Wasserwaage und Laser wird geprüft, ob die Vorleistungen lot- und fluchtgerecht ausgeführt wurden. Hierbei werden wichtige Erkenntnisse für die späteren Schal-Arbeiten gewonnen.

Abb. 252: Für besonders große Mengen: Futtermischwagen umfunktioniert zu einem Hanfkalkmischer [Dade Design]

Abb. 253: Horizontal an das alte Fachwerk angeschraubte Latten halten den Hanfkalk sicher im Gefach. [Hanfingenieur]

Abb. 254: Ungünstige Stelle für Orthanf: glatter Beton und wenig Überdeckung. Tellerdübel halten den Hanfkalk sicher an der Wand.

Damit sich der Hanfkalk gut am Tragwerk verkrallen kann, ist die Unterkonstruktion wichtig. Diese besteht meistens aus horizontal an das Holztragwerk angeschraubten Latten im Abstand von max. 50 cm.

Maßnahmen zur besseren Verkrallung von Hanfkalk

Unebenheiten helfen dem Hanfkalk sich zu verkrallen, um einen kraftschlüssigen Übergang zum Holz herzustellen. Gehobelte Oberflächen oder glatte Betonwände wie in der Abbildung zu sehen, sind sehr ungünstig für Hanfkalk. In solchen Fällen ist mit Tellerdübeln zu arbeiten. Glatte Holzoberflächen sollen mit einer Kalkmilch angestrichen und zusätzlich mit Schrauben bzw. Dämmstofftellern gesichert werden. Siehe auch Abschnitt Überdeckungsregel auf Seite 194.

Wie Abbildung 255 zeigt, kann sich der Hanfkalk an der Außenecke dieser Innenwand nirgends verkrallen. In dem Fall sind 6x100er Schrauben senkrecht versetzt mit einem Abstand von ca. 10 cm einzuschrauben. Das Holz sollte zudem kurz vor dem Stampfen mit einer Kalkschlämme eingepinselt und frisch in frisch gearbeitet werden.

Schalung

Im Gegensatz zum konventionellen Beton ist der Schalungsdruck von Hanfkalk sehr gering. Die Anforderungen an die Schalung sind:

- Nicht-saugende Oberfläche
- Einfach bearbeitbar
- Leichtes Gewicht
- Wiederverwendbar; langlebig

Eine 18 mm dicke OSB-Platte hat sich in der Praxis gut bewährt. Auch Reste aus Abfallholz können zur Schalung verwendet werden. Soll die Hanfkalk-Oberfläche später unverputzt bleiben, sollte man eine Schalung mit glatter, nicht saugender Oberfläche verwenden, z. B. Siebdruckplatten.

Optimale Schalungsmaterialien sind z. B.:

- OSB-Platten 18 mm (ca. 12 €/m²)
- Siebdruckplatten 15 mm (ca. 35 €/m²)
- KG-Rohr für Rundungen, z. B. DN 200 für 10 cm Radius (12 €/Rohr)
- Gleitschalung

Abgerundete Wandecken werden mithilfe von geviertelten PVC-Rohren einfach hergestellt. Größere Radien können mit sehr dünnen MDF-Platten oder ähnlichem hergestellt werden.

Beim Schalen der Wände empfiehlt es sich, eine Schnur entlang der Schalungsoberkante mit 2 cm Abstand zu spannen, um die Schalung lot- und fluchtgerecht an der Wand auszurichten.

Beim Ausschalen ist darauf zu achten, dass nach dem Lösen der Schrauben die

Abb. 255: Hier muss mit Schrauben nachgeholfen werden..

Abb. 256: Runde Außenschalung bereit zum Hochsetzen [Hanfingenieur]

Abb. 257: Links die fertiggestellte Hanfkalk-Wand, rechts die 18 mm OSB-Platte als Schalung, bereit zum Befüllen.

Schalung zuerst um ein/ zwei Zentimeter nach unten verschoben und dann vorsichtig senkrecht zur Wandfläche entfernt wird. Andernfalls wird der Hanfkalk nach oben hin ausgebrochen. (siehe auch Thema „Ausschalen" auf Seite 231).

Für den Ablauf der Baustelle ist es wichtig, dass das Schalungsteam „hinterherkommt". Die Arbeitsschritte sind wie ein Tanz unter den Hanfwerkern: Mischer, Springer, Stampfer, Schaler. Alle Prozesse müssen sauber ineinandergreifen.

Abb. 258: Solche Formen sind nur mit Orthanf möglich. [Henrik Pauly]

Hanfkalk mischen

Ist die Baustelle eingerichtet und alle Mitarbeiter eingewiesen, kann die erste Mischung gemacht werden. Hanfkalk sollte nicht unter 5 °C verarbeitet werden.

Die richtige Mischung ist vergleichbar mit dem „Heiligen Gral" der Hanfwerker. Ihn herzustellen ist nach einiger Übung nicht kompliziert und auch ungelernte Personen können nach einigen Versuchen zuverlässig hochwertige Mischungen Hanfkalk herstellen. Zentral ist jedoch stets, die Mischung auf den jeweiligen Anwendungsfall, die Gegebenheiten und beispielsweise auch das Wetter anzupassen – je nach Gegebenheit ist das Grundrezept für Hanfkalk anzupassen. Siehe hierzu das Kapitel Hanfkalk-Rezepte auf Seite 157.

Baustellen-Rezepte werden immer in *Raumteilen* angegeben, anders als etwa Backrezepte, die in Gewicht angegeben sind und eine Waage erfordern.

Die Angaben in Raumteilen machen das Rezept universell anwendbar ohne technische Geräte. In folgendem Beispiel ist das Rezept in Eimern angegeben. Dabei ist es egal, wie groß die Eimer sind. Wichtig ist nur, dass sie alle gleich groß sind, damit das Mischungsverhältnis untereinander passt.

Grundrezept für eine normale Hanfkalk-Mischung:

- 3 Eimer Hanfschäben
- 1 Eimer Kalk NHL 3,5
- 1 Eimer Wasser

Wenn die Hanfschäben sehr trocken sind oder das Wetter heiß ist, kann man davon ausgehen, dass das Volumenverhältnis von Wasser zu Kalk zwischen 1:1 und 1,5:1 liegt.

Reihenfolge beim Mischen von Hanfkalk
Bei der Reihenfolge beim Mischen gibt es unterschiedliche Ansätze, die alle ihre Berechtigung haben. Die hier vorgestellte Reihenfolge hat den Vorteil der geringeren Staubentwicklung, da das Kalkpulver sofort an den feuchten Schäben haftet. Sie ist für alle Mischerarten geeignet.

Die Reihenfolge beim Zusammengeben der Rohstoffe ist stets dieselbe und unabhängig davon, welcher Kalk oder welche Schäben genutzt werden:

1. Mischer starten
2. Alle Hanfschäben und die Hälfte des Wassers (hier ein halber Eimer) zugeben
3. Ca. 2 min. mischen, bis alle Schäben gleichmäßig feucht sind
4. Vorsichtig den Kalk vollständig hinzugeben (Schutzbrille und Atemschutz tragen!)
5. Mit dem restlichen Wasser (ca. ½ Eimer) die richtige Konsistenz einstellen
6. Max. 3 min weiter mischen
7. Hanfkalk in die Mörtelwanne umfüllen und sofort verarbeiten (die Verarbeitungszeit hängt vom Bindemittel ab, bei NHL 3,5 beträgt sie maximal 30 min)

Ein anderer Ansatz ist, die Hanfschäben und den Kalk gleichzeitig in den Mischer zu geben, trocken zu vermischen und anschließend das Wasser hinzuzugeben. Die Mischzeit ist kürzer und die Abläufe einfacher, jedoch ist die Staubentwicklung sehr hoch, der Mischer muss abgedeckt werden können. Im Freifallmischer ist dieses Vorgehen nicht zu empfehlen.

Woran erkenne ich eine gute Mischung?
Die fertige Mischung sollte im Licht nass glänzen. Ist die Hanfkalk-Mischung zu nass, „schmatzt“ sie sehr laut und glänzt deutlich, wenn man sie ins Licht hält. Häufig bilden sich auch einige kleine Luftbläschen. Wenn man einen Ball formt und man die Mischung wie einen nassen Schwamm ausdrücken kann, ist die Mischung zu nass.

Wenn die Hanfkalk-Mischung zu trocken ist, ist sie matt, bröselig, glänzt nicht und klebt schlecht zusammen.

i

Mehr Zeit

Bei hoch hydraulischen Kalken (Romanzement) Erstarrungsverzögerer verwenden, um die Bearbeitungszeit zu verlängern.

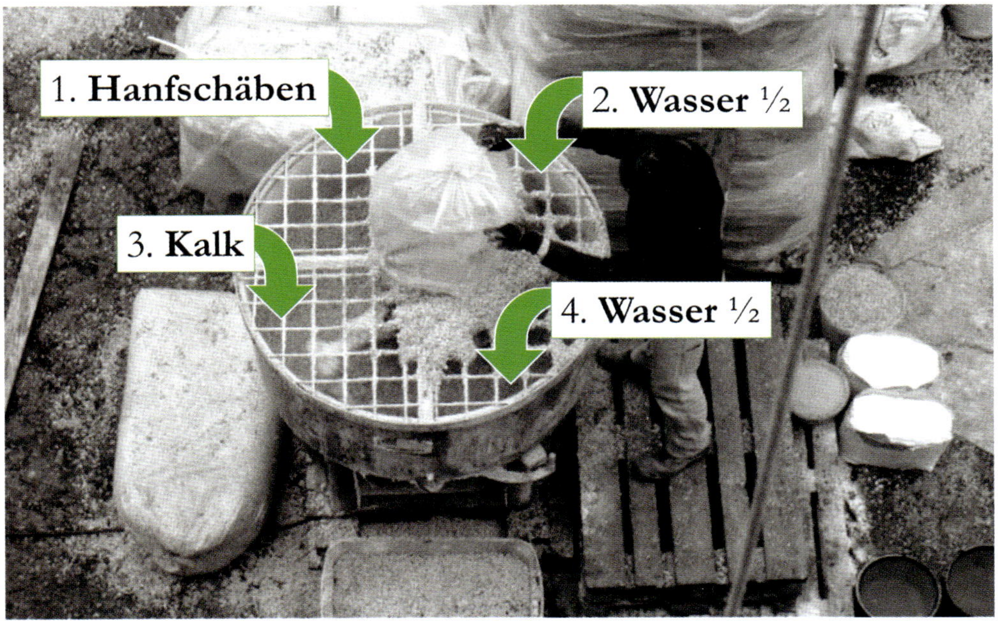

Abb. 259: Reihenfolge beim Hanfkalk mischen [Hanfingenieur]

Abb. 261: Balltest: Auf der flachen Hand wird der frisch geformte Ball mit einem Finger zügig zerdrückt. [Henrik Pauly]

Abb. 260: Balltest erfolgreich: Der aus Hanfkalk geformte Ball zerbricht in grobe Stücke. [Henrik Pauly]

Der **Balltest** hat sich in der Praxis als einfache Methode erwiesen, um die Qualität der Mischung schnell und anschaulich zu überprüfen. Hierzu formt man aus der frischen Hanfkalk-Mischung mit den Händen einen Ball, welchen man anschließend mit einem Finger schnell und kräftig in der Mitte zerdrückt. Der Ball sollte leichten Widerstand leisten und dann in grobe Stücke zerfallen (siehe Fotos). Hält der Ball nicht gut zusammen oder lässt sich sogar wie ein Schwamm ausdrücken, ist die Mischung zu nass.

Abb. 262: Die Mischmeisterin am Freifallmischer [Hanfingenieur]

Hanfkalk mischen im Freifallmischer (ugs. Betonmischer)

Wer Hanfkalk mischen möchte und keinen Zwangsmischer zur Verfügung hat oder nur sehr wenig mischen möchte, greift oft auf einen herkömmlichen Freifallmischer (ugs. „Betonmischer") zurück. Aber Achtung! Hier gibt es einiges zu beachten!

Häufige Probleme beim Anmischen von Hanfkalk in einem Freifallmischer (siehe Foto) sind, dass die Mischung inhomogen wird, sich Klumpen bilden oder sogar Kalkstückchen, sogenannte „Kalk-Eier" in der Mischung auftauchen. Es wird empfohlen, zuerst das Wasser, dann den Kalk und am Schluss die Hanfschäben dazuzugeben.

In Unterscheidung zu einem Zwangsmischer ist es mit einem Freifallmischer nahezu unmöglich, alle Kalkeinschlüsse bzw. Kalkstückchen zu eliminieren. Das liegt einfach in der Natur eines Freifallmischers, da der gesamte Mischprozess zu „sanft" abläuft.

Die Reihenfolge ist unabhängig von der Mischung stets dieselbe.

Fehler, die beim Herstellen von Hanfkalk in einem Freifallmischer entstehen können:

1) Knollenbildung

Während des Mischvorganges treten im vorderen Bereich Knollen mit Durchmesser von 1 cm bis zu 7 cm auf (rote Pfeile im Bild auf der nächsten Seite).

Abb. 263: Knollenbildung im Zwangsmischer [Henrik Pauly]

Lösung: Der Mischer muss weiter in die Horizontale geneigt werden, und zwar so weit, dass das Material gerade so nicht herausfällt. Sind erst einmal Knollen aufgetreten, kann dies im Mischer nicht mehr rückgängig gemacht werden. Dann sollte man prüfen, ob die Knollen in sich gut durchmischt sind. Wenn ja, kann die Mischung dennoch verbaut werden, solange die Knollen vor dem Einbau von Hand zerstoßen werden.

2) Mischung ist nicht homogen

Dieses Problem tritt häufig in Verbindung mit der Knollenbildung auf. An der Vorderseite des Mischers scheint das Material augenscheinlich zwar gut durchmischt zu sein, jedoch ist im hinteren Bereich des Mischers eine andere Durchmischung zu erkennen. Z. B. ist der Bindemittelgehalt im hinteren Bereich des Mischers sehr niedrig (siehe blauen Pfeil im Bild oben).

Lösung: Der Mischer muss weiter in die Horizontale geneigt werden, und zwar so weit, dass gerade so das Material nicht herausfällt. Das Problem kann noch während des Mischvorganges gelöst werden, die Mischung kann verwendet werden.

Fazit:

Grundsätzlich sollte man immer den Zwangsmischer einem Freifallmischer vorziehen. Durch den aggressiveren, mechanischen Mischvorgang gelingen die Mischungen im Zwangsmischer besser. Wer jedoch nur einen Freifallmischer zur Verfügung hat, nur kleine Mischungen machen möchte und die oben beschriebenen Hinweise beachtet, sollte auch mit diesem erfolgreiche Ergebnisse erzielen.

Hanfkalk einfüllen und verdichten

Die fertige Mischung sollte möglichst schnell verarbeitet werden, besonders bei hoch hydraulischen Kalken. Die Verarbeitungszeit hängt von dem Bindemittel ab, das verwendet wird. Bei hoch hydraulischen Kalken ist die Verarbeitungszeit deutlich kürzer als bei niedrig hydraulischen Kalken. Als Faustregel kann man 30 min. annehmen.

Beachte: Wird die Verarbeitungsdauer überschritten, verschlechtert sich die Festigkeit des Materials. Bei Zweifeln hilft ein Balltest.

Beim Materialtransport vom Mischer zum Einbringort helfen in der Ebene Förderbänder und Rollbretter, in der Höhe Gerüstarme mit Umlenkrollen oder Seilwinden.

Die frische Hanfkalk-Mischung wird in die Wände, Böden, Decken oder Dächer von Hand lagenweise eingefüllt und verdichtet. Beim Befüllen der Schalung ist darauf zu achten, dass das frische Material maximal 15 cm eingefüllt wird. Durch das Verdichten wird diese Lage auf ca. 10 cm komprimiert. Wird zu hoch eingefüllt, lässt sich das Mate-

Abb. 264: Blick von oben in die Schalung. links: Hanfkalk frisch eingebracht und verteilt.

Abb. 265: Rechts: Hanfkalk fertig verdichtet.

rial nicht mehr gleichmäßig verdichten. Besondere gestalterische Anforderungen können es erforderlich machen, dass von dieser Vorgabe abgewichen werden muss.

Verdichtet wird das frische Material von Hand mit einem Hanfkalk-Stampfer. Beim Verdichten ist besonders auf die Ecken und Detailausbildungen zu achten, da dort erfahrungsgemäß die Gefahr von Fehlstellen groß ist und das nachträgliche Reparieren wertvolle Zeit kostet.

Über die Verdichtung bestehen zwei unterschiedliche Ansichten: Während die einen das Material überall gelichmäßig verdichten, besteht bei anderen Hanfbau-Meistern die Auffassung, nur an den Ecken

Abb. 266: Hanfkalk gering verdichtet [Tami Forgó]

Abb. 267: Hanfkalk normal verdichtet [Tami Forgó]

Abb. 268: Hanfkalk stark verdichtet [Tami Forgó]

Abb. 269: Der frisch eingefüllte Hanfkalk (links) wird mit dem Stampfer verdichtet (rechts) [Hanfingenieur]

zu stampfen und die Mitte der Wände nur leicht anzudrücken bzw. sogar unverdichtet zu lassen. Sollen die Eigenschaften durch das Bauteil hindurch gleichbleiben, muss auch gleichmäßig verdichtet werden.

Die Schalung kann häufig bereits nach einer Stunde umgesetzt werden. Zum Schutz des frisch gestampften Hanfkalks kann die Schalung auch über Nacht oder über das Wochenende an der Wand bleiben. Spätestens nach einer Woche sollte die Schalung abgenommen werden. Wenn die Schalung saugend ist, sollte sie zügig abgenommen werden!

Wände sollten in der Höhe maximal 0,5 m pro Tag gestampft werden. Wird dieses Tageslimit überschritten, sollte man die Schalung im Bereich darunter länger an der Wand montiert lassen. Andernfalls würde das frische Material ausbeulen. Bei einer zu schnellen Befüllung der Wände besteht die Gefahr von großen Setzungen in der Wand.

Die letzte Lage, bevor man an der Geschossdecke oder dem Dach ankommt, ist anspruchsvoll. Die Schalung wird mit einem gleichmäßigen Abstand zur Decke montiert. Die Breite der Traufel gibt den Abstand vor. Handelt es sich bei der Schalung um Nut-Feder-Platten, ist sie mit der Feder nach oben zu montieren. Die Traufel oder Glättkelle wird hinter die Schalung gesetzt und von einer Seite von Hand befüllt und mit einem kleinen Holz verdichtet (siehe Fotos).

Abb. 270: Einblick von oben in die Schalung: Außen bereits verdichtet, innen noch unverdichtet. [Felix Drewes]

Abb. 271: Saubere Kanten durch sorgsames Verdichten und gute Schalarbeit. [Henrik Pauly]

Abb. 272: Immer wieder eine Herausforderung: Der obere Abschluss. Bleibt die Decke sichtbar, muss sie vorher gut abgeklebt werden!

Qualitätssicherung

Um die Qualität, insbesondere die Druckfestigkeit der Hanfkalk-Mischungen laufend zu überprüfen, sollten bei größeren Bauvorhaben mind. 2 Probewürfel pro Tag hergestellt werden. Dafür werden Stichproben aus den fertigen Mischungen entnommen und in eine Form für Probewürfel mit 15 cm Kantenlänge gefüllt, deren Druckfestigkeit später geprüft werden kann.

Aushärten und Nachbehandlung von Orthanf

Sind die Wände fertig gestampft und ausgeschalt, muss der frische Hanfkalk ggfs. nachbehandelt werden. Sollen die Oberflächen sichtbar bleiben, muss der Hanfkalk nach dem Stampfen sofort ausgeschalt und mit einer Glättkelle geglättet werden. Dabei die Glättkelle immer in horizontaler Richtung entlang der Schichten bewegen.

Kalk braucht Zeit, bis er vollständig aushärtet. Frische Hanfkalk-Wände sollten in den ersten vier Wochen vor langer, direkter Sonneneinstrahlung geschützt werden. Bei großer Hitze im Sommer ist es ratsam, die frischen Oberflächen täglich mit Wasser zu benebeln.

Im Winter ist Hanfkalk in den ersten vier Wochen vor Frost zu schützen.

Sehr wichtig ist, dass zur Trocknung bei Innendämmung und beim Putz mindestens vier Wochen dauerhaft quer gelüftet wird, bis alles gut ausgehärtet ist. Je länger gelüftet wird, desto besser.

Sollte in einem Raum ein Querlüften nicht möglich sein, dann sind ein Trocknungsgerät und ein Gebläse aufzustellen, um die restliche Feuchtigkeit aufnehmen und die Luft umwälzen zu können.

Hanfkalk einfärben

Durch die schöne Ästhetik von Hanfkalk entscheiden sich einige Bauherrschaften dazu, mindestens eine Wand im Haus sichtbar zu lassen und nicht zu verputzen. Wer einen Schritt weiter gehen möchte, kann den Hanfkalk auch einfärben und so gezielte Farbakzente als Highlight setzen.

Bei den Farbpigmenten muss darauf geachtet werden, dass es kalkechte Pigmente sind, die in dem alkalischen Milieu nicht zersetzt werden und ihre Farbe beibehalten. Im frischen, nassen Zustand erscheint die Farbe immer satter als im ausgehärteten Zustand. Deshalb ist immer eine Woche vorher eine kleine max. 1 cm dicke Probe anzulegen, damit die Intensität der Färbung abgestimmt und vorausgesagt werden kann. Als Basis eignen sich besonders helle Kalke, wie Weißkalkhydrat oder niedrig hydraulische Kalke.

Projekte mit eingefärbtem Hanfkalk finden sich in Kapitel 19 Kurzportrait Hanfbauprojekte (national/international), wie z. B. die Taberna Portuguesa oder die Hanfsauna.

Abb. 273: Frischen Hanfkalk in die Form lagenweise einfüllen und mit normalem Druck verdichten.

Insgesamt fünf Lagen à 3 cm

Die fünfte Lage mit einem Spachtel oder Kelle glattstreichen.

Würfel sofort ausschalen…

…und vorsichtig (!) auf ein kleines Brett kippen.

Brett beschriften mit Ort, Datum, Uhrzeit und an einen sicheren, schattigen Ort im Gebäude stellen. Nach 28 Tagen Druckfestigkeit im Labor untersuchen.

Abb. 274: Hanfkalk lässt sich individuell einfärben [Maximilian Löffler]

17.3 Hanfkalk sprühen (Sprühhanf)

Für professionelle Firmen ist die Anwendung von Sprühhanf eine effiziente Möglichkeit in der Altbausanierung. Während beim Stampfen nur 3-4 m^3 am Tag verarbeitet werden, können beim Sprühen mit derselben Personalstärke durchaus über 8 m^3 Hanfkalk am Tag verarbeitet werden.

Verschiedene Sprühgeräte

Die Sprühmaschinen von TecnoCanapa und Euromair sind zwar teurer, sie können durch ihren modularen Aufbau jedoch auch Einblasdämmung und Putz verarbeiten. Die Maschinen von Laurent Goudet und Ereasy sind lediglich für die Verarbeitung von Hanfkalk konzipiert. Die EREASY-Maschine ist durch den Low-tec-Ansatz wartungsfreundlich und robust, benötigt jedoch zusätzlich einen großen Kompressor und einen Mischer. Die Kontakte zu den Firmen sind im Kapitel 22 aufgelistet.

Vorbereitungen

Schalung

Die einhäuptige Schalung muss vollständig und lückenfrei vorhanden sein. Wird die einhäuptige Schalung als „verlorene Schalung" ausgeführt, verbleibt sie am Gebäude und muss nicht wieder entfernt werden. Eine verlorene Schalung kann z. B. aus Putz (nur für Profis!), Holzweichfaser oder einer Innenverkleidung aus Holz bestehen. Der Vorteil gegenüber einer klassischen Schalung ist, dass man sich viele Arbeitsschritte wie das Ausschalen und das Material für die Schalung spart. Die Schalung muss vollständig fertiggestellt sein, bevor mit dem Sprühen begonnen wird! Jede Schal-Arbeit während des Sprühens beeinträchtigt die Abläufe stark und sollte in jedem Fall vermieden werden.

Eine Möglichkeit besteht darin, die Schalung mittels Schalelementen (z. B. MEVA AluStar®) oder auf herkömmliche Art mit Brettern zu montieren. Eine andere Möglichkeit ist, mit Hanfkalksteinen eine verlorene Schalung herzustellen. Der Vorteil ist hier sicherlich, dass eine Seite der Wand bereits durch die Mauersteine fertiggestellt ist und sofort verputzt oder anderweitig bekleidet werden kann. In jedem Fall muss die einhäuptige Schalung am Holztragwerk vor dem Sprühen fest verschraubt sein. Ob die Schalung an der Außenseite oder auf der Innenseite einer Wand angebracht wird, hängt von verschiedenen Faktoren ab.

Ein sehr erfolgreiches und robustes Gerät für die Hanfkalkverarbeitung ist das EREASY-Sprühsystem von Baumer Chanvre. Das Sprühsystem schließt ein Verstopfen der Rohre nahezu aus und hat einen Durch-

Hersteller	Land	Kosten ca.	Verfahren	Beförderung mittels
TecnoCanapa	Italien	69.000 €	Schäben und Kalkmilch werden *in* der Sprühlanze gemischt. Wasser kann an der Lanze justiert werden.	Druck
Euromair	Frankreich	24.000 € bis 40.000 €	Schäben und Kalkmilch werden *vor* der Sprühlanze gemischt. Wasser kann an der Lanze justiert werden.	Druck
Laurent Goudet	Frankreich	90.000 €	Schäben und Kalk werden mit wenig Wasser trocken befördert. Wasser wird in der Sprühlanze justiert und zugegeben.	Druck
EREASY	Frankreich	9.000 €*	Fertig gemischtes Material wird in zwei Schläuchen mit Vakuum gesprüht	Sog

* Zzgl. externer Kompressor und Mischer!

Abb. 275: Innendämmung, gesprüht mit dem Euromair-System [Henrik Pauly]

satz von ca. 6 m^3 Hanfkalk pro Stunde, was die Leistung des In-situ-Verfahrens um das Zehnfache übersteigt. Die Größe des Teams kann hierbei auf drei Personen reduziert werden. Das reibungslose Zusammenspiel zwischen Team und Geräten ist entscheidend für die erfolgreiche Umsetzung der Sprühtechnik.

Personal planen
Das Sprüh-Team auf einer Sprühhanf-Baustelle besteht aus einer Fachkraft am Mischer bzw. der Maschine, einer Fachkraft an der Sprühlanze und bis zu drei Personen, die den Materialfluss aufrechterhalten. In Summe sollte ein Sprüh-Team also aus mindestens fünf Personen bestehen. Geübte Sprüh-Teams kommen auch mit drei oder vier Fachkräften aus.

Fugen ausstopfen
Die Fachwerksanierung sollte, ähnlich wie bei einer Innendämmung, hohlraumfrei stattfinden. Eine einfache Daumen-Regel hat sich als praktisch erwiesen: Fugen unter 2 cm Breite werden mit Dichthanf ausgestopft. Fugen über 2 cm Breite werden mit Hanfkalk ausgesprüht. Wo der Daumen nicht rein passt, wird also mit Dichthanf gestopft.

Es empfiehlt sich grundsätzlich, einen Karton Dichthanf auf jeder Fachwerk-Baustelle vorrätig zu haben.

Durchführung

Zeitplanung
Für die Baustelleneinrichtung sollte man einen halben Tag einplanen. Während der Sprüh-Arbeiten kann man mit einer Leistung von ca. 8 m^3 pro Tag rechnen. Bei guten Bedingungen sind max. 12 m^3 pro Tag möglich, bei schwierigen Bedingungen können auch nur 2 m^3 pro Tag verarbeitet werden. Die Leistungsfähigkeit hängt direkt mit der Leistungsfähigkeit der Sprühmaschine und der Erfahrung des Teams zusammen. Je nach Maschine können andere Leistungsansätze maßgebend sein. Für die Nachbearbeitung

Sprühhanf

Die Verarbeitung von Sprühhanf geht deutlich schneller als das Stampfen, ist aber auch energieintensiver.

und die Reinigungs- und Aufräumarbeiten sollte ein ganzer Tag einkalkuliert werden.

Reihenfolge

Gestartet wird beim Sprühen immer an der Stelle, die von der Sprühmaschine am weitesten entfernt ist. Also meistens die hinterste Ecke im Gebäude oder die oberste Etage.

Nachdem die Sprüharbeiten an einem Bauteil abgeschlossen sind, sollte am nächsten Tag die Nachbearbeitung stattfinden. Hierfür werden gezahnte Kartätschen und Edelputzkratzer (Nagelbretter) eingesetzt, um die Unebenheiten auszugleichen (siehe Foto).

Wenn eine organische und wellige Oberfläche gewünscht ist oder wenn man Arbeitszeit sparen möchte, kann man die Oberfläche auch so belassen, wie sie ist und nur mit einem gesprühten Putz überziehen.

Die Hanfkalk-Reste, die nach Abschluss der Arbeiten übriggeblieben sind, sollten später in BigBags o.ä. aufbewahrt werden. Sie eignen sich hervorragend als Trittschall-Schüttung im Fußbodenaufbau, als Mulch-Material für den Garten, und vieles mehr.

Zusammenfassung

Die Vor- und Nachteile von Sprühhanf im Überblick:

Vorteile:

- schnelles Dämmverfahren
- gleichmäßiges, homogenes Endprodukt
- Standardisierte Verfahren mit guter Qualitätssicherung
- Großartig bei Fachwerksanierung und Innendämmung
- Hervorragend geeignet für Decken- und Dachdämmung.

Nachteile:

- erfordert teure Geräte mit höheren Energieverbräuchen
- Ggfs. Schwierigkeiten, wenn nicht in einem Zug durchgesprüht werden kann
- Fehlfunktionen der Geräte können zu Verzögerungen führen.

Abb. 278: Nach dem Sprühen: Oberflächen nachbearbeiten. [Henrik Pauly]

Abb. 277: Werkzeuge zur Nachbearbeitung von Sprühhanf: Gezahnte Kartätsche und Edelputzkratzer [Henrik Pauly]

Abb. 276: Die Hanfkalk-Sprühmaschine von EREASY® in Aktion [Henrik Pauly]

17.4 Hanfkalk mauern (Hanfkalk-Steine)

Paulus schrieb an die Korinther: Mauern ist nicht gut im Winter.

Abb. 281: Die Hanfsteine „Canabloc®" von Nick Naturbaustoffe mit klassischer Mörtelfuge im Gefach vermauert. Davor angedeutet ist die Vorsatzschale mit Hinterfüllung. [Nick Naturbaustoffe]

Hanfkalksteine aus dem Ausland unterscheiden sich von anderen Mauersteinen vor allem im Steinformat, das bei den meisten Herstellern leider nicht dem deutschen Baurichtmaß entspricht. Die Abmessungen der Steine müssen bereits in der Planung des Gebäudes berücksichtigt werden, um unnötigen Mehraufwand auf der Baustelle zu vermeiden. Die Verarbeitung entspricht grundsätzlich der konventioneller Mauersteine.

Bei der Anlieferung dürfen die Hanfsteine eine Materialfeuchte von max. 20 % haben. Wichtig zu wissen: Hanfsteine dehnen sich je nach Feuchtegehalt ca. 6 mm/m aus (gemessen nach DIN EN 772-14).

Eine Liste der Hersteller von Hanfsteinen befindet sich am Ende des Buches unter „Nützliche Adressen".

i

Den Verschnitt der Hanfsteine unbedingt aufbewahren und nicht entsorgen! Hiermit lassen sich prima Bodenschüttungen, Hinterfüllungen und vieles mehr herstellen.

Hanfstein-Systeme mit Betonskelett (Neubau)

Schalsteine

Hanfstein-Systeme wie das „Hempro"-System von der Firma Isohemp sind eine gute Lösung für Bauunternehmen, die vornehmlich im Massivbau tätig sind und ihren Kunden nachhaltige Bauweisen anbieten möchten. Der große Vorteil dieses Bausystems ist die holzfreie Konstruktion. Dabei werden neben den Hanfsteinen auch Schalsteine aus Hanfkalk verwendet, die gleichzeitig die Schalung für Betonstützen oder -Unterzüge bilden und vor Ort ausbetoniert werden können.

Dabei wird der Stahlbeton auf das Wesentliche reduziert: die Statik. Der Hanfkalk erledigt den Rest.

Nach ca. 1 bis 1,5 m sollte der untere Teil der Stützen ausbetoniert werden, bevor weitergemauert wird. Vor der Betonage sind die Stützenfüße mit Kelle und Hammer zu reinigen und mit reichlich Wasser zu spülen, damit die Arbeitsfuge frei von Verschmutzungen und Mörtelresten bleibt. Die Betonage der Stützen erfolgt von Hand. Die Expositionklassen sind je nach Einsatzgebiet festzulegen. Wegen der beengten Platzverhältnisse sollte das **Größtkorn 8 mm** und die **Konsistenzklasse F4** betragen.

Nachdem die untere Hälfte der Wand betoniert ist, werden nun die Steine für die obere Hälfte der Wand über den Bewehrungskorb eingefädelt und vermauert. Der zweite Teil der Stützen kann dann zusammen mit den Ringankern betoniert werden. Die Ringanker können mit Kübeln betoniert werden. Zum Verdichten eignen sich hervorragend mobile, akkubetriebene Betonrüttler.

Betonskelett mit Ausfachung

Eine weitere einfache Möglichkeit für den Einsatz von Hanfsteinen im Massivbau ist die Ausfachung eines vorhandenen Beton-Skeletts. Aber auch wenn der Hersteller gegebenenfalls keine Schalsteine im Programm hat, kann dennoch eine Betonskelett-Konstruktion hergestellt werden.

Abb. 279: Hanfsteine auf einer Baustelle. Maximal drei Paletten aufeinander! [Henrik Pauly]

Abb. 280: Das Hempro-System in der Ausführung, kurz vor Betonage der Stützen. [Henrik Pauly]

Abb. 285: Die Schalsteine aus Hanfkalk bereit zum Ausbetonieren

Abb. 284: Geht schneller als man denkt: Betonage der Stützen.

Abb. 282: Vor der Betonage ist der Stützenfuß gründlich zu reinigen...

Abb. 283:... und mit Wasser zu spülen.

Achtung!

Die Hanfsteine müssen (wie jede andere Schalung auch) gegen den Betondruck gesichert werden. Es muss bei der Betonage mit Schalungszwingen, Spannankern, Kanthölzern etc. gearbeitet werden. Sonst bersten die Schalsteine während der Betonage unter dem hohen Druck.

Abb. 286: Innenliegende Ortbeton-Stützen vereinfachen die Montage der Bewehrung. Die Schalung steht schon bereit.

Fachwerk ausmauern mit Hanfsteinen

Hanfsteine punkten in Sachen Preis-Leistung, wenn es um die Ausfachung von Fachwerkwänden geht. Zusätzlich überzeugt Hanfkalk besonders bei Außenwänden mit seiner Witterungsbeständigkeit und Dämmeigenschaft und ist daher eine gute Option für die Modernisierung historischer Gebäude.

Auch das *Gewicht* spielt in der Fachwerksanierung eine große Rolle: Werden schwere, alte Gefache aus Bruchstein oder Klinker durch die deutlich leichteren Hanfsteine ersetzt, verbessert man nicht nur den Dämmwert erheblich, sondern reduziert gleichzeitig das Gewicht in den Gefachen. Das (meist alte) Fachwerk wird entlastet.

Schlackesteine/ Grauwacke	2.600 kg/m³
Ziegel	1.600–2.200 kg/m³
Leichtlehmstein	1.200 kg/m³
Hanfstein	350 kg/m³

Grobe Richtwerte für das Gewicht verschiedener Mauersteine im Fachwerk

Soll das Fachwerk später von außen sichtbar bleiben, sollten die Steine um ca. 1-2 cm nach innen versetzt gemauert werden. Der Versatz ist mit dem Stuckateur abzustimmen. Um dennoch eine Winddichtigkeit zu gewährleisten, bestehen höhere Anforderungen an die Innenseite:

- Der Putz muss luftdicht ausgeführt werden
- Steckdosen müssen luftdicht ausgeführt werden

Abb. 288: Befestigung der Hanfsteine mit Flachankern im Gefach [Henrik Pauly]

Abb. 287: Altes Fachwerk mit Hanfsteinen ausgemauert [Henrik Pauly]

Mauerwerk		**Fachwerk**
Sehr eben	Uneben	Uneben
Mauersteine an die Außenwand mauern und im frischen Kalkputz an der Wand verkleben. Ggfs. Mauersteine zusätzlich mechanisch befestigen mit 3 Stk./m² Mauerankern.	Ausgleichsschicht aus leichter Mischung aus gecoateten Hanfschäben oder Orthanf, mind. 4 cm, Mauersteine mechanisch befestigen mit 3 Stk./m² Mauerankern.	Offene Fugen mit Hanfwolle ausstopfen. Ausgleichsschicht aus leichter Mischung aus gecoateten Hanfschäben oder Orthanf, mind. 4 cm, Mauersteine mechanisch befestigen mit 3 Stk./m² Mauerankern.

- Durchdringungen durch den Innenputz müssen abgedichtet und vermieden werden
- Anschlüsse zu Boden/Decke/Dach/etc. sind luftdicht auszuführen

Die Hanfsteine können (wie andere Mauersteine auch) entweder mit Dreikantleisten oder Mauerankern in den Gefachen befestigt werden. Als Befestigungsmaterial sind nicht rostende Teile zu verwenden. Maueranker sollen in jeder Lagerfuge beidseitig angebracht werden.

Innendämmung mit Hanfsteinen

Hintergründe zur Planung und Dimensionierung einer Innendämmung aus Hanfkalk siehe Seite 186.

Wenn die bestehende Wand sehr eben ist, können die Hanfsteine auch an dieser Wand mit einem Kalkmörtel verklebt werden.

Die Abbildung 289 zeigt eine Innendämmung mit 7,5 cm dicken Hanfsteinen, die mit einem Abstand von mindestens 3 cm zur alten, unebenen Fachwerkwand gemauert wurden. Der Spalt wird mit gebundener Hanfkalk-Schüttung hinterfüllt und verdichtet, sodass alle Hohlräume fachgerecht ausgefüllt sind. Die Hinterfüllung wird in jeder Lage vorgenommen.

Haustechnik lässt sich einfach in die Hanfsteine integrieren, indem sie großzügig ausgespart und anschließend mit einer frischen „Handmischung" aus Sägeresten, etwas Kalk und Wasser ausbetoniert wird.

Auf dem Foto ist die Innendämmung aus 9er-Hanfsteinen zu sehen. Die Fensterleibungen werden mit dünnen Putzträgerplatten aus Holzweichfaser verkleidet und verputzt. Wenn in den Leibungen kein Holz vorhanden ist, kann auch direkt mit einem mineralischen Dämmputz gearbeitet werden.

Auch Holzbalken eignen sich als Sturz, z. B. 8/6er-Balken. Die Balken sind um 2 cm nach innen versetzt, um später einen Putzträger, wie z.B. Holzweichfaser, Schilfrohr, oder Holzwolleplatten anzubringen. Beim Übergang zu den Hanfsteinen ist unbedingt mit Gewebe im Putz zu arbeiten, da es sonst zu Rissen am Übergang vom Holzsturz zu den Hanfsteinen kommt. Auch ist zu beachten, dass die Holzbalken nicht bis an die bestehende Außenwand geführt werden sollten, da sie sonst Feuchtigkeit ziehen und sich verformen können. Die elegantere Lösung sind Fertigteilstürze aus Hanfkalk, da der Putz-Untergrund gleich bleibt und es so zu weniger Spannung im Putz kommt.

Auch eine Möglichkeit ist, die Fenster mit Leibungsbrettern einzufassen. Am Übergang zwischen Brettern und Hanfsteinen (oder Orthanf) sind 5 mm Hanfvliese einzusetzen, um die Winddichtigkeit zu gewährleisten.

> Die Hanfsteine (Innenschale) müssen mechanisch mit 3–5 Befestigungspunkten pro m² an der bestehenden Außenwand (Außenschale) verankert werden.

Abb. 289: Die bestehende Fachwerkwand (links) wird mit Hanfsteinen von innen gedämmt (rechts). Der Spalt wird mit einer frischen Hanfkalk-Mischung hinterfüllt.

Abb. 291: Innendämmung mit Hanfsteinen kurz vor der Fertigstellung

Abb. 290: Die Haustechnik lässt sich einfach in den Hanfsteinen integrieren.

Checkliste Hanfstein-Baustelle

Werkzeug und Hilfsmittel

- Eimer
- Mörtelwannen eckig und rund
- Rollbretter für Mikro-Logistik (volle Mörtelwannen)
- Schubkarren für Mörtel
- Hubwagen
- Rührgerät
- Klebekellen gezahnt
- Holzdielen und Mauerböcke o. ä.
- Leitern
- Wasserwaagen lang und kurz
- Richtscheit
- Kalkzementmörtel für die Kimmschicht
- Stein-Bandsäge mit Ersatzblatt
- Hand-Steinsäge
- Steinhobel
- Gummihammer
- Akkuschrauber
- Mauersperrbahn
- Edelstahlschrauben (4,5x45 etc.)
- Maurerkellen, Mauerverbinder

Baustoffe

- Hanfsteine
- Klebemörtel
- Kalk
- Hanfschäben gecoatet

Abb. 293: Hanfstein am Fachwerk befestigt mit Mauerverbinder und Schrauben

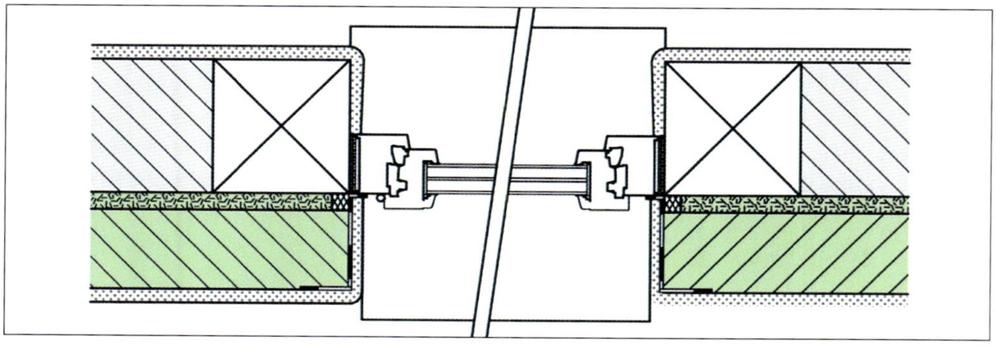

Abb. 292: Innendämmung eines verputzten Fachwerkhauses

Hanfsteine für den Innenausbau

Bodendämmung aus Hanfsteinen

Hanfsteine eignen sich durch ihre Druckfestigkeit ideal auch zur Dämmung des Bodens auf ebenen Untergründen, wie z. B. einer Beton-Bodenplatte. Im Bereich von Leitungen werden die Steine ausgespart und mit einer trockenen Hanfkalk-Schüttung aus zerkleinerten Hanfsteinen ausgefüllt.

Heizkörpernischen können mit Hanfsteinen einfach und schnell ausgemauert werden. Für die Schallentkopplung sollte mindestens der Bodenbelag und besser auch der Estrich zurückgebaut werden. Die Steine werden dann auf den Rohboden gesetzt. Die Fuge zwischen Hanfstein und abgeschnittenem Estrich und Bodenbelag wird mit Hanffilz ausgefüllt, um Schallbrücken zu vermeiden. An dieser Schnittstelle muss besonders genau gearbeitet werden.

Soll in einem Industrie-Gebäude die Nachhallzeit (Raumakustik) verbessert werden, so sind Hanfkalksteine eine sehr gute Wahl, denn sie verbessern nicht nur die Akustik, sondern obendrein noch die Raumluft und gleichen das Innenraumklima aus. Siehe Kapitel zu Akustik.

Abb. 295: Fußbodendämmung aus Hanfsteinen: druckfest und schnell verlegt.

Abb. 296: Hanfsteine verbessern die Raumakustik in großen Hallen [Isohemp]

Abb. 294: Auch eine Badewanne lässt sich prima mit Hanfsteinen einfassen.

Abb. 297: Ausfachung mit Hanfsteinen im Bau [Henrik Pauly]

17.5 Fachwerk sanieren mit Hanfkalk

Dass Hanfkalk und Fachwerk zusammenpassen erfährt man eindrücklich, wenn man die Stadt Angers in der Bretagne in Frankreich besucht. Dort sind die Fachwerkhäuser zum größten Teil mit Hanfkalk neu ausgefacht und gedämmt worden. Warum die Kombination aus Fachwerk und Hanfkalk so ideal ist, wurde in den vorangegangenen Kapiteln bereits erläutert. Abhängig vom konkreten Projekt sollte (ggf. gemeinsam mit einem Experten) entschieden werden, ob Hanfkalk gestampft, gemauert oder gesprüht wird (siehe Kapitel 13.3).

Für die Planung einer Fachwerksanierung siehe Kapitel 16.5 Bauen im Bestand.

Vor Beginn der Arbeiten ist bei einem Ortstermin mit dem Stuckateur abzustimmen, wie weit die neuen Hanfkalk-Gefache nach innen versetzt werden sollen. Als Erfahrungswert sind 1 – 2 cm Versatz nach innen passend, um den Putz bündig oder leicht über die Holzkonstruktion überstehend auszuführen.

17.6 Fußboden dämmen mit leichtem Hanflehm

Bei Böden, die uneben sind oder gegen Wärme und Trittschall gedämmt werden sollen, ist eine lose Schüttung aus Hanflehm oder Hanfkalk eine gute Wahl. Bevor die Hanflehm-Schüttung auf der tragfähigen Decke ausgebracht wird, muss ein Rieselschutz aus Pappe oder ähnlichem auf der Decke ausgebracht werden. Der Hanflehm wird trocken ausgebracht und anschließend von Hand verdichtet. Die Schichten sollten maximal 7 cm stark sein. Der Hanflehm ist nach Herstellervorgabe mit einer kleinen Überhöhung einzubauen. Bei Einbaustärken über 7 cm kann der Boden als sehr weich wahrgenommen werden, ähnlich wie in einem Altbau mit dünnen Holzbalkendecken.

Beim Verlegen der Nut-Feder-Platten muss vorher ein Streifen Pappe unter die Stöße gelegt werden, da sich sonst Hanfschäben dazwischen einklemmen. Hierzu kann man einfach die Säcke zerschneiden (Zerowaste-Ansatz).

17.7 Innenwände stampfen aus schwerem Hanflehm

Sowohl für Neubau als auch für Sanierung ist es sinnvoll, die Innenwände aus schwerem Hanflehm ($\rho > 350$ kg/m^3) herzustellen. Sie haben im Vergleich zu Hanfkalk mehr Masse und deshalb bessere Schalldämm-Werte. Die Verarbeitung ist dieselbe wie bei gestampftem Hanfkalk.

Schilfrohrmatten können sowohl als Putzträger als auch als Schalung dienen. Da es sich beim Einfüllen und Verdichten jedoch schnell wölbt, sollte es mit diagonal verschraubten Brettern gestützt werden (siehe Foto). Später wird die Wand mit Lehm verputzt.

Wichtig bei nasser Verarbeitung von Hanflehm: Viel Zugluft, dauerhaft lüften. Hanflehm ist sehr anfällig für Schimmel! Hanflehm sollte nass nur in den Frühjahr- und Sommermonaten verarbeitet werden.

Abb. 298: Bodenschüttung mit Hanflehm: Fertig verlegte Hanflehm-Schüttung (hinten) und noch zu verdichtende Schüttung (vorne)

Abb. 299: Eine staubige Angelegenheit: Hanflehm verdichten

Abb. 300: Eine Innenwand aus Hanflehm LLS400 im Bau. [Felix Drewes]

Abb. 301: Nachträgliche Dämmung eines Hauses mit Hanfwolle [Henrik Pauly]

17.8 Außendämmung mit Hanfwolle

Hanf-Dämmwolle ist eine gute Lösung für die Fassadendämmung und ist in Sachen Klimabilanz und Kreislauffähigkeit einem klassischen Wärmedämmverbundsystem (WDVS) weit überlegen. Gerade bei der Modernisierung alter Gebäude aus den 1960er- bis 1980er-Jahren empfiehlt es sich, die Gebäude von außen mit Hanfwolle zu dämmen. Es spielt keine Rolle, ob die Wände uneben sind, viele Materialwechsel in der Wand auftreten oder aus welchem Material der Untergrund besteht. Eine ausreichende Tragfähigkeit wird vorausgesetzt.

Für die ökologische, nachträgliche Außendämmung wird eine stehende Holz-Unterkonstruktion außen angebracht und mit horizontalen Latten verschraubt. Die entstehenden Gefache werden mit Hanfdämmwolle ausgestopft. Wenn der Untergrund besonders eben ist, können alternativ auch Hanfdämmmatten eingesetzt werden. Fugen und Anschlüsse zu anderen Bauteilen sollten dann mit Kurzfaser bzw. Dichthanf ausgestopft werden.

Auf die Lattung wird entweder eine Unterspannbahn oder eine Holzweichfaserplatte angebracht. Anschließend kann eine beliebige Holzfassade montiert werden. Die Fläche zu verputzen, wird aufgrund eventuell auftretender Bewegungen in der Fassade nicht empfohlen.

Vorteile der nachträglichen Dämmung mit Hanfwolle:

- Plastikfrei
- Zementfrei
- Anwenderfreundlich
- Flexibel auf fast allen Gebäuden anwendbar
- Kreislauffähig, da zu 100 % wiederverwendbar

Abb. 302: Kreislauffähig und Rückbaubar: Außendämmung mit Hanfwolle [Henrik Pauly]

17.9 Dachdämmung mit Hanfkalk

Die Gründe, die für eine Dachdämmung mit Hanfkalk sprechen, sind schon im Abschnitt Dachdämmung mit Hanfkalk planen auf Seite 197 erläutert worden.

Für die Dachdämmung ist das Gewicht entscheidend, um das Dachtragwerk nicht übermäßig zu belasten. Gleichzeitig muss der Hanfkalk hier deutlich weniger Belastung aufnehmen wie z. B. bei Außenwänden. Entscheidend ist, dass unterseitig eine verlorene Schalung angebracht ist, die den Hanfkalk im Gefach hält. Deshalb kommen leichte Mischungen mit wenig Bindemittelanteil zum Einsatz. Positiver Nebeneffekt: Der Dämmwerkt wird verbessert und liegt bei ca. λ = 0,052 – 0,066 W/(m·K).

Für die Aufnahme der Lasten des Hanfkalks sollten unter die Dachsparren Holzlatten 3/5 mit einem Achsabstand von mind. 30 cm angeschraubt werden.

Abb. 303: Dachdämmung mit Orthanf [Aaron von Siebenthal, Hanfingenieur]

Abb. 304: Dachdämmung mit Sprühhanf [Hess Stuck GmbH]

Hersteller	Hanfschäben	Bindemittel 1	Bindemittel 2	Wasser*
Saint-Astier	1 Ballen à 20 kg Isocanna®	1 Sack à 25 kg Batichanvre®	-	40-50 Liter
EREASY®	1 Ballen à 20 kg Cana-Granula (Eurochanvre)	1 Sack à 15 kg EREASY 120	-	24 Liter
Hemp Eco Systems	1,5 Ballen à 20 kg	1 Sack à 25 kg Reines WKH	1 Sack à 3 kg HES plus (Additiv)	40-45 Liter
Hessler Kalkwerke	1 Ballen à 18 kg	1 Sack à 25 kg NHL 2	-	35-40 Liter
TecnoCanapa	BioBeton® Pronto (Fertigmischung)			
TecnoCanapa	1 Ballen à 20 kg Canapulo Grosso	1 Sack à 25 kg Legante Dolomitico Naturale	0,4 Liter Additivo Probiotico	35-40 Liter
Otterbein Kalkwerke	1 Ballen à 20 kg	1 Sack à 25 kg Prompt FIX-ZEMENT	1 Fl. À 80 g TARDA Erstarrungsverzögerer	44 Liter

* Wasserdosierung ist der Witterung und der gewünschten Konsistenz immer anzupassen.

Rezepte verschiedener Hersteller für Hanfkalk als Dachdämmung

Es wird empfohlen, eine unterseitige, verlorene Schalung an die Dachschräge anzubringen, um Arbeitsschritte und Kosten einzusparen. Folgende Materialien sind hierfür denkbar:

- Lehmbauplatten 22 mm
- Holzwolle-Platten
- Nut-Feder-Bretter
- Rauspund
- Hanfbauplatten

Wenn unterseitig eine verlorene Schalung angebracht wurde, die den Hanfkalk zusätzlich halten kann, kann der Abstand der Holzlatten auf 40 cm erhöht werden. Generell ist der Lattenabstand auf die Plattenmaße abzustimmen.

17.10 Dachdämmung mit Hanffaser

Eine sehr preiswerte und einfache Möglichkeit der Dachdämmung ist es, die lose Hanfdämmung von innen direkt hinter die Dachziegel zu stopfen. Diese Ausführung entspricht zwar nicht der Norm, es existieren jedoch zahlreiche Projekte bei denen sie sich bewährt hat.

Hierzu wird eine Sparschalung von unten an die Sparren geschraubt. Der Abstand der Sparschalung ergibt sich aus den Abmessungen der Platten, die später von innen angeschraubt werden. Die Stopfdichte beträgt 50 kg/m³. Es empfiehlt sich, zu Beginn die nötige Masse an Hanffasern für ein Sparrenfeld zu berechnen, um die genaue Stopf-Intensität zu ermitteln.

17.11 Luftdichte Anschlüsse aus Naturbaustoffen

Luftdichte Anschlüsse, Winddichtung oder Dampfbremsen müssen nicht mehr aus Kunststoff sein! Auch hier gibt es mittlerweile innovative Lösungen, die so ungefährlich sind, dass man Reste sogar auf dem Kompost entsorgen könnte. Denn diese Abdichtung besteht nur aus Leinen- oder Hanfvlies, Tonmehl und Roggenleim. Die Abdichtung ist in der Ebene zwischen Rohbau und luftdichtem Putz auszuführen.

Eigenschaften nach HANFFASER Uckermark eG:

- flächenbezogene Luftdurchlässigkeit = 1,35–1,90 m³/(m²·h)
- Diffusionshemmend: s_d-Wert = {5 cm/40 % rL – 90 cm/85 % rL} // 60 cm bei 23°C/60 %rL
- Volldeklaration Leinenvlies: Leinenfasern (70 %), Fichtenzellwolle (30 %)
- Volldeklaration Lehmkleister: Tonerde, Roggenleim

Verarbeitung

Man benötigt: Große Schere, Tapezier-Unterlage, Quast, großer Malerpinsel, Eimer

Vorbereitung: Der Untergrund muss fest, sauber und staubfrei sein. Poröse Unter-

Abb. 305: Hanffaser-Dämmung von innen direkt gegen die Ziegel [Hanffaser Uckermark eG]

Abb. 306: Luftdichter Anschluss: Dachverkleidung an Giebelwand mit Leinenvlies und Lehmkleister [Hanffaser Uckermark eG, 2023]

gründe und Hanfkalk einen Tag vorher mit Lehmkleister grundieren.

Lehmkleister nach Packungsangabe in Wasser einrühren und Quellzeit (2 Std) beachten. Die Konsistenz sollte vergleichbar mit Tapetenkleister sein. Der Lehmkleister ist nur 24 Std. nach dem Ansetzen verwendbar.

Untergrund mit einem Quast vorstreichen. Leinen-/Hanfvlies einkleistern. Anschließend das einseitig eingekleisterte Vlies auf den Untergrund tapezieren und mit dem restlichen Lehmkleister bestreichen. Stöße sind zu überlappen. Der Lehmkleister sollte nun schnell trocknen.

17.12 Wie man etwas in Hanfkalk befestigt

Je nach Festigkeit des Hanfkalks können Schrauben, Klebedübel und klassische Dübel verwendet werden, um etwas in einer Wand aus Hanfkalk zu befestigen. Schrauben müssen ohne Vorbohren direkt in den Hanfkalk gedreht werden. Um Risse im Putz zu vermeiden, sollte nur dieser vorgebohrt werden.

Küchenschränke können an Innenwänden aus Hanfkalk befestigt werden, indem die Gewindestangen für die Halter durchgebohrt und auf der anderen Seite mit Unterlagscheibe und Mutter befestigt werden. Alternativ können diese in einer separaten Unterkonstruktion (z. B. Holz- oder Betonkonstruktion) in der Wand befestigt werden. Dies muss bereits in der Planung berücksichtigt werden.

Schrauben dürfen keine Bohrspitze haben. Z. B. sind Dübelschrauben gut geeignet. Die Verankerungstiefe im Hanfkalk sollte mind. 80 mm betragen.

Die Tragfähigkeit ist immer abhängig vom Hersteller der Hanfsteine; die Vorgaben der Hersteller sind zu beachten.

17.13 Hanfkalk reparieren

Hanfkalk lässt sich einfach und nahezu spurlos reparieren. Beim Bau auftretende Fehler sollten so schnell wie möglich, am besten noch „frisch in frisch" korrigiert werden. Im rechts bildlich dokumentierten Fall ist ein Abstandshalter zu spät aus dem Hanfkalk entfernt worden. Dabei sollte man wie folgt vorgehen:

1. Lose Teile in der schadhaften Stelle vorsichtig auskratzen.
2. *Bei getrocknetem Hanfkalk:* Stelle mit Wasser besprühen, gut anfeuchten.
3. *Bei getrocknetem Hanfkalk:* Kalkmilch mit Pinsel auf die Kontaktstellen auftragen.
4. Kleine Handmischung im Eimer herstellen.
5. Frischen Hanfkalk zu einem Schneeball formen.
6. Kugel in die Schadstelle eindrücken und mit Drehbewegungen in die Stelle eindrehen. Nicht reiben.
7. Gegebenenfalls Schritte 5 und 6 mehrmals wiederholen, bis die Stelle gefüllt ist.
8. Glättkelle anfeuchten und mit etwas Druck eben ziehen.
9. Vor direkter Sonne schützen.

Abb. 307: Hanfkalk reparieren [Felix Drewes]

Gewicht	Belastung zur Wandfläche	Befestigungsart mind.
< 5 kg***	senkrecht & längs	Gipskartondübel Zinkdruckguss 39 mm
10 kg**	längs	Schraube 6x120
18 kg*	senkrecht & längs	Schraube 8x80 ohne Vorbohren
37 kg*	senkrecht & längs	Schraube 10x80 ohne Vorbohren
>37 kg*	senkrecht & längs	Klebedübel 10x100
100 kg**	längs	Klebedübel M8x100

* Basierend auf Angaben Fa. Isohemp S.A.
** Basierend auf Angaben Fa. Senini Pose (TecnoCanapa)
*** Basierend auf Erfahrungswerten von Hanfingenieur

17.14 Applikationen auf Hanfkalk: Putze, Beschichtungen und Fassaden

Es muss stets darauf geachtet werden, dass Finishes von Hanfkalk diffusionsoffen und kapillaraktiv sind, um die positiven Eigenschaften des Hanfkalks zu unterstützen. Gleichzeitig bildet diese äußere Schicht auf der Außenwand die winddichte Ebene. Da der Hanfkalk sehr offenporig ist, ist auf die fachgerechte Ausführung der äußeren Schicht besonders zu achten.

> *In den Monaten mit „r" wird nicht verputzt.*
>
> Alte Baustellen-Weisheit

Putze auf Hanfkalk

Putze sind Oberflächen, die die nächsten Jahre über immer sichtbar bleiben werden. Deshalb wird dazu geraten, die Verputzarbeiten insbesondere von Kalkputz gelernten Fachkräften zu überlassen. Der Stuckateurberuf ist nicht umsonst ein dreijähriger Ausbildungsberuf. Wer dennoch selbst verputzen möchte, kann sich mit dem Buch „Lehm- und Kalkputze" vom Ökobuch Verlag umfassend in die Materie einarbeiten. Die hier vorgeschlagenen Putzaufbauten sind auf die Anwendung mit Hanfkalk zugeschnitten und haben sich bewährt.

Aufbau-Empfehlung Kalkputz auf Hanfkalk: Erfahrene Hanfkalk-Profis wie Wolf Jordan verputzen den frischen Orthanf bereits am nächsten Tag. Der Putz verursacht ein kapillares Saugen vom Wandinnerenan die Putzoberfläche, was dem Hanfkalk dabei hilft, auszutrocknen. Das Vorgehen hilft dabei, frühzeitig eventuell auftretende Verfärbungen im Putz durch den Orthanf zu erkennen und im späteren Putzaufbau gegenzusteuern. Auch sorgt das Frisch-in-Frisch-Verputzen für einen guten Verbund zwischen Putz und Hanfkalk.

Andere Fachleute vertreten die Überzeugung, den Hanfkalk erst zu verputzen, wenn er vollständig durchgehärtet ist. Das kann je nach Dicke der Wand nach ca. einem halben Jahr sein. Je nach verwendetem Bindemittel im Hanfkalk und den Aushärtungsbedingungen kann es sein, dass die ausgehärtete Orthanf-Oberfläche mit einer Sinterschicht überzogen ist. Hier sollte dann zuerst ein Tiefengrund oder ein Haftputz aufgetragen werden, bevor der eigentliche Grundputz aufgetragen wird.

Innenputz, dreilagig:

1. Naturkalk-Haftputz grob gezahnt aufziehen und trocknen lassen
2. Naturkalk-Haftputz Gewebespachtelung ca. 5-7 mm dick
3. Oberputz nach Wahl, z. B.:
   a. Kalk-Feinputz, 1 mm Korn, gerieben, oder
   b. Naturkalkputz, 2 mm Korn, gerieben, etc.
4. Anstrich mit Kalkfarbe/ Silikatfarbe/ Farnovo/ etc.

Außenputz vierlagig:

1. Naturkalk-Haftputz grob gezahnt aufziehen und trocknen lassen
2. Naturkalk-Leichtgrundputz
3. Naturkalk-Haftputz vollflächig armieren und aufziehen
4. Kalk-Feinputz nach Belieben als Oberputz ausbilden
5. Anstrich mit Silikatfarbe

Aufbau-Empfehlung von Lehmputz auf Hanfkalk:
Wird eine Wand aus gestampftem Hanfkalk mit Lehm verputzt, wird ein Grundputz bzw. Spritzbewurf mit Kalkputz empfohlen. Damit soll einer möglichen Fleckenbildung im späteren Lehmputz vorgebeugt werden. Ein Außenputz aus Lehm wird nicht empfohlen, da er nicht dauerhaft witterungsbeständig ist. Wer sich aber vor dem Frühjahrsputz (dem Ausbessern des Lehmputzes nach dem Winter) nicht scheut, kann ggfs. auch von den Normen abweichen und die Wände außen mit Lehm verputzen. Ein großer Dachüberstand ist dann besonders empfehlenswert.

Innenputz aus Lehm:
- Lehm-Unterputz auftragen
- Ggfs. Armierungslage
- Deckputz

Muss der Innenputz nach Vorgabe des Energieberaters bzw. Planers luftdicht ausgeführt werden, ist er dreilagig auszuführen.

Beschichtungen auf Hanfkalk

Beschichtungen auf Hanfkalk sind dann sinnvoll, wenn man die Struktur oder das Erscheinungsbild des Hanfkalks erhalten möchte, aber dennoch die Oberfläche verfestigt, also abriebfest oder farblich verändert werden soll. Im Folgenden werden verschiedene Möglichkeiten aufgezeigt.

Manchmal sollen die Hanfkalk-Wände unverputzt bleiben, um etwa die schöne Lagenstruktur von Orthanf sichtbar zu lassen. Außerdem verbessert eine unverputzte Hanfkalkwand die Raumakustik ungemein! Wie kann also ein transparentes Finish gemacht werden? In jedem Fall sind die Beschichtungen kapillaraktiv und diffusionsoffen herzustellen.

Um die Abrieb-, Wisch- und Wetterfestigkeit von Putzen oder freiliegendem Hanfkalk zu erhöhen, gibt es folgende Möglichkeiten:

Kasein

Kasein, oder Kalkkaseinfarbe als Lasurbindemittel zum Streichen oder Sprühen. Achtung, mehrmals nebelfein sprühen, um weiße Schlieren zu vermeiden. Pigmente können hinzugefügt werden, sonst funktioniert es auch als farbloser Anstrich. Durch seinen niedrigen pH-Wert kann Kasein bei schlechten Bedingungen leicht schimmeln.

Wasserglas

Wasserglas ist ein Alkalisilikat. Es gibt Kaliwasserglas, Natronwasserglas und Lithiumwasserglas. Es kann gestrichen oder gesprüht werden. Achtung, die Düsen der Pumpen aus Metall reagieren mit dem alkalischen Wasserglas, sodass das Metall oxidiert und nach einiger Zeit verstopft. Daher Pumpen mit Plastik- oder Edelstahldüsen nutzen. Auch Kaliwasserglas kann weiße Schlieren machen, daher gleichmäßig und nebelfein sprühen. Lithiumwasserglas ist teurer, verursacht dafür aber keine weißen Schlieren! Das Wasserglas wird nach Gebrauchsanweisung verdünnt, damit es gesprüht oder gequastet werden kann.

Wasserglas verringert die Diffusionsoffenheit des Bauteils, sodass weniger Wasser eindringen kann. Dennoch bleibt eine gewisse Diffussionsoffenheit erhalten, damit Wasserdampf weiterhin von innen nach außen gelangen kann. Grundsätzlich gilt, je dicker der Schutz, desto höher der Diffusionswiderstand, sowie Abrieb-, Wisch- und Wetterfestigkeit. Je nach Witterung und Ausführung wird die Behandlung zu gegebener Zeit wiederholt.

Farben

Hier werden nur Farben behandelt, die direkt auf Hanfkalk appliziert werden.

Um den Hanfkalk zu färben, kann Farbe appliziert werden. Gleichzeitig wird dabei die Struktur erhalten und der Schutz erhöht. In der Regel sind es Sumpfkalkfarben (von der Konsistenz relativ quarkig), gut zum Streichen und Quasten. Es gibt Kalkfarben, die Alkalisilikat enthalten, um gleichzeitig die Abrieb-, Wisch- und Wetterfestigkeit zu erhöhen.

Prinzipiell gilt: Bei Farben immer genau hinschauen! Es gibt Farbhersteller, die „Lehmfarbe" angeben, die jedoch Plastik enthält. Von flüssigen Lehmfarben ist zudem abzuraten, weil sie Konservierungsmittel enthalten.

Vorgehängte Fassaden

Um die Winddichtigkeit zu gewährleisten, muss der Hanfkalk entweder verputzt oder mit einer Unterspannbahn versehen werden. Anschließend kann die vorgehängte Fassade montiert werden. Es empfiehlt sich, die Unterkonstruktion in der Tragkonstruktion der Außenwand zu befestigen und nicht im Hanfkalk selbst. Eine Unterspannbahn ist besser rückbaubar und günstiger als ein Putz.

Abb. 308: Moos-Befall oberhalb eines überstehenden Blechs in der unverputzten Fassade [Henrik Pauly]

Abb. 309: Eine Wildbiene hat ein neues Zuhause in der unverputzten Hanfkalk-Fassade gefunden. [Henrik Pauly]

17.15 Was alles schiefgehen kann

Schädlingsbefall bei Hanffaserprodukten

Bei der Verwendung von Hanffasern und daraus hergestellten Dämmstoffen wie Stopfhanf kann es unter bestimmten Umständen zu vorübergehenden Problemen mit kleinen Organismen kommen. Insbesondere nach dem Einbau von naturbelassener, stark gerösteter, dunkler Hanfdämmwolle berichten hin und wieder Anwender von einem zeitweiligen Auftreten von Staubläusen oder Bücherläusen. Diese sind (außer für Allergiker) nicht gesundheitsschädlich und vergehen bei sachgemäßem Einbau nach Abnahme der Baufeuchte von allein. Bücher- oder Staubläuse z. B. benötigen eine hohe Luftfeuchtigkeit zum Überleben und suchen sich daher feuchte Räume in gut beheizten Häusern aus. Der Dämmwert leidet unter einem solchen kurzzeitigen „Befall“ nicht.

Es gibt Hinweise darauf, dass die Wahrscheinlichkeit eines solchen Vorkommens bei der Verwendung von dunkleren Hanffasern, also Röstklassen über 8 (siehe Seite 94) höher sein könnte. Eine mögliche Erklärung dafür ist, dass sich die Staubläuse von den Schimmelsporen auf den Fasern (die Schimmelsporen verursachen die dunkle Farbe der Fasern) ernähren. Den Autoren ist bei der Verwendung von Hanffasern mit hellen Röstklassen unter 8 kein Schädlingsbefall bekannt.

Typische Fehler in der Planung

Überstände und Vorsprünge, Staunässe

Durchdringungen und Vorsprünge in der Fassade, wie z. B. überstehende Sockelbleche, überstehende Rolladenkästen, etc. sind grundsätzlich zu vermeiden, um die Hanfkalk-Wand vor Spritzwasser zu schützen.

Unverputzte Fassade

Es ist nicht unbedingt ein Mangel oder ein Schaden, dennoch sollte an dieser Stelle erwähnt werden, dass Insekten wie Wildbienen die grobe Struktur des Hanfkalks für ihren Nestbau zu schätzen wissen. So wird die Fassade zum Lebensraum unaufdringlicher Insekten.

Winddichtigkeit missachtet

Durch die diffusionsoffene Eigenschaft des Hanfkalks kann die Winddichtigkeit nicht durch das Material alleine hergestellt werden. Deshalb brauchen Außenwände aus Hanfkalk stets eine Applikation aus winddichtem Material. Das kann sowohl ein dreilagiger Lehm- oder Kalkputz, als auch eine Unterspannbahn sein. Besonderes Augenmerk ist auf alle Durchdringungen und Einbauten zu legen. Zum Beispiel sollte bei einer Fachwerksanierung, bei der das Fachwerk außen sichtbar bleiben soll, auf der Innenseite nur luftdichte Steckdosen verwendet werden.

Schallschutz missachtet

Unverputzter Hanfkalk weist zwar hervorragende akustische Eigenschaften auf, aber aufgrund seiner geringen Masse eignet er sich nur bedingt als luftschalldämmendes Bauteil im Wohnungsbau. Auf die Schallübertragung durch Wände von Raum zu Raum oder auch über die Geschosse hinweg ist besonderes Augenmerk in der Planung zu legen. Die Masse der Hanfkalkwand kann z. B. mit einem dickeren Putz erhöht werden.

Typische Fehler in der Ausführung

Fehler beim Mischen von Hanfkalk – Kalkklumpen im Kalksack

Calziumhydroxid (Kalkhydrat oder Luftkalk) reagiert mit Feuchtigkeit und härtet aus. Wenn ein Kalksack zu lange oder bei hoher Luftfeuchtigkeit gelagert wird und diese in den (meist kaputten) Sack eindringen kann, bilden sich Kalkklumpen im Sack. Auch wenn die Kalksäcke eine innere Folienschicht zum Schutz des Kalkes haben, ist diese selten komplett wasserdicht oder kann bei Transport und Lagerung beschädigt werden. Daher, auch wenn sich die gebildeten Kalklumpen noch zerdrücken lassen, sollte der Kalk nicht mehr verwendet werden, da die Reaktion der Kristallbildung zumindest teilweise bereits abgeschlossen ist. Kalk sollte immer trocken gelagert und zügig aufgebraucht werden.

Fehler beim Mischen von Hanfkalk – Bildung von Klumpen (Hanfkalk-Eier) beim Mischvorgang
Wenn der Mischprozess nicht richtig ausgeführt wird, können sich beim Mischvorgang Hanfkalk-Eier bilden. Dies tritt häufig im Freifallmischer auf. Die Kalkeier können händisch zerkleinert und bei einem neuen Mischprozess wieder beigefügt werden.

Ausschalen (Orthanf)
Beim Ausschalen wird die Schalung zu früh nach oben gezogen und dabei die frisch gestampfte Masse bewegt.

Lösung: Nachdem alle Schrauben gelöst sind, die Schalung ein paar Zentimeter an der Wand nach unten gleiten lassen, bevor man sie von der Wand wegnimmt.

Kalk bindet durch zu schnellen Wasserverlust nicht ab
Wasser ist der Katalysator der Hydratation und Karbonatisierung. Wenn Wasser fehlt, können sich kristalline Kalkstrukturen nicht ausbilden.

Bei hohen sommerlichen Temperaturen und einer Hanfkalk-Mischung, die etwas zu trocken angemischt wurde, kann es passieren, dass die Kalkmilch bei der hohen Verdunstungs-Geschwindigkeit an die Oberfläche gespült wird. Das Wasser verdunstet, bevor der Kalk vollständig abbinden kann.

Lösung: Die Mischung bei heißen Temperaturen nasser machen und gut verschatten. Wenn möglich, die Schalung länger (mind. 12 Std.) dran lassen, sodass der Kalk beginnen kann, auszuhärten.

Kalk-Ausblühungen (Orthanf)
Problem: Heiße Temperaturen und trockene Witterung können dazu führen, dass sich an der Oberfläche des Hanfkalks während der ersten zwei Tage nach der Verarbeitung *Ausblühungen* auftun, da das an der Oberfläche verdunstende Wasser die Kalkmilch und andere Partikel aus dem Inneren der Wand an die Oberfläche transportiert. Das Wasser verdunstet dabei, der Kalk bleibt zurück und bildet Kalkkristalle. Dieses Phänomen trat z. B. bei einem deutschen NHL 3,5 und 5 im Sommer auf.

Lösung: Kalke verwenden, die in den ersten Stunden schneller abbinden (z. B. hoch hydraulische Kalke). Vor Sonneneinstrahlung schützen und die Mischung etwas feuchter machen als üblich. Ggfs. in den ersten drei Tagen danach bewässern.

Setzungen im Hanfkalk

Abb. 310: Dieser Kalk sollte besser nicht mehr verwendet werden. [Foto Henrik Pauly]

Abb. 311: Kalkeier in der Mischung. [Hanfingenieur]

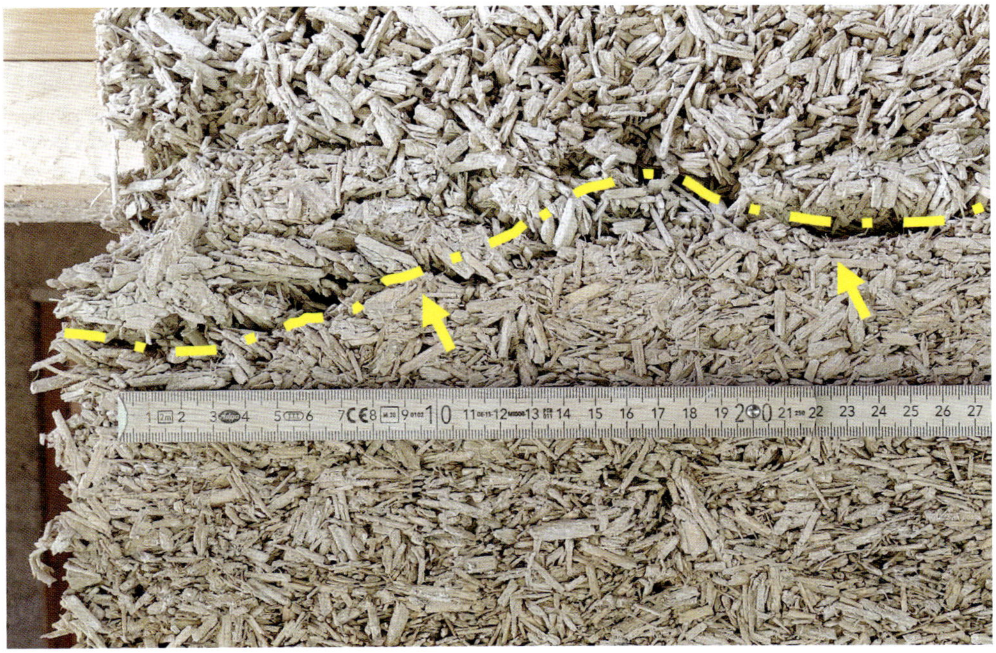

Abb. 312: Unsanft ausgeschalt: die frisch gestampfte Masse wurde angehoben.

Abb. 313: Setzungsriss im Hanfkalk an der Arbeitsfuge.

Abb. 314: Die verheerende Folge von zu hohem Staubanteil in den Hanfschäben [The Hempcrete Book]

Abb. 315: Nahaufnahme von Ausblühungen an der Oberfläche nach 1 bis 2 Tagen. Der Grund: Zu schnell verdunstetes Wasser

Risse in einem Bauteil sind per se nichts Schlimmes. Sie entstehen, wenn sich Spannung im Bauteil abbaut. Risse lassen sich nicht immer vermeiden. Aber man kann sie kontrolliert an vorher definierten Stellen entstehen lassen, oder man verteilt einen potenziellen Riss auf viele kleine Risse, wie es beim Armierungsgewebe im Putz der Fall ist.

Besonders bei Orthanf-Mischungen mit wenig Bindemittel und kleinen Schäben kann beträchtlicher Schwund entstehen, der als Riss in einer Arbeitsfuge sichtbar wird. Das kann die Stabilität und die Wärmedämmung des Bauteils beeinträchtigen.

Lösung: Um spätere Setzungsrisse zu vermeiden, sollte pro Tag maximal 50 cm hoch gestampft werden.

Bereits entstandene Setzungsrisse können mit feinem Dichthanf (siehe „Dichthanf – Kalfaterhanf und Kurzfaserstopfhanf ab Seite 123) fest ausgestopft und mit Kalkputz verschlossen werden. Im Putz sollte hier mit einer Gewebeeinlage gearbeitet werden.

Arbeitsfugen (Orthanf, Sprühhanf)

Hanfkalk muss in einem Stück gefertigt werden. Arbeitsfugen, die älter als ein Tag sind, können nur fachgerecht verbunden werden, indem eine Kalkschlämme auf die Arbeitsfuge aufgetragen wird. Der neue Hanfkalk sollte frisch in frisch aufgebracht und verdichtet werden.

Bei gestampften Außenwänden, die über mehrere Geschosse gehen, kann am Geschoss-Übergang eine bewusst provozierte Bewegungsfuge durch das Einlegen eines Hanfvlieses in die Arbeitsfuge hergestellt werden. Die Spannungen in der Fassade werden dadurch kontrolliert abgebaut und treten nicht willkürlich an der Fassade auf.

Schimmel auf dem Hanfkalk

Auf dem Hanfkalk hat sich ein Schimmelflaum gebildet. Er kann von weiß bis schwarz in vielen Färbungen auftreten.

Das Problem tritt auf, wenn die frischen Orthanf-Wände nicht ausreichend belüftet wurden und nicht genug Zugluft vorhanden war.

Lösung: Unbedingt viel lüften, heizen und trocknen. Für Zugluft sorgen. Trockenen Schimmel abbürsten und die Oberfläche mit Kalkmilch oder Kalkputz verputzen. Der hohe pH-Wert des Kalks tötet Schimmelsporen zuverlässig ab. Gasheizungen sind zur Raumtrocknung nicht zu empfehlen, da bei der Verbrennung von Gas Wasserdampf entsteht.

Schimmel an der Oberfläche nach mehreren Wochen

An der Außenwand treten punktuell erhöhte Feuchtigkeit und Schimmel auf (siehe Foto). Das Problem tritt auf, wenn der Außenputz noch nicht aufgebracht wurde und innen z. B. durch Verputzarbeiten eine sehr hohe Luftfeuchtigkeit und draußen im Winter kalte Temperaturen herrschen. Durch das große Dampfdruck-Gefälle drückt die warme, feuchte Luft durch die diffusionsoffene Hanfkalkwand nach außen und kondensiert außen an der kalten Oberfläche. Die Stelle, an der das Problem aufritt, ist zumeist die Stelle, an der die Schalungs-Schraube ein Loch in der Wand hinterlassen hatte. Aber auch in der Fläche kann dieses Problem z. B. entlang von Arbeitsfugen aufkommen.

Lösung: Die Temperaturunterschiede zwischen innen und außen so gering wie möglich halten und die Wände innen zügig verputzen. Es empfiehlt sich wegen des Dampfdrucks von innen, zuerst innen zu verputzen und danach zügig außen. Während der Hanfkalkarbeiten sollten Schraubenlöcher und Setzungsspalten zügig verschlossen werden. Angefallene Stellen sollten ausgebessert werden. Bei leichtem Befall können die mit Schimmel befallenen Stellen mit Sumpfkalk angestrichen werden. Der hohe pH-Wert

Abb. 316: Kalk-Ausblühungen auf der noch feuchten Hanfkalk-Oberfläche

Abb. 317: Punktueller Schimmel außen an der Nordwand durch unverputzte Schraublöcher

Abb. 318: Unter der Steckdose wurde nicht fachgerecht gestampft.

tötet die Schimmelsporen ab. Bei starkem Befall kann mit Wasserstoffperoxid Abhilfe geschaffen werden.

Nicht fachgerecht gestopft (Orthanf)

Bei dünnen Wänden kann es zwischen den Schalbrettern manchmal eng zugehen. Umso wichtiger ist es, beim Stampfen darauf zu achten, dass die Latten, Steckdosen oder sonstigen Bauteile vollständig von Hanfkalk umschlossen werden. Auf dem Foto ist zu sehen, dass beim Stampfen nicht darauf geachtet wurde, auch unter der Holzlatte das Material einzubringen und zu verdichten.

Lösung: Diese Fehler sind einfach zu beheben (siehe Kapitel 17.2) und sollten sofort nach dem Ausschalen korrigiert werden.

Arbeiten bei falscher Außentemperatur

Für den Abbindeprozess des Hanfkalks ist wie bei der Verarbeitung von Kalk generell darauf zu achten, dass Temperaturen nicht dauerhaft unter +5°C liegen. Zum einen verlangsamen niedrige Temperaturen die Reaktion der Karbonatisierung/Hydratation. Zum anderen besteht bei niedrigen Temperaturen immer die Gefahr der Frostbildung. Das gefrierende Wasser im frischen Hanfkalk verhindert das Abbinden; ebenso dehnt sich das gefrierende Wasser aus und zerstört das Gefüge des Hanfkalks.

Auch zu hohe Temperaturen bzw. direkte Sonneneinstrahlung sind zu vermeiden, weil dadurch das Wasser für den Abbindeprozess des Kalkes zu schnell entzogen wird.

Zu hoher Staubanteil in den Schäben

Der Staubanteil sollte unbedingt unter 2 % bleiben. Staubpartikel binden Wasser und Bindemittel an sich. Somit können die Schäben nicht mehr ausreichend mit Kalk ummantelt werden. Dies kann zu einer schwachen Bindung des Hanfkalks führen, wodurch die Gefahr besteht, dass die Wand instabil wird oder komplett zusammenfällt.

Auch bei einem zu hohen Faseranteil in den Schäben besteht dieses Risiko, da auch hier der Feinanteil deutlich mehr Bindemittel benötigt.

Lösung: Nur Hanfschäben mit einem Staubanteil von max. 2 % und geringem Faseranteil verwenden.

Abb. 319: Türleibung: Auch hier wurde nicht fachgerecht gestopft.

Fleckenbildung auf dem Lehmputz

Wird eine Wand aus gestampftem Hanfkalk mit Lehm verputzt, können Verfärbungen (weiße Wolken, Flecken, Verfärbungen) auf dem Lehmputz auftreten. Sie sind ein Beweis für die gute Kapillarität des verwendeten Putzes. Technisch gesehen sind diese Verfärbungen kein Problem, aber optisch stellen sie oft einen Mangel dar. Bisher ist dieses Phänomen nur bei gestampften Wänden aufgetreten.

Lösung: Es empfiehlt sich, auf den Hanfkalk unmittelbar nach Fertigstellung der Wand einen Kalk-Grundputz oder Spritzbewurf aufzutragen. Nach der vollständigen Aushärtung kann dann der Lehmputz aufgetragen werden.

Nachträglich gelöst werden kann dieses Problem mit einem Anstrich aus Kalkfarbe.

Abb. 320: Ausblühungen im Lehmputz auf einer Orthanf-Wand. [Henrik Pauly]

18. Rechtslage von Hanfbaustoffen (Zertifikate, Vorschriften etc.)

Abb. 321: Trotz aller Zulassungen unerlässlich: Die Qualitätssicherung auf der Baustelle [Lara Krause]

construire en CHANVRE

Richtlinien und Verordnungen sind in der komplexen Bauwelt wichtig, um in erster Linie die Qualität der Bauwerke zu sichern. Die Vielzahl von Vorschriften und Verordnungen führt jedoch auch immer mehr dazu, dass die Verantwortung für das eigene Handwerk an andere abgegeben wird. Ein erfahrener und gut geschulter Handwerker kann Mörtel und Beton selbst herstellen und braucht keine fertigen zertifizierten Mischungen.

Durch das große Angebot an fertigen Rezepturen und Mischungen ist das Wissen um individuelle Baustellen-Rezepturen oft verloren gegangen. Der vermeintlich sichere Weg, fertige Bauprodukte zu verwenden, führt immer wieder zu (systematischen) Baufehlern.

Wir appellieren an die Architekten, Ingenieure und Handwerker, ihren gesunden Sachverstand zu bewahren und einzusetzen. Erhabene Bauwerke wie viele Tempel wurden auf Basis von Erfahrung, Sachverstand und Erfahrungsaustausch gebaut. Nicht aus Fertigmischungen, in der Hoffnung, dass das schon halten wird und wenn nicht, ist der Hersteller schuld.

Dennoch haben Hanfbaustoffe allgemein noch einen weiten Weg vor sich, um rechtliche Rahmenbedingungen wie die von Stahlbeton zu erreichen. Beispiele von Gebäuden aus Hanf auf der ganzen Welt zeigen, dass es funktioniert. Nun muss das Geld für Zulassungen und Regeln aufgebracht werden, um in Deutschland die rechtssichere Verwendung von Hanfbaustoffen sicherzustellen. Auf europäischer Ebene existieren bereits entsprechende Zulassungen.

18.1 Construire en Chanvre: die Französischen Hanfbau-Regeln

Der Verein Construire en Chanvre wurde 1998 in Frankreich von Architekten, Bauherren und Hanfproduzenten gegründet. Das nationale Netzwerk dient dazu, Erfahrungen im nachhaltigen Bauen auszutauschen und diese zu veröffentlichen. Des Weiteren entwickelt der Verein Fachregeln, Studien und praktische Leitfäden für das Bauen mit Hanf(-kalk), die auf der Webseite publiziert werden. In den Fachregeln ist von Hanfbeton die Rede, gemeint ist Hanfkalk.

Dank dieser Regeln, können seit 2019 in Frankreich Gebäude mit bis zu sieben Etagen und Gebäude der 3. Kategorie (öffentliche Gebäude) aus Hanfkalk gebaut werden.

Fachregeln für die Planung und Ausführung von Hanfkalk
règles professionelles d'exécussion et d'ouvrage en béton de chanvre

- Ansammlung von Publikationen
- seit 2007 veröffentlicht und stetig weiterentwickelt
- vom Staat als Norm validiert und anerkannt
- Sorgen für gesicherte Rahmenbedingungen im Hanfbau

Bisher veröffentlichte Dokumente:

- Manifest des nachhaltigen Bauens
- Referenzsystem für das Qualitätslabel „Bauhanf"
- Brandschutz
- Biobasierte Materialien in öffentlichen Verträgen
- Bio- und geobasierte Baustoffe
- Umwelteigenschaften von Hanf durch die Analyse seines Lebenszyklusses
- Umwelt- und Gesundheitsauswirkungen von Hanf
- Liste von Laboren, die Hanf prüfen
- Liste von zugelassenen Bindemitteln für Hanfkalk
- Holz kombinieren mit anderen biobasierten Rohstoffen
- Modellierung des Heiz- und Kühlbedarfs eines Gebäudes aus Hanfbeton
- Band 1: Grundkenntnisse über Hanfbeton
- Band 2: Hanfbeton auf der Baustelle
- Band 3: Hanfbeton und -Mörtel

18.2 Hanfbau-Produkte mit einer Zulassung

Die folgende Auflistung erhebt keinen Anspruch auf Vollständigkeit und zeigt eine Auswahl von verschiedenen Hanf-Produkten mit ihrer Zulassung in Deutschland.

- Dämmung aus loser Hanffaser, Hanffaser Uckermark eG, EAD-ETA-01/0016
- Mauersteine aus Hanfkalk, Schönthaler Bausteinwerk
- Wärmedämm-Schüttungen aus Hanf, Bitumen und weitere, MEHA Dämmstoff und Handels GmbH, Zulassungsnummer Z-23.11-1185; Z-23.11-1799
- Isohemp S.A.
- Innendämmplatte aus Hanf „strohlos-Dämmplatte", Strohplattenwerk Müritz GmbH, Zulassungsnummer Z-23.11-2109
- Dämmstoffe aus Hanf- oder Hanf- und Jutefasern und Stützfaser auf PET- oder PLA-Basis, HempFlax Building Solutions GmbH, Zulassungsnummer ETA-05/0037
- Dämmstoffe aus Jute- und/oder Hanffasern zur Wärme- und Schalldämmung, HempFlax Building Solutions GmbH, Zulassungsnummer ETA-14/0479
- Dämmstreifen aus 100 % Hanf, EDEN Logic GmbH, AbZ: Z-158.10-117

CE-Kennzeichnung von Hanf-Baustoffen: Ein Überblick

Die CE-Kennzeichnung ist ein essenzielles Instrument zur Vereinheitlichung von Sicherheits- und Leistungsstandards in der Europäischen Union. Sie signalisiert, dass ein Produkt bestimmte Anforderungen erfüllt, die durch eine Harmonisierte Europäische Norm (Harmonised European Standard, HES) oder eine Europäische Technische Bewertung (European Technical Assessment, ETA) überprüft wurden. Besonders spannend ist die Frage, wie diese Kennzeichnung auf innovative und nachhaltige Baustoffe wie Hanf angewendet werden kann.

Die Bedeutung der CE-Kennzeichnung

Die CE-Kennzeichnung erlaubt es, Bauprodukte innerhalb der EU ohne zusätzliche Prüfungen oder nationale Zertifizierungen zu vermarkten. Dies erleichtert Herstellern den Marktzugang und fördert den grenzüberschreitenden Handel. Doch bisher fehlt es an harmonisierten Standards, die spezifisch für Hanf-Baustoffe gelten. Wie können Hersteller dennoch sicherstellen, dass ihre Produkte CE-konform sind?

Zwei Wege zur CE-Kennzeichnung

Für Hanf-Baustoffe bieten sich aktuell zwei Optionen:

1. **Warten auf die Entwicklung harmonisierter Normen (HES)**
   Derzeit gibt es keine HES, die explizit Hanfprodukte abdecken. Die Europäische Kommission plant jedoch, bestehende Standards, etwa für Holzspanbeton oder Dämmstoffe, zu überarbeiten und biobasierte Materialien einzubeziehen. Dieser Prozess könnte jedoch 4 bis 5 Jahre in An-

spruch nehmen. Die European Industrial Hemp Association (EIHA) hat hier die Möglichkeit, technische Parameter für die Bewertung von Hanfprodukten einzubringen.

2. **Beantragung einer Europäischen Technischen Bewertung (ETA)**
   Eine kurzfristigere Alternative ist die freiwillige Beantragung einer ETA. Dieser Prozess dauert etwa 1,5 bis 3 Jahre. Hersteller können bei einer Technischen Bewertungsstelle (Technical Assessment Body, TAB) ein Gutachten für ihr Produkt anfordern. Basierend auf einer Europäischen Bewertungsgrundlage (EAD) werden die wesentlichen Produktmerkmale geprüft. Interessant: Falls für ein Produkt keine passende EAD existiert, wird diese in Zusammenarbeit mit anderen europäischen Stellen entwickelt – ohne zusätzliche Kosten für den Hersteller.

Bestehende Bewertungsgrundlagen
Einige EADs, die möglicherweise auf Hanfprodukte anwendbar sind, umfassen beispielsweise lose, in-situ applizierte Dämmstoffe auf Pflanzenfaserbasis. Allerdings muss eine TAB im Einzelfall bestätigen, ob ein spezifisches Hanfprodukt von einer dieser EADs abgedeckt wird.

Die CE-Kennzeichnung für Hanf-Baustoffe ist noch in der Entwicklung, bietet jedoch enorme Chancen. Sie schafft die Grundlage für einen einheitlichen europäischen Markt und unterstützt die Etablierung von Hanf als nachhaltiger Baustoff. Während die Harmonisierung der Standards Zeit braucht, können Hersteller schon heute mit der Beantragung einer ETA aktiv werden und so den Weg für Hanf-Baustoffe ebnen.

Disclaimer: Die Hanfbau-Branche entwickelt sich stetig weiter, und die rechtlichen Rahmenbedingungen können sich ändern. Die folgenden Informationen spiegeln den Stand zum Zeitpunkt der Veröffentlichung wider.

In Deutschland gibt es zwei Hauptwege für die Zulassung von Baustoffen, die besonders relevant für innovative Produkte wie Hanfbaustoffe sind:

Allgemeine bauaufsichtliche Zulassung (abZ):
- Existiert seit 1968 und wird vom Deutschen Institut für Bautechnik (DIBt) erteilt.
- Relevant für Bauprodukte, die nicht durch bestehende DIN-Normen oder andere anerkannte technische Regeln abgedeckt sind, innovativ oder neu auf dem Markt sind, oder spezielle Eigenschaften aufweisen, die eine gesonderte Prüfung erfordern.
- Die abZ beschreibt die bauaufsichtlich relevanten Eigenschaften des Produkts, dessen Verwendungsbereiche sowie Verarbeitung, Transport, Lagerung, Kennzeichnung und Übereinstimmungsbestätigung.

Allgemeine Bauartgenehmigung (aBG):
- Eingeführt 2017, bezieht sich auf das Zusammenfügen von Bauprodukten zu baulichen Anlagen oder Teilen davon.
- Regelt Aspekte der Planung, Bemessung, Ausführung sowie Betrieb und Wartung.

Wichtige Aspekte des Zulassungsverfahrens:
- Anträge werden beim DIBt gestellt und sind kostenpflichtig.
- Die Zulassung gilt in der Regel für fünf Jahre und kann verlängert werden.
- Nicht alle Bauprodukte benötigen eine Zulassung. Produkte mit CE-Kennzeichnung oder solche, die bereits in Normen beschrieben sind, brauchen keine zusätzliche abZ.
- Die Zulassung dient als Nachweis, dass das Produkt den Anforderungen der Bauordnungen entspricht und sicher verwendet werden kann.
- Oft werden abZ und aBG als Kombibescheide erteilt, können aber auch einzeln ausgestellt werden.

Allerdings können auch Zulassungen auf EU-Ebene erwirkt werden:

Europäische Technische Bewertung (ETA): Die ETA ist Teil des Europäischen Systems für Technische Bewertung und ermöglicht die Vermarktung von Bauprodukten in ganz Europa, auch wenn diese nicht von harmonisierten Normen erfasst sind.

Aus der Regelung § 16c Landesbauordnung BW (LBO) ergibt sich tatsächlich, dass ein CE-gekennzeichnetes Bauprodukt verwendet werden darf, wenn die vom Hersteller erklärten Leistungen (in der Leistungserklärung seiner CE-Zertifizierung) den Anforderungen für die konkrete bauliche Anlage entsprechen. Dabei müssen die Leistungen erklärt sein, die erforderlich sind, um beurteilen zu können, ob die (alle) bauwerksseitigen (Sicherheits-) Anforderungen erfüllt sind.

Es ist Aufgabe der am Bau Beteiligten – hier insbesondere Planer, Bauherr und Unternehmer – sicherzustellen, dass die für das Bauprodukt erklärten Leistungen ausreichend sind, um die (bauwerkseitigen Sicherheits-)Anforderungen zu erfüllen, die sich für die Bauprodukte aus den Anforderungen an bauliche Anlagen ergeben. Erreichen die vom Hersteller erklärten Leistungen nicht (alle) das Anforderungsniveau oder weichen die Randbedingungen, unter denen die Bauprodukte verwendet werden, von den in der harmonisierten technischen Spezifikation (Art. 2 Nr. 10 bis Nr. 12 BauPV/EU) vorgesehenen Randbedingungen ab oder sind zu bestimmten Merkmalen, die sich im konkreten Verwendungszusammenhang auf die Erfüllung der Anforderungen auswirken, keine Leistungen ausgewiesen, so müssen die am Bau Beteiligten entscheiden, ob die Defizite so gering sind, dass von der Erfüllung der Anforderungen an bauliche Anlagen trotzdem ausgegangen werden kann. In diesem Fall kann das Bauprodukt trotzdem verwendet werden; dies würde dann gleichsam der nicht wesentlichen Abweichung für Bauprodukte entsprechen, die nicht vom Anwendungsbereich des § 16c erfasst sind.

Im konkreten Fall eines Innendämmmaterials mit CE-Kennzeichnung wäre insbesondere das Thema Brandschutz zu prüfen, hinsichtlich der Leistungserklärung zum Brandverhalten. Ebenso spielt auch die Wärmeleitfähigkeit eine Rolle, einerseits um die Anforderungen des Gebäudeenergiegesetzes erfüllen zu können, andererseits auch um die bauphysikalische Sicherheit (Feuchteschutz) zu gewährleisten. Bei entsprechend passenden Angaben in der Leistungserklärung wäre dann die Verwendung zulässig.

Für die Anwendung von Hanfkalk als „Hanfschäben-Kalk-Dämmputz“ existiert ein CE-Zeichen.

Eine EU-ausländische Zulassung bescheinigt den Baustoffen verschiedene, nach Technischen Spezifikationen ermittelte Materialeigenschaften (u. a. z. B. die brandschutztechnische Baustoffklasse B –s1-d0). Sofern die Bestimmungen der EU-ausländischen Zulassung für den Anwendungsfall eingehalten werden können, liegt unter Bezugnahme auf § 16b Absatz 2 ein gleichwertiger Verwendbarkeitsnachweis vor. Eine Landesstelle würde deshalb in diesem Fall bei Verwendung der Hanfbaustoffe von einer Zustimmung im Einzelfall absehen.

Sofern höhere oder weitere Anforderungen an den Baustoff bzw. das Bauprodukt gestellt werden, ist das Verfahren einer Zustimmung im Einzelfall ggf. in Verbindung mit einer vorhabenbezogenen Bauartgenehmigung in vollem Umfang zu eröffnen. Dann sind unter Angabe der genauen Anforderungen an das Bauprodukt entsprechende zuzuordnende Nachweise vorzulegen. Die für diesen Einzelfall geplante Verwendung ist dann in einer gutachterlichen Stellungnahme zu bewerten. Nach Rücksprache mit dem Deutschen Institut für Bautechnik werden Stellen für eine mögliche Bewertung empfohlen.

Einige Sachverständige (z. B. in der PÜZ-Liste unter lfd. Nr. 5/2 (Dämmverbundelemente) geführt) waren evtl. bereits bei vergleichbaren Zulassungsverfahren beim DIBt und im Rahmen der Sachverständigenarbeit in diesem Fachbereich tätig. Der Sachverständige muss eine für die Landesstellen überzeugend dargelegte Erfahrung verfügen und dazu bereit sein, im Zustimmungsverfahren eng mit der Landesstelle zusammenzuarbeiten.

Abb. 322: CE-Zeichen für Hanfkalk-Dämmputz

Gem. § 16b Absatz 2 der Landesbauordnung für Baden-Württemberg (LBO) dürfen Bauprodukte verwendet werden, die den Vorschriften eines anderen Mitgliedstaates der Europäischen Union entsprechen, sofern das geforderte Schutzniveau gem. § 3 Absatz 1 Satz 1 gleichermaßen dauerhaft erreicht wird. Eine Zustimmung im Einzelfall ist dann nicht erforderlich.

19. Kurzportrait Hanfbauprojekte

Es gibt bereits hunderte Projekte in Deutschland, die maßgeblich mit Hanf gebaut wurden. Die meisten dieser Projekte bleiben als DIY-Projekt häufig unbekannt. Die Karte zeigt deshalb nur einen Teil der realisierten Projekte in Deutschland.

Abb. 323: Auswahl gebauter Hanfkalk-Projekte in Deutschland [Hanfingenieur]

Linke Seite:

Abb. 324: Voller Einsatz beim Sprühhanf [Henrik Pauly]

19.1 Projekte in Deutschland, Österreich, Schweiz:

Modernisierung eines alten Fachwerkhauses – Sprühprojekt

Im Zuge einer Sanierung wurde das alte Fachwerkhaus mit Hanfkalk neu ausgefacht und zusätzlich gedämmt. Gesprüht wurden ca. 32 cm Hanfkalk von innen. Der Außenputz wurde vor den Sprüharbeiten ausgeführt und diente als verlorene Schalung. Sowohl die Fachwerkkonstruktion als auch die zusätzliche Tragstruktur und die Versorgungsleitungen wurden vollständig mit dem Sprühhanf überdeckt. Mit einer gesamten Wandstärke inkl. Putz von 38 cm wurde ein U-Wert von 0,19 W/(m^2K) erreicht. Die ca. 41 m^3 Sprühhanf wurden in nur einer Woche fertiggestellt.

- Ort: Landkreis Tübingen
- Projekt: Wohnraum schaffen, durch die Sanierung eines Fachwerkhauses
- Bauherrschaft: Privat
- Details: Fachwerk verputzt mit 32 cm gesprühtem Hanfkalk. Insgesamt 41m^3 Hanfkalk. Wandstärke: 38cm. U-Wert: 0,19W/m^2K.
- Beratung und Ausführung: Hanfingenieur Henrik Pauly®
- Verwendetes System: EREASY®

Abb. 326: Ausgesprühte Fachwerkwand mit Hanfkalk

Abb. 325: Sprüharbeiten auf der Baustelle

Abb. 328: Die Stampfarbeiten sind fertiggestellt. Nun kann der Ausbau beginnen

Neubau Wohnhaus aus Orthanf

Das Wohnhaus wurde flexibel geplant, sodass es entweder als Zweifamilienhaus oder großes Einfamilienhaus genutzt und damit den Bedürfnissen des Bauherrn flexibel angepasst werden kann. Die Besonderheiten des Gebäudes sind umfassend: Für den Bau wurde kein Beton benötigt und – abgesehen von einer zementgebundenen Faserplatte – kein Zement verbaut. Das gesamte Haus steht auf Schraubfundamenten, die eine Bodenplatte aus einer stabilen Holzkonstruktion tragen. Durch die Aufständerung wird der Boden nicht im klassischen Sinne versiegelt. Das Ständerwerk des Fachwerkgebäudes besteht aus Mondholz. Die Außenwände bestehen aus 16 cm dicken Holzständern, die mit 42cm Hanfkalk ummantelt sind. Die Dachdämmung ist frei von synthetischen Stoffen (100 % Hanf-Stopfwolle). Damit wurde ein U-Wert von 0,17 W/(m²K) erreicht. Für die Innenwände wurde Hanflehm, Schilfrohr und Lehmputz verwendet. In Summe enthält das Haus ca. 23 Tonnen Hanf.

- Ort: Deutschland
- Projekt: Neubau eines Wohnhauses
- Bauherrschaft: Privat
- Besonderheiten: Keine Bodenversiegelung, abgerundete Ecken möglich durch Ausführung mit Orthanf
- Planung: Hanfingenieur Henrik Pauly®
- Ausführung: Hanfkalk durch Hanfbaukollektiv und Solidarische Bauwirtschaft, Holzbau durch Heimatraum, Putz: S² Naturbau, einige Helfer*innen
- Energetischer Standard: KfW40+
- Eingesetzte Produkte: gestampfter Hanfkalk 42 cm, Hanfdämmwolle, Hanflehm

Abb. 327: Neubau aus gestampftem Hanfkalk im Rohbau

Abb. 329: Ein Ownhome aus Hanf im Rohbau

Ownhome (Orthanf)

Ziel des Projekts war es, eine möglichst ökologische Bauweise zu finden. Das spiegelt sich neben den gewählten Baustoffen auch in der restlichen Planung wider. Insgesamt wurden 13,5 m² Hanfkalk in den 19 cm dicken Außenwänden verbaut. Der gestampfte Orthanf ließ viel Platz für Kreativität. Die Schichten des Hanfkalks wurden z. B. mit natürlichen Ocker-Pigmenten eingefärbt. Innen- und Außenecken sind abgerundet. Das ist nicht nur ein gestalterisches Element, sondern hat auch erhebliche bauphysikalische Vorteile durch bessere Luftzirkulation. Die gewählten Baustoffe, wie Holz, Lehm, Hanf und Kalk und die sorgfältige Planung, ermöglichten eine sehr emissionsarme und effiziente Bauphase. Dazu trugen nicht zuletzt die Helfer*innen der solidarischen Bauwirtschaft bei. Das Zusammenspiel von sozialen, ökologischen und kreativen Aspekten macht dieses Projekt zu etwas Besonderem.

- Ort: Brandenburg
- Projekt: Bau eines ökologischen Tiny Houses
- Bauherrschaft: Privat
- Details: ca. 24 m² Wohnraum, Schlaf-Ebene, 13,5 m³ Hanfkalk, Gründung auf Schraubfundamenten, dadurch keine Bodenversiegelung
- Detailplanung: Hanfingenieur Henrik Pauly®
- Ausführung: Solidarische Bauwirtschaft (SoBaWi) und Hanfbaukollektiv
- Eingesetzte Produkte: 13,5 m³ gestampfter Hanfkalk

Abb. 330: In die Innenwand wurden Akzente mit Glas und Pigmenten gesetzt.

Neubau Doppelhaus aus Hanfsteinen

Das Zweifamilienhaus wurde massiv mit Hanfkalk-Steinen gemauert. Zum Einsatz kam das Hempro-System. Spezielle Steine dienen dabei gleichzeitig als Schalung für die Tragstruktur aus Stahlbeton. Stützen und Balken wurden aus dem Hanfkalk ausgespart und nachträglich ausbetoniert. Die Innenwände sind mit Lehm verputzt, das Dach ist begrünt. Den Abschluss der Gebäudehülle bildet eine hinterlüftete Holzfassade.

- Ort: Edewecht
- Projekt: Neubau eines Wohnhauses
- Bauherr: Christian Eiskamp
- Details: Doppelhaus, U-Wert: 0,15 W/m²K, KfW55 Standard, ca. 250 m² Wohnfläche, Dachbegrünung
- Planung: Die Planerei, Edewecht
- Beratung: Hanfingenieur Henrik Pauly®
- Ausführung: Eiskamp Bauunternehmen, Edewecht
- Schulung der ausführenden Firma im Umgang mit Hanfkalk: Hanfingenieur Henrik Pauly®
- Eingesetzte Produkte: Hanfsteine des Hempro-Systems

Abb. 333: Das Hempro-System in der Ausführung: Betonage der Stützen [Henrik Pauly]

Abb. 332: Monolithisches Mauerwerk aus Hanfsteinen, 36 cm, in Kombination mit dem „Hempro-System“ [Henrik Pauly]

Abb. 334: Das EG ist nach einer Woche fertig gemauert [Henrik Pauly]

Abb. 331: Das von Fa. Eiskamp fertiggestellte Doppelhaus aus Hanfsteinen mit Holzfassade und Gründach [Henrik Pauly]

Abb. 335: Innendämmung der Ziegelwände mit Hanfsteinen [Henrik Pauly]

Innendämmung in einem alten Backsteingebäude

Um die alte, aber noch sehr gut erhaltene Fassade mit schönen Simsen und Stuckverzierungen zu erhalten, entschied man sich bei der Sanierung des Gebäudes für eine Innendämmung mit Hanfsteinen. Durch die 9cm dicken Hanfsteine wurde ein angenehmes Wohnklima geschaffen. Die innere Oberflächentemperatur der Außenwände erhöhte sich spürbar und die feuchteregulierenden Eigenschaften des Hanfkalks erhöhten den Wohnkomfort.

- Ort: Bergrheinfeld
- Projekt: Energetische Sanierung eines Wohngebäudes
- Bauherrschaft: Privat
- Details: 155 m² Innendämmung mit Hanfsteinen
- Beratung: Hanfingenieur Henrik Pauly®
- Ausführung: Eigenleistung nach Einweisung
- Eingesetzte Produkte: Hanfsteine, Hanfschäben, Hydraulischer Kalk

Abb. 336: Die fertiggestellte Innendämmung aus Hanfsteinen [Bauherren]

Abb. 337: Wohnräume nach Fertigstellung

Neubau mit gesprühtem Hanfkalk

Das Einfamilienhaus mit 160 m^2 Wohnfläche erfüllt den Standard für ein KFW-40-Plus-Gebäude. Die Außenwände bestehen aus 50 cm gesprühtem Hanfkalk. Das Tragwerk aus 8/18 cm Holzständern wird vom Hanfkalk umschlossen. Eine Besonderheit ist, dass auch im Dach 30 cm Hanfkalk als Zwischensparrendämmung verbaut sind. Die Trennwände aus Orthanfkalk im Eingangsbereich und im WC wurden als Gestaltungselemente unverputzt gelassen. Zusammen mit den Innenwänden wurden dann insgesamt 140 m^3 Hanfkalk gesprüht.

- Ort: Heilsbronn (Mittelfranken, Bayern)
- Projekt: Neubau eines Wohngebäudes
- Bauherrschaft: Privat
- Details: 160 m^2 Wohnfläche, Energetischer Standard: KfW40+
- Ausführung: Hess Stuck GmbH
- Verwendetes System: Sprühmaschine von Laurent Goudet, CEV

Abb. 338: Die Sprühmaschine von Hess Stuck GmbH im Einsatz [Alexander Hess]

Abb. 339: Sichtbare Hanfkalk-Wand im Bad aus Orthanf [Alexander Hess]

Abb. 344: Das Ferienhaus auf Rügen nach der Fertigstellung [Henrik Pauly]

Abb. 341: Das Hanfstein-Haus im Rohbau, Sockel verputzt [Roger Dauer]

Abb. 343: Aussparung am Fuß der Betonstütze zur Reinigung. Das ausgeschnittene Teil wird vorübergehend mit einem langen Nagel an der Wand befestigt, damit es nicht verloren geht.

Abb. 342: Kimmschicht mit Aussparung für die Stahlbetonstütze in der Außenecke [Roger Dauer]

Abb. 340: Fußbodendämmung mit Hanfkalk im Bau [Roger Dauer]

Neubau Ferienhaus mit Hanfsteinen

Projekt auf Rügen: Neubau Ferienhaus aus Hanfsteinen.

Dieses ökologische Ferienhaus im KfW55-Standard auf Deutschlands größter Insel Rügen ist einzigartig. Der Bauherr setzte beim Bau auf möglichst viele ökologische Baustoffe, um seinen Gästen einen besonders hohen Grad an „gesunden" Baustoffen zu bieten. Gemeinsam mit dem Planungs-Duo Roger Dauer und Henrik Pauly wurde der Einsatz von ökologischen Baumaterialien koordiniert. Die Außenwände wurden monolithisch aus 36 cm dicken Hanfsteinen des „Hempro"-Systems von Isohemp gemauert und zusätzlich mit innenliegenden Stahlbeton-Rundstützen mit einem Durchmesser von 18 cm verstärkt. Auch im Innenausbau wurde mit Hanfkalk gearbeitet. Im Bodenaufbau sind 12 cm Hanfsteine und eine Schüttung aus den Verarbeitungsresten (Bruchstücke & Sägereste) des Hanfkalks verbaut. Das Ferienhaus „Puddewohl" kann für den Urlaub im Hanfhaus gebucht werden.

- Ort: Puddemin, Rügen
- Projekt: Neubau eines Ferienhauses
- Bauherrschaft: Privat
- Details: Reetdach, Fußbodendämmung mit Hanfkalk
- Ausführungsplanung: Roger Dauer und Henrik Pauly
- Ausführung: Hochbau und Denkmalpflege GmbH
- Bauleitung: Mathias Schurig
- Schulung der ausführenden Firma im Umgang mit Hanfkalk: Hanfingenieur Henrik Pauly®
- Ausführung Mauerarbeiten: Hochbau und Denkmalpflege GmbH
- Eingesetzte Produkte: Hanfsteine des Hempro-Systems

Youtube-Video über dieses Projekt:

Abb. 345: Noch im Bau: Die Wandverkleidung aus schwer entflammbaren Hanfbauplatten kurz vor Fertigstellung. [Henrik Pauly]

Shop in Stuttgart

In diesem Shop für (Nutz-)Hanfprodukte in der Calwer Passage in Stuttgart wurde das Thema Hanf konsequent verfolgt. Sowohl die Wandverkleidung als auch die Produktpräsentationen bestehen weitgehend aus Hanf. Auch Brandschutz spielt eine Rolle, weshalb die schwer entflammbaren Hanfbauplatten an den Wänden eingesetzt wurden.

- Ort: Stuttgart
- Bauherrschaft: Unternehmen
- Projekt: Innenausbau eines Geschäfts
- Besonderheit: Verwendung verschiedener Hanfbaustoffe als Gestaltungselement
- Planung & Entwurf: Carina Ernst Innenarchitektin
- Ausführung Wandverkleidung: Hanfingenieur Henrik Pauly®
- Hanfpapier: Clemens Schneider, Stuttgart
- Eingesetzte Produkte: Hanfbauplatten, Hanfpapier, Hanfseile, Lampenschirme aus Hanf

Abb. 348: Montage der Hanfbauplatten als Wandverkleidung [Henrik Pauly]

Abb. 346: Wandverkleidung aus Hanfplatten [Henrik Pauly]

Abb. 347: Shop-Ausbau mit Hanf in Stuttgart, Calwer Passage [Henrik Pauly]

Hanfsauna

Die erste Sauna aus Hanfkalk macht diesen besonderen Baustoff direkt und unkompliziert erlebbar. Die Hanfsauna befindet sich im Freizeitbad Kristall Palm Beach bei Nürnberg und ist damit frei zugänglich. Durch die Verwendung natürlicher Materialien hat der Betreiber bei dieser neuen Sauna voll auf Nachhaltigkeit beim Bau gesetzt. Die Sitzbänke sind aus Hanfsteinen gemauert und die Innenwände bestehen aus Orthanf. Dabei wurde die Struktur des gestampften Hanfkalks als Gestaltungselement eingesetzt. Außerdem wurden Hanfstängel, -Blüten und Hanfseile zur Gestaltung verwendet.

- Ort: Nürnberg
- Projekt: Bau und Gestaltung einer Sauna aus Hanf
- Bauherrschaft: Kristall Palm Beach
- Besonderheit: Sitzbänke aus Hanfkalk, Innenausbau aus Hanf
- Planung: Hanfingenieur Henrik Pauly®
- Innenarchitektur/Entwurf: Hanfingenieur Henrik Pauly®
- Ausführung: Kristall Palm Beach & Hanfingenieur Henrik Pauly®
- Eingesetzte Produkte: Hanfsteine, Hanfschäben, Weißkalkhydrat und Puzzolane, natürliche Pigmente, Hanfseile, Hanfstängel, Hanfblüten

Abb. 349: Hanfstängel an der Wand als Stil-Element [Henrik Pauly]

Abb. 350: Die Hanfsauna kurz vor Fertigstellung [Henrik Pauly]

Openly Valley in Widnau, Schweiz

Das viergeschossige Plusenergiehaus mit 19 Wohneinheiten galt als das größte Hanfhaus Europas zum Zeitpunkt seiner Fertigstellung. Durch die Verwendung von biogenen Baumaterialien wie Hanfkalk, Lehmschüttung, Holz und Re-use Stahlträgern, spart das Gebäude ca. 900t CO_2 (50% avoided emissions) gegenüber einem konventionellen Gebäude ein (OPENLY AG, 2024). Die Wände bestehen aus 20 cm starken Holzständern, die mit Hanfkalk ausgefacht sind. Innenseitig wird das Ständerwerk 12 cm vom gestampften Hanfkalk überdeckt. Auf der Außenseite wurde mit 12 cm Hanfkalksteinen gemauert. Insgesamt kommt der Aufbau damit auf 44 cm Hanfkalk und einen U-Wert von 0,15W/m² K. (Schöb AG, 2024).
Erstmalig wurde bei Valley Widnau die Netto-Senken-Leistung nach dem neu entwickelten Construction C-Sink Standard zertifiziert: Das Gebäude speichert 552 t CO_2 (stored carbon) ein, die somit langfristig aus der Atmosphäre entfernt sind.

- Ort: Widnau, Schweiz
- Projekt: Wohngebäude mit 19 Wohneinheiten
- Entwicklung: OPENLY AG
- Details: 400 m³ vorgefertigte Hanfbetonwände, 2.600 m² vor Ort gemauerte Hanfsteine
- Eingesetzte Produkte: Cancrete von dade design, Hanfsteine von Schönthaler

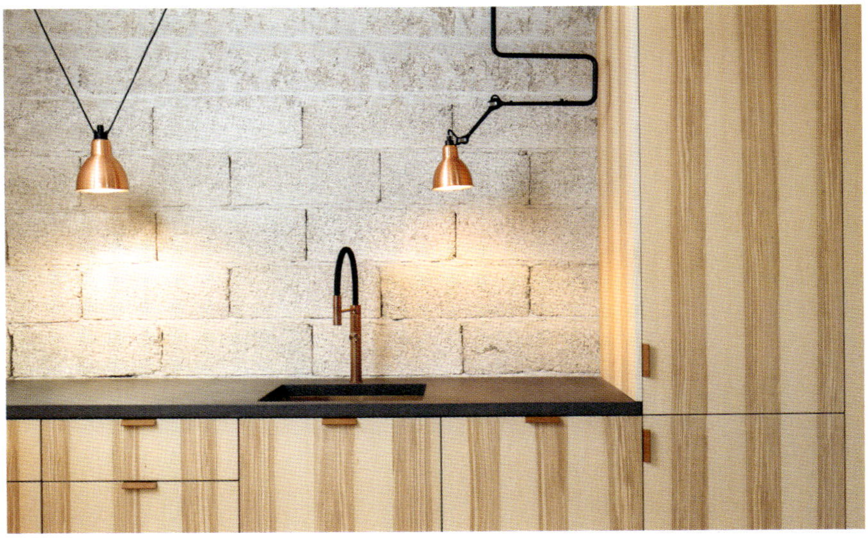

Abb. 351–353: Plusenergiehaus in Widnau, Schweiz [OPENLY AG]

Abb. 354: UnverputzterHanfkalkin der Schweiz [Henrik Pauly]

Abb. 355: Die Lagenstruktur des Orthanfs ist deutlich erkennbar und bezeichnend für das Erscheinungsbild [Henrik Pauly]

Taberna portuguesa Yverdon, CH

Eine eindrucksvolle Fassade aus sichtbarem, eingefärbtem Hanfkalk. Das 2003 modernisierte Gebäude steht am Neuenburger See im Hafen zum Fluss Thielle. Das massiv gebaute Haus wurde nachträglich mit Hanfkalk gedämmt. Zwischen der massiven Steinwand und dem Hanfkalk befindet sich zusätzlich noch eine diffusionsoffene Holzwolle-Dämmstoffplatte. Die äußerste Schicht bildet der 15cm dicke gestampfte Hanfkalk. Die Besonderheit dieses Gebäudes ist eindeutig die unverputzte Hanfkalk-Fassade. Es wurden glatte Schaltafeln verwendet und auf eine gleichmäßige Ausführung geachtet. Dadurch entstand eine gleichmäßige Oberfläche mit einer natürlichen farblichen Strukturierung durch den Hanfkalk. Nachträglich wurde die Oberfläche mit Leinöl und Eisenoxid für die rote Färbung und Wetterbeständigkeit behandelt (Allin S. , 2021).

- Ort: Yverdon-les-Baines, Schweiz
- Projekt: Außendämmung eines alten Massivbaus
- Bauherrschaft: Gemeinde Yverdon-les-Baines
- Details: Hanfkalkarbeiten 2009 fertiggestellt
- Planung: Verzone Woods Architectes (VWA)
- Ausführung: Pascal Favre, arbio.ch
- Eingesetzte Produkte: Hanfschäben, Kalk (von Chaux Boehm), Leinöl, Eisenoxid

Abb. 356: Gefaste Kanten an den Fensterleibungen geben einen modernen Charakter [Henrik Pauly]

19.2 Projekte international

Abb. 358: Maison de l'Habitat. [Edouard Decam, Krisof Guez, www.cocoarchitecture.fr]

Projekte aus dem Buch „Batir en Chanvre"

In Frankreich wurden bereits mehrere hundert Gebäude errichtet. Und in Haverhill, England, wurden im Rahmen eines experimentellen Wohnbauprojektes mehrere Reihenhäuser gebaut und deren Eigenschaften über 10 Jahre wissenschaftlich untersucht. Der dazugehörige Bericht wurde 2002 veröffentlicht (https://www.hanfkalk-berlin.de/galerie; mehr im Kapitel 3.3). 2025 wurde in Frankreich ein siebenstöckiges Bürogebäude eröffnet („Maison de l'Habitat", mit Massivholzaufbauten, Holzböden und Hanfkalkblöcken in Fassade und Außenwänden), in Italien wird ein Apartmenthaus gebaut, das 10 Apartments fassen soll. In Suffolk, England, steht seit 2006 eine Lagerhalle, die mit einer Fläche von 4.400m² und Baukosten von 5,8 Millionen Pfund das bisher größte Projekt mit Hanfkalk darstellt:

Brauerei in England – Adnam's Brewery

Das Gebäude dient der Lagerung von Bier und Wein, wobei ein kühles, stabiles thermisches Umfeld ohne teure mechanische Kühlanlagen geschaffen wurde. Hanfkalk setzte sich dabei nach Materialtests der University of Bath gegenüber anderen Materialien wie Strohballen durch. Das Bauprojekt erzielte erhebliche Energieeinsparungen und eine Reduktion von über 500 Tonnen CO_2-Emissionen im Vergleich zur Verwendung konventioneller Materialien. Es war das erste Projekt mit Hanfkalk in dieser Größenordnung. Außerdem wurden die Blöcke vor Ort gefertigt. Die Wahl der ökologischen Materialien erhöhte die Kosten der Wände um etwa £40.000 bei einem Gesamtprojektwert von £5,8 Millionen. Das Weglassen der Kühlanlage brachte jedoch Einsparungen von über £ 400.000, was die Entscheidung für die Hanfkalklösung wirtschaftlich attraktiv machte. Das Gebäude erzielt eine U-Wert von 0,18 W/m²K und trägt erheblich zur Kühlung bei extremen Temperaturen bei, um die gelagerten Getränke bei 12–14°C zu halten (Woolley, 2008).

- Ort: Reydon, nahe Southwold, Suffolk
- Projekt: Bau eines 4.400 m² großen Verteilzentrums
- Bauherrschaft: Adnams Brewery
- Details: Hanfkalk-Wände
- Architekt: Aukett Fitzroy Robinson
- Spezialingenieur: Lister Beare
- Hauptauftragnehmer: Haymills Ltd
- Verwendete Materialien: Verdichtete (hochdichte) Tradical Hanfkalkblöcke und niedrigdichter Tradical Hemcrete

Abb. 357: Das Gebäude nach Fertigstellung. [Adnam's Brewery]

Abb. 359: „Mr. Nakamura's hemp house" [http://www.japanhemp.org/en/miasahouse.htm]

Wohnhaus in Japan – ältestes bekanntes Haus aus Hanf von 1698

Das wahrscheinlich älteste Haus aus Hanf steht in Miasa, Omachi, Nagano 399-9101, Japan. Das über 300 Jahre alte Haus wurde 1698 erbaut und steht noch heute. Besonders an dem Haus ist, dass viele Bauteile aus Hanf bestehen. Die Tragstruktur aus Holzbalken ist mit Hanfseilen zusammengebunden. Die Dämmung in den Wänden besteht aus gebündeltem Hanf und die Verkleidung aus Hanfmatten. Auch das Dach besteht, ähnlich wie ein Reetdach aus gestapelten Hanf Stängeln. Das Haus wurde über die Jahrhunderte hinweg mehrfach restauriert und befindet sich heute in einem bemerkenswerten Zustand. Dieses Beispiel zeigt, wie langlebig der Werkstoff Hanf bei richtiger Verwendung sein kann. (Cannalore, The Canna Chronicles, 2017)

- Ort: Miasa, Omachi, Nagano 399-9101, Japan
- Projekt: Wohngebäude
- Details: Fertigstellung 1698
- Verwendete Materialien: Hanfstängel, Hanffasern

Abb. 360: Gebundene Hanfstängel für Innenwände [http://www.japanhemp.org/en/miasahouse.htm]

Abb. 361: Hanfstängel im Dachaufbau [http://www.japanhemp.org/]

Neubau einer Turnhalle – Pierre Chevet Sports Hall in Croissy-Beaubourg

Die Pierre Chevet Sporthalle in der Stadt Croissy-Beaubourg in der Nähe von Paris ist Frankreichs erstes neues öffentliches Gebäude aus Hanfkalk. Bei der Entwicklung arbeiteten Architekt*innen, Ausführer*innen und Produzent*innen eng zusammen, mit dem Ziel möglichst langlebige Baustoffe mit vielseitigen Eigenschaften zu verwenden. Das 380m² große Gebäude wird von einem Holztragwerk getragen, das von Wänden aus Hanfkalk-Steinen unterstützt wird. Der Hanfkalk wurde wegen seiner thermischen, akustischen und strukturellen Eigenschaften ausgewählt. Teile der Wände wurden nicht verputzt, um die akustischen Qualitäten des Hanfs zu maximieren. (ThePlan, 2021)

- Ort: Croissy-Beaubourg, Frankreich
- Projekt: Neubau einer Sporthalle
- Bauherrschaft: Stadt Croissy-Beaubourg
- Planung: lemoal lemoal architecture
- Details: Fertigstellung 2021
- Eingesetzte Produkte: Biosys, Hergestellt von Vieille Matériaux

Abb. 362: Innenansicht der Sporthalle mit sichtbaren Hanfsteinen auf der linken Seite für bessere Akustik

Abb. 363: Die Hanfstein-Wand im Rohbau-Zustand. [Elodie Dupuis]

Abb. 364: Die Hanfsteine von Vicat im Lager [Vieille Matériaux]

Abb. 365: Rathaus in Voorst, Niederlande [Joep Jacobs]

Abb. 366: (unten links) Hanfkalk mischen auf der Baustelle [Image De Twee Snoeken]

Abb. 367: (unten rechts) Die Hanfkalk-Fassade wurde mit einigen Nisthilfen ergänzt [Joep Jacobs]

Gemeentehuis Voorst

- Ort: Voorst, Niederlande
- Projekt: Renovierung der Fassade des Rathauses
- Bauherrschaft: Stadt Voorst
- Details: ca. 38 cm Hanfkalk
- Planung: De Twee Snoeken

Besonderheiten / Produkte:

- Fassade aus Hanfkalk, einer der größten Anwendungen in der Region.
- Regionaler Hanf (13 Hektar in der Nähe von Groningen).
- Wandstärke von nur 38 cm durch nicht tragende Eigenschaften des Materials.
- Nachhaltige Eigenschaften: CO_2-Aufnahme während des Wachstums, recyclebar, biologisch abbaubar, feuer- und schimmelresistent.

19.3 Besondere Dinge aus Hanfkalk

Da sich Hanfkalk einfach formen lässt, ist sein Einsatzgebiet vielfältig und geht weit über das Bauwesen hinaus, wie diese Bildergalerie zeigt.

Abb. 370: Adventskranz aus Hanfkalk: Nicht brennbar, wiederverwendbar und kompostierbar. [Henrik Pauly]
Abb. 371: Esstisch-Leuchte aus Hanfkalk [Henrik Pauly]
Abb. 372: Bienenstock aus Hanfkalk [www.hanfstein.eu]
Abb. 373: Pflanzgefäße, Sockel und weitere Kunstobjekte aus Hanfkalk von Yasmin Bawa [Yasmin Bawa]

Abb. 368: Studierende der Innenarchitektur an der HfT Stuttgart entwerfen Objekte aus Hanfkalk unter der Anleitung von Henrik Pauly, wie diesen Sitzpouf [Henrik Pauly]
Abb. 369: Kunstobjekt aus Hanfkalk in der Entstehung [Jules Villbrandt]

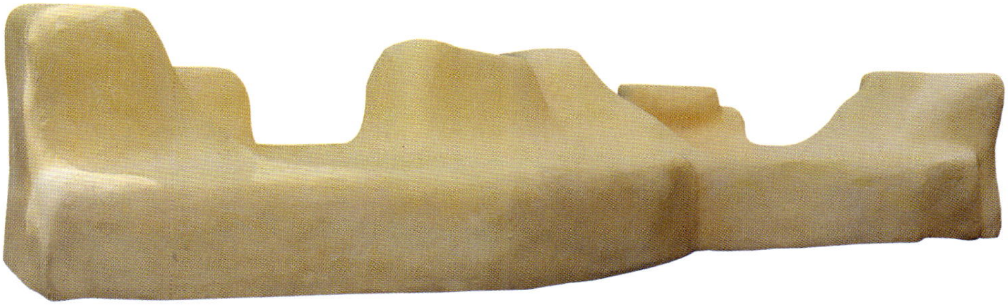

Abb. 374: Sitzbank aus Hanfkalk mit einem Finish aus Kalkglätte [Yasmin Bawa]

20. Ausblick in die Zukunft

Wie wird unser Leben im Jahr 2050 aussehen? Werden wir in einer Welt leben, in der die Natur und Technologie im Einklang stehen? Haben wir Lösungen für die drängenden Umweltprobleme unserer Zeit gefunden? Und welche Rolle wird eine jahrtausendealte Kulturpflanze in dieser Zukunft spielen?

Die Antwort wird weniger spektakulär ausfallen, als manche hoffen, und weitreichender, als viele erwarten. Hanf wird 2050 vermutlich keine Smartphones antreiben. Aber er könnte ein selbstverständlicher Bestandteil der Baustoffpalette sein, mit eigenen Normen, Ausbildungsberufen und regionalen Wertschöpfungsketten. Nicht als Ersatz für alles andere, sondern dort, wo seine Eigenschaften am meisten zählen: Monolithische Bauweise, Wohngesundheit, Kreislaufführung, kurze Transportwege.

Die vorangegangenen Kapitel zeigen, dass Hanfbaustoffe in der Praxis funktionieren, von der Fachwerksanierung bis zum KfW40-Neubau. Was fehlt, ist nicht das Material, sondern die Infrastruktur: Aufschlussanlagen, die ganzjährig laufen, Regelwerke, die Planungssicherheit schaffen, und Lieferketten, die Qualität garantieren. Drei Entwicklungslinien werden dabei entscheidend sein: Neue Bindemittel jenseits von Kalk (Kap. 20.1 und 20.2), die Überwindung struktureller Hindernisse (Kap. 20.3) und die politischen Weichenstellungen im Handlungskatalog (Kap. 21).

Es ist EIN Schlüssel zu einer nachhaltigen Kreislaufwirtschaft. Von der Bekleidung über das Bauwesen bis hin zur Energiegewinnung – Hanf ist überall, und junge Generationen wissen, dass Hanf nur in den allerwenigsten Fällen geraucht wird.

Kann eine einzelne Pflanze das Bauwesen verändern? Nein. Aber sie kann zeigen, dass es anders geht. Die folgenden Abschnitte skizzieren, wie es funktionieren könnte.

20.1 Hanf-Pilz-Bau

Beitrag von Melissa Acker (studio sustainable matter & Hochschule für Technik (HFT) Stuttgart)

Durch den Einsatz von Pilzmyzel als Bindemittel für Hanfschäben und somit Alternative zu Kalk, könnte zukünftig das Bauen mit Hanf noch nachhaltiger werden.

Herstellung von Myzel-Verbundwerkstoffen

Pilzmyzel – das vegetative System und **Wurzelgeflecht von Pilzen** – wird als nachhaltiges Bindemittel in der Baustoffentwicklung erforscht. Es besteht aus einem Netzwerk fadenförmiger Hyphen, die lignozellulosehaltige Substrate durchdringen und zu einer stabilen Masse verbinden (Elsacker, 2021). Bei sogenannten Mycelium-Based Composites (MBC) fungiert Myzel als „natürlicher Klebstoff", der z. B. Hanfschäben zu festen Strukturen verbindet (Elsacker, 2021).

Die **Kultivierung** erfolgt unter kontrollierten, feuchtwarmen Bedingungen: sterilisierte Hanfschäben werden mit Myzel beimpft und in Formen gefüllt. Binnen weniger Tage durchwächst es das Material und bildet eine feste Matrix, deren Wachstum durch Erhitzen gestoppt wird (Elsacker, 2021; Meyer & Rapp, 2020). Es entsteht ein **formstabiles, leichtes, biologisch abbaubares Material** mit kunststoffähnlichen Eigenschaften – von weich bis hart, isolierend, flammhemmend und kork- oder schaumstoffähnlich (Bitting et al., 2022; Appels et al., 2019; Jones, 2020; Ross, 2017). Diese Qualitäten lassen erahnen, welches außergewöhnliche und vielseitige Baustoffpotenzial pilzbasierte Materialien bieten. Damit könnte Myzel langfristig als nachhaltige Alternative in der Baubranche etabliert werden.

Ökologische Vorteile und Materialeigenschaften

Die mechanischen Eigenschaften myzelbasierter Komposite lassen sich durch die **Wahl des Substrats** gezielt beeinflussen. Dessen Ausgangsgewicht, Porosität und Nährstoffprofil bestimmen maßgeblich das thermodynamische, physikalische und mechanische Verhalten des Myzelwerkstoffs (Bitting et al., 2022). Auch **Faserzustand, -größe und Verarbeitung** (z. B. lose, gehäckselt oder vorkomprimiert) spielen eine Rolle: Gehäckselter Hanf erhöht die Drucksteifigkeit (0,77 MPa) gegenüber losen Fasern (0,51 MPa) und bildet eine gleichmäßigere Außenhaut (Elsacker et al., 2019).

Hanfschäben haben sich als besonders geeignetes Substrat erwiesen: schnelles Wachstum, gute Schadstoffadsorption und hervorragende Eigenschaften als **Dämmstoff** (Lee & Choi, 2021; Thurner, 2023; Elsacker et al., 2019). Sie erreichen eine Wärmeleitfähigkeit von 0,0404 W/(m·K) – vergleichbar mit konventionellen Dämmstoffen wie Steinwolle, Glasfaser, Schafwolle oder Kork (Elsacker et al, 2019). Zudem erzielt Hanf einen sehr geringen Wasseraufnahmekoeffizienten (0,0073 $mm/s^{1/2}$) und eine geringe Wasseraufnahme innerhalb von 24 Stunden (Elsacker et al., 2019).

Während Pilzarten wie *Ganoderma lucidum*, *Pleurotus ostreatus* oder *Trametes versicolor* weltweit verfügbar sind, hängt die Wahl des Substrats von regionalen landwirtschaftlichen Abfallströmen ab (Bitting et al., 2022). Hanf lässt sich in **verschiedenen Formen** (Fasern, Schäben, Matten) verarbeiten und kann alleine oder als „hybrides" Substrat mit anderen Pflanzenresten wie Stroh, Sägemehl oder Baumwollresten verwendet werden (Palanisamy et al., 2023; Elsacker et al., 2019). Diese Vielfalt ermöglicht eine gezielte Anpassung des Substrats an die spezifischen Anforderungen verschiedener Pilzarten. Hanf bietet eine besonders flexible und lokal verfügbare Grundlage für die Entwicklung nachhaltiger Myzelwerkstoffe.

Pilzbasierte Baustoffe punkten auch durch ihre **positive Klimabilanz**: Pilzorganismen binden jährlich rund 13 Gigatonnen CO_2 – etwa 36 % der weltweiten jährlichen Emissionen fossiler Brennstoffe (Hawkins et al., 2023). **Im Verbund mit Hanf, einer der CO_2-effizientesten Nutzpflanzen** überhaupt, entsteht ein Baustoff mit besonders positivem Klimaprofil. Hanf-Myzel ist in etwa zwölf Wochen biologisch abbaubar (Palanisamy et al., 2023). Die verwendeten Pilzspezies **sind weder toxisch, noch pathogen oder allogen** (Meyer & Rapp, 2020) – ein Pluspunkt für wohngesunde Architektur.

Anwendung

Die **Materialentwicklung** begann um 2010, vor allem durch Designer:innen und Künstler:innen in den USA, den Niederlanden und Italien. **Start-ups wie Ecovative, MycoWorks, Grown Bio, Biohm oder Mogu entwickelten marktfähige Produkte** wie Verpackungen, Lederalternativen und Akus-

Abb. 376: Myzeloberfläche, Nahaufnahme. [Annika Ramge/ HFT Stuttgart]

Abb. 375: Kultivierung auf Sägespänen: zum Bauen mit Pilzen wird das Myzel denaturiert bevor daraus Fruchtkörper wachsen. [Afra Gölzer & Amira Klimpel / HFT Stuttgart]

Abb. 377: Substratversuche in einem Workshop mit Innenarchitektur-Studierenden der HFT Stuttgart (Leichtschaumplatte, Hanfschäben, Holzwolle, feine und grobe Sägespäne). [Melissa Acker]

tikelemente – und ebneten so den Weg für Anwendungen im Bauwesen (Meyer & Rapp, 2020).

Pilzbasierte Materialien sind vielversprechend für **Wärme- und Schalldämmung**, **Akustikelemente**, **Innenausbau**, **Temporäre Bauteile**, sowie **Modellbau und Prototyping.**

Zu den ersten industriell verfügbaren Produkten zählen die **Akustikpaneele** von Mogu S.r.l. In **experimentellen Mikroarchitekturen** wie dem *Growing Pavilion* (Biobased Creations, n.d.) oder dem *MY-CO SPACE* (Meyer et al., 2022) kam Myzel als Beplankung einer Holzkonstruktion zum Einsatz. Auf der Architekturbiennale 2023 demonstrierte die Rauminstallation *In Vivo* die ästhetisch-haptische Qualität (Divisare, 2023).

In **permanenter Architektur** gibt es erste Pilotprojekte wie das *MycoHAB* in Namibia, bei dem invasive Buscharten zu tragfähigen Myzelsteinen verarbeitet wurden (MycoHAB, n.d.). Die „MycoBlocks" überzeugen mit 10 kg Masse, 670 kg/m^3 Dichte, 26 MPa Druckfestigkeit, 207 MPa Biegefestigkeit und Dämmwert R15 (Maurer, 2022). **Komprimierte Myzelplatten**, kalt- oder heiß gepresst, könnten künftig OSB- oder MDF-Platten ersetzen (Bitting et al., 2022). Zahlreiche **Hochschulen und Universitäten** forschen mittlerweile intensiv und interdisziplinär an Myzel.

Abb. 378: „Hanf + Myzel" beim HFT Hanfbausymposium 2024, WS24/25, Melissa Acker mit Studierenden der Innenarchitektur [Lenard Augustin, HFT Stuttgart]

Fazit & Ausblick

Myzel-Hanf-Verbundstoffe bieten langfristig eine **kreislauffähige, CO_2-senkende Alternative zu Hanfkalk**. Sie verbinden technische, ökologische und ästhetische Qualitäten und eröffnen neue Perspektiven für das Bauen mit biologisch aktiven Materialien. Geringe Wärmeleitfähigkeit, biologische Abbaubarkeit und geringe Herstellungskosten machen sie attraktiv für die Bauwirtschaft (Bitting et al., 2022).

Abb. 379: The Growing Pavilion by Biobased Creations. [Eric Melander]

Abb. 380: MycoHABN, Namibia: Ein MycoBlock wiegt 13 kg und speichert 43% (5,6 kg) organischen Kohlenstoff den der Busch (Myzel-Substrat) aus der Atmosphäre aufgenommen hat. Das entspricht 20,5 kg CO_2-Äquivalenten (CO_2e). Nach Abzug der Herstellung bleibt eine Netto-Speicherung von 13 kg CO_2e pro Block. [MycoHAB]

Dennoch bestehen **Herausforderungen**: Die Kultivierung erfordert sterile Bedingungen und ist anfällig für Kontamination. Es mangelt an standardisierten und skalierbaren Herstellungsverfahren, belastbaren Daten zur Langzeitbeständigkeit sowie baurechtlichen Regelungen (Bitting et al, 2022). Im Außenbereich ist Myzel ohne Beschichtung nur begrenzt einsetzbar. Hohe Zertifizierungskosten und die Monopolisierung wichtiger Patente durch wenige Unternehmen hemmen die industrielle Skalierung (Jones et al., 2017; Attias et al., 2020). Auch zur strukturellen Tragfähigkeit fehlen verlässliche Daten (Dessi-Olive, 2022).

Für den breiten Einsatz braucht es **weitere Forschung, technische Optimierung, Automatisierung und offene Schnittstellen zwischen Wissenschaft und Industrie** (Bitting et al., 2022). Langfristig könnten Myzel-Hanf-Verbundstoffe nicht nur durch ihre funktionalen Eigenschaften überzeugen, sondern auch eine neue Materialkultur etablieren – zwischen Ökologie, Technologie und Gestaltung.

20.2 Hanf-Geopolymer

Mehrere Teams in Deutschland und Europa forschen derzeit daran, Hanfschäben mit Geopolymer-Technologie zu vereinen und so einen „Hanfbeton“ herzustellen, der sowohl lastabtragend (Druckfestigkeit > 10 MPa) als auch gut wärmedämmend (Wärmeleitfähigkeit < 0,07 W/(m·K)) ist. Die Wasserdampfdiffusionswiderstandszahl wird jedoch durch das dichte Gefüge im Geopolymer höher sein. Wieder zeigt sich: den perfekten Baustoff gibt es eben nicht.

Geopolymere sind anorganische, nicht-hydraulische Bindemittel, die eine Alternative zu herkömmlichem Zement darstellen (Davidovits, Geopolymer chemistry and applications. Institut Géopolymère, 2015).

Sie entstehen durch die Reaktion einer reaktiven alumosilicatischen Komponente mit einer hochalkalischen, aktivierenden Lösung (Provis & van Deventer, 2014). Die Hauptbestandteile von Geopolymeren sind:

- Reaktive alumosilicatische Komponente: Häufig wird Metakaolin (kalzinierter Ton) verwendet, aber auch Sekundärstoffe wie Flugasche, Hüttensand, Silikastaub oder Schlacken können eingesetzt werden (Duxson et al., 2007).
- Hochalkalische, aktivierende Lösung: Typischerweise Alkalihydroxid oder Wasserglas (Pacheco-Torgal et al., 2015).

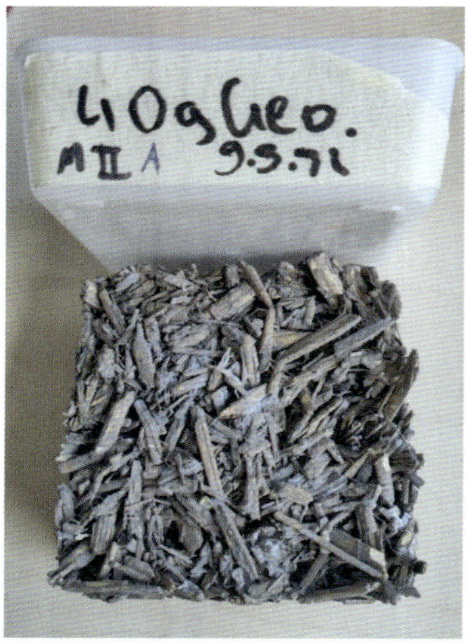

Abb. 381: Hanf-Geopolymer mit einer Druckfestigkeit von Beton aus Natrium-Silikat und kalzinierter Tonerde. [Henrik Pauly]

Abb. 382: Erste Versuche von Hanf-Geopolymer [Henrik Pauly]

Der Aushärtungsprozess von Geopolymeren erfolgt in drei Phasen (Fernández-Jiménez et al., 2005):

- Auflösung der Feststoffkomponenten durch die alkalische Lösung
- Bildung von Silicium-Sauerstoff-Aluminaten (Sialaten)
- Polymerisation zu einem dreidimensionalen alumosilicatischen Netzwerk

Eigenschaften von Geopolymeren:

- Echte Geopolymere zeichnen sich durch einen geringen Calciumgehalt aus und bilden vorwiegend alumosilicatische Netzwerke. Bei höheren Calciumgehalten spricht man von alkalisch aktivierten Bindemitteln (AAB), bei denen sich auch CSH-Phasen bilden können (Provis, 2014). Geopolymere bieten einige Vorteile gegenüber herkömmlichem Zement (McLellan et al., 2011):
- Geringerer Energiebedarf bei der Herstellung, da kein Zementklinker benötigt wird
- Hohe Beständigkeit gegen anorganische und organische Säuren
- Gute Festigkeitswerte und Tausalzresistenz

Allerdings gibt es auch Herausforderungen (van Deventer et al., 2012):

- Eingeschränkte Verfügbarkeit der Ausgangsstoffe für eine Massenproduktion
- Mögliche Umwelt- und Gesundheitsrisiken bei der Verarbeitung, abhängig von der verwendeten alkalischen Lösung
- Einige Dauerhaftigkeitskriterien werden möglicherweise nicht erfüllt

Geopolymere finden Anwendung in verschiedenen Bereichen, insbesondere dort, wo hohe Chemikalienbeständigkeit und Dichtigkeit gefordert sind, wie beispielsweise bei der Abdichtung und Reprofilierung von Abwasseranlagen. Der Begriff „Geopolymer“ wurde 1975 von dem Chemiker Joseph Davidovits geprägt, wobei die Vorsilbe „Geo“ die Ähnlichkeit zu geologischen Gesteinen und Mineralien verdeutlichen soll (Davidovits, Geopolymers: inorganic polymeric new materials, 1991).

Flugasche und Hüttensand unterscheiden sich in ihrer Zusammensetzung und Herkunft deutlich von Kalk:
Flugasche:
- Ein Nebenprodukt aus Kohlekraftwerken
- Besteht hauptsächlich aus Siliziumdioxid (SiO2), Aluminiumoxid (Al2O3) und Eisenoxid (Fe2O3)
- Enthält nur geringe Mengen Calciumoxid (CaO)

Hüttensand:
- Ein Nebenprodukt der Roheisenproduktion in Hochöfen
- Besteht überwiegend aus Calciumoxid (CaO), Siliziumdioxid (SiO2) und Aluminiumoxid (Al2O3)
- Enthält auch Magnesiumoxid (MgO) und andere Oxide
- Kalk (Calciumoxid, CaO):
- Wird durch Brennen von Kalkstein (CaCO3) hergestellt
- Besteht hauptsächlich aus Calciumoxid (CaO)

Die Hauptunterschiede zu Kalk sind:
- Chemische Zusammensetzung: Flugasche und Hüttensand sind komplexe Mischungen verschiedener Oxide, während Kalk hauptsächlich aus Calciumoxid besteht.
- Reaktivität: Kalk reagiert direkt mit Wasser und bildet Calciumhydroxid. Flugasche und Hüttensand benötigen in der Regel eine alkalische Aktivierung, um ihre bindenden Eigenschaften zu entwickeln.
- Herkunft: Flugasche und Hüttensand sind industrielle Nebenprodukte, während Kalk gezielt hergestellt wird.

Anwendung im Beton: Flugasche und Hüttensand werden als Zusatzstoffe oder Zementbestandteile verwendet, um die Eigenschaften des Betons zu verbessern und den Zementanteil zu reduzieren. Kalk wird hauptsächlich zur Herstellung von Zement verwendet.

Umweltaspekte: Die Verwendung von Flugasche und Hüttensand kann zur Reduzierung von CO_2-Emissionen beitragen, da sie industrielle Nebenprodukte sind. Die Kalkherstellung ist dagegen mit hohen CO_2-Emissionen verbunden

Ein Hauptaugenmerk wird in den nächsten Jahren auf der Substituierung von Kalk als Bindemittel sein, um die Ökobilanz, insbesondere die nicht erneuerbare Primärenergie, zu verbessern. Als geeignete Bindemittel könnten Geopolymere interessant sein, da sie deutlich höhere Festigkeiten als Kalk entwickeln und gleichzeitig das Potenzial haben, weniger Primärenergie in der Herstellung zu benötigen. Auch Geopolymere sind rein mineralischer Natur.

20.3 Hindernisse überkommen

Trotz des ökologischen und wirtschaftlichen Potenzials wirken Hürden entlang der gesamten Kette, von Saatgut und Anbau über Ernte und Verarbeitung bis zur Anwendung im Bau. Vier Felder sind zentral: Regeln und Verfahren, Technik und Logistik, Finanzierung und Infrastruktur, Wissen und Akzeptanz. Viele Lösungen liegen bereits im Forderungskatalog, etwa dezentrale Verarbeitung (siehe Kapitel Forderung 21.8), Prämien für Koppelnutzung (siehe Kapitel Forderung 21.7), Saatgutförderung für Hanfsorten (siehe Kapitel Forderung Saatgutförderung für Hanfsorten) sowie eine ergebnisbasierte CO_2-Vergütung für Senkenleistungen im Boden (siehe Kapitel Forderung 21.3). Für die historische und rechtliche Einordnung siehe auch Kapitel 2.8 Aufstieg der Regulierung und Kapitel 4.8 Rechtslage von Cannabis und Nutzhanf in diesem Buch.

1. Regulatorische und bürokratische Hürden

Die heutige Praxis ist durch Meldepflichten, Prüfungen und Freigaben geprägt, die Nutzhanf zwar rechtlich klar einordnen, in der Fläche jedoch Zeit und Planungsspielräume kosten. In Deutschland ist der Anbau von Nutzhanf seit 1996 unter Auflagen erlaubt; Felder müssen angemeldet und dokumentiert werden, eine Freigabe der Ernte erfolgt erst nach Kontrolle durch die zuständigen Stellen. Der maßgebliche THC-Grenzwert wurde zum 1. Januar 2023 auf 0,3 Prozent angehoben, wodurch mehr Sorten aus dem EU

Sortenkatalog verfügbar sind und Anbauoptionen wachsen. Diese Schritte sind wichtig, doch Verfahren bleiben teils komplex und uneinheitlich, während andere Länder mit schlankeren Abläufen vorangehen (siehe Kapitel 4.8 Rechtslage von Cannabis und Nutzhanf).

Für die Wertschöpfung am Bau ist Rechtsklarheit doppelt relevant: Sie reduziert Transaktionskosten in der Landwirtschaft und erhöht die Verfügbarkeit definierter Rohstoffqualitäten für Schäben und Fasern (siehe Kapitel 5.7 Schäben und Fasern von Faserhanf). Damit Regeln wirksam entlasten, braucht es nutzungsorientierte, digital unterstützte Verfahren, nachvollziehbare Prüfpfade und verlässliche Fristen. Flankierend sollten Sortenwesen und Landessortenversuche ausgebaut werden, um Anbau, Qualität und regionale Eignung planbar zu machen, und um die Verarbeitung näher an die Fläche zu rücken, um Melde und Kontrollaufwand pro Tonne Rohstoff zu senken. Konkrete Hebel stehen im Forderungskatalog: Saatgutförderung für Hanfsorten für stabile Qualitäten, Koppelnutzung für bessere Wirtschaftlichkeit je Hektar sowie mobile, dezentrale Verarbeitung für kurze Wege und robuste Lieferketten (siehe Kapitel Forderung Saatgutförderung für Hanfsorten, siehe Kapitel Forderung 21.7, siehe Kapitel Forderung 21.8).

2. Technologische Herausforderungen in Anbau und Ernte

Ein zentrales Hindernis ist der Mangel an spezialisierter Ernte und Aufschluss-Technik für hochwertige Fasern und Schäben. Hanf ist robust und ertragreich, benötigt in der Praxis aber passende Maschinenketten und verlässliche Vorbehandlung. Fehlen moderne Erntelösungen und effiziente Faseraufschlussanlagen, wird unter ungünstigen Bedingungen geerntet und getrennt, mit Einbußen bei Faserlänge, Schäbenreinheit und Gleichmäßigkeit (Sachsen, 2003; BvCW, 2022). Studien zeigen zudem hohe Fixkosten und den Bedarf an standardisierten, praxiserprobten Aufschlusslinien; erst mit wiederholten, marktfähigen Anlagentypen sinken Investitionsrisiken und Qualitätsschwankungen (Carus et al., 2008).

Was es braucht, ist eine abgestimmte Kette aus Erntefenster, Feuchtemanagement, Trocknung, Lagerung und kalibriertem Aufschluss, damit der Bau definierte Schäben und Fasern erhält. Dafür sind F&E, Pilotanlagen und regionale BetreiberInnenmodelle sinnvoll, etwa mobile oder dezentrale Module, die Erntespitzen puffern und Qualitäten stabilisieren (siehe Kapitel 21.8 Verarbeitung fördern, siehe Kapitel 21.7 Prämie für Koppelnutzung). Perspektivisch eröffnen technologische Entwicklungen wie modulare Aufschlusslinien und prozessnahe Qualitätskontrolle zusätzliche Spielräume, die in den Zukunftsentwicklungen skizziert sind (siehe Kapitel 20.5).

3. Finanzielle und infrastrukturelle Barrieren

Die Entwicklung einer tragfähigen Hanfbranche ist kapitalintensiv. Es fehlen regionale Anlagen für Trocknung, Aufschluss und Kalibrierung, dadurch bleiben Wege lang, Qualitäten streuen und lokale Wertschöpfungsketten kommen nur langsam in Gang. Analysen zeigen, dass zum Aufbau kompletter Ketten Anschubfinanzierung in nennenswerter Höhe nötig ist, etwa für Verarbeitung, Züchtung, Produktentwicklung und Markteintritt im Bau und Textilbereich (BVNG, 2021). Frühere Erfahrungen mit Naturfaserprojekten unterstreichen, wie wichtig abgestimmte Technik, verlässliche Nachfrage und realistische Marktannahmen sind, sonst bleiben Investitionen wirkungsschwach (Carus et al., 2008). Städtebauliche und regionale Cluster können hier die Brücke schlagen, wenn Planung, Beschaffung, Produktion und Logistik zusammengeführt werden (BBSR, 2020).

Anschubprogramme und Investzuschüsse für Verarbeitung und mobile Module, BetreiberInnenmodelle wie Maschinenringe und Genossenschaften, sowie eine öffentliche Beschaffung mit Ökobilanzpflicht und klaren CO_2-Zielen, die planbare Nachfrage schafft (siehe Kapitel 20 zu anstehenden Innovationen und Pilotlinien und zu Ökobilanz, CO_2-Grenzwerten und Materialpässen, siehe

Kapitel 21.8 zu Verarbeitung fördern und 21.7 Prämie für Koppelnutzung und Saatgutförderung).

4. Vorurteile und mangelndes Wissen
Für den Markthochlauf zählen transparente Informationen und ein klares öffentliches Bild von Hanf. Heute fehlen oft produktneutrale Daten zu Umwelt, Gesundheit, Rückbau und Lebenszyklus, zugleich wird Nutzhanf im Alltag mit Rauschcannabis verwechselt. Die historische Verflechtung mit Drogenpolitik prägt Wahrnehmungen bis heute, obwohl Nutzhanf seit 1996 unter Auflagen erlaubt ist und der THC-Grenzwert 2023 auf 0,3 Prozent angehoben wurde; damit stehen mehr EU-Sorten für Landwirtschaft und Bau zur Verfügung (siehe Kapitel 4.8 Rechtslage; vgl. Übersicht zu Sorten und Grenzwerten).

Was hilft: verlässliche Datengrundlagen und eine klare Erzählung. Volldeklaration, Materialpässe und LCA machen Qualitäten vergleichbar und vergabefähig; sie senken Unsicherheiten bei Planung, Genehmigung und Beschaffung (siehe Kapitel 20 zu Volldeklaration, Materialpässen, Ökobilanz und CO_2-Grenzwerten). Öffentlichkeitsarbeit und Bildung sollten die Trennung von Nutzhanf und Rauschcannabis deutlich machen und gute Beispiele sichtbar machen, etwa durch Informationskampagnen, einfache Gebäudelabels für CO_2, Rückbau und Raumklima sowie erlebbare Demonstrationsbauten in Kommunen und Schulen (siehe Kapitel 20 zu Kommunikation und Beschaffung). Konzise Leitfäden zu Ernte, Aufschluss und Anwendung schaffen Vertrauen bei LandwirtInnen, VerarbeiterInnen und Handwerk; regionale Referenzprojekte zeigen Nutzungspfade von der Faser bis zum Bauteil, verknüpft mit Koppelnutzung und dezentraler Verarbeitung in der Landwirtschaft (siehe Kapitel 21.7 und 21.8).

In Kapitel 20.5 skizzieren wir anstehende Vereinfachungen, Technikbausteine und Pilotprojekte. Kapitel 21 bündelt die rechtlichen und vergabeseitigen Hebel für Sichtbarkeit und Vertrauen.

5. Marketingkonzepte
Hanfprodukte brauchen klare, zielgruppengerechte Botschaften: für Kommunen Beschaffungssicherheit und niedrige Lebenszykluskosten, für BauherrInnen Wohngesundheit und Rückbaubarkeit, für Handwerk Prozessstabilität, für BürgerInnen regionale Wertschöpfung. Studien zeigen: informierte KundInnen akzeptieren Preisaufschläge für nachhaltige Produkte, wenn Nutzen und Qualität transparent sind (Borkowska und Białkowska, 2019; Karus und Vogt, 2004; Mikulcová et al., 2017). Unternehmen sollten die Trennung zwischen Nutzhanf und Rauschcannabis aktiv erklären und mit Zertifikaten, Ökolabels und Referenzbauten arbeiten (Carus et al., 2008). Anschlussmaßnahmen zu Daten, Volldeklaration und Materialpässen stehen in Kapitel 20, zur Rohstoffsicherung und Koppelnutzung in Kapitel 21.7 und 21.8.

6. Koordination und Vernetzung
Die Branche ist jung und fragmentiert; Cluster und Netzwerke beschleunigen Lernen, Standardisierung und Marktzugang (Amaducci et al., 2015; Kreuger et al., 2011). Das europäische Netzwerk EIHA bündelt über 250 Mitglieder aus 35 Ländern und bietet eine Plattform für Standards, Zertifizierung und Interessenvertretung; regionale Cluster sollten dies spiegeln und Landwirtschaft, Aufschluss, Bauindustrie, Planungsbüros und Kommunen verknüpfen (EIHA, 2021). Wirkung entsteht in Verbindung mit öffentlicher Beschaffung und klaren LCA-Kriterien (Kapitel 20) sowie stabilen Rohstoffflüssen durch Koppelnutzung und dezentrale Verarbeitung (Kapitel 21.7 und 21.8).

7. Kapitalzugang und Wettbewerb mit fossilen Rohstoffen
Ernte, Trocknung, Aufschluss und Kalibrierung erfordern Anfangskapital und wiederholbare Technik. Spezialisierte Maschinen können Kosten deutlich senken, wenn sie in praxistauglichen BetreiberInnenmodellen skaliert werden, zum Beispiel Maschinenringe und Leasing (Prade et al., 2011; Carus et al., 2008). Politische Leitplanken, die CO_2-Kosten sichtbar machen und zirkuläre

Beschaffung stärken, erhöhen die Wettbewerbsfähigkeit gegenüber fossilen Pfaden (González García et al., 2012), genau hier setzt Kapitel 20 an.

Wettbewerb mit fossilen Rohstoffen
Hanf steht in direkter Konkurrenz zu etablierten fossilen Rohstoffen wie Erdöl und Erdgas, die aufgrund ihrer historisch gewachsenen Infrastruktur und staatlichen Subventionen oft kostengünstiger sind (Mayrhuber et al., 1997). Eine Studie von González-García et al. (2012) zeigt jedoch, dass hanfbasierte Produkte bei Berücksichtigung der externen Kosten (z. B. Umweltschäden) wettbewerbsfähig sein können. Um die Marktchancen von Hanf zu verbessern, sind politische Rahmenbedingungen erforderlich, die den Preis für fossile Ressourcen durch CO_2-Steuern oder Emissionshandelssysteme verteuern und gleichzeitig die Verwendung nachwachsender Rohstoffe fördern (Finnan & Styles, 2013). Darüber hinaus können freiwillige Selbstverpflichtungen von Unternehmen und die steigende Nachfrage nach umweltfreundlichen Produkten dazu beitragen, den Marktanteil von Hanf zu erhöhen (Beus, 2014).

Die Etablierung von Hanf als wettbewerbsfähiger Rohstoff erfordert ein koordiniertes Zusammenspiel aller Akteure entlang der Wertschöpfungskette. Durch den Aufbau von Netzwerken, gezielte Marketingstrategien und den Zugang zu Kapital können die Herausforderungen gemeistert und die Marktchancen von Hanf verbessert werden. Politische Rahmenbedingungen, die den Preis für fossile Ressourcen verteuern und nachwachsende Rohstoffe fördern, sind ebenfalls entscheidend, um Hanf als nachhaltige Alternative zu etablieren. Mit den richtigen Weichenstellungen kann Hanf einen wichtigen Beitrag zu einer biobasierten Kreislaufwirtschaft leisten und das Potenzial für eine nachhaltige Zukunft entfalten.

20.4 Forschungslücken und Forschungsthemen

Der Verein Nutzhanf-Netzwerk e.V. führt eine Liste über aktuelle Forschungsfragen und Themen für Bachelor-, Master- und Diplomarbeiten, sowie Doktorarbeiten. Die Liste kann unter kontakt@nutzhanfnetzwerk.de angefordert werden.

20.5 Zukunftsentwicklungen für den Bausektor aus Hanf

Hanfbaustoffe bewegen sich vom Experiment zur Systemlösung. Der nächste Schritt baut auf drei Linien auf: Vorproduktion im Werk, kalibrierte Rohstoffe mit klaren Qualitätsklassen und belastbare Nachweise zu Bauphysik und Ökobilanz. So werden Planung, Genehmigung und Beschaffung einfacher und schneller.

Vorproduktion im Werk

Die Praxis verlagert sich von der nassen Baustelle zur kontrollierten Fertigung. Vorgefertigte Elemente sichern Dichte, Feuchteführung und Trocknung, verkürzen Bauzeiten und erhöhen die Ausführungsqualität. Reallabore zeigen, wie digitale Prozessketten, Standarddetails und Montageabläufe die Vorproduktion stärken und Schnittstellen klären (BBSR, 2020). Für einfache Geometrien und Sanierungen bleibt die Baustellenherstellung sinnvoll, wenn Prozessfenster für Feuchte und Dichte eingehalten werden (Woolley, 2008, 2013; siehe Kapitel 21 zu vereinfachter Erprobung und Ausschreibung).

Abb. 383: „Hanf-Bewehrung“ aus Hanf-Faserbündeln mit Plastomeren ummantelt [Rensselaer Polytechnic Institute]

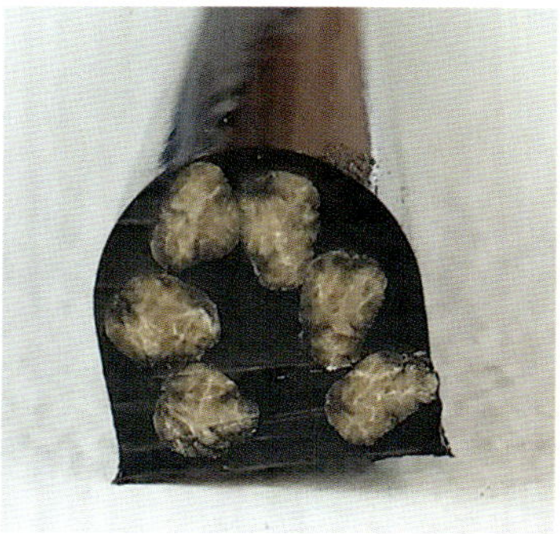

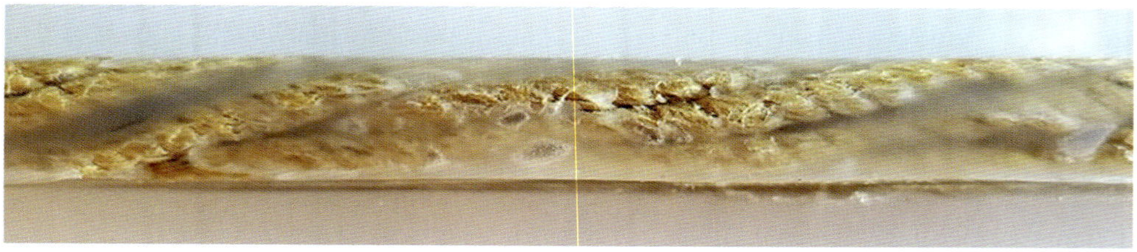

Kalibrierte Rohstoffe, verlässliche Bauteile

Die Qualität von Schäben und Fasern bestimmt Verbund, Porosität, Feuchteausgleich und damit die Bauteilperformance. Nächste Schritte sind enge Korngrößenklassen, limitierte Feinanteile und definierte Restfeuchten, ergänzt um einfache Prüfwege und Produktinformationen. So werden Eigenschaften reproduzierbar, von leicht und hoch diffusionsoffen bis dichter und robuster gegen Schlagregen, jeweils mit passendem Binder und Mischdesign. Das schließt die Kette zum Feld, zu Sortenwahl, Erntefenster und Vorbehandlung und verlangt regionale Trocknung und Aufschluss mit kurzen Wegen.

Nachweis führen, wo es zählt

Robustheit und Dauerhaftigkeit hängen von Dichte, Schäbengeometrie, Feuchtemanagement und Binder ab. Untersuchungen belegen, dass höhere Dichten die Widerstandsfähigkeit erhöhen, leichtere Mischungen aber bauphysikalische Vorteile bringen. Das erfordert präzise Systemwahl und klare Prüfwege für Feuchte, Brand und Schall sowie Positivlisten und einfache Erprobung in der Praxis.

Ökobilanz schärfen, Senkenleistung belegen

Lebenszyklusanalysen zeigen: der Binder und die Transportdistanzen prägen die Umweltwirkung. Eine aktuelle Studie zu Hanfkalkblöcken weist für eine nicht tragende Wand nach 240 Tagen Nutzung eine negative Bilanz von rund 12 Kilogramm CO_2 je Quadratmeter aus; bei vollständiger Carbonatisierung läge der Wert bei etwa minus 26 Kilogramm CO_2 je Quadratmeter. Geringere Binderanteile und kürzere Wege verbessern die Bilanz, erhöhen aber nicht automatisch die Tragfähigkeit, was die Systemwahl leiten sollte (Arrigoni, 2017).

Warum jetzt der Rückenwind kommt

Naturfasern benötigen deutlich weniger Energie in der Herstellung als Glasfasern und viele petrochemische Werkstoffe. Steigende Energiepreise und klare Beschaffungsregeln verbessern die Wettbewerbsfähigkeit biogener Lösungen und beschleunigen ihren Einsatz in Bau und Ausbau (Carus et al., 2008; WWF, 2022).

Schnittstelle zur Landwirtschaft schließen

Gleichmäßige Bauteilqualität beginnt auf dem Feld. Sorten mit passendem Verhältnis aus Schäben und Faser, standfester Biomasse und verlässlicher Reifezeit erleichtern Erntefenster und liefern stabile Fraktionen. Regionale Trocknung und Aufschluss puffern Erntespitzen, verkürzen Wege und stabilisieren Qualitäten. Die agrarischen Hebel liegen in Saatgutförderung, Koppelnutzung und dezentraler Verarbeitung.

20.6 Forschungsfenster

3D-Druck mit Hanfkalk

Additive Fertigung eröffnet neue Wege für formoptimierte, materialeffiziente Wände und Bauteile aus Hanfkalk. Der Schlüssel liegt in der Mischung: extrudierbar, standfest, schnell anziehend, mit ausreichender thixotroper Erholung zwischen den Lagen. Das betrifft Wassergehalt, Binderrezeptur, Korngrößen der Schäben und mögliche Zusatzstoffe für Ansteifung und Haftung. Forschung zu faserverstärkten, extrudierten Baustoffen zeigt die Relevanz von Düsengeometrie, Druckgeschwindigkeit, Layerintervall und Faserorientierung für Festigkeit und Verbund, die Ergebnisse sind stark richtungsabhängig (Amziane, Merta und Page, 2023). Für Hanfkalk heißt das: interlaminare Haftung und Feuchtemanagement sind genauso wichtig wie Druckpfad und Geometrie. Erste Konzeptskizzen benennen genau diesen Dreiklang aus Extrudierbarkeit, Formstabilität und zügigem Anziehen (Kapitel 20.5, „3D gedruckter Hanfkalk"). Als Vergleichsbasis eignen sich bekannte Verfahren wie Spritzen und Gießen, bei denen Wasserzugabe, Verdichtung und Trocknung streng geführt werden müssen (Woolley, 2008; 2013). Perspektive: erprobte Mischfenster definieren, einfache Druckproben für Lagenverbund und Kriechverhalten etablieren, Experimentalbau nutzen, um die Parameter sicher in die Praxis zu übertragen.

Abb. 384: Träger aus Hanfplastik, Hemp Expo 2021 [Southern Cross Hemp Oil, Langdon Brown]

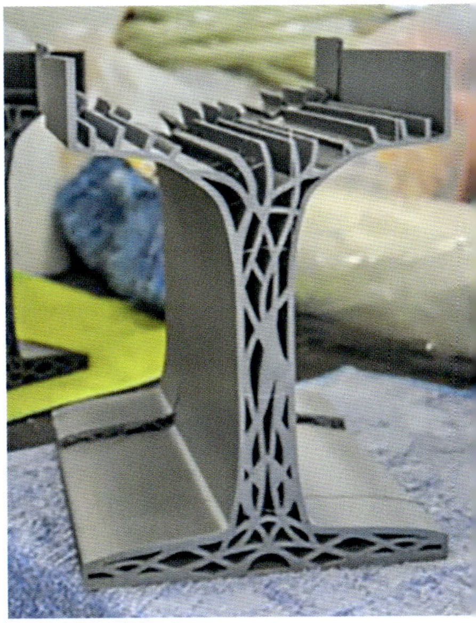

Abb. 385: Erste Erfolge beim 3D-Druck mit Hanfkalk [HfT Stuttgart, Prof. Jens Betha]

Abb. 386: Detailansicht eines kleinen Modells aus 3D-gedrucktem Hanfkalk [HfT Stuttgart, Prof. Jens Betha]

Beschleunigte Carbonatisierung und CO_2-Bilanz

Die Klimabilanz von Hanfkalk hängt wesentlich am Binder und an Transportdistanzen, dazu kommt die langsame Carbonatisierung in der Nutzungsphase. Messungen an Blöcken zeigen, dass nach 240 Tagen vor allem äußere Zonen karbonatisiert sind, innere Bereiche deutlich langsamer reagieren. Dennoch bleibt die Gesamtbilanz vorteilhaft und kann durch zementarme Binder und kurze Wege weiter verbessert werden. Beschleunigte Aushärtung in regelbaren Klimaumgebungen und optimierte Bauteilgeometrien könnten Carbonatisierung gleichmäßiger machen und die Anfangsfestigkeit stabilisieren, das erfordert aber klare Prüfwege und Prozessfenster (Arrigoni, 2017).

Binderentwicklung jenseits von Zement

Lime Pozzolan Systeme, kalkhydraulische Mischungen und alkali-aktivierte Erden kommen als zementarme Alternativen in Betracht. Studien vergleichen Rezepturen und zeigen die große Hebelwirkung der Binderwahl auf Tragverhalten und Umweltwirkung. Additive Fertigung mit erdbasierten, alkali-aktivierten Matrizes wird bereits systematisch auf Druckbarkeit, Lagenverbund und Festigkeit untersucht, was methodisch für Hanfkalk nutzbar ist, auch wenn die Matrizes unterschiedlich sind (Amziane, Merta und Page, 2023; Arrigoni, 2017).

Fasern und Profile für sekundäre Tragaufgaben

Pultrudierte Profile mit Hanffasern erreichen in Laborprojekten Biegefestigkeiten um 260 Megapascal bei Modulen um 21 Gigapascal. Sie liegen damit in Bereichen mancher glasfaserverstärkten Kunststoffe, sind aber ohne anerkannte Nachweise derzeit keine Alternative zu Stahl in der Primärstruktur. Auch Stäbe als Bewehrung bleiben vorerst Forschungsgegenstand. Sinnvoll erscheinen Anwendungen in sekundären Aufgaben wie Aussteifung, Fensterzargen, nicht tragende Verbindungselemente oder als verlorene Schalung für Hanfkalk, flankiert von Experimentalbau und klaren Prüfkonzepten.

Robotik, Prozessführung und Qualitätssicherung

Spritzen und Gießen von Hanfkalk sind sensibel für Wasserzugabe, Dichte und Trocknung, robotische Systeme können diese Fenster reproduzierbar halten, etwa mit Wasserzugabe an der Düse, konstanter Vorschubkontrolle und digitaler Protokollierung. Offsite-Fertigung erlaubt zudem kontrollierte Feuchteführung und schnelle Trocknung. Das entspricht den Erfahrungen aus der Vorfertigung, wo Prozessstabilität die Qualität hebt und Bauzeiten senkt (Woolley, 2008; BBSR, 2020). Ergänzend bieten sich Inline-Messungen an, zum Beispiel Feuchte, Temperatur und Dichte, sowie einfache Geometriescans der gedruckten Raupe für die Baustellendokumentation. Der Schritt in die Praxis gelingt über Standarddetails, Produktinformationen und Positivlisten.

Dauerhaftigkeit und Prüfkonzepte

Die Robustheit von Hanfverbünden hängt an Dichte, Feuchtemanagement, Exposition und Systemwahl. Beschleunigte Alterung mit Wasser, Frost-Tau und Ausziehversuchen liefert eine belastbare Basis für Anwendungsgrenzen und Detailregeln. Wichtig ist die Einordnung nach Funktion, innen oder außen, mit oder ohne Schlagregen, und die Ableitung passender Schutzschichten. Genau hier setzt die Forschung an, um standardnahe Verfahren zu etablieren und Zulassungen zu erleichtern (Sassoni et al., 2015).

21. Handlungskatalog Bauwende

> *Das ökologischste Gebäude ist das, was bereits steht.*
>
> Pauly & Drewes, 2024

Sie, liebe LeserIn, wissen längst: Ökologisches Bauen ist keine Zukunftsmusik. Es passiert, jetzt, hier, mit Händen, Kopf und Herz.

Bis Politik, Normung und Förderung das systematisch abbilden, braucht es mutige PlanerInnen, BauherrInnen, LandwirtInnen, HandwerkerInnen und eine gemeinsame Vision.

Einige unserer Forderungen beruhen auf Petitionen, Studien und zivilgesellschaftlichen Bewegungen der letzten zehn Jahre. Andere stammen direkt aus unserer Praxis auf dem Bau, im Labor oder auf dem Feld. Diese Listen sind nicht abgeschlossen, wir laden Sie ein, weiterzudenken, zu ergänzen, weiterzugeben.

Wer sich aktuell besonders für die Bauwende starkmacht, sind u. a.: Architects for Future, Natureplus e.V., die Deutsche Gesellschaft für Nachhaltiges Bauen (DGNB), das Bundesnetzwerk Gebäudegrün, das Bündnis Bodenwende, Bauwende.org, die Deutsche Energie-Agentur (dena) und viele lokale Bürgerinitiativen auf Plattformen wie Change.org.

Der klassische Kanon politischer Steuerung kennt drei große Hebel: Fordern, Fördern, Informieren. Wir sagen: Das reicht nicht. Wer den Wandel ernsthaft vorantreiben will, auf dem Feld, auf der Baustelle, im Gesetz, muss weitergehen. Wir wollen auch demonstrieren, aufzeigen, vorleben, durch Pilotprojekte, Lernbaustellen und neue Allianzen.

In Gesprächen mit ProjektentwicklerInnen, BauherrInnen und Verwaltung hören wir dabei immer wieder dieselben Fragen: „Ist das denn schon zugelassen?“ – „Gibt es dafür eine DIN-Norm?“ – „Was kostet das im Vergleich zu konventionellen Baustoffen?“ – „Ist das überhaupt verfügbar, wenn ich es wirklich brauche?“

Die Antworten auf diese Fragen sind oft vielschichtiger als gedacht. Was aber fehlt, ist nicht das Material, sondern der politische Rahmen, der Vertrauen schafft, Vielfalt ermöglicht und regionales Engagement stärkt.

Darum haben wir konkrete Forderungen in einer Bauwende-Liste zusammengestellt. Sie beschreibt, was es braucht, um ressourcenschonendes, kreislauffähiges, wohngesundes Bauen zur Regel zu machen, von der Zulassung bis zur Ausbildung, von der Förderung bis zur öffentlichen Wahrnehmung.

FORDERN

21.1 Ökologische und gesundheitliche Wirkung

Motivation

Baustoffe haben Wirkungen: Auf Mensch, Natur und Gesellschaft. Diese Wirkungen sind tiefgreifend, spiegeln sich im Preis jedoch nicht wider: Ressourcenzerstörung, CO_2-Ausstoß, Giftstoffe, Gesundheitsfolgen, soziale Ausbeutung entlang globaler Lieferketten. All das bleibt unberücksichtigt (externalisiert). Das heißt: Die wahren Kosten tragen nicht die Hersteller oder die Käufer, sondern die Allgemeinheit, kommende Generationen, Ökosysteme. Gleichzeitig werden ressourcenschonende, regionale, gesundheitsfördernde Materialien wie Lehm, Hanf oder Holz durch diese Systematik künstlich verteuert.

Ein hoher Preis für ökologische Baustoffe ist daher nicht Ausdruck ihres Wertes, sondern Folge eines verkehrten Bewertungssystems. In diesem System gelten zerstörerische Praktiken als wirtschaftlich effizient, weil ihre Schäden nicht bilanziert werden, während regeneratives Wirtschaften als Luxus erscheint.

Doch wie beziffert man Raumklima, Ästhetik, die Gesundheit von Kindern, die Luftqualität in der Wohnung oder die Verbundenheit mit der Region? Diese qualitativen Faktoren sind schwer in Euro auszudrücken, aber sie wirken jeden Tag. Die Bauwende erfordert deshalb ein Bewertungssystem, das ganzheitlich und gerecht ist – ökologisch, gesundheitlich und sozial.

Umsetzung

- Die Einführung eines Lebenszyklus-Kostenmodells für alle Baustoffe in öffentlichen Ausschreibungen und Förderprogrammen mit ökologischen und gesundheitlichen Wirkungen als Pflichtkriterium.
- Eine CO_2-Abgabe auf klimaschädliche Baustoffe (z. B. Beton, Stahl, Polystyrol) kombiniert mit einer Bonusregelung für CO_2-speichernde und kreislauffähige Materialien.
- Eine verbindliche Ökobilanzierung (LCA) nach EN 15804+A2 für alle Bauprodukte – ergänzt um ein Label-System für Schadstofffreiheit, Rückbaubarkeit und Regionalität.
- Die Integration dieser Kriterien in die Musterbauordnung, das Gebäudeenergiegesetz (GEG) und die Förderinstrumente des Bundes (BEG, KfW, BIMA).

Vorbilder für dieses Vorgehen:

- **Frankreich** mit seiner RE2020-Verordnung, die Emissionen, Wiederverwertbarkeit und Gesundheit bewertet.
- **Niederlande**, wo öffentliche Bauprojekte nur mit Materialien unterhalb eines CO_2-Grenzwertes realisiert werden.
- **Schweiz**, wo das SIA-Merkblatt 2040 den Bau innerhalb planetarer Grenzen zum Standard erklärt.

Die Einführung eines solchen Bewertungssystems sollte schrittweise erfolgen: Pilotkommunen setzen die Kriterien um, wissenschaftlich begleitet. Anschließend folgt die bundesweite Skalierung. Ergänzend fordern wir ein Monitoring-Tool nach dem Vorbild von „Madaster“ oder „BauCycle“, um stoffliche und soziale Wirkungen sichtbar zu machen.

Auswirkungen in der Praxis

Diese Maßnahme sorgt für ein gerechtes Spielfeld – in ökologischer sowie in ökonomischer Hinsicht:

- PlanerInnen und BauherrInnen erhalten Werkzeuge, um wirklich nachhaltige Entscheidungen zu treffen.
- Gesundheitsfördernde, regionale Baustoffe werden wettbewerbsfähig – denn sie punkten mit niedriger CO_2-Bilanz, Schadstofffreiheit, hoher Rückbaubarkeit und oft sogar CO_2-Senkenwirkung (z. B. Hanfkalk: bis zu -160 kg CO_2e/m^3).
- LandwirtInnen können als LieferantInnen für biogene Baustoffe neue Wertschöpfung aufbauen – ohne Industrialisierung.

- Kommunen senken langfristige Gesundheitskosten und schaffen Bauwerke mit hoher Lebensqualität und niedriger grauer Energie.
- HerstellerInnen erhalten Planbarkeit für die Entwicklung neuer, regenerativer Materialien.
- Die Gesellschaft gewinnt ein Bewertungs- und Fördersystem, das Zukunftsfähigkeit zum Maßstab macht – statt Kostenminimierung um jeden Preis.

21.2 Nachhaltigkeitspflichten im Baurecht konsequent anwenden

Motivation

Die rechtlichen Grundlagen für nachhaltiges Bauen sind längst da, sie werden nur nicht ernst genommen. Alle 16 deutschen Landesbauordnungen enthalten in ihren Grundsatzparagraphen (meist § 3, in Bayern Art. 3) Anforderungen an Sicherheit, Gesundheit und zunehmend auch an den Schutz natürlicher Lebensgrundlagen. Die Formulierungen reichen von „Ressourcenschonung" bis „nachhaltige Nutzung", in Berlin und dem Saarland sogar ergänzt um Recyclingfähigkeit und Wiederverwendung.

Zugleich verpflichtet die EU-Bauproduktverordnung Nr. 305/2011 (BauPVO) alle Mitgliedsstaaten, die „nachhaltige Nutzung natürlicher Ressourcen" als Grundanforderung an Bauwerke zu berücksichtigen (Anhang I, Punkt 7). Damit ist Nachhaltigkeit kein freiwilliges Ziel, sondern eine geltende Rechtsnorm, die konsequent umgesetzt werden müsste.

Die Realität sieht anders aus: Während Anforderungen wie Brandschutz oder Standsicherheit regelmäßig überprüft werden, bleibt der Ressourcenschutz zahnlos. Nachhaltigkeit ist formal Pflicht – aber praktisch irrelevant, weil sie weder durchsetzbar definiert noch regelmäßig kontrolliert wird. Behörden sind weder personell noch fachlich ausreichend befähigt, Nachhaltigkeitskriterien fundiert zu prüfen – und sie fehlen oft in technischen Regelwerken, wodurch sie in Genehmigungsverfahren untergehen.

Die Bauwende stockt also nicht, weil das Recht fehlt, sondern weil vorhandenes Recht nicht konsequent angewendet wird. Wir brauchen keine neuen Paragraphen, sondern den politischen Willen, bestehendes Recht im Sinne ökologischer, sozialer und kultureller Verantwortung umzusetzen.

Umsetzung

- Verbindliche Anwendung der bereits bestehenden Nachhaltigkeitsvorgaben in § 3 aller Landesbauordnungen: Ressourcenschonung, Wiederverwendbarkeit, Recyclingfähigkeit und Umweltverträglichkeit von Baustoffen müssen systematisch geprüft werden.
- Verpflichtende Schulungen und Weiterbildungen für Genehmigungsbehörden, um ökologische und gesundheitliche Anforderungen als integralen Teil der Prüfpflichten zu behandeln.
- Etablierung klarer, qualitativer Kriterien für nachhaltiges Bauen – z. B. Materialpässe mit Volldeklaration, Rückbaukonzepte, Schadstofffreiheit, Umbauvorrang.
- Anerkennung bewährter Standards als Erfüllungsnachweis: Lehmbauregeln (DVL), natureplus, Règles professionnelles aus Frankreich oder cradle-to-cradle-zertifizierte Produkte.
- Schrittweise Einführung quantitativer Vorgaben – z. B. CO_2-Grenzwerte ab Gebäudeklasse 4 oder für öffentliche Neubauten – ergänzt durch Monitoring- und Dokumentationspflichten.
- Integration dieser Vorgaben in technische Baubestimmungen, Bebauungspläne und kommunale Nachhaltigkeitssatzungen.

Vorbilder für dieses Vorgehen:

- Berlin und Saarland mit direkten Verweisen auf die EU-BauPVO und expliziter Nennung von Wiederverwendbarkeit und Recyclingfähigkeit in § 3
- Frankreichs Umweltverordnung RE2020 mit verbindlicher Bewertung ökologischer Kriterien

- Schweizer SIA 2040, das den Bau innerhalb planetarer Grenzen verankert
- Musterbauordnung (MBO), deren § 3 in einer erweiterten Fassung als bundesweiter Hebel genutzt werden kann

Trotz dieser Forderungen dürfen Baugenehmigungen nicht unnötig verkompliziert werden. Damit die Anwendung der bestehenden Nachhaltigkeitsvorgaben in § 3 wirklich niedrigschwellig gelingt, braucht es eine clevere Kombination aus Vereinfachung, Unterstützung und Standardisierung.

Sechs Hebel können dafür sorgen, dass die Anwendung gelingt, ohne Planungskosten in die Höhe zu treiben oder Genehmigungsprozesse zu blockieren:

1. **Positivlisten & geprüfte Standards:**
   Naturbaustoffe und ökologische Bauweisen werden in anerkannten Listen geführt. Wer nach Lehmbauregeln, natureplus oder cradle-to-cradle-zertifiziert baut, gilt als § 3-konform – ohne Zusatznachweis.
2. **Einfache Nachweissysteme:**
   Statt komplexer LCAs reichen Materialpässe, Rückbauformulare oder Checklisten mit klaren Kriterien – auch für kleine Projekte verständlich und anwendbar.
3. **Schulungen für Behörden:**
   Genehmigungsstellen erhalten Pflicht-Fortbildungen und regionale Anlaufstellen, um Ermessensspielräume sicher und ökologisch sinnvoll auszuschöpfen.
4. **Standardisierte Bauteilkataloge:**
   Vorgeprüfte Konstruktionsdetails (z. B. Hanfkalk-Wände, Strohwände, Lehm-Innenausbau) erleichtern die Planung und beschleunigen die Genehmigung.
5. **Pilotkommunen mit Praxisprojekten:**
   Kommunen, die § 3 vorbildlich anwenden, werden gefördert. Ihre Erfahrungen werden dokumentiert und als Blaupausen öffentlich bereitgestellt.
6. **Integration in technische Baubestimmungen (MVV TB):**
   Die Nachhaltigkeitspflichten aus § 3 müssen verbindlich in die technischen Regelwerke übernommen werden, damit sie im Bauantrag prüfbar und rechtssicher werden.

Orientierung durch Positivlisten und geprüfte Systeme
Statt jede Bauherrschaft zu zwingen, eigene LCA-Analysen zu beauftragen, wird ein Katalog zugelassener Materialien und Bauweisen erstellt, die § 3 automatisch erfüllen.

Beispiele:
- Lehmbauregeln (DVL) als anerkannter Standard für baubiologisch gesunde Wandaufbauten
- Natureplus, IBO[25], Cradle to Cradle Certified™ als geprüfte Label
- Bauweisen wie Hanfkalk, Strohballen, Holzständer mit Naturdämmung werden durch einfache Steckbriefe beschrieben und anerkannt

Vorteil: Kein zusätzlicher Aufwand für AntragstellerInnen oder Genehmigungsstellen. Wer im „grünen Korridor“ bleibt, ist automatisch § 3-konform.

Flankierende Anpassung der Technischen Baubestimmungen (MVV TB)
Viele Genehmigungsbehörden berufen sich auf die Muster-Verwaltungsvorschrift Technische Baubestimmungen (MVV TB) – hier müssen Nachhaltigkeitskriterien als nachweispflichtig und prüfbar eingeführt werden. Ohne diese Integration bleibt § 3 ein zahnloser Tiger.

Vorteil: Rechtskonformität, bessere Einbindung in den bestehenden Prüfablauf.

25 Österreichisches Institut für Bauen und Ökologie GmbH

21.3 Lebenszyklusgrenzwerte und Ökobilanzierungspflicht in öffentlichen Ausschreibungen

Motivation

Der größte Bauherr in Deutschland ist der Staat – Bund, Länder und Kommunen beauftragen jährlich Bauleistungen in Milliardenhöhe. Doch obwohl die öffentliche Hand eine Schlüsselrolle im Klimaschutz einnimmt, werden bei öffentlichen Ausschreibungen noch immer Bauweisen zugelassen, die enorme Mengen grauer Emissionen verursachen, Ressourcen verschleißen und kaum rückbaubar sind.

Dabei zeigen Studien längst: Im Neubau entstehen heute mehr als 50 % der gesamten Gebäudeemissionen vor der ersten Nutzung – also durch Herstellung, Transport und Einbau der Materialien (UBA 2022). Wenn wir die Klimaziele ernst nehmen, reicht es nicht, Heizsysteme zu tauschen – wir müssen die graue Energie endlich in die Bilanz holen. Und wer könnte damit glaubwürdiger beginnen als der Staat selbst? Die Bauwende braucht politische Glaubwürdigkeit. Deshalb müssen Lebenszyklusgrenzwerte (z. B. CO_2e/m^2) und eine verbindliche Ökobilanzierungspflicht zum Standard für alle öffentlichen Bauvorhaben werden. Der Staat muss zeigen, dass klima- und ressourcenschonendes Bauen möglich ist.

Umsetzung

- Einforderung von verbindlichen Lebenszyklusgrenzwerten für öffentliche Neubauten – z. B. maximal 12 kg CO_2e/m^2a ab 2026, schrittweise verschärft auf 6 kg CO_2e/m^2a bis 2030.
- Verpflichtende Ökobilanzierung nach EN 15978 und DIN EN 15804+A2 für alle Gebäude, die mit öffentlichen Mitteln gefördert oder realisiert werden – inkl. Vorketten-Emissionen (A1–A3), Nutzungsphase (B6) und Rückbau (C&D).
- Integration dieser Bilanzierung in die Vergabekriterien der VOB/A, UVgO, sowie in die Landeshaushaltsordnungen und Kommunalrichtlinien.
- Einführung eines digitalen Lebenszykluspunktekontos: Projekte, die unter Zielwerten liegen, erhalten einen Bonus; Projekte mit schlechter Bilanz müssen kompensieren oder erhalten niedrigere Förderquoten.
- Förderprogramme wie KfW, BEG oder Klimaanpassung in sozialen Einrichtungen sollen LCA-konforme Projekte priorisieren.
- Flankierend: Entwicklung eines digitalen „CO_2-Kompasses“ für Kommunen und Planungsbüros, um frühzeitig Bilanzwerte abschätzen und verbessern zu können.

Vorbilder für dieses Vorgehen:

- Dänemark: seit 2023 CO_2-Grenzwert von 12 kg CO_2e/m^2a, seit 2025 stufenweise verschärft
- Frankreich (RE2020): gestaffelte Emissionsgrenzen inkl. grauer Energie
- Niederlande (MPG): CO_2-Grenzwerte in öffentlichen Vergaben seit 2013
- Schweiz (SIA 2040): umfassende Zielpfade für Treibhausgasemissionen und Ressourcenverbrauch
- Berlin: mit dem „klimaneutralen Landesbauten-Programm“ und dem verpflichtenden Einsatz des BauCycle-Tools auf dem Weg in diese Richtung

Auswirkungen in der Praxis

Die Einführung von Lebenszyklusgrenzwerten und Ökobilanzierungspflichten verändert die Spielregeln im öffentlichen Bauen – und setzt neue Maßstäbe für die gesamte Branche:

- ArchitektInnen und PlanerInnen müssen CO_2- und Materialflüsse von Beginn an mitdenken – und können gezielt mit regenerativen, zirkulären Materialien arbeiten.
- HandwerkerInnen und Bauunternehmen entwickeln neue Lösungen, um Projekte in der CO_2-Zielmarke zu halten – und sichern sich Wettbewerbsvorteile.
- BaustoffherstellerInnen müssen endlich transparent bilanzieren – CO_2-intensive Produkte verlieren, klimapositive Produkte gewinnen.

i

Graue Emissionen und öffentlicher Gebäudebestand

- 800 bis 900 kg CO_2e/m^2 beim Bau eines dreigeschossigen Mehrfamilienhauses in Massivbauweise (KIT und Steinbeis Innovations Zentrum, zit. nach Bundesstiftung Baukultur, 2022)
- Über 90 % dieser Emissionen fallen bereits in Herstellung, Transport und Bauphase an (Wuppertal Institut, 2022)
- Ein saniertes Bestandsgebäude verursacht bis 2050 nur ein Drittel der Emissionen eines Neubaus (Wuppertal Institut, 2022)
- Der Bau- und Gebäudesektor ist für annähernd die Hälfte der weltweiten energiebedingten CO_2-Emissionen verantwortlich (UNEP, 2021)
- Würde man den deutschen Gebäudebestand heute neu bauen, entstünden allein durch Baustoffproduktion 5,85 Mrd. t CO_2e, das entspricht 70 t pro Person (Wuppertal Institut, 2022)
- Die Bauwirtschaft verursacht rund 55 % des bundesweiten Netto-Müllaufkommens (Bundesstiftung Baukultur, 2022)
- Die öffentliche Hand hält 6,6 % des Wohnungsbestands und besitzt darüber hinaus zahlreiche Verwaltungs-, Bildungs- und Infrastrukturgebäude (Deutsche Energie-Agentur, 2025)
- Hanfkalk-Wände können CO_2-negativ bilanzieren: –55 bis –96 kg CO_2-Äq./m^3 in der Herstellung (A1–A3), bis zu –194 kg CO_2-Äq./m^3 über den gesamten Lebenszyklus.

- LandwirtInnen, die klimapositive Rohstoffe wie Hanf, Stroh oder Holz liefern, profitieren von klarer Nachfrage und verlässlichen Abnahmestrukturen.
- Kommunen und Bauämter können Fördermittel gezielter steuern, nachhaltige Projekte priorisieren und langfristig Betriebskosten senken.
- Die Gesellschaft gewinnt durch eine glaubwürdige Vorreiterrolle des Staates Vertrauen in die Bauwende – und eine gebaute Umwelt, die Klimaschutz sichtbar macht.

21.4 Verpflichtende Volldeklaration von Baustoffen

Motivation
Wer heute ein Haus baut, kann oft nicht sagen, was genau darin verbaut wurde. Ob Schadstoffe in Farben, flüchtige organische Verbindungen in Dämmstoffen oder mikroplastikhaltige Additive in Beschichtungen – viele Materialien bleiben intransparent, selbst für Fachleute. In der Folge entstehen Gebäude, die gesundheitlich belastend, nicht rückbaubar und kaum stofflich verwertbar sind.

Dieses Nichtwissen ist kein Zufall, sondern ein strukturelles Problem: Während bei Lebensmitteln eine vollständige Deklaration verpflichtend ist, bleibt die Baustoffindustrie davon weitgehend ausgenommen. Damit fehlt eine zentrale Voraussetzung für Gesundheitsschutz, Kreislauffähigkeit und ökologisches Materialmanagement. Ohne Volldeklaration ist keine toxikologische Bewertung möglich und ohne diese kein zirkuläres Bauen. Wer heute giftige Verbundstoffe verbaut, versperrt der nächsten Generation den Zugang zu ihren eigenen Rohstoffen.

Naturbaustoffe wie Hanf, Lehm, Holz oder Stroh bestehen meist aus wenigen, bekannten Substanzen und bringen diese Transparenz von Haus aus mit. Sie sind dadurch nicht nur baubiologisch vorteilhaft, sondern auch rückbau- und bewertbar, oft sogar ohne zusätzliche Prüfverfahren.

Natürlich können auch Verbundwerkstoffe sinnvoll sein, etwa wenn sie technische Anforderungen wie Brandschutz oder Feuchtebeständigkeit für Spezialanwendungen erfüllen müssen. Doch auch für Brandschutz und Feuchtebeständigkeit gibt es zunehmend natürliche Lösungen, und die Exzesse müssen hinterfragt werden: Drei Schichten Kunststoff, zwei Lagen Chemie und eine unbekannte Beschichtung, das ist kein Produkt, das in die Zukunft zeigt. Wir fordern keine Verbote, sondern Wahlfreiheit: Wer vollständig deklariert, schafft Vertrauen und erhält bei Genehmigungen eine klar erkennbare Bewertung.

Heute wächst der Papierberg mit jeder Zulassung: Sicherheitsdatenblätter sind oft 20 Seiten lang und sagen trotzdem wenig aus. Was wir brauchen, ist nicht mehr Papier, sondern bessere Information: offen, verständlich, digital zugänglich.

Wenn für jeden Baustoff, der in Verkehr gebracht oder verbaut wird, seine stoffliche Zusammensetzung vollständig deklariert ist, haben PlanerInnen, HandwerkerInnen und BauherrInnen die Wahl: Für Gesundheit, für Kreislaufwirtschaft, für eine transparente Baukultur.

Umsetzung
- Einführung einer bundesweiten Pflicht zur Volldeklaration von Baustoffen bei Inverkehrbringen in Anlehnung an das Prinzip der Lebensmittelinformation (LMIV).
- Definition klarer Mindestanforderungen: vollständige Angabe aller Inhaltsstoffe ab 0,1 Masseprozent, inkl. Additive, Bindemittel, Emissionen, Herkunft, Entsorgungsweg.
- Verpflichtung zur digitalen Hinterlegung der Deklarationen über eine zentrale, öffentlich zugängliche Plattform (z. B. ÖKOBAUDAT)
- Integration der Volldeklaration als Zulassungsvoraussetzung im Deutschen Institut für Bautechnik (DIBt) und als Vergabekriterium in öffentlichen Ausschreibungen.
- Verpflichtung zur Kennzeichnung toxischer oder problematischer Stoffgruppen (z. B. SVHCs nach REACH, Flammschutz-

mittel, Weichmacher, halogenierte Polymere).

- Vorrang für Materialien mit geprüfter Umweltverträglichkeit (z. B. natureplus, C2C, IBO) bei Fördermitteln.
- In öffentlichen Ausschreibungen kann dann z. B. stehen: „Produkte mit SVHCs oder halogenierten Polymeren sind nicht zugelassen bzw. werden nachrangig bewertet."

Vorbilder für dieses Vorgehen:

- natureplus und Baubook (AT) – systematisierte Materialdatenbanken mit Transparenz und Umweltbewertung
- REACH-Verordnung der EU – Verpflichtung zur Registrierung und Bewertung von Chemikalien
- Cradle to Cradle Certified™ – als ganzheitliches Materialaudit mit toxikologischer Bewertung
- Österreichisches Bauteil- und Rückbaukataster – als digitales Werkzeug für Gebäude-Materialpässe

21.5 Erleichterung alternativer Baupraktiken

Motivation

Bauen ist ein kultureller Prozess und Innovation braucht Freiheit. Doch in Deutschland wird das Neue oft am Alten gemessen: Wer heute ökologisch bauen will, muss nachweisen, dass es so gut funktioniert wie der Standard, und zwar nach Maßstäben, die genau diese Alternativen jahrzehntelang ausgeschlossen haben. Das hemmt Transformation.

Viele zukunftsfähige Bauweisen, vom Strohballenhaus über Lehm- und Hanfkalk-Mauerwerk bis zu Holzleichtbau und zirkulären Steckverbindungen, scheitern nicht an ihrer Tauglichkeit, sondern an regulatorischen Hürden. Statt den Aufbruch zu ermöglichen, fixiert das Baurecht die Vergangenheit.

Für eine wirksame Bauwende braucht es Spielräume für neue Lösungen:für gemeinschaftliches Bauen, für lokal angepasste Materialien, für Bauweisen, die mit der Erde arbeiten, statt gegen sie. Genau hier sind Experimentalbauten und alternative Bauverfahren ein Hebel – nicht als Ausnahme, sondern als strukturierter Bestandteil einer regenerativen Baukultur.

Umsetzung

- Bundesweite Erleichterungen für Experimentalbauten mit Nachhaltigkeitsfokus – orientiert an § 76 MBO („Abweichungen, Ausnahmen, Befreiungen") und § 85a BauO NRW (Experimentalbau).
- Definition eines eigenständigen Genehmigungstyps „nachhaltiger Experimentalbau": Vereinfachte Verfahren für Bauweisen mit Volldeklaration, reversibler Konstruktion, Schadstofffreiheit oder CO_2-negativem Materialeinsatz.
- Temporäre Zulassung mit wissenschaftlicher Begleitung – z. B. für 5–10 Jahre, mit Monitoring von Bauphysik, Nutzbarkeit, Rückbau etc.
- Aufbau eines digitalen Registers für genehmigte Nachhaltigkeits-Experimente: Welche Bauweise wurde wo genehmigt? Mit welchen Auflagen? Mit welchen Ergebnissen?
- Perspektivisch fordern wir die Einführung einer eigenständigen Gebäudeklasse E, wie von Architects for Future und weiteren Initiativen vorgeschlagen – als rechtsverbindlichen Rahmen für ökologische, gemeinschaftliche und zirkuläre Bauweisen.
- Einrichtung eines Förderprogramms für Material- und Bauinnovation auf Landes- oder Bundesebene – zur gezielten Unterstützung solcher Pilotprojekte.
- Kooperationen mit Hochschulen, Handwerkskammern und zivilgesellschaftlichen Initiativen zur Entwicklung regional angepasster Bauverfahren – vom Strohballenbau bis zur Lehmmodulwand.

Auswirkungen in der Praxis

Die Ermöglichung alternativer Baupraktiken schafft nicht nur Innovation, sondern stärkt auch Eigenverantwortung, regionale Identität und handwerkliche Vielfalt:

- ArchitektInnen, HandwerkerInnen und BauherrInnen können gemeinsam neue Wege gehen, ohne sich durch überkomplexe Nachweise blockieren zu lassen.
- PlanerInnen erhalten eine rechtssichere Basis für Pilotvorhaben – etwa mit Hanfkalk, Stroh, Stampflehm oder recyceltem Material.
- Baugruppen und gemeinschaftliche Initiativen können kostengünstig und ökologisch bauen – mit regionalen Rohstoffen und reversiblen Strukturen.
- LandwirtInnen und MaterialproduzentInnen haben endlich die Chance, ihre Baustoffe im kleinen Maßstab zu erproben – ein essenzieller Zwischenschritt zur Normierung.
- Forschung und Bildung gewinnen reale Lernräume – für nachhaltige Baukultur jenseits von Labor und Konferenz.
- **Die Gesellschaft** erhält Gebäude, die nicht nur gebaut, sondern auch erprobt und weiterentwickelt wurden – im Geist des Wandels, nicht des Dogmas.

21.6 Rücknahmepflicht für Baustoffhersteller

Motivation

Was wir heute bauen, wird morgen zurückgebaut. Doch was geschieht mit all den Tonnen von Baustoffen, sobald sie das Ende ihrer Lebensdauer erreichen? Die Realität ist ernüchternd: Jahr für Jahr entstehen in Deutschland rund 230 Mio. Tonnen Bau- und Abbruchabfäll. Mehr als die Hälfte des gesamten Abfallaufkommens. Nur ein Bruchteil davon wird hochwertig recycelt. Der Rest landet als Downcyclingmaterial im Straßenbau oder gleich auf der Deponie.

Die Ursache liegt im System: HerstellerInnen sind bislang nicht verantwortlich für das Lebensende ihrer Produkte. Damit fehlen Anreize für sortenreine Konstruktionen, für recyclinggerechtes Design, für saubere Trennbarkeit. Kurz gesagt: Wer verkauft, muss sich nicht darum kümmern, was später damit passiert.

Doch eine echte Kreislaufwirtschaft braucht Verantwortung über den gesamten Produktlebenszyklus hinweg. So wie ProduzentInnen von Elektrogeräten oder Verpackungen heute Rücknahmepflichten haben, muss das auch für die Bauwirtschaft gelten. Wer Produkte in Verkehr bringt, muss sich auch um ihre Rückführung kümmern oder um Konzepte zur Wiederverwendung und stofflichen Verwertung.

Umsetzung

- Einführung einer gesetzlichen Rücknahmepflicht für ausgewählte Baustoffgruppen mit hoher Umweltwirkung und Recyclingrelevanz (z. B. Dämmstoffe, Kunststoffe, PU-Schäume, Gipsprodukte, Bodenbeläge).
- Schrittweise Erweiterung auf alle Produkte mit CE-Kennzeichnung und relevanten Umweltwirkungen, orientiert an Ökobilanzen und Deponierisiken.
- HerstellerInnen werden verpflichtet, bei Inverkehrbringung Rücknahme- oder Recyclingkonzepte vorzulegen – analog zu ElektroG, VerpackG oder BattG (s. u.).
- Einrichtung eines öffentlich einsehbaren Rücknahmeregisters (z. B. über das Umweltbundesamt), in dem Produkte, AnsprechpartnerInnen und Rückgabebedingungen dokumentiert sind.
- Kombination mit digitalen Materialpässen und QR-Codes, die bei Rückbau den Weg zur Rücknahme erleichtern.
- Hersteller, die nachweislich rücknehmbare und recycelbare Produkte vertreiben, sollen von Förderprogrammen und öffentlichen Ausschreibungen bevorzugt werden.

Vorbilder für dieses Vorgehen:

- ElektroG (Elektrogerätegesetz) – Rücknahmepflicht für Gerätehersteller seit 2005
- Verpackungsgesetz (VerpackG) – flächendeckendes Rücknahmesystem über duale Systeme
- Extended Producer Responsibility (EPR)-Modelle aus Frankreich, Belgien und den Niederlanden – auch auf Bauprodukte ausgeweitet
- Hanfbaustein-Rücknahmesystem in Frankreich im Rahmen der „Chanvre

Constructeur"-Initiative (z. B. bei vorgefertigten Modulen)

Auswirkungen in der Praxis

Die Einführung einer Rücknahmepflicht hat weitreichende Effekte – ökologisch, wirtschaftlich und kulturell:

- HerstellerInnen müssen sich mit dem Lebensende ihrer Produkte befassen – und entwickeln Baustoffe, die demontierbar, sortenrein und wiederverwendbar sind.
- PlanerInnen und ArchitektInnen erhalten Planungssicherheit: Was am Ende mit den Materialien passiert, wird zur Planungsgrundlage – nicht zur Entsorgungslast.
- HandwerkerInnen und Rückbauunternehmen profitieren von klaren Rückgabestrukturen – mit ökonomischem Anreiz statt Entsorgungskosten.
- MaterialproduzentInnen im Naturbaubereich können punkten: Hanf, Lehm, Stroh oder Holz lassen sich oft problemlos rückbauen – ein Wettbewerbsvorteil gegenüber Verbundsystemen.
- Kommunen und öffentliche Bauherren senken langfristige Entsorgungskosten und gewinnen Rechtssicherheit bei der Umsetzung von Kreislaufzielen.
- Die Gesellschaft profitiert von einer Bauwirtschaft, die Verantwortung übernimmt – nicht nur für das, was entsteht, sondern auch für das, was zurückbleibt.

21.7 Gesetzliche Anerkennung erfahrener HandwerkerInnen

Motivation

Wissen im Handwerk entsteht nicht nur durch Prüfungen, sondern vor allem durch Praxis – auf Baustellen, in Werkstätten, auf Dächern, im Austausch über Generationen. Gerade im ökologischen und traditionellen Bauen – mit Lehm, Stroh, Hanf, Holz – wird Können oft nicht im Klassenzimmer vermittelt, sondern durch Tun, Ausprobieren und Weitergeben.

Doch das heutige Berufsrecht erkennt dieses Erfahrungswissen oft nicht an: Wer keinen formalen Meistertitel hat, darf bestimmte Arbeiten nicht selbständig ausführen oder abrechnen – selbst wenn sie oder er seit 20 Jahren baut, schult oder Baustellen leitet. Damit gehen wertvolle Kompetenzen verloren – in einer Zeit, in der wir dringend mehr Menschen brauchen, die regenerative Bauweisen beherrschen.

Eine Bauwende gelingt nur, wenn alle mitziehen dürfen, die etwas beitragen können. Wir brauchen ein Berufsrecht, das Praxiswissen schützt, anerkennt und ermöglicht – nicht eines, das Menschen ausschließt, nur weil ihr Lebensweg nicht ins Schema passt.

Umsetzung

- Einführung eines bundesweiten Anerkennungsverfahrens nach französischem Vorbild („Validation des acquis de l'expérience", VAE): Wer über mehrere Jahre praktische Erfahrung in einem Baugewerk verfügt, kann diese als vollwertige Qualifikation anerkennen lassen – auch ohne Meisterbrief.
- Anerkennung erfolgt durch Berufserfahrung, dokumentierte Projekte, Arbeitsproben und Referenzen – nicht über formale Abschlüsse.
- In Deutschland existieren bereits wertvolle Weiterbildungen wie die „Fachkraft Strohballenbau" (FASBA) oder „Fachkraft Lehmbau" (Netzwerk Lehm, HWK

i

Was geschieht mit Bauabfällen?

In Deutschland entstehen jährlich rund 60 Mio. Tonnen mineralischer Abfälle aus dem Hochbau (Statistisches Bundesamt, 2022).

- Derzeit werden nur ca. 12 % der Bauabfälle hochwertig recycelt – der Großteil wird deponiert oder minderwertig verwertet.
- Rücknahmepflichten in der Elektrobranche haben laut BMUV die Recyclingquote auf über 80 % erhöht – ein ähnlicher Effekt wäre auch im Bausektor möglich.
- Baustoffe mit Volldeklaration und Rücknahmesystem können in Ausschreibungen bis zu 30 % wirtschaftlicher abschneiden, da Entsorgungskosten und Haftungsrisiken sinken (Quelle: DGNB).

Koblenz). Diese zeigen den Weg, aber sie ersetzen keine rechtliche Anerkennung im Sinne des Handwerksrechts.

- Ziel ist es, diese Qualifikationen in ein gesetzlich anerkanntes Berufsprofil zu überführen, das auch eine selbstständige Ausübung zulassungspflichtiger Gewerke ermöglicht – insbesondere im Bereich ökologischer Bauweisen.
- Perspektivisch: Entwicklung eines neuen Berufsbilds „BaupraktikerIn für natürliche Bauweisen", das Praxiswissen, Baustellenerfahrung und Weiterbildung gleichwertig berücksichtigt.
- Verankerung dieser Zugänge im Handwerksrecht (HwO), bei Ausschreibungen, Förderprogrammen und der öffentlichen Vergabepraxis.
- Kooperation mit Handwerkskammern, Fachverbänden und Landesministerien, um tragfähige Anerkennungsmodelle aufzubauen und bestehende Hürden (z. B. bei § 7b HwO) zu senken.

Vorbilder für dieses Vorgehen:

- Frankreich mit dem VAE-Modell zur Anerkennung von Erfahrungswissen
- Österreich mit breiteren Zugängen im ökologischen Handwerk
- Deutschland mit bestehenden **Ausnahmebewilligungen (§ 7b HwO)** – bislang aber zu bürokratisch und unattraktiv

Auswirkungen in der Praxis

- Ein gerechter Zugang zur beruflichen Anerkennung stärkt das Handwerk – ökologisch, sozial und kulturell
- Erfahrene BaupraktikerInnen können rechtssicher tätig sein – ohne das Risko einer Abmahnung, sondern mit der Möglichkeit, ihr Wissen zu teilen und weiterzugeben.
- Ausbildungsbetriebe und Initiativen im Bereich des ökologischen Bauens gewinnen neue Lehrende, Vorbilder und MultiplikatorInnen.
- Regionale Wertschöpfung wird gestärkt, weil lokale ExpertInnen nicht mehr in den informellen Bereich gedrängt werden.
- Kulturen des Bauens, die auf praktischem Lernen und regionalem Wissen basieren, erhalten Sichtbarkeit und Zukunft.
- Die Gesellschaft profitiert von einer Öffnung des Berufsrechts hin zu mehr Teilhabe, Vielfalt und Gemeinwohlorientierung.

i

Ausbildung

- In **Frankreich** ermöglicht das VAE-Modell seit 2002 eine **vollständige Gleichstellung von Erfahrungswissen mit Berufsabschlüssen** – auch im Baugewerbe. Bis 2022 wurden über **350.000 Menschen** auf diesem Weg anerkannt.
- In **Österreich** existieren **modulare Bildungswege**, die es PraktikerInnen erleichtern, auch ohne Meistertitel in ökologischen Baugewerken tätig zu sein – mit deutlich niedrigeren Zugangshürden als in Deutschland.
- In **Deutschland** gibt es etablierte Weiterbildungen wie „Fachkraft Lehmbau" (z. B. bei HWK Koblenz) oder „Fachkraft Strohballenbau" (FASBA) – **doch diese gelten nur als freiwillige Zusatzqualifikation** und ermöglichen **keine selbstständige Ausübung in zulassungspflichtigen Gewerken**.
- Derzeit erfordert eine Selbstständigkeit ohne Meistertitel eine **Ausnahmebewilligung nach § 7b HwO** – ein Verfahren, das in der Praxis oft an bürokratischen Hürden scheitert.
- Laut Zentralverband des Deutschen Handwerks (ZDH) fehlen im Bau- und Ausbauhandwerk bis 2030 **über 250.000 Fachkräfte** – alternative Anerkennungswege sind dringend notwendig.

21.8 Kein Feuchtezuschlag im Zulassungsverfahren für Baustoffe

Motivation

Die meisten natürlichen Baustoffe wie Lehm, Hanf, Stroh, Holz oder Zellulose, nehmen Feuchtigkeit auf und geben sie wieder ab. Dieses hygroskopische Verhalten ist kein Mangel, sondern ein essenzieller Vorteil: Es reguliert die Luftfeuchtigkeit, verbessert das Raumklima, puffert Spitzenlasten bei Wasserdampf und schützt so langfristig Bauteile und Gesundheit. Außerdem erhalten Baustoffe wie z. B. Hanfkalk lange ihre Dämmwirkung trotz Wasseraufnahme.

Trotzdem werden diese Materialien in deutschen Zulassungsverfahren systematisch benachteiligt. Der Grund: Ein pauschaler Feuchtezuschlag von bis zu 20 % auf die gemessene Wärmeleitfähigkeit, wie er in der DIN EN ISO 10456 bzw. in nationalen Rechenregeln (z. B. DIN V 4108-4) festgelegt ist. Dieser Zuschlag soll die Feuchtigkeitsaufnahme im Betrieb abbilden, basiert aber oft auf veralteten oder nicht differenzierten Annahmen.

Das Ergebnis: Hochleistungsdämmstoffe wie Polystyrol dürfen ihre Laborwerte ansetzen, Naturmaterialien werden pauschal abgewertet, unabhängig davon, wie sie tatsächlich verbaut oder geschützt werden. Das verzerrt den Markt, hemmt die Materialvielfalt und widerspricht dem Stand der Wissenschaft. Wer ernsthaft wohngesund und ressourcenfreundlich bauen will, muss diese strukturelle Benachteiligung korrigieren.

Umsetzung

- Überarbeitung der bestehenden Rechenregeln in DIN V 4108-4 und EN ISO 10456 im Hinblick auf **differenzierte, realitätsnahe Feuchtezuschläge für Naturdämmstoffe**.
- **Abschaffung pauschaler Zuschläge für hygroskopische Materialien**, wenn diese kapillar offen, diffusionsfähig und reversibel mit Feuchte umgehen.
- Einführung eines **konstruktionsbezogenen Nachweisverfahrens**: Der Zuschlag richtet sich nicht mehr nur nach dem Material, sondern nach dem realen Wandaufbau (z. B. Feuchteschutz durch Putzsystem, Dachüberstand, Lage im Bauteil).
- **Anerkennung hygrothermischer Simulationen (z. B. WUFI, Delphin)** als gleichwertiger Nachweis zur Bewertung des Feuchteverhaltens – statt starre Pauschalwerte.
- **Berücksichtigung neuer wissenschaftlicher Erkenntnisse** aus Baustoffforschung und Langzeitmessungen (z. B. Holzforschung Austria, IBP, Bauforschung Schweiz)
- Zusammenarbeit mit dem **DIBt, dem DIN-Normenausschuss Bauwesen** und unabhängigen Forschungseinrichtungen zur Reform der Bewertungsverfahren.

Vorbilder für dieses Vorgehen:

- Schweiz: erlaubt material- und aufbauabhängige Berechnungen statt pauschaler Zuschläge
- Frankreich: differenzierter Umgang mit Hanf, Stroh, Holz und Lehm in offiziellen Bauzulassungen
- Niederlande: Einbindung hygrothermischer Simulationen im Regelwerk

Auswirkungen in der Praxis

Ein realistischer, wissenschaftlich fundierter Umgang mit dem Feuchteverhalten von Baustoffen verändert die Bewertungsgrundlage und bringt mehr Gerechtigkeit in die Materialwahl:

- Naturmaterialien wie Hanf, Lehm, Holzfaser oder Schilfrohr werden nicht länger systematisch benachteiligt – und können auf Augenhöhe mit synthetischen Produkten konkurrieren.
- PlanerInnen und BauherrInnen erhalten realistische Vergleichswerte und können sich für nachhaltige Materialien entscheiden, ohne dafür pauschal abgestraft zu werden.
- Forschung und HerstellerInnen werden ermutigt, mit neuen hygrothermischen Messverfahren zu arbeiten und erhalten regulatorischen Rückhalt.
- Baustoffvielfalt und Innovationsfähigkeit steigen, weil nicht mehr nur Dämmwerte zählen, sondern das reale Verhalten im Gebäude.
- Gesundheit, Raumklima und Bauschadensfreiheit rücken stärker ins Zentrum, auch bei der Bewertung durch Behörden und Förderinstitutionen.
- Die Gesellschaft profitiert von einem Zulassungswesen, das nicht gegen Naturmaterialien arbeitet, sondern ihre Stärken anerkennt.

21.9 Ermessensspielraum bei Genehmigungen für ökologische Wand- und Dachaufbauten

Motivation

Ökologische Dämmstoffe wie Hanf, Holzfaser oder Lehm benötigen bauphysikalisch bedingt oft mehr Raum als konventionelle Alternativen wie Styropor. In der Praxis führt das häufig zu Konflikten mit Bauvorschriften: Wandaufbauten überschreiten Abstandsflächen oder Höhenbegrenzungen – oft um wenige Zentimeter, etwa bei Sanierungen, Aufstockungen oder Nachverdichtungen.

Diese starren Vorgaben spiegeln eine Baukultur wider, die jahrzehntelang auf maximale Energieeffizienz während der Nutzungsphase optimiert war – auf Kosten von Gesundheit, Materialkreisläufen und Ressourcenschutz. Die Forderung nach einem Ermessensspielraum bringt eine neue Haltung zum Ausdruck: Bauen soll dem Leben dienen – nicht nur der Norm.

i

Gut zu wissen: Feuchte

- Der Feuchtezuschlag in DIN V 4108-4 beträgt für viele Naturmaterialien pauschal 20 % – unabhängig vom tatsächlichen Einbaukontext.
- Studien zeigen, dass viele hygroskopische Dämmstoffe bei fachgerechtem Einbau keine nennenswerte Dauerfeuchte aufnehmen – z. B. Hanf, Holzfaser, Zellulose (Quelle: IBP, 2022).
- Hanf-Dämmmatten mit einer Wärmeleitfähigkeit von 0,039 W/mK im Labor dürfen in der Praxis oft nur mit 0,045–0,048 W/mK gerechnet werden – allein durch Zuschläge.
- In Frankreich und der Schweiz wird das Feuchteverhalten kontextbezogen bewertet – dort sind Hanf- und Strohdämmstoffe längst standardisiert zugelassen.
- Digitale Werkzeuge wie WUFI ermöglichen heute realistische hygrothermische Simulationen auf Bauteilebene – sie werden im deutschen Zulassungsrecht bisher nicht systematisch genutzt.

Denn ökologische Wandaufbauten können weit mehr als dämmen. Sie speichern Wärme, puffern Feuchtigkeit, verbessern die Innenraumluft, schützen vor sommerlicher Hitze und lassen sich vollständig in biologische oder technische Kreisläufe rückführen. Was zählt, ist nicht nur der U-Wert – sondern die ganzheitliche Bauqualität.

Umsetzung

- Einführung einer baurechtlichen Toleranzregelung: Bei ökologischen Wand- und Dachaufbauten mit vollständig deklarierten, schadstofffreien und nachwachsenden Materialien soll ein Spielraum z. B. von bis zu 15 cm über bestehende Grenzwerte ermöglicht werden – z. B. bei Abstandsflächen oder Traufhöhen.
- Voraussetzung ist eine Volldeklaration aller eingesetzten Materialien sowie der Nachweis, dass keine sicherheitsrelevanten Belange wie Brandschutz oder Nachbarrechte verletzt werden.
- Neue Gewichtung von Sicherheitsfragen: Was nützt ein Gebäudebestand, der nicht brennt, uns aber krank macht oder die natürlichen Lebensgrundlagen zerstört? Wir brauchen eine durchdachte Abwägung zwischen kurzfristiger Gefahrenabwehr und langfristiger Lebensverträglichkeit.
- Pilotierung in Modellkommunen mit wissenschaftlicher Begleitung, anschließend Übertragung als Regelungsergänzung zur Musterbauordnung oder in Landesbauordnungen.
- Der Spielraum wird nicht willkürlich gewährt, sondern ist an die ökologische Qualität und Nachvollziehbarkeit der Materialien gebunden; dokumentiert durch z. B. eine Volldeklaration, Materialpässe, Umweltlabels oder Baustoffdatenblätter.

Vorbilder für dieses Vorgehen:

- Der Denkmalschutz (z. B. Toleranz bei Schichtenaufbau) und ökologisch orientierte Holzbaurichtlinien in Baden-Württemberg, der Schweiz oder Vorarlberg.

Auswirkungen in der Praxis

Für HandwerkerInnen, PlanerInnen und BaustoffproduzentInnen bedeutet ein solcher Ermessensspielraum vor allem eines: Planungssicherheit. Der Mehraufwand an Materialstärke darf nicht länger ein Ausschlusskriterium für ökologisches Bauen sein.

LandwirtInnen, die Hanf oder andere regenerative Rohstoffe anbauen, profitieren von einer stabileren Nachfrage. Für HerstellerInnen natürlicher Dämmstoffe wird der Markt zugänglicher, und es entsteht mehr Raum für Innovationen im Sinne der Kreislaufwirtschaft.

BauherrInnen erhalten mehr Gestaltungsfreiheit, ohne in langwierige Ausnahmeverfahren zu geraten. Kommunen profitieren langfristig von resilienteren, klimaangepassten Gebäuden, die geringere Folgekosten verursachen. So entsteht ein neues ökonomisches Ökosystem, das regional verankert ist, Gesundheit fördert und über Generationen hinweg tragfähig bleibt.

FÖRDERUNGEN

21.10 Abkehr von Subventionen für klimaschädliche Baustoffe

Motivation

Jede Förderung ist ein politisches Signal – und derzeit sendet die Förderpolitik im Bauwesen das falsche: Sie belohnt industrielle Systeme, die unsere natürlichen Lebensgrundlagen zerstören. Noch immer profitieren klimaschädliche Baustoffe wie Polystyrol, PU-Schaum, Primärbeton oder fossile Kunststoffe von öffentlichen Mitteln – sei es direkt durch Förderprogramme oder indirekt durch Steuervergünstigungen, kostenlose CO_2-Zertifikate oder fehlende Emissionsbepreisung.

Diese versteckten Subventionen verzerren den Markt: Hochenergieintensive, nicht kreislauffähige Produkte erscheinen günstiger, als sie tatsächlich sind. Gleichzeitig bleiben nachhaltige Alternativen wie Hanf, Stroh oder Lehm unterfinanziert, obwohl sie CO_2 binden, Kreisläufe schließen und regionale Wertschöpfung ermöglichen. Allein im Jahr 2018 beliefen sich die umweltschädlichen Subventionen im Bau- und Wohnungswesen auf 3,0 Mrd. € (Umweltbundesamt, 2021).

Robert Habecks Strategie zur Transformation energieintensiver Industrien zeigt: Gezielte Marktinterventionen sind legitim, wenn sie dem Klimaschutz dienen. Subventionen für „grünen Stahl", CO_2-armen Zement und klimafreundliche Grundstoffe sollen helfen, strukturelle Abhängigkeiten zu lösen und notwendige Materialien langfristig sauber zu produzieren. Doch wenn wir systemrelevante Materialien wie Stahl oder Zement weiter fördern, müssen wir im Gegenzug auch den strukturellen Aufbau ökologischer Alternativen ermöglichen. Alles andere wäre klimapolitisch widersprüchlich – und marktwirtschaftlich unfair.

Politische Einordnung

Der ehemalige Bundesminister Robert Habeck verfolgte mit der Förderung von grünem Stahl und CO_2-armem Zement eine industriepolitisch begründbare Strategie: Klimafreundliche Leitmärkte sollen entstehen, bevor sich diese Grundstoffindustrien aus Europa zurückziehen. Das ist nachvollziehbar.

Auch regenerative, CO_2-negative Baustoffe brauchen endlich faire Marktbedingungen. Wer Hanf, Stroh, Lehm oder Holz einsetzt, betreibt aktiven Klimaschutz, bindet CO_2, fördert regionale Wirtschaftskreisläufe – und wird trotzdem systematisch benachteiligt.

Wenn wir für grünen Stahl Märkte schaffen, müssen wir für CO_2-negative Materialien wie Hanfkalk endlich die Hürden abbauen – nicht durch neue Bürokratie, sondern durch gezielte Marktlenkung über Preis und Nachfrage.

Umsetzung

- Stufenweiser Ausschluss klimaschädlicher Baustoffe aus der öffentlichen Förderung – beginnend mit EPS (mit HBCD), PU-Schäumen, zementlastigen Mischsystemen ohne CO_2-Kompensation.
- Einführung von CO_2-Grenzwerten als Fördervoraussetzung – z. B. <150 kg CO_2e/m^3 ab 2028, perspektivisch verschärft.
- CO_2-Mindestpreis im Baubereich von 200 €/t bis 2030 – um die realen Umweltkosten konventioneller Baustoffe abzubilden.
- Angabe von Material-Fußabdruck und Entsorgungsfähigkeit verpflichtend in öffentlichen Ausschreibungen.
- Einheitliche Negativliste auf Bundes- und EU-Ebene für nicht rückbaubare, toxische oder besonders klimaintensive Baustoffe.
- Abbau struktureller Marktverzerrung durch Umschichtung bestehender Subventionen in regenerative Materialkreisläufe.

21.11 Förderung von Naturbaustoffen im Bauwesen

Motivation

Eine faire Förderpolitik endet nicht beim Abbau umweltschädlicher Subventionen – sie beginnt mit der aktiven Ermöglichung regenerativer Alternativen. Naturbaustoffe wie Hanf, Stroh, Lehm oder Schilf sind weit mehr als ökologische Nischenprodukte. Sie verbinden CO_2-Bindung, regionale Wertschöpfung, Kreislauffähigkeit und Wohngesundheit – und das mit einem deutlich niedrigeren Flächen- und Energieverbrauch als viele konventionelle oder sogar nachwachsende Alternativen.

Besonders einjährige Pflanzen wie Hanf und Stroh bergen ein enormes Potenzial: Doch bislang profitieren fast ausschließlich Holzprodukte von EU-Carbon-Programmen, Steuervorteilen und öffentlichen Investitionen. Hanfbaustoffe bleiben außen vor – obwohl sie vergleichbare oder sogar bessere Klimaleistungen erbringen. Das ist weder ökologisch noch wirtschaftlich nachvollziehbar.

Umsetzung

- **Gleichstellung von Hanf-, Stroh- und Lehmbaustoffen mit Holzprodukten** in der EU-Kohlenstoffpolitik: Berücksich-

i

Warum Naturbaustoffe gezielt gefördert werden müssen

Laut CarbonConnect kann Hanfstroh bis zu **1.854 kg CO_2 pro Tonne** binden – mit zusätzlichem Effekt durch Kalkbindung im Hanfkalk (–160 kg CO_2e/m^3).

Einjährige Pflanzen wie Hanf **nutzen Flächen effizienter als Holz** (je Hektar ca. 8–12 t Trockenmasse in <120 Tagen) – **ohne Pestizide und mit Biodiversitätsvorteilen**.

Die **Zertifizierungskosten für CO_2-Senken im Hanfbau** liegen bei 20.000–30.000 € pro Projektstart, bislang ohne passende Förderprogramme.

Lehm, Hanf und Stroh gelten in Frankreich, Belgien und der Schweiz längst als reguläre Baustoffe mit Förderzugang – Deutschland hinkt strukturell hinterher.

Regionale Verarbeitungsanlagen für Naturbaustoffe fehlen in über 80 % der Landkreise – das behindert Skalierung und Preisstabilität.

Nur Holz ist bisher systematisch in der EU-Kohlenstoffpolitik verankert – obwohl Hanf nach EU-Logik klar als kohlenstoffspeicherndes Material gilt.

tigung als langzeitliche CO_2-Speicher im Gebäudesektor.

- **Mehrwertsteuersenkung auf 7 % für zertifizierte Naturbaustoffe mit CO_2-Bindungswirkung**, analog zu Lebensmitteln und Holzpellets.
- **Spezifische Investitionsförderung für die Verarbeitung einjähriger Pflanzen zu Dämm-und Wandmaterialien** – z. B. Hanfschäben, Stopfwolle, Hanf-Trockenschüttung, Wandmodule, Sprühsysteme, Hanfsteine.
- **Bundesweite Förderung dezentraler Verarbeitungsanlagen für Naturbaustoffe**, insbesondere auf landwirtschaftlichen Betrieben.
- **Einführung eines Bonusmodells in KfW- und BEG-Förderprogrammen** für Gebäude mit nachweislich kohlenstoffnegativen Baustoffen (z. B. Hanfkalk, Lehm-Stroh-Mischsysteme).
- **Pilotprogramme zur CO_2-Zertifizierung baurelevanter Biokohlenstoff-Senken**, mit finanzieller Unterstützung bei Dokumentation, Monitoring und Auditierung.
- **Aufbau eines Naturbaustoff-Konsortiums** mit Landwirtschaft, Forschung, Mittelstand und Bauwirtschaft – zur Entwicklung EU-konformer Produktlabels und Lieferketten.

Wer konventionelie, ressourcenintensive Baustoffe aus der Förderung ausschließt, muss nachhaltige Alternativen gezielt aufbauen.

Ein lebendiger Markt für Naturbaustoffe stärkt nicht nur regionale Wertschöpfung, sondern bringt echte Vorteile für Gesundheit, Baukultur und Ressourcenschutz: weniger Schadstoffe im Innenraum, bessere Rückbaubarkeit, geringere Entsorgungskosten, mehr Unabhängigkeit von globalen Lieferketten.

Hanf, Stroh und Lehm bieten genau das – und sind dabei vielseitig, skalierbar und bereits erprobt. Was fehlt, ist nicht Know-how, sondern politische Rückendeckung und wirtschaftlicher Spielraum für LandwirtInnen, HerstellerInnen und PlanerInnen.

Statt einer einseitigen Holzförderung braucht es eine materialoffene, regenerative Baupolitik. Hanf und Stroh gehören nicht ins Abseits – sondern in die Mitte einer zukunftsfähigen Bau- und Landwirtschaftsstrategie.

Auswirkungen in der Praxis

Die gezielte Förderung von Hanf, Stroh, Lehm und anderen Naturbaustoffen schafft handfeste Perspektiven, für Betriebe, Regionen und BauherrInnen:

- LandwirtInnen erhalten neue, langfristige Absatzmärkte, nicht für Energie oder Tierfutter, sondern für hochwertige Baumaterialien mit ökologischer Wirkung.
- Kleine und mittlere BaustoffherstellerInnen können regionale Verarbeitungsanlagen aufbauen und neue Produkte entwickeln, ohne in industrielle Großstrukturen gezwungen zu werden.
- PlanerInnen und ArchitektInnen gewinnen mehr Auswahl an wohngesunden, diffusionsoffenen Materialien mit niedrigem CO_2-Fußabdruck und hoher Rückbaubarkeit.
- BauherrInnen und Genossenschaften profitieren von verbesserten Fördersätzen und niedrigeren Mehrwertsteuersätzen für Häuser, die sich gut anfühlen und langfristig erhalten lassen.
- HandwerkerInnen können mit neuen Materialien arbeiten, die ihre Kompetenz im Umgang mit Natur, Feuchte und Tradition zur Geltung bringen, statt nur Normprodukte zu montieren.
- Regionale Wertschöpfungsketten entstehen: vom Feld bis zur Wand, vom Familienbetrieb zur klimafitten Dorferneuerung.

21.12 Verbesserte Zulassungsverfahren

Motivation

Viele Naturbaustoffe sind bautechnisch erprobt, gesundheitlich unbedenklich und ökologisch vorbildlich, aber rechtlich nicht gleichgestellt. Während konventionelle Produkte wie Polystyrol oder Gipskarton auf Jahrzehnte an Normung, Standardisierung und Lobbyarbeit zurückblicken, kämpfen Materialien wie Hanfkalk, Lehm, Schilf oder Stroh noch immer mit Zulassungsbarrieren:

Hohe Kosten für Materialprüfungen, fehlende Normen, mangelnde Daten zur Dauerhaftigkeit und die Dominanz industrieller Kennwerte wie Druckfestigkeit oder Wärmedurchgangskoeffizient blockieren die Entwicklung. Nicht das Material ist das Problem, sondern die Regeln, nach denen es bewertet wird.

Wer neue Wege gehen will, braucht nicht nur Mut, sondern ein Zulassungssystem, das ökologisches und kulturelles Wissen anerkennt, statt es auszuschließen.

Umsetzung

- **Einführung eines eigenständigen Bewertungsverfahrens für ressourcenschonende, biobasierte Baustoffe** – angelehnt an die „Règles professionnelles" in Frankreich oder die Lehmbauregeln des DachverbandLehm e.V.
- **Staatlich geförderte Prüfkostenübernahme für alternative Baustoffe**, wenn sie ökologische, gesundheitliche oder ressourcenschonende Kriterien erfüllen.
- **Öffentliche Förderung von Praxiserprobung als gleichwertiger Bestandteil der Zulassung** – z. B. durch Referenzprojekte, Rückbauversuche oder Lebenszyklusanalysen.
- **Verankerung der Kategorie „klimapositiv und kreislauffähig" im bauaufsichtlichen Zulassungsverfahren**, als Ergänzung zu mechanischen Kennwerten.
- **Erweiterung der vereinfachten Verfahren nach § 67 LBO** für Klein- und Sonderbauten, wenn ressourcenschonende Materialien mit Volldeklaration verwendet werden.
- **Integration ökologischer Nachweise in die Bauregelliste des DIBt** – insbesondere für Hanfkalk, Hanfsteine, Strohlehm und Lehmbauplatten.
- **Aufbau eines bundesweiten Fachbeirats „Bauen mit Naturstoffen"** zur kontinuierlichen Weiterentwicklung der Zulassungsverfahren im Sinne der Bauwende.

Auswirkungen in der Praxis

Ein verbessertes Zulassungsverfahren für Naturbaustoffe ebnet den Weg für mehr Vielfalt, niedrigere Einstiegshürden und echte Transformation:

- HerstellerInnen und HandwerkerInnen gewinnen Klarheit und Planungssicherheit, ohne sich durch jahrzehntelange Zulassungsprozesse kämpfen zu müssen.
- PlanerInnen und BauherrInnen können Materialien wählen, die gesundheitlich, ökologisch und gestalterisch überzeugen, ohne rechtliche Unsicherheit.
- Kleine Manufakturen und Pilotprojekte erhalten die Möglichkeit, mit wissenschaftlicher Begleitung Marktreife zu erlangen, auch jenseits der industriellen Norm.
- Materialwissen aus Handwerk und Praxis wird anerkannt, statt durch standardisierte Prüfverfahren ausgeschlossen zu werden.

i

Warum eine faire Zulassung wichtig ist

Die **Zulassungskosten für alternative Baustoffe** können leicht **100.000 € übersteigen** – für kleine Betriebe oft unbezahlbar.

In Frankreich sind **über 20 biobasierte Baustoffe durch praxisbasierte Standards zugelassen** – darunter Hanfkalk, Stroh und Lehm.

In Deutschland fehlen für viele Naturmaterialien **technische Bewertungsgrundlagen (z. B. Dauerhaftigkeit, Brandverhalten)** – obwohl sie baulich seit Jahrhunderten bewährt sind.

Die **DIN-Normen sind oft auf mineralische oder petrochemische Materialien zugeschnitten** – zirkuläre, hygrothermische oder kapillaraktive Eigenschaften werden nicht abgebildet.

Ein **eigenständiges Zulassungsverfahren würde Innovationen erleichtern, Kosten senken und regionale Produktion stärken** – ohne die Sicherheit zu gefährden.

INFORMIEREN

21.13 Infrastrukturen für Wissenstransfer und Monitoring

Motivation

Die Bauwende scheitert nicht an einem Mangel an Ideen, sondern am Mangel an zugänglichem, strukturiertem und praxisnahem Wissen. Während fossile Bauweisen auf jahrzehntelange Normung, Bauteilkataloge, Detailzeichnungen und Schulungssysteme zurückgreifen können, fehlt es im ökologischen Bauen oft an vergleichbaren Grundlagen. Wer heute mit Hanf, Stroh oder Lehm bauen will, findet kaum verlässliche Informationen zur Genehmigungspraxis, CO_2-Bilanz oder Rückbaufähigkeit. Pilotprojekte bleiben isoliert, Erfahrungen verschwinden in Schubladen.

Ohne geteiltes Wissen gibt es keine Skalierung. Die Transformation im Bauwesen braucht deshalb mehr als Einzelmaßnahmen, sie braucht gemeinsame Infrastrukturen, die Wissen dokumentieren, aktualisieren, verbreiten und praktisch anwendbar machen. Denn nur, was sichtbar und verständlich ist, kann auch Schule machen.

Umsetzung

Wir fordern den Aufbau eines öffentlich finanzierten Wissens- und Monitoring-Systems für die Bauwende – verankert auf Bundes- und Länderebene, getragen von einem Netzwerk aus Forschung, Praxis und Verwaltung. Diese Infrastruktur soll:

- Digitale Wissensplattformen bereitstellen, auf denen Materialien, Konstruktionen, Genehmigungswege, Fördermöglichkeiten und Rückbaukonzepte transparent aufbereitet sind – mit Best-Practice-Projekten, Materialpässen und CO_2-Kennwerten.
- Ein Monitoring-System etablieren, das den Fortschritt der Bauwende bundesweit messbar macht: Welche Materialien werden verwendet? Wie entwickeln sich Emissionen, Rückbauquoten, Kreislauffähigkeit? Vorbilder: BauCycle, Madaster, ÖKOBAUDAT, baubook (AT).
- Ein zentrales Pilotprojektregister einführen: BauherrInnen, PlanerInnen und Behörden können dort sehen, wo nachhaltige Bauweisen bereits erfolgreich umgesetzt wurden – inklusive Dokumentation der Lösungen und Hindernisse.
- Regionale Wissenszentren fördern, z. B. an Hochschulen oder in Kooperation mit Handwerkskammern, die konkrete Anwendungshilfen geben – vom Materialtest bis zur Genehmigungsberatung.

Auswirkungen in der Praxis

Die Bauwende wird nachvollziehbar, messbar und planbar. PlanerInnen können auf fundierte Datengrundlagen zugreifen und Alternativen sicher kalkulieren. Genehmigungsbehörden erhalten Praxishilfen und Vorlagen für neue Bauweisen. Lehrende und Auszubildende bekommen Zugriff auf aktuelle Standards und realistische Anwendungsbeispiele. BauherrInnen gewinnen Sicherheit bei nachhaltigen Entscheidungen.

Statt immer wieder bei null anzufangen, entsteht ein wachsendes, gemeinschaftlich genutztes Wissensfundament, das nicht nur Leuchtturmprojekte dokumentiert, sondern Breitenwirkung entfaltet. So wird aus Pioniergeist Struktur. Und aus Einzelwissen Baukultur.

21.14 Schulungen für ressourcenschonende Bauweisen

Motivation

Wer heute ressourcenschonend bauen will, stößt auf ein strukturelles Wissensdefizit. In der Ausbildung von ArchitektInnen, HandwerkerInnen, EnergieberaterInnen oder BauingenieurInnen spielen Themen wie Baustoffkreisläufe, CO_2-Bilanzen, regionale Materialien oder biogene Dämmstoffe kaum eine Rolle. Stattdessen wird der Umgang mit konventionellen Baustoffen und industriellen Systemen vermittelt – oft ohne kritische

Auseinandersetzung mit deren ökologischen oder gesundheitlichen Folgen.

Dieses Defizit hat Folgen: PlanerInnen fühlen sich unsicher im Umgang mit Lehm oder Hanfkalk. Bauunternehmen meiden neue Materialien aus Sorge vor Haftungsrisiken. Lehrpersonal kennt keine Alternativen zur Standardlösung. So entsteht ein Teufelskreis: Weil das Wissen fehlt, werden regenerative Bauweisen kaum eingesetzt – und weil sie kaum eingesetzt werden, bleiben sie aus der Ausbildung ausgeklammert.

Die Bauwende braucht eine neue Bildungsoffensive. Sie beginnt nicht in der Norm, sondern im Kopf: mit einem Bauverständnis, das Stoffkreisläufe, Lebensqualität und Verantwortung ins Zentrum rückt – und das dafür die nötigen Werkzeuge bereitstellt.

Umsetzung

Wir fordern die systematische Verankerung ressourcenschonender Bauweisen in Aus-, Fort- und Weiterbildung – verpflichtend, praxisnah und differenziert nach Zielgruppen:

- Berufsschulen und Ausbildungszentren müssen Baustoffe wie Hanf, Stroh, Lehm und Holz ebenso behandeln wie ihre konventionellen Pendants. Dafür braucht es neue Lehrmaterialien, didaktisch aufbereitete Bauteilkataloge und Übungsmodelle im Maßstab 1:1 – ergänzt durch digitale Tools zur Bilanzierung und Simulation.
- Hochschulen und Fachschulen sollen durch gezielte Förderprogramme befähigt werden, ökologische Baustoffe in ihre Curricula aufzunehmen – nicht nur im Wahlbereich, sondern als integraler Bestandteil von Architektur, Bauingenieurwesen, Stadtplanung und Gebäudetechnik.
- Pflichtweiterbildungen für PlanerInnen, EnergieberaterInnen und BauleiterInnen müssen die Anwendung ressourcenschonender Materialien in der Praxis vermitteln – inkl. rechtlicher Grundlagen, Zulassungsverfahren, Fördermöglichkeiten und Beispielprojekten. Die Vergabe von Kammerpunkten (z. B. durch Architektenkammern) sollte daran geknüpft werden.
- Neue Schulungskonzepte für das Bauhandwerk – z. B. Tagesworkshops, Baustellenkurse oder mobile Schulungseinheiten – sollen insbesondere kleine und mittlere Betriebe erreichen, die keinen Zugang zu Weiterbildungsformaten im akademischen Kontext haben.
- Ergänzend braucht es eine Förderlinie für Lehrpersonal, um Ausbildende selbst in ressourcenschonendem Bauen weiterzubilden – denn nur wer überzeugt ist, kann überzeugend lehren.

Vorbilder für dieses Vorgehen:

- Frankreich mit verpflichtenden Fortbildungen zu biobasierten Baustoffen im Rahmen der RE2020-Umsetzung.
- Österreich mit dem *iba-forum* für ökologisches Handwerk.
- Deutschland mit Pilotprojekten wie „Lehm macht Schule“ oder Ausbildungskooperationen im Strohballenbau.

Auswirkungen in der Praxis

Mit der breiten Verankerung ressourcenschonender Bauweisen in der Aus- und Weiterbildung entsteht ein neues Fundament für die Baukultur der Zukunft:

- **PlanerInnen und ArchitektInnen** gewinnen Entscheidungssicherheit bei der Wahl ökologischer Baustoffe – sie können klimarelevante Kennwerte, Rückbaukonzepte und gesundheitliche Auswirkungen realistisch einordnen und gegenüber BauherrInnen oder Behörden vertreten.
- **HandwerkerInnen und Bauunternehmen** kennen die Materialien, wissen um deren Verarbeitung, Trocknungszeiten, Eigenheiten – und verlieren die Scheu vor neuen Methoden. So entstehen handwerkliche Kompetenzen, die lokale Wertschöpfung und Materialvielfalt sichern.
- **Lehrkräfte und AusbilderInnen** haben Zugriff auf aktuelle Inhalte, Musteraufbauten, Materialpässe und Praxisbeispiele – sie werden zu aktiven MultiplikatorInnen der Bauwende.
- **BauherrInnen und Genossenschaften** profitieren von Teams, die ökologische Bauweisen nicht nur kennen, sondern empfehlen – fundiert, wirtschaftlich und gestalterisch überzeugend.

- **Regionen und Kommunen** stärken ihre Fachkräftebasis und machen nachhaltiges Bauen zur echten Option im ländlichen Raum, abseits von Leuchtturmprojekten.
- Die Ausbildungs- und Weiterbildungsoffensive wirkt tief: Sie verändert, wie gebaut wird – aber vor allem auch, **warum** gebaut wird. Denn wer mit Erde, Pflanzen und Kreisläufen baut, denkt anders über Architektur, Verantwortung und Zukunft nach.

21.15 Aufbau von Beratungs- und Bildungsstrukturen

Motivation

Zwischen dem Wunsch nach nachhaltigem Bauen und der praktischen Umsetzung klafft oft eine Lücke – nicht aus Desinteresse, sondern aus Überforderung. Ob kommunale Bauämter, Handwerksbetriebe, Genossenschaften oder BauherrInnen: Viele wissen schlicht nicht, wo sie anfangen sollen. Es fehlt an unabhängiger, fundierter Beratung, die ökologische, wirtschaftliche und rechtliche Aspekte verbindet – und an Lernorten, an denen Wissen praktisch vermittelt wird.

Gleichzeitig steht die Bauwende vor einer gigantischen Qualifizierungsaufgabe: Über 100.000 Fachkräfte müssten in den nächsten Jahren im ressourcenschonenden Bauen weitergebildet werden – quer durch alle Berufsgruppen. Einzelne Pioniere oder Wochenendkurse reichen dafür nicht aus. Es braucht strukturierte, zugängliche Bildungs- und Beratungsangebote, die bundesweit wirken und regional verankert sind.

Denn wer bauen will, muss auch lernen dürfen – nicht nur in der Theorie, sondern im echten Materialkontakt, im Dialog, im Erproben.

Umsetzung

Wir fordern den bundesweiten Aufbau regionaler Kompetenzzentren für nachhaltiges Bauen sowie die gezielte Förderung von Bildungs- und Beratungsangeboten für verschiedene Zielgruppen. Diese Struktur soll:

- Beratungsstellen einrichten, die neutral und produktunabhängig über Materialien, Fördermöglichkeiten, Genehmigungspraxis und ökologische Alternativen informieren – erreichbar für Kommunen, BauherrInnen und Betriebe.
- Regionale Weiterbildungszentren etablieren, z. B. an Handwerkskammern, Hochschulen oder landwirtschaftlichen Bildungsstätten, die Kurse zu Hanfkalk, Lehmbau, Strohbau, CO_2-Bilanzierung, Kreislaufwirtschaft und Rückbaukonzepten anbieten – mit Werkstätten, Baustellenbezug und Praxismodulen.
- Mobile Schulungsangebote (z. B. Bauwende-Werkstattbusse) entwickeln, die besonders strukturschwache Regionen erreichen – mit Vorträgen, Musterwänden, Hands-on-Formaten.
- Förderprogramme für Weiterbildung auflegen, die insbesondere KMU, Genossenschaften und Initiativen unterstützen – etwa durch Tagespauschalen, Fahrtkostenzuschüsse oder die Finanzierung von Fortbildungstagen für MitarbeiterInnen.
- MultiplikatorInnen-Netzwerke fördern, die Erfahrungen aus der Praxis dokumentieren, weitergeben und regelmäßig aktualisieren – z. B. in Form von Lehrfilmen, Materialien für Berufsschulen, Online-Kursen oder digitalen Baustoffsteckbriefen.

Vorbilder für dieses Vorgehen:

- Frankreichs Réseau des Centres de ressources für ökologisches Bauen,
- das Netzwerk baubiologischer Ausbildungsstätten in Österreich,
- die Weiterbildungsoffensive „Klimafit fürs Handwerk“ in Baden-Württemberg,
- das Bau- und Energiezentrum Biberach als regionales Beratungs- und Lernzentrum mit Modellcharakter.

Auswirkungen in der Praxis

Diese Strukturen machen das Wissen für die Bauwende dauerhaft verfügbar – unabhängig von Einzelprojekten, Konjunkturzyklen oder Pioniergeist:

- Betriebe und Planungsbüros können ihre Mitarbeitenden ohne großen Aufwand qualifizieren – praxisnah, regional und anwendungsorientiert.

- LandwirtInnen, ProduzentInnen und Initiativen finden Ansprechpersonen, wenn sie in die Baustoffverarbeitung einsteigen wollen – samt technischer, rechtlicher und wirtschaftlicher Unterstützung.
- Kommunen und Bauverwaltungen erhalten konkrete Hilfe bei Ausschreibungen, Fördermittelanträgen und der Umsetzung nachhaltiger Projekte – gestützt auf regionale Expertise.
- BürgerInnen, Baugruppen und Genossenschaften können sich eigenständig informieren – fundiert und produktneutral, statt abhängig von Herstellerbroschüren.
- Die Bauwende wird alltagstauglich: Wissen ist nicht länger ein exklusives Gut, sondern eine öffentlich geteilte Ressource. So entstehen Gemeinschaften des Lernens – in Werkstätten, auf Höfen, an Schulen – die das Bauen mit der Erde wieder greifbar machen.

21.16 Qualifizierung von Bauämtern, Genehmigungsstellen und Verwaltung

Motivation

Wenn PlanerInnen, HandwerkerInnen oder BauherrInnen ökologisch und ressourcenschonend bauen wollen, endet dieser Anspruch in der Praxis oft an der Genehmigungsgrenze. Die zuständigen Stellen orientieren sich häufig an etablierten Standards, bekannten Materialien oder industriellen Systemlösungen. Das geschieht selten aus Ablehnung, sondern meist aus Unsicherheit oder aufgrund begrenzter Informationslage. Viele ökologische Bauweisen wie Hanfkalk, Lehm oder Stroh sind im Alltag der Verwaltung noch wenig präsent – obwohl sie erprobt, wohngesund und ökologisch vorteilhaft sind.

Dabei benennen alle Landesbauordnungen in § 3 den Schutz der natürlichen Lebensgrundlagen als allgemeine Anforderung an bauliche Anlagen. Doch dieses Versprechen bleibt oft folgenlos, wenn es in der Praxis weder geprüft noch verstanden wird. Damit die Verwaltung vom Anwendungsorgan zum Ermöglichungsraum werden kann, braucht es mehr als technische Vorgaben. Es braucht Orientierung, Weiterbildung und eine gemeinsame Haltung: Entscheidungen nicht nur absichern, sondern aktiv mitgestalten, auf der Grundlage von Fachwissen, Erfahrungswerten und einem reflektierten Umgang mit Ermessensspielräumen.

Umsetzung

Ziel ist ein bundesweit abgestimmtes Qualifizierungsangebot für MitarbeiterInnen in Bauämtern, Planungsstellen und Förderinstitutionen. Es soll den aktuellen Stand des Wissens über natürliche Baustoffe, zirkuläres Bauen und alternative Nachweisverfahren vermitteln.

- Vermittlung von Grundlagen zu Baustoffen aus nachwachsenden Rohstoffen wie Hanf, Lehm, Holzfaser oder Stroh – inklusive ihrer bauphysikalischen Eigenschaften, ihrer Rückbaubarkeit und ihrer Rolle in einer CO_2-bewussten Baukultur
- Einführung von Fortbildungen zu Lebenszyklusanalysen, Materialpässen und den Möglichkeiten der Nachweisführung auch außerhalb normierter Verfahren
- Aufbereitung von Entscheidungshilfen für Ermessensspielräume bei nicht standardisierten Konstruktionen, etwa bei Wandaufbauten mit ökologischen Dämmstoffen
- Entwicklung interner Leitfäden, die ökologische Kriterien im Prüfprozess verankern – etwa in digitalen Genehmigungsplattformen oder Prüfanweisungen
- Begleitung von Pilotvorhaben in Kommunen, bei denen neue Bauweisen nicht nur genehmigt, sondern auch dokumentiert, evaluiert und in Regelprozesse überführt werden
- Aufbau regionaler Fachstellen oder digitaler Wissensplattformen, die Bauämter bei komplexen Fragestellungen unterstützen

Vorbilder für solche Ansätze sind unter anderem:

- die Arbeitshilfe „Ressourcenschonendes Bauen in Kommunen“ der Deutschen Bundesstiftung Umwelt (DBU),
- Schulungsformate des französischen Umweltministeriums im Rahmen der Kreislaufwirtschaft,
- sowie einzelne Weiterbildungsinitiativen zu Naturbaustoffen im kommunalen Kontext – auch wenn diese bislang nicht flächendeckend oder systematisch ausgerollt sind.

Auswirkungen in der Praxis

Durch eine flächendeckende Qualifizierung der Verwaltung entstehen neue Möglichkeitsräume für die Bauwende:

- Wenn Verwaltung und Genehmigungsstellen über solide Entscheidungsgrundlagen verfügen, entsteht ein neues Miteinander auf Augenhöhe.
- Genehmigungen können schneller, sachbezogener und transparenter erteilt werden – basierend auf fundierten Einschätzungen, nicht auf Unsicherheit
- PlanerInnen und BauherrInnen profitieren von klaren Rückmeldungen, die Vertrauen schaffen und Innovation ermöglichen
- Verwaltungsteams erhalten die Chance, sich als aktive Akteure des gesellschaftlichen Wandels zu begreifen – nicht als Blockierer, sondern als MitgestalterInnen
- Pilotprojekte werden gezielt unterstützt, dokumentiert und als Lernfeld genutzt
- Kommunen gewinnen an Handlungssicherheit für nachhaltige Ausschreibungen, Fördermittelvergabe und die Umsetzung eigener Bauvorhaben

Kurz: Die Verwaltung wird nicht zum Nadelöhr, sondern zur Schlüsselinstitution einer zukunftsfähigen Baukultur.

21.17 Öffentliche Informationskampagnen und Labeling

Motivation

Viele Menschen glauben, ökologisch zu bauen sei riskant, teuer oder gar nicht erlaubt. Hanf wird noch immer mit Rauschmitteln gleichgesetzt, Lehm gilt als altmodisch, Stroh als Notbehelf. Zugleich gelten Polystyrol, Beton oder mineralische Dämmstoffe im Alltag als normal, obwohl sie weder rückbaufähig noch kreislauffähig sind und in der Herstellung erhebliche Umweltbelastungen verursachen.Diese verzerrte Wahrnehmung ist kein Zufall. Sie ist das Ergebnis jahrzehntelanger Marktkommunikation, die industrielle Lösungen als Standard etabliert hat. Eine kulturelle Gegenerzählung fehlt bislang weitgehend.

Die Bauwende wird aber nur gelingen, wenn sich auch unser Verständnis von Qualität, Sicherheit und Innovation wandelt. Dazu braucht es neue Bilder, solche, die Hanf, Lehm oder Stroh nicht als Alternative, sondern als wegweisend zeigen. Als Materialien, die ein gesundes Raumklima schaffen, Ressourcen schonen, CO_2 speichern und in regionale Wertschöpfung eingebettet sind. Diese Erzählung muss jedoch sichtbar werden, in der Sprache der Medien, der Behörden, der Politik, aber auch in Schulen, auf Messen, in Planungsbüros und auf Baustellen.

Umsetzung

Wir schlagen eine öffentlich finanzierte Informationskampagne vor, die ökologische Bauweisen in den Fokus rückt, mit professioneller Kommunikation, konkreten Beispielen und klarer Bildsprache.

Bausteine können sein:

- TV-Spots, Erklärfilme, Podcasts und Social-Media-Formate, die verständlich erklären, was gesundes, zukunftsfähiges Bauen bedeutet
- Imagekampagnen zu Naturmaterialien, etwa „Hanf ist nicht gleich Hanf", „Lehm: altbewährt und hochmodern", „Stroh – das Gold von morgen"
- Ein Gebäudelabel, das Rückbaubarkeit, Raumklima, CO_2-Bilanz, Materialherkunft und Schadstofffreiheit sichtbar macht – ähnlich dem Nutri-Score bei Lebensmitteln
- Ein Ampelsystem für Bauprodukte, das ökologische Risiken verständlich bewertet: rot für klimaschädlich, gelb für begrenzt rückbaubar, grün für regenerativ und schadstofffrei
- Pop-up-Musterhäuser, Wanderausstellungen und Bauwende-Festivals, die Baukultur direkt erlebbar machen
- Integration in Schulbücher und Bildungsmedien, damit Kinder und Jugendliche ein neues Bauen früh kennenlernen
- Infopakete und Plakate für Ämter, die Nachhaltigkeitskriterien verständlich aufbereiten und im Arbeitsalltag präsent halten.

Vorbilder für dieses Vorgehen:

- Frankreich mit seiner nationalen Kampagne zur RE2020 und dem Gebäudelabel *Énergie-Carbone*,
- die „Zukunftsbaukasten"-Initiative in der Schweiz, die regenerative Bauweisen öffentlichkeitswirksam inszeniert,
- der Vorschlag der EU-Kommission für ein EU-weites „Digital Building Logbook" mit Umweltinformationen für Gebäude,
- die erfolgreiche Einführung des Nutri-Scores im Ernährungsbereich – als Vorlage für ein vergleichbares System im Bauwesen.

Auswirkungen in der Praxis

Wenn ökologisches Bauen sichtbar, verständlich und positiv aufgeladen wird, verändert sich das gesellschaftliche Klima:

- BauherrInnen treffen bewusstere Entscheidungen und sehen Nachhaltigkeit als Chance, nicht als Risiko.
- Medien und Werbung zeigen neue Bilder, von atmenden Wänden statt Betonfassaden.
- Politik erhält Rückendeckung, weil neue Vorgaben auf ein wachsendes Bewusstsein treffen.
- HerstellerInnen orientieren sich neu, CO_2-Bilanz und Rückbaubarkeit werden zum Verkaufsargument.
- Kinder und Jugendliche lernen, dass Bauen eine Frage von Verantwortung, nicht nur Technik ist.

So entsteht ein öffentlicher Raum, in dem Bauen nicht hinter verschlossenen Türen stattfindet, sondern transparent, verantwortungsvoll und kulturell verankert gedacht wird.

Die Transformation zur ressourcenschonenden, CO_2-negativen Bioökonomie wird konkret, als regional verankertes Modell mit internationaler Strahlkraft.

22. Nützliche Adressen

22.1 Hersteller von Hanfbaustoffen

Für Endkunden (Privatleute) ist immer der nächstgelegene Baustoffhändler bzw. Handwerker die richtige Bezugsquelle. Wenn Sie Naturbaustoffe und Hanfbaustoffe benötigen, empfehlen wir unbedingt den lokalen Naturbaustoffhandel anzufragen. Uns ist wichtig, dass Hanfbaustoffe in der Region bleiben und so wenig wie möglich transportiert werden müssen. Die Emissionen durch den Transport von Hanfbaustoffen machen einen Großteil der Gesamtbilanz aus.

Hanfsteine

Biosys
4 Rue Aristide Bergès – Les Trois Vallons
FR-38080 L'Isle d'Abeau
www.solution-biosys.fr

Nick Naturbaustoffe
Jakob Nick e.K.
Kreuzung Stierweg / Miesenheimer Weg
DE-56575 Weißenthurm
www.nicknaturbaustoffe.de

ISOHEMP S.A-N.V
Rue Georges Cosse, 1
BE-5380 Fernelmont
www.isohemp.com

Schönthaler Bausteinwerk
Vinschgauer Straße 33
IT-39023 Eyrs
www.schoenthaler.com

Tecno Canapa (Senini S.r.l.)
Via Erculiani, 192
IT-25018 Montichiari BS
www.tecnocanapa-bioedilizia.it

Weitere Hersteller

BAFA Neu GmbH
Rohstoffe aus Hanf
Stephanstr. 2
DE-76316 Malsch
www.bafa-gmbh.de

EDEN Logic GmbH
Hanffaser-Produkte
Breitenfelder Straße 12
04155 Leipzig
www.edenlogic.de

Hanffaser Uckermark eG
Auswahl an verschiedenen Hanfbaustoffen
Brüssower Allee 88A
DE-17291 Prenzlau
www.hanffaser.de

Hanffaser Geiseltal eG
Auswahl an verschiedenen Hanfbaustoffen
DE-06231 Mücheln (Geiseltal)
www.hanffaser-geiseltal.de

Hemp Eco Systems Group
Hanfkalk-Additive und Mischer
Unterhofstrasse 1
CH-6208 Oberkirch
www.hempecosystems.org

Abb. 387: Lieferkette Baustoffe

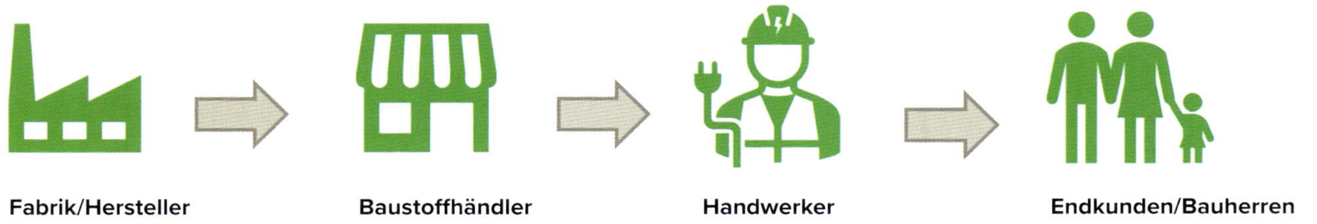

HempFlax Building Solutions GmbH
Hanffaser-Dämmstoffe
Industriestr. 2
DE-86720 Nördlingen
www.thermo-hanf.de

MEHA Dämmstoff und Handels GmbH
Ausgleichsschüttungen und Dämmstoffe
Böhler Weg 6-10
DE-67105 Schifferstadt
https://www.meha.de/

VOFA Vogtlandfaser GmbH & Co. KG
Rohstoffe aus Hanf
Pahren, Hainweg 11
DE-07937 Zeulenroda-Triebes
www.agrar-pahren.de

22.2 Sprühmaschinen für Hanfkalk

EREASY
Baumer Chanvre
13 Rue de l'Industrie
FR-25410 Saint-Vit
www.hanfkalkspruehen.de

Euromair – Siège social et S.A.V
France sud
228 Av. Olivier Perroy
FR-13790 Rousset
www.euromair.com

Laurent Goudet
SEA – Société d'exploration akta
(CEV) Construire en vegetal®
78 Av. des Champs-Élysées
FR-75008 Paris
www.construireenvegetal.com

Tecno Canapa
c/o Senini S.r.l.
Via Erculiani, 192
IT-25018 Montichiari BS
www.tecnocanapa-bioedilizia.it

Bildung

Hanf Museum Berlin
Das Hanf Museum ist seit 1994 in der Bundesrepublik das einzige seiner Art und eines von nur wenigen weltweit. Im Herzen Berlins, im Nikolaiviertel, können sich die interessierten BesucherInnen ein umfassendes Bild über die alte Kulturpflanze machen. Die Ausstellung erstreckt sich über fast 300 m² und behandelt eine breite Palette von Themen rund um Hanf.
▸ www.hanfmuseum.de

Deutsche Hanf-Akademie e.V.
Die Deutsche Hanf-Akademie ist eine Vereinigung aus erfahrenen Akteuren, die sich der Forschung, der Entwicklung und der Weitergabe technischen Wissens verschrieben hat. Schulungen hauptsächlich online.
▸ www.hanf-akademie.de

Hanfingenieur Henrik Pauly®
Theorie- und Praxis-Seminare zum Bauen mit Hanf, online und vor Ort.
▸ www.hanfingenieur.de

Bildungswerkstatt für nachhaltige Entwicklung e.V. (BiWeNa)
Die Bildungswerkstatt für nachhaltige Entwicklung e.V. (BiWeNa) bietet Seminare und Weiterbildung in den Bereichen Stroh-, Lehm- und Hanfbau an. Die Seminare richten sich an Handwerker, Handwerksbetriebe, Berufsschullehrer und Planer sowie interessierte Laien und Studierende.
▸ www.biwena.de

22.3 Verbände

EIHA European Industrial Hemp Association
Sie vertritt die gemeinsamen Interessen von Hanf-Bauern, -Produzenten und -Händlern, die mit Hanffasern, -schäben, -samen, -blättern und Cannabinoiden arbeiten. Ihre Hauptaufgabe ist es, den Hanfsektor in der EU und bei internationalen politischen Entscheidungen zu unterstützen, zu schützen und zu vertreten.

Die EIHA vertritt Industriepartner der Nutzhanfbranche aus ganz Europa. Mit Sitz in Brüssel ist sie ein wichtiges politisches Sprachrohr auf europäischer Ebene.
▸ www.eiha.org

IHBA International Hemp Building Association
Die International Hemp Building Association (IHBA) ist eine gemeinnützige Gesellschaft mit beschränkter Haftung und ohne Grundkapital, die am 20. November 2009 in Irland gegründet wurde. Die IHBA hat derzeit über 200 Mitglieder aus 25 verschiedenen Ländern auf der ganzen Welt.
▸ www.internationalhempbuilding.org

Nutzhanf-Netzwerk e.V. (NHN)
Der 2021 gegründete gemeinnützige Verein setzt sich für die Interessen von Nutzhanf-Akteuren über die gesamte Wertschöpfungskette im DACH-Raum ein, darunter Landwirte und Verarbeiter und Endkunden. Es geht darum, Märkte und Lieferketten für Fasern, Schäben, Samen, Blätter und andere Komponenten der Hanfpflanzen zu etablieren und dafür die politischen Weichen mitzugestalten. Dabei unterstützt das NHN mit Netzwerk, Öffentlichkeitsarbeit, Beratung und Forschung.
▸ www.nutzhanfnetzwerk.de

Hanfbaukollektiv
Das Deutsche Hanfbaukollektiv wurde 2018 gegründet und ist seit 2023 die „Kompetenzgruppe Bauen mit Hanf" des Nutzhanf-Netzwerk e.V.. Ihr Ziel ist es, zentraler Ansprechpartner für das Bauen mit Hanf zu sein. Das Kollektiv ist weltweit in der Hanfbau-Branche vernetzt und will Menschen zusammenbringen, die gesunde Gebäude bauen und alte Gebäude ökologisch sinnvoll modernisieren.
▸ www.hanfbaukollektiv.com

BvCW Branchenverband Cannabiswirtschaft e.V.
Der Branchenverband fokussiert sich auf Industriehanf abseits der Medizinal- und Freizeitnutzung. Er verfasst regelmäßig informative Positionspapiere und organisiert außerdem verschiedene Arbeitsgruppen, unter anderem die IG Industriehanf, in der sich das Nutzhanf-Netzwerk und auch das Unternehmen Hanfingenieur engagieren.
▸ www.cannabiswirtschaft.de

Deutscher Hanfverband (DHV)
Zwar nicht direkt mit Hanfbau verbunden, aber dennoch wichtig für die Entstigmatisierung von Hanf als gefährliche Droge. Der Deutsche Hanfverband vertritt die Interessen der Cannabiskonsumenten und Legalisierungsbefürworter.
▸ www.hanfverband.de

Construire en Chanvre
Der Verein wurde 1998 von Architekten, Bauherren und Hanfproduzenten geschaffen, um ein nationales Regelwerk zum nachhaltigen Bauen aufzubauen.Er erstellt und veröffentlicht Fachregeln für die Planung und Ausführung von Hanfkalk. Mehr Infos in Kapitel 18.1

Sachsen Leinen e.V.
Ein 1994 gegründeter Verein für die Wertschöpfung von Naturfasern. Koordiniert nationale und internationale Kooperationsprojekte, um Technologien für Anbau, Ernte und Verarbeitung von Faserpflanzen und tierischer Wolle für textile und technische Anwendungen zu unterstützen.
▸ www.sachsenleinen.de

Das Leibniz-Institut für Agrartechnik und Bioökonomie e.V. (ATB)
Das ATB ist ein Vorreiter und treibende Kraft in der systemisch-technischen Bioökonomieforschung. Die Mission des Instituts ist eine interdisziplinäre Technologieentwicklung für Agrar-, Lebensmittel-, Energie- und andere Industriesysteme. Die ATB hat entlang der Wertschöpfung von Nutzhanf über Jahrzehnte viele Kompetenzen aufbauen können.
▸ www.atb-potsdam.de

Abkürzungen

BattG	Batteriegesetz
$CaCO_3$	Kalziumkarbonat
CaO	Calciumoxid (Branntkalk)
$Ca(OH)_2$	Calciumhydroxid (Löschkalk)
CEM	Zement (cement)
CL	Calcium Lime (Weißkalk)
CO_2	Kohlendioxid
DBU	Deutsche Bundesstiftung Umwelt
DIC	digitale Bildkorrelation (Digital Image Correlation)
DL	Dolomitkalk (dolomitic lime)
DVL	Dachverband Lehm e.V.
ElektroG	ElektroGesetz
EM	Effektive Mikroorganismen
FL	formulierter Kalk (formulated lime)
Gew.-%	Gewichtsprozent
HL	hydraulischer Kalk (hydraulic Lime)
lat.	Lateinisch
MgO-Zement	Magnesiumoxid-Zement
NHL	natural hydraulic lime (natürlich hydraulischer Kalk
OSB	oriented strand board (Grobspanplatte)
RH	relative Luftfeuchtigkeit (relative humidity)
THC	Tetrahydrocannabinol
UBA	Umweltbundesamt
UNODC	United Nations Office on Drugs and Crime
VerpackG	Verpackungsgesetz
vgl.	vergleiche
WKH	Weißkalkhydrat
WLG	Wärmeleitgruppe (λ-Wert · 1.000)

Literaturverzeichnis

Abel, E. L. (1980). *Marihuana_ The First Twelve Thousand Years* . Springer US.

Agrarwelt. (2024). *Hanfanbau erleichtert: Neue Gesetzespläne für Landwirte 2025.* . Verfügbar unter https://www.agrarwelt.com/pflanze/hanfanbau-erleichtert-neue-gesetzesplaene-fuer-landwirte-2025.html.

Ahmed. (2022). Hemp as a potential raw material toward a sustainable world – A review.

Allin. (2005). *Building with hemp.* Kenmare: SEED Press.

Allin. (2021). *Hemp Buildings: 50 International Case Studies.* Kenmare, Ireland.: Seedpress.

Allin, S. (2021). *Hemp Buildings – 50 International Case Studies.* Kenmare: Seedpress.

Amsterdam, H. (2023).

Amziane. (2017). *Bio-aggregate-based Building materials (State of the Art).*

an Klink, R. B. (2020). Meta-analysis reveals declines in terrestrial but increases in freshwater insect abundances. *Science*, 366(6461), 898-902. https://doi.org/10.1126/science.aax9931.

Angel. (2011). Making Room for a Planet of Cities. *Lincoln Institute of Land Policy.*

Appels, F.; Camere, S.; Montalti, M.; Karana, E.; Jansen, K.M.B.; Dijksterhuis, J.; Krijgsheld, P.; Wosten, H. (2019). *Fabrication Factors Influencing Mechanical, Moisture- and Water-Related Properties of Mycelium-Based Composites.* Mater. Des. 2019, 161, 64–71.

Arnaud, A. &. (2014). *Bio-aggregate-based Building Materials.*

Arizzi, A., Brümmer, M., Martín-Sanchez, I., Cultrone, G., & Viles, H. (2015). The influence of the type of lime on the hygric behaviour and bio-receptivity of hemp lime composites used for rendering applications in sustainable new construction and repair works. PLoS One, 10(5), e0125520.

Arrigoni. (2017). LCA of building materials-role of carbonation, mixture components and transpor of LCA of hempcrete blocks.

Arufe. (2021). Effect of retting on hemp shiv physicochemical properties.

Attias, N.; Danai, O.; Abitbol, T.; Tarazi, E.; Ezov, N.; Pereman, I.; Grobman, Y.J. (2020). *Mycelium Bio-Composites in Industrial Design and Architecture: Comparative Review and Experimental Analysis.* J. Clean. Prod. 2020, 246, 119037.

Azimi. (2013). HVAC filtration for controlling infectious airborne disease transmission in indoor environments: predicting risk reductions and operational costs. *Build Environment*, 70:150.

Backe. (1936). *Der Hanfbau_Seine wirtschaftliche Bedeutung. Anbau, Gewinnung und Verwertung.* Berlin: Verlagsbuchhandlung Paul Parey.

Baldwi, J. (2022). Top 5 Highest THC Strains of 2022: The Strongest Weed To Get Wasted. *Weednews*, https://www.weednews.co/strongest-high-thc-strains/.

Barberà. (2011). Upgrading of hemp core for papermaking purposes by means of organosolv process. *Industrial Crops and Products*, 34(1), 865–872.

Baukultur, B. (2023). Baukulturbericht 2022/23 – Neue Umbaukultur.

Bauökologie, I. -Ö. (06. Januar 2025). *Raumklima & Behaglichkeit.* Von raumluft.org: http://raumluft.linux47.webhome.at/gesunde-raumluft/raumklima-behaglichkeit/ abgerufen

Becker-Dillingen, J. (1928). *Handbuch des Hackfruchtbaus und Handelspflanzenanbaus.* Berlin: Becker-Dillingen.

Behr, H.-G. (1995). *Von Hanf ist die Rede: Kultur und Politik einer Pflanze.* Frankfurt am Main: Zweitausendeins.

Bergmann. (2018). *Prozesse entwerfen – Eine Strategie für die Zukunft des Bauens.* . Birkhäuser.

BfR. (2012). THC in Futtermitteln aus Hanf und Hanferzeugnissen im Hinblick auf die Tiergesundheit und den Carry over in Lebensmittel tierischen Ursprungs. *Stellungnahme Nr. 044/2012 des BfR vom 18. September 2012* .

Bibra, E. F. (1855). *Die narkotischen Genussmittel und der Mensch.* https://archive.org/details/bub_gb_GDIbAAAAYAAJ/page/n125/mode/2up.

Bingen, H. v. (1991). *Heilkraft der Natur – „Physica".* Weltbild Verlag, 4. Auflage.

Biobased Creations (n.d.). *The Growing Pavilion.* Aufgerufen am 2. April 2025. https://thegrowingpavilion.com/about/

Bitting, S.; Derme, T.; Lee, J.; Van Mele, T.; Dillenburger, B.; Block, P (2022). *Challenges and Opportunities in Scaling up Architectural Applications of Mycelium-Based Materials with Digital Fabrication.* In: Adamatzky, A., Wösten, H. A. B. & Ayres, P. (Hrsg.). *Fungal Architectures.* Biomimetics 2022, 7, 44. https://doi.org/10.3390/biomimetics7020044

BKK. (2018). Baukulturbericht 2018-19 Erde-Bestand-Zukunft. *Bundesstiftung Baukultur.*

BM. (2015). Die fachgerechte Entsorgung von Holzabfällen. https://www.bm-online.de/aktuelles/markt-branche/die-fachgerechte-entsorgung-von-holzabfaellen/.

BMEL. (2024). *Bundeskabinett beschließt Gesetzentwurf zur Nutzhanfliberalisierung.* Verfügbar unter https://www.bmel.de/SharedDocs/Pressemitteilungen/DE/2024/098-nutzhanf.html: Bundesministerium für Ernährung und Landwirtschaft (BMEL).

BMELa. (2024). *Gesetzentwurf zum Nutzhanfliberalisierungsgesetz (NLG).* Abgerufen am 2. Januar 2025 von https://www.bmel.de/SharedDocs/Gesetzestexte/DE/nlg.html: Bundesministerium für Ernährung und Landwirtschaft (BMEL).

BMG. (2023). *Gesetz zum kontrollierten Umgang mit Cannabis und zur Änderung weiterer Vorschriften (Cannabisgesetz – CanG).* Abgerufen am 2. Januar 2025 von https://www.bundesgesundheitsministerium.de/service/gesetze-und-verordnungen/detail/cannabisgesetz.html: Bundesministerium für Gesundheit.

BMU, U. (2018). Die Nutzung natürlicher Ressourcen – Bericht für Deutschland 2018. *www.umweltbundesamt.de/ressourcenbericht2018*, Fachgebiet I 1.1 „Grundsatzfragen, Nachhaltigkeitsstrategien und -szenarien, Ressourcenschonung.

BMWSB. (2023). Nachhaltiges Bauen – Das nachhaltige Bauen ist ein zentraler Baustein in der Strategie der Bundesregierung zur nachhaltigen Entwicklung. *Bundesministerium für Wohnen, Stadtentwicklung und Bauwesen*, https://www.bmwsb.bund.de/Webs/BMWSB/DE/themen/bauen/bauwesen/nachhaltiges-bauen/nachhaltiges-bauen-node.html.

Bödeker, S. &. (2008). Die Archäobotanik der Bronzezeit in Sachsen-Anhalt. . *In S. Hansen, J. Müller, & R. Risch (Eds.), Bronzezeitliche Hortfunde – 14. Sachsen-Anhalt. Thüringen. Hessen. (pp. 205-222). Stuttgart: Theiss.*

Bouloc. (2013). *Hemp-Industrial Production and Uses.* London: CAB International.

Bridgeman. (2018). Medicinal Cannabis: History, Pharmacology, And Implications for the Acute Care Setting. *P T 2017;42(3):180-188.*

Bruck. (1928). *Textilrohstoffe und Textilwirtschaft. Handwörterbuch der Staatswissenschaften.* Jena: Gustav Fischer Verlag 4(8), 98-112. : . (p. 109).

Brückner. (2024). *Neue Erntetechnik zur Parallelhanfernte aus Frankreich.* https://www.sachsenleinen.de/post/neue-erntetechnik-zur-parallelhanfernte-aus-frankreich.

Busbridge. (2010). An investigation of the thermal properties of hemp and clay monolithic walls. *Advances in Computing and Technology, 5th Annual Conference*, University of East London, 163–170.

Butter. (2001). *Hanf Das weiße Gold der Batschka ein nachwachsender Rohstoff heute.* Books On Demand.

Butter, M. (2001). *Hanf Das weiße Gold der Batschka – ein nachwachsender Rohstoff heute?* Kirchbierlingen: Books on Demand GmbH.

BvCW. (2021). *Elemente – Nr. 6 V1.1: Förderungsmöglichkeiten des Nutzhanfanbaus. .* Berlin, Deutschland:: BvCW.

C, L. (2011). A model for quantifying construction waste in projects according to the European waste list. *Waste Manag*, 31(6):1261–1276 https://doi.org/10.1016/j.wasman.2011.

Cannabinus. (01. 01 2010). Papiergeschichte. Chronologie. *Hanfkultur*, S. https://hanfkultur.com/hanf-in-der-industrie/papierindustrie/papiergeschichte-chronologie/.

Cannabisfakten.de. (2023). *Hanf in Deutschland.*

Cannalore. (19. Juli 2017). *The Canna Chronicles.* Von They huffed, We puffed, Hemp held the House Down, 1698: https://www.thecannachronicles.com/they-huffed-we-puffed-hemp-held-the-house-down-1698/ abgerufen

Cannalore. (22. 06 2018). Bridge Over Troubled Waters, 500 AD. *TheCannachronicles*, S. https://www.thecannachronicles.com/bridge-over-troubled-waters-500-ad/.

Cannatrust. (2020). *EU-Parlament stimmt für Erhöhung des THC-Grenzwertes bei Nutzhanf. A.* bgerufen am [04.01.2025] von https://cannatrust.eu/wiki/eu-parlament-stimmt-fuer-erhoehung-des-thc-grenzwertes-bei-nutzhanf/?utm_source=chatgpt.com: Originalquelle: https://hemptoday.net/european-parliament-signs-off-on-raising-eu-thc-limit-to-0-3/.

Capatect. (2019). *Hanf Dämmt Grüner.*

Casson. (1971). *Ships and Seamanship in the Ancient World.* Princeton : Princeton University Press.

Čechová, E., Papayianni, I., & Stefanidou, M. (2010). The influence of different additives on the properties of lime-based mortars. WIT Transactions on the Built Environment, 118, 375-384.

Citti. (2019). Cannabinoid profiling of hemp seed oil by liquid chromatography coupled to high-resolution mass spectrometry. *Frontiers in Plant Science*, 10, 120.

Clarke, R. &. (2016). Cannabis taxonomy The "sativa" versus "indica" debate.

Construire en Chanvre. (2020). Technologie de Chantier Chanvre. *Guide des bonnes Praktiques, 2*, 120. Von https://www.construire-en-chanvre.fr/documents/pdf/documentation/CenC_Bonnes_Pratiques_Tome_2.pdf abgerufen

Crini. (2020). Applications of hemp in textiles, paper industry, insulation and building materials, horticulture, animal nutrition, food and beverages, nutraceuticals, cosmetics and hygiene, medicine, agrochemistry, energy production and environment: A review. *Environmental Chemistry Letters*, 18(5), 1451–1490.

Darvish. (2022). Praktikumsbericht – Hanffaser Uckermark eG. . *Hanffaser Uckermark eG.*

Davidovits. (1991). *Geopolymers: inorganic polymeric new materials. .* Journal of Thermal Analysis, 37(8), 1633-1656.

Davidovits. (2015). Geopolymer chemistry and applications. Institut Géopolymère.

Deitch, R. (2003). *Hemp – American History Revisited_ The Plant With a Divided History.* New York: Algora Publishing .

Delestrac. (2013). *Sand Wars [Dokumentarfilm].* France: Arte France .

Derouin. (2021). Hemp-Based Fiberboard Moves Closer to Mass Market. *hempbuildmag*, https://www.hempbuildmag.com/home/hemp-particleboard.

Dessi-Olive, J. (2022). *Strategies for Growing Large-Scale Mycelium Structures.* In: Adamatzky, A., Wösten, H. A. B. & Ayres, P. (Hrsg.). *Fungal Architectures.* Biomimetics 2022, 7, 129. MDPI. https://doi.org/10.3390/biomimetics7030129

Destatis. (2023). *Kurzübersicht Abfallbilanz – Zeitreihe.* Statistisches Bundesamt.

DHV. (2022). *Hanf im Alltag und in der deutschan Sprache .* https://cannabisfakten.de/hanf-in-deutschland: Cannabisfakten.

Diakite. (2021). Cell Wall Composition of Hemp Shiv Determined by Physical and Chemical Approaches.

Dilts. (2007). Application of the rollermill and hammermill for biomass fractionation *. (Master's thesis). Iowa State University, Ames, Iowa.*

Divisare (19. Mai 2023). *BENTO ARCHITECTURE – IN VIVO.* Divisare. https://divisare.com/projects/480246-bento-architecture-ugo-carmeni-in-vivo

DNS. (2021). Deutsche Nachhaltigkeitsstrategie Weiterentwicklung 2021 – Dialogfassung der Bundesregierung.

Drewes, F. (2020). Bauen mit Hanf. *sfahe fewofh eorhfef*, 100.

Dutschek. (2024). *Wirkstoffe aus Hanfwurzeln.* Posterpräsentation Zittau Internationale Hanftagung 2024: Zittauer Institut für Verfahrensentwicklung, Kreislaufwirtschaft, Oberflächentechnik und Naturstoffforschung (ZIRKON), Hochschule Zittau/Görlitz. Posterpräsentation.

Džalto, D.-I. J. (18. August 2017). Entwicklung eines großserientauglichen Aufheizprozesses für naturfaserverstärkte Kunststoffe. Technische Universität Kaiserslautern.

e.V., A. (2018). *Handbuch zum Nutzhanf-Anbau – Erfahrungsbericht aus dem LEADER-Regionen Greizer Land und Saalfeld-Rudolstadt.* Pahren: ABS Wirtschaftsgebiet Talsperre Zeulenroda e.V.

e.V., D. L. (1999). *Lehmbau Regeln .* https://www.dachverband-lehm.de/wissen/lehmbau-regeln.

EBDD. (2022). Europäischer Drogenbericht 2021: Trends und Entwicklungen. *Amt für Veröffentlichungen der Europäischen Union.*

EIHA. (n.d.). CE marking of hemp construction products_Version 2. *EIHA.*

Elsacker E, Vandelook S, Brancart J, Peeters E, De Laet L (2019) Mechanical, physical and chemical characterisation of mycelium-based composites with different types of lignocellulosic substrates. PLoS ONE 14(7): e0213954. https://doi.org/10.1371/journal.pone.0213954

Elsacker, E. (2021). *MYCELIUM MATTERS – An interdisciplinary exploration of the fabrication and properties of mycelium-based materials.* VUBPRESS. https://doi.org/10.13140/RG.2.2.23578.77764

Emily Elhacham, L. B.-U.-O. (2020). Global human-made mass exceeds all living biomass. *Nature*, 588, pages442–444.

ENEA. (2019). *ENEA. (2019). Edilizia: il „biomattone" che taglia la climatizzazione.*

EU. (2019). Reflexionspapier: Auf dem Weg zu einem nachhaltigen Europa bis 2030.

EU. (2024). *Hemp: Crop production and plant-based products.* Abgerufen am 2. Januar 2025 von https://agriculture.ec.europa.eu/farming/crop-productions-and-plant-based-products/hemp_de: Europäische Kommission.

Farag. (2017). *The Cannabis Plant: Botanical Aspects, Kapitel 1 in In Handbook of Cannabis and Related Pathologies.*

Faulkner. (1941). Egyptian Seagoing Ships. *The Journal of Egyptian Archaeology*, 26(1), 3-9.

Fenffe, G. D. (2020). *Warum verdankt die Hamburger Reeperbahn dem Hanf ihren Namen?* https://www.planet-wissen.de/natur/pflanzen/hanf/pwiewissensfrage608.html: SWR.

FiBL. (2023). *Biohanf – Vielseitiger Hanfanbau – Ernteprodukte und Möglichkeiten.* Frick, Schweiz : Forschungsinstitut für biologischen Landbau FiBL .

FootPrintNetwork. (2023). https://www.footprintnetwork.org/our-work/earth-overshoot-day/.

Friederike Schlegl, J. G. (2019). LCA of buildings in Germany: Proposal for a future benchmark based on existing databases. *Energy & Buildings 194*, 342-350. Von https://www.sciencedirect.com/science/article/pii/S0378778818326999 abgerufen

Fuhrhop, D. (2020). *Verbietet das Bauen!: Streitschrift gegen Spekulation, Abriss und Flächenfraß.* Oekom verlag .

Gabri. (2022). Changes in cannabis policy and prevalence of recreational cannabis use among adolescents and young adults in Europe An interrupted time-series analysis. *PLoS ONE*, 17.

Gerardo Ceballos, P. R. (2017). Biological annihilation via the ongoing sixth mass extinction signaled by vertebrate population losses and declines. *Proc Natl Acad Sci*, 25;114(30) https://pubmed.ncbi.nlm.nih.gov/28696295/.

Gertsch. (2010). Phytocannabinoids beyond the Cannabis plant – do they exist? . *British Journal of Pharmacology*, 160, 523–529.

Gibson. (2007). Hemp Paper. *Journal of Industrial Hemp*, 12(2), 115-121.

Global ABC, ,. G. (2019). The 2019 global status report for buildings and construction: Towards a zero-emission,. *Global Alliance for Buildings and Construction, International Energy Agency and the United Nations.*

Gonzales-Martin. (2020). A state-of-the-art review on indoor air pollution and strategies for indoor air pollution control. *Chemosphere*, 262 128376.

greenspec. (kein Datum). Von Hemcrete @ M&S Cheshire Oaks : https://www.greenspec.co.uk/building-design/hemcrete-at-ms-cheshire-oaks/ abgerufen

Grégoire. (2019). Investigation of the potential of hemp fibre straws harvested using a combine machine for the production of technical load-bearing textiles. *Industrial Crops and Products*, 145, 111988.

Grégoire. (2021). Comparing flax and hemp fibres yield and mechanical properties after scutching/hackling processing. *Industrial Crops and Products*, 172, 114045.

Grimm, R. (27. März 2024). *baustoffwissen.* (R. R. KG, Hrsg.) Von https://www.baustoffwissen.de/was-ist-luftkalk-putz-31102023 abgerufen

Gusovius. (2019). An Alternative to Field Retting: Fibrous Materials Based on Wet Preserved Hemp for the Manufacture of Composites. *Agriculture.*

Haase. (1949). *Ratgeber für den praktischen Landwirt (verbesserte und erweiterte Auflage). Siereneiche.*

Hague, A. (2015). *sustainabilityexchange..ac.uk: Green Gown Awards 2015 – Built Environment – University of Bradford – Highly Commended.* Von sustainabilityexchange.ac.uk: https://www.sustainabilityexchange.ac.uk/files/2015068_be_university_of_bradford_case_study_-_edited.pdf abgerufen

Hallmann C., A. M. (2017). More than 75 percent decline over 27 years in total flying insect biomass in protected areas. *PLoS One*, 12(10).

Hammond, G. P. (2008). Embodied energy and carbon in construction materials. *Proceedings of the ICE – Energy*, 161(2), 87-98.

HANFFASER Uckermark eG. (04. 03 2023). *https://www.hanffaser.de/.* Von Hanffaser Uckermark: https://www.hanffaser.de/uckermark/ abgerufen

Hanfjournal. (2023). Nutzhanf: THC-Grenzwert auf 0,3 % angehoben. *Hanfjournal*, https://hanfjournal.de/2023/02/23/nutzhanf-thc-grenzwert-auf-03-angehoben/.

Happyana. (2013). Analysis of cannabinoids in Cannabis sativa L. using HPLC-DAD. *Journal of Liquid Chromatography & Related Technologies*, 36(17), 2419-2432.

Häußermann K, G. F. (2018). Cannabis. Arbeitshilfe für die Apotheke. *2. aktualisierte Auflage. Deutscher Apothekerverlag, Stuttgart.*

Havera, H. (17. April 2020). *oel-cbd.com.* Von https://www.oel-cbd.com/hanfoel-verwendung/ abgerufen

Hawkins, H.-J., Cargill, R.I.M., Van Nuland, M. E., Hagen, S. C., Field, K. J., Sheldrake, M., Soudzilovskaia, N. A., E. & Kiers, T. (2023). *Mycorrhizal mycelium as a global carbon pool.* Current Biology, Volume 33, Issue 11, 2023, Pages R560-R573, ISSN 0960-9822, https://doi.org/10.1016/j.cub.2023.02.027

Helwing. (1787). *Vollständige und genaue Beschreibung wie der Hanf im Stifte Osnabrück gebauet und bereitet werde.* Detmold, Meyenberg: bey den Gebrüdern Helwing https://www.digitale-sammlungen.de/de/view/bsb10294114?page=6,7.

Hemptoday.net. (14. Juli 2022). *South African project demonstrates hemp's potential to upgrade existing buildings.* Von Hemptoday.net: https://hemptoday.net/south-african-project-demonstrates-hemps-potential-to-upgrade-existing-buildings/ abgerufen

Herer, J. &. (2016). *Die Wiederentdeckung der Nutzpflanze Hanf Cannabis Marihuana* (46. Ausg.). Solothurn: Nachtschatten Verlag AG.

Heuser. (1927). *Hanf und Hartfasern.* Berlin.

Heuser, O. (1927). Die Hanfplanze. *R.O. Herzog (Hrsg.): Technologie der Textilfasern*, Band V, Teil 2: Hanf und Hartfasern, 1-102. Berlin. Heidelberg. New York.

HFU. (2022). *stopf-hanf-daemmwolle.* https://www.hanffaser.de/uckermark/index.php/produkte/stopf-hanf-daemmwolle: www.hanffaser.de.

Hirst. (2013). *Characterisation of hemp-lime as a composite building material.* University of Bath.

Hoops, J. (1905). *Waldbäume und Kulturpflanzen im germanischen Altertum.* https://archive.org/details/waldbumeundkult-00hoopgoog.

Hussain. (2021). Cannabis sativa research trends, challenges, and new-age perspectives. *iScience*, 24(12), 103391.

InterChanvre. (2019). Rapport sur la filiere Chanvre Construction . *Chanvre.*

Izaguirre, A., Lanas, J., & Alvarez, J. I. (2011). Effect of a biodegradable natural polymer on the properties of hardened limebased mortars. Materiales de Construcción, 61(302), 257-274.

Jacomet, S. &. (1999). Archäobotanik der Hallstattzeit – Pflanzenreste aus dem hallstattzeitlichen Gräberfeld von La Tène. *Archäologie der Schweiz, 22(2), 58-63.*

Jones, M.; Huynh, T.; Dekiwadia, C.; Daver, F.; John, S. (2017). *Mycelium Composites: A Review of Engineering Characteristics and Growth Kinetics.* J. Bionanosci. 2017, 11, 241–257.

Jones, M. (2020). *Waste-derived mycelium materials for non-structural and semi-structural applications* (p. ii). https://doi.org/10.25365/THESIS. 61680

Kapelle, C. (2021). Urban Mine Incorparation. In H. &. Hebel, *Urban Mining und Kreislaufgerechtes Bauen* (S. 79-89).

Kaptur, J. (24. November 2022). Analyse der Tragfähigkeit von Hanfkalk. (H. H. Pauly, Hrsg.) *Masterarbeit*, 163.

Kayo Tsumura, H. N. (2023). Is indoor environment a risk factor of building-related symptoms? *PLoS ONE*, 18(1): e0279757. https://doi.org/10.1371/journal.pone.0279757.

Kemme. (2021). Cannabis policy reform in Germany: Political and constitutional discourses on decriminalisation and regulation strategies. *Bergen Journal of Criminal Law & Criminal Justice.*

Kenneth Ip, A. M. (2012). Life cycle greenhouse gas emissions of hemp–lime wall constructions in the UK. *Resources, Conservation and Recycling Volume 69*, 1-9. Von https://doi.org/10.1016/j.resconrec.2012.09.001. abgerufen

Khan, B. A. (2014). Antibacterial properties of hemp and other natural fibre plants: A review. *BioRes. 9(2)*, , 3642-3659 https://bioresources.cnr.ncsu.edu/resources/antibacterial-properties-of-hemp-and-other-natural-fibre-plants-a-review/#:~:text=Cannabinoids%2C%20alkanoids%2C%20other%20bioactive%20compounds,coli.

Knodel. (2022). A framework for agricultural decarbonisation: Environmental assessment from seed to soil of a cradle-to-cradle farm system with industrial hemp and pyrogenic carbon capture & storage. *Available at: https://ssrn.com/abstract=4091867*, HempConnect GmbH. Available at: https://ssrn.com/abstract=4091867.

Koalitionsvertrag. (2021-2025). Koalitionsvertrag. *FDP, SPD, GRÜNE.*

Kobayashi M, M. A. (2008). Fossil hemp fruits in the earliest Jomon period from the Okinoshima site, Chiba Prefecture. *Shokuseishi kenkyū*, 16:11–18.

Kolbert, E. (2014). *The Sixth Extinction: An Unnatural History.* New York City: Henry Holt and Company.

KOM. (2020). Mitteilung der Kommission an das Europäische Parlament, den Rat, den Europäischen Wirtschafts- und Sozialausschuss und den Ausschuss der Regionen: Eine Renovierungswelle für Europa – umweltfreundlichere Gebäude, mehr Arbeitsplätze und bessere Lebensbeding.

König, M. (1994). Ölproduktion und/oder Fasergewinnung? : über einen römerzeitlichen Hanffund aus Erden/Mosel. *Funde und Ausgrabungen im Bezirk Trier : Aus der Arbeit des Rheinischen Landesmuseums Trier*, Band 26.

Körber-Grohne, U. (1987). *Nutzpflanzen in Deutschland.* Stuttgart: Theiss.

Krahofer. (2019). *Selige Ruhe dank Hanf – Hanf als Akustikelement.* Abgerufen am 5. Januar 2025, von https://www.hanf-magazin.com/nutzhanf/baustoffe-aus-hanf/selige-ruhe-dank-hanf-hanf-als-akustikelement/: Hanf Magazin.

Landsberg, v. (1992). The history of lime production and use from early times to the Industrial Revolution. *Zement-Kalk-Gips*, 45, pp.199-203. .

Lapierre. (2023). Genomics-based taxonomy to clarify cannabis classification. *Genome.*

Lee. (2020). A comprehensive review on bast fibre retting process for optimal performance in fibre-reinforced polymer composites. *Advances in Materials Science and Engineering.*

Lee, T., & Choi, J. (2021). Mycelium-composite panels for atmospheric particulate matter adsorption. *Results in Materials, 11*, 100208. https://doi.org/10.1016/j.rinma.2021.100208

Lehm, D. (2013). *DIN-Normen.* https://www.dachverband-lehm.de/wissen/lehmbau-din-normen.

Lignum. (2008). *Holzwerkstoffe in Innenräumen: Merkblatt zur Sicherstellung einer tiefen Formaldehyd-Raumluftkonzentration.*

Littauer, M. &. (2002). Wheeled Vehicles and Ridden Animals in the Ancient Near East. Brill.

Liu. (2017). Targeted pre-treatment of hemp bast fibres for optimal performance in biocomposite materials: A review.

M. Sing, M. D. (2018). The scope of hemp (Cannabis sativa L.) use in Historical conservation in India. *Indian Journal of Traditional Knowledge*, 17 (2).

MacArthur. (2012). *Towards the Circular Economy: Economic and Business Rationale for an Accelerated Transition.*

Mariz. (2024). Hemp: From field to fiber – A review. *Textiles*, 4(2), 165–182.

Maurer, C. (6. September 2022). *Mycelium Millennium: Harvesting Housing* [Video]. Healthy Materials Lab, Parsons School of Design. YouTube. https://www.youtube.com/watch?v=Aj66yKohk9Q

McPartland. (2006). Evolutionary origins of the endocannabinoid system. . *Gene*, 370, 64–74.

McPartland. (2018). Cannabis systematics at the levels of family, genus, and species. *Cannabis and Cannabinoid Research*, 3(1), 203–212.

McPartland. (2019). Cannabis in Asia: its center of origin and early cultivation, based on a synthesis of subfossil pollen and archaeobotanical studies. *Vegetation History and Archaeobotany*, 28(6), 691-702.

McPartland. (2020). A classification of endangered high-THC cannabis (Cannabis sativa subsp. indica) domesticates and their wild relatives. . *PhytoKeys*, 144, 81–112. .

McPartland, J. e. (2018). Cannabis in Eurasia: origin of human use and Bronze Age transcontinental connections. *Journal of Experimental Botany*, 69(11), 2541-2548.

McWilliams, J. C. (1990). *The Protectors: Harry J. Anslinger and the Federal Bureau of Narcotics, 1930-1962.* Newark: University of Delaware Press.

Meadows, D. H. (1972). *The Limits to Growth.* Universe Books.

Merlin, C. &. (2013). *Cannabis Evolution and Ethnobotany.* Berkley : University of California.

Meyer, V. & Rapp, R. (Hrsg). (2020). *Mind the fungi.* Universitätsverlag der TU Berlin. DOI 10.14279/depositonce-10350

Meyer, V., Schmidt, B., Pohl, C., Schmidts, C. Pfeiffer, S. (2022). *Das Projekt MY-CO SPACE.* In *Engage with fungi.* Meyer, V. & Pfeiffer, S. (Hrsg). Berlin Universities Publishing. DOI 10.14279/depositonce-15894

Mohamed M. Radwan, S. C. (2021). Cannabinoids, Phenolics, Terpenes and Alkaloids of Cannabis. *Molecules*, 26, 2774.

Müssig, J. (2010). Industrial applications of natural fibres: Structure, properties and technical applications. John Wiley & Sons.

Musto, D. (2010). *The American disease_origins of narcotic control.* Oxford University Press.

MycoHAB Namibia. (n.d.). *MycoHAB.* Aufgerufen am 2. April 2025. https://www.mycohab.com/

Naumenko. (2006). Physikalische Eigenschaften von Hanf (Cannabis sativa L.) in Abhängigkeit von Bestandesentwicklung, Strohmanagement, Röste und Faseraufschluss.

Naumenko, M. A. (20. Februar 2006). Physikalische Fasereigenschaften von Hanf (Cannabis sativa L.) in Abhängigkeit von Bestandesentwicklung, Strohmanagement, Röste und Faseraufschluss. Halle/ Saale, Deutschland.

Neil Edward Klepeis, W. C. (2001). The National Human Activity Pattern Survey (NHAPS): A Resource for Assessing Exposure to Environmental Pollutants. *J Expo Anal Environ Epidemiol*, 11(3):231–52.

Nick. (2024). Antwort auf Anhebung THC-Grenzwert. *Deutscher Bundestag* (S. Drucksache 20/13684). Deutscher Bundestag.

Nowotny, R. (2023). *kasachisches Prinzip.* https://www.hanffaser.de/uckermark/index.php/uber-hanf/hanfanbau: Hanffaser Uckermark.

Nutzhanf, K. (2022). *Hanf Neue Perspektiven für Wirtschaft, Klima und Region.* https://www.lpv-prignitz-ruppin.de/files/theme/Redaktion/Projekte/Hanf/Downloads/Hanf_-_Neue_Perspektiven.pdf: LPV.

Obuka. (2021). Microbiological stability of bio-based building materials. , . *Journal of Ecological Engineering*, 22, 296-313.

OECD. (2019). *Global Material Resources Outlook to 2060.* Paris.

OPENLY AG. (23. 07 2024). *OPENLY: Der Beweis in der Prxis.* Von OPENLY AG-Website: https://www.openly.systems/proof abgerufen

Österreichisches Institut für Bautechnik. (kein Datum). Zulassung zur Beurteilung der Naturfaserqualität.

Ottich. (2006). *Ein Buch von alten Fasern.* http://dorisdiedrich.de/spindel/Faserbuch_pflanzen.pdf.

ouest france. (21. Oktober 2017). *ouest france: un bâtiment en chanvre de 1 000 m2 pour Triballat.* Von ouest france Website: https://www.ouest-france.fr/bretagne/noyal-sur-vilaine-35530/un-batiment-en-chanvre-de-1-000-m2-pour-triballat-5332208 abgerufen

Ozdamar. (2021). Hemp as a Potential Material in Architecture Is it Possible in Turkey. *International Journal of Architecture and Planning.*

Pacheco-Torgal, F. (2022). *Advances in the Toxicity of Construction and Building Materials.* Woodhead Publishing.

Pacheco-Torgal, F. J. (2011). *co-efficient Construction and Building Materials.* London: Springer Verlag.

Pacheco-Torgal, F. J. (2012). *Toxicity of Building Materials.* Woodhead Publishin.

Palanisamy, S. et al. 2023. Use of Hemp Waste for the Development of Mycelium-grown Matrix Biocomposites: A Concise Bibliographic Review. *BioResources.* 18, 4 (Nov. 2023), 8771–8780.

Pantawee. (2017). Utilization of hemp concrete using hemp shiv as coarse aggregate with aluminium sulfate [$Al_2(SO_4)_3$] and hydrated lime [$Ca(OH)_2$] treatment. *Construction and Building Materials*, 156, 435–442.

Pechtl, J. &. (2015). Neue Untersuchungen zu einer späthallstattzeitlichen Urnenbestattung von Laubach-Meerholz. *Archäologisches Korrespondenzblatt*, 45(3), 267-286.

Pichelmeier. (2014). Ressourceneffizienz der Dämmstoffe im Hochbau. https://www.ressource-deutschland.de/service/publikationen/.

Raab. (2016). *Weißbuch Cannabis.*

Raamets. (2021). Assessment of moisture and mould of hempcrete.

Radwan. (2021). Cannabinoids, phenolics, terpenes and alkaloids of Cannabis. *Molecules*, 26(9), 2774.

Rätsch, C. (1994). Zur Archäologie hanfbearbeitender Geräte in Mitteleuropa. *Archäologisches Korrespondenzblatt*, 24(2), 163-178.

Rätsch, C. (2016). *Enzyklopädie der psychoaktiven Pflanzen: Botanik, Ethnopharmakologie und Anwendung.* Aarau: AT Verlag.

Rätsch, C. (2018). *Hanf als Heilmittel, Ethnomedizin, Anwendungen und Rezepte.* Solothurn: Nachtschatten Verlag AG.

Renfrew, J. (1973). *Palaeoethnobotany: the prehistoric food plants of the Near East and Europe, S. 163.* London https://archive.org/details/palaeoethnobotan0000renf/page/n297/mode/2up?q=eisenberg: Methuen.

Rhydwen. (2012). Dry-lining versus a hemp and lime insulating render for internal thermal renovation of a stone cottage in West Wales, including embodied energy assessment, interstitial wall monitoring, in-situ U-Value, and WUFI modeling. In R. W. Rhydwen, *Dry-lining versus a hemp and lime insulating render for internal thermal renovation of a stone cottage in West Wales, including embodied energy assessment, interstitial wall monitoring, in-situ U-Value, and WUFI modeling.* Machynlleth, Wales.: University of East London & Centre of Alternative Technology.

Ribeiro, A. C., Junior, A. M. N., de Oliveira, M. P., de Souza, R. A., Pereira, A. C., & Monteiro, S. N. (2023). Sustainable utilization of hemp fibers for polymer composites: Physical and mechanical characterization. Sustainability, 15(12), 9610. https://doi.org/10.3390/su15129610

Ross, P. (2017). *Fungal Mycelium Bio-materials.* In D. Hebel & F. Heisel (Eds.), *Cultivated Building Materials: Industrialized Natural Resources for Architecture and Construction* (p. 134, 138-140). Berlin, Boston: Birkhäuser. https://doi.org/10.1515/9783035608922

Rothmaler, W. u. (1957). Bandkeramische Kulturpflanzenreste aus Thüringen und Sachsen. *Beiträge zur Frühgeschichte der Landwirtschaft III. Wiss. Abh. dt. Akad. Landwirtschaftwiss. Berlin*, Nr.24, 73–98.

Russo. (2007). History of Cannabis and Its Preparations in Saga, Science, and Sobriquet. *Chemistry & Biodiversity* , DOI: 10.1002/cbdv.200790144 · Source: PubMed.

Russo EB, J. H. (2008). Phytochemical and genetic analyses of ancient cannabis from Central Asia. *J Exper Bot*, 59:4,171–4,182.

Ryz. (2017). Cannabis Roots: A Traditional Therapy with Future Potential for Treating. *Cannabis and Cannabinoid Research*, 2(1), 210–216.

Schleusner. (2024). *Schleusner Hanf-Leichtlehmbauplatten Kompendium 2024.* Schönhausen: Schleusner & Söhne GmbH.: Schleusner & Söhne GmbH.

Schlichtherle, H. (2004). Textilherstellung und -verwendung in einer hochmittelalterlichen Burganlage bei Stuttgart. *Archäologische Ausgrabungen in Baden-Württemberg, 2004, 57-61.*

Schneider, S. &. (2013). Zur archäobotanischen Untersuchung von keltischen Siedlungen im Süden Deutschlands – Ein Zwischenbericht. *In H. Meller & F. Bertemes (Eds.), Der große Wurf: Festschrift für Claus Dobiat zum 70. Geburtstag (pp. 273-284). Halle (Saale): Landesamt für Denkmalpflege und Archäologie Sachsen-Anhalt.*

Schöb AG. (2024). *Dokumentation: Hanfbetoninfoflyer.* (S. AG, Hrsg.) Abgerufen am 07 2024 von Schöb AG-Website: https://www.schoeb-ag.ch/dokumentation/hanfbeton_infoflyer_a3_web.pdf

Schramm, L. (7. August 2023). Ökobilanzierung einer Hanfkalk-Gebäudehülle im Holzständerbau. *Bachelorarbeit*, 1-145.

Schröder. (2019). Lehmbau. *Springer.*

Schulz. (2019). Charakterisierung des ökologischen Baustoffs Hanfkalk und Untersuchung seiner Frühfestigkeit unter Verwendung verschiedener Bindemittel . *Bachelor These, Hochschule für Technik, Wirtschaft und Kultur Leipzig.*

Schulz. (2020). Konstruktionsverfahren von Hanfkalk im Überblick. *Hausarbeit, Hochschule Leipzig.*

Shanbhag, S., Dixit, M. K., & Sideris, P. (2024). *Examining the Global Warming Potential of hempcrete in the United States: A cradle-to-gate Life Cycle Assessment. Developments in the Built Environment,* 19, 100572. https://doi.org/10.1016/j.dibe.2024.100572

SHIV. (2024). Comparative Technical Report on Hempcrete & Concrete Construction in Nepal.

Singh. (2016). Cannabis sativa (Cannabaceae) in ancient clay plaster of Ellora Caves, India. *Current Science*, 110(5), 884–891.

Singh. (2018). The scope of hemp (Cannabis sativa L.) use in Historical conservation in India. *Indian Journal of Traditional Knowledge.*

Sinka, M., Spurina, E., Korjakins, A., & Bajare, D. (2022). *Hempcrete – CO2 Neutral Wall Solutions for 3D Printing. Environmental and Climate Technologies,* 26, 742–753. https://doi.org/10.2478/rtuect-2022-0057

Skoglund. (2013). Viking and Early Middle Ages Northern Scandinavian Textiles Proven to be made with Hemp. *Scientific Reports*, 3.

Sobek. (2021). Für mehr Menschen mit weniger Material. In H. u. Hebel, *Urban Mining und kreislaufgerechtes Bauen* (S. 23-33).

Sobek, W. (2022). *non nobis – Über das Bauen in der Zukunft Band 1: Ausgehen muss man von dem, was ist.* Avedition.

Souza, E. (30. 07 2020). Hemp Concrete: From Roman Bridges to a Possible Material of the Future. *Archdaily*, S. https://www.archdaily.com/944429/hemp-concrete-from-roman-bridges-to-a-possible-material-of-the-future.

Spiekermann, U. (29. 06 2019). Das Verschwinden des Hanfes. Landwirtschaftliche Produktion, gewerbliche Verarbeitung und Konsumwandel im langen 19. Jahrhundert. *Uwe Spiekermann Blog*, S. https://uwe-spiekermann.com/2019/06/29/das-verschwinden-des-hanfes-landwirtschaftliche-produktion-gewerbliche-verarbeitung-und-konsumwandel-im-langen-19-jahrhundert/.

SRU. (2016). *Flächenverbrauch und demografischer Wandel.*

Stanwix, W. &. (2014). *The Hempcrete Book: Designing and Building with Hemp-Lime.* USA: Green Books.

Steiner, D. (06. April 2018). „Wir bauen den größten Sondermüll der Baugeschichte". *Wiener Zeitung*, S. https://www.wienerzeitung.at/nachrichten/chronik/wien-chronik/957047-Wir-bauen-den-groessten-Sondermuell-der-Baugeschichte.html.

Stransky, C. (2011). Faserverarbeitung und Textilherstellung. *In H. J. Wendt (Ed.), Bremen – Eine archäologische Entdeckungsreise (pp. 276-283). Bremerhaven: Nordwestdeutsche Verlagsgesellschaft.*

ThePlan. (25. 08 2021). *PIERRE CHEVET SPORTS HALL IN CROISSY-BEAUBOURG, A PLACE PROMOTING PHYSICAL WELL-BEING.* Abgerufen am 22.07.2024 von The Plan: https://www.theplan.it/eng/whats_on/pierre-chevet-sports-hall-in-croissy-beaubourg-a-place-promoting-physical-well-being

Thormark. (2002). A low energy building in a life cycle—its embodied energy, energy need for operation and recycling potential. . *Building and Environment*, 37(4), 429-435.

Torpy. (2015). Reducing indoor air pollutants through biotechnology, biotechnologies and biometrics for civil engineering . *Springer, Cham*, 181-210.

Thurner, C. (16. November 2023). Reducing CO_2 Emissions. COSSMA – Cosmetics, Trends, Technology. www.cossma.com/production/article/reducing-co2-emissions-36973.html

Udelgard, K.-G. (1985). Die biologischen Reste aus dem hallstattzeitlichen Fürstengrab von Hochdorf bei Stuttgart. *Forschungen und Berichte zur Vor- und Frühgeschichte in Baden-Würtemberg*, Band 19, 87-164.

UMSICHT, F. (2025). *CO_2-Syn: CO_2-Emissionen der Zementindustrie stofflich nutzen.* Abgerufen am 23. Juni 2025, von https://www.umsicht.fraunhofer.de/de/projekte/co2-syn-zementindustrie.html: Fraunhofer .

UNEP. (2019). *Global Environment Outlook – GEO-6: Healthy Planet, Healthy People.* Nairobi: United Nations Environment Programme.

UNEP, U. (2021). *2021 Global Status Report for Buildings and Construction: Towards a Zeroemission, Efficient and Resilient Buildings and Construction Sector.* Nairobi: The electronic copy of this report can be downloaded at www.globalabc.org.

Válek, J., Hughes, J. J., & Groot, C. J. W. P. (2014). Historic mortars: characterisation, assessment and repair. Springer.

Vasiliauskienė. (2023). Vasiliauskienė, D., Balčiūnas, G., Boris, R., Kairytė, A., & Urbonavičius, J. (2023). The impact of microorganisms on the performance of linseed oil and tung tree oil impregnated composites made of hemp shives and corn starch. *Microorganisms*, 11.

Ventolà, L., Vendrell, M., Giraldez, P., & Merino, L. (2011). Traditional organic additives improve lime mortars: New old materials for restoration and building natural stone fabrics. Construction and Building Materials, 25(8), 3313-3318.

villis, C. d. (kein Datum). *Die Kapitel des Capitulare de villis.* . https://www.biozac.de/biozac/capvil/cvkapitel.htm: Biologisches Zentrum Aachen.

Walker, R., Pavia, S., & Mitchell, R. (2014). Mechanical properties and durability of hemp-lime concretes. Construction and Building Materials, 61, 340-348.

Wang. (2019). Effect of Soluble Components From Plant Aggregates on the Setting of Lime Binder.

Wang. (2021). Effect of variability of hemp shiv on the setting of lime hemp concrete.

Waskow, F. (1995). *Hanf & Co. Die Renaissance der heimischen Faserpflanzen.* Göttingen: Die Werkstatt – Lichtenau; AOL-Verlag.

Welding. (2023). Kieler Startup plant Serienfertigung klimafreundlicher Spanplatten. https://www.uni-kiel.de/de/detailansicht/news/195-planterial-exist-abschluss.

Werf. (1996). The potential of hemp (Cannabis sativa L.) for sustainable fibre production: A crop physiological appraisal. Annals of Applied Biology. *Annals of Applied Biology*, 129(1), 109–123.

Werse. (2016). Legal issues for German-speaking cannabis growers. Results from an online survey. . *The International Journal on Drug Policy*, 28, 113-119.

Wikipedia. (2022). Liste_deutscher_Orte_und_Gemeinden,_die_den_Klimanotstand_ausgerufen_haben. https://de.wikipedia.org/wiki/Liste_deutscher_Orte_und_Gemeinden,_die_den_Klimanotstand_ausgerufen_haben.

Willerding, U. (1970). *Vor-und frühgeschichtliche Kulturpflanzenfunde in Mitteleuropa.* Hildesheim: Neue Ausgrabungen und Forschungen in Niedersachsen.

Williams, K. (2023). In Search for Sustainable Materials, Developers Turn to Hemp. *The New York Times*, 6.

Woolley. (2008). *Hemp Lime Construction.*

Yang, F., Zhang, B., & Ma, Q. (2020). Study of sticky rice–lime mortar technology for the restoration of historical masonry construction. Accounts of Chemical Research, 43(6), 936-944.

Yates. (2002). *Client report: Final report on the construction of the hemp houses at Haverhill, Suffolk.* report number – 209-717 Rev. 1: UK: Building Research Establishment .

Yemesegen, E. B., & Memari, A. (2023). *A review of experimental studies on Cob, Hempcrete, and bamboo components and the call for transition towards sustainable home building with 3D printing. Construction and Building Materials,* 370, 132603. https://doi.org/10.1016/j.conbuildmat.2023.132603

Yinping Zhang, P. K. (2021). *Handbook of Indoor Air Quality.* Springer.

Zaami. (2018). Medical use of cannabis: Italian and European legislation. *ur Rev Med Pharm Sci 2018;22(4):1161–1167.*

Zander, L. &. (2016). First evidence of hemp cultivation in Bronze Age Germany. Vegetation History and Archaeobotany.

Zeng, Y., Zhang, B., & Liang, X. (2008). A case study and mechanism investigation of typical mortars used on ancient architecture in China. Thermochimica Acta, 473(1-2), 1-6.

Zhang SL, G. H. (1999). Observation and study of silk and hemp recovered from Qingtai archaeological site, Xingyang. *Zhōngyuán Wénwù*, 3:10–16.

Zimniewska, M. (3. März 2022). Hemp Fibre Properties and Processing Target Textile: A Review. (I. o. Plants, Hrsg.) *Materials*, 30.

Zuardi, A. W. (2005). History of cannabis as a medicine: a review. *Rev Bras Psiquiatr*, 28(2):153-7.

Stichwortverzeichnis

Bitte Feedback zum Buch

Hat Ihnen dieses Buch gefallen? Dann freuen wir uns darüber, wenn Sie dieses Buch weiterempfehlen und eine Bewertung bei Ihrem Händler hinterlassen.

Es soll nicht bei dieser Auflage bleiben. Uns liegt viel daran, das Buch dem Wissensstand stets anzupassen und neue Forschungsergebnisse und Erfahrungen in die neuen Auflagen einfließen zu lassen. Sollte Ihrer Ansicht nach ein Produkt oder Thema nicht vertreten sein, freuen wir uns über Ihren Hinweis.

Haben Sie Verbesserungsvorschläge für die nächsten Auflagen? Dann schreiben Sie uns über das Kontaktformular unter www.hanfingenieur.de/buch. Wir freuen uns sehr auf Ihr Feedback.

Unter www.hanfingenieur.de/buch/bauenmithanf werden wir über Aktualisierungen informieren.

Aufruf zur Forschung! Der Nutzhanf Netzwerk e.V. hält eine Liste über mögliche Forschungs- und Abschlussarbeiten im Verein stets aktuell. So soll das Wissen um Hanf als Baustoff im deutschsprachigen Raum erweitert und geteilt werden. Sowohl Studierende als auch Institute, Hochschulen und Universitäten dürfen sich angesprochen fühlen.

www.hanfingenieur.de/buch

Extras zum Buch

Unter dem folgenden Link und dem Passwort bauenmithanf findest du wertvolle Tools zum Herunterladen! www.hanfingenieur.de/buch/bauenmithanf

Danke

Ein so umfangreiches Buch schreibt man nicht allein. Viele Menschen haben mit ihrer Erfahrung, ihrer Zeit, und ihren Hinweisen zum Gelingen dieses Buches beigetragen. Dafür möchten wir allen von Herzen danken.

Auch wenn es uns leider nicht möglich ist, jede einzelne Person namentlich zu erwähnen, gilt unser Dank ausdrücklich allen, die uns während der Realisierung dieses Buches begleitet und unterstützt haben. Wir hoffen sehr, dass sich jede und jeder Einzelne in diesen Worten wiederfindet.

Ein besonderer Dank geht an:
Aaron von Siebenthal | Adrian Darvish | Bernd Frank | Christian Eiskamp | Christina Tzamalidis | Christine Rölke | Damien Baumer | Dieter Schmidt | Dr. Norbert Höpfer | Elisa Schmidt | Elisabeth Schäfer | Felix Müller | Florian Gramespacher | Florian Söll | Gökcan Güney | Hanf Museum Berlin | Dr. Hans-Jörg Gusovius | Isohemp SA. | Jens Betha | Joachim Schlauß | Julian Schwankl | Klemens Jakob | Klimapraxis gUG | Lara Krause | Lea Stauß | Martin Kamperschrör | Martin Meyer | Nutzhanf-Netzwerk e.V. | NWG-Biorohstoffe Hochschule Merseburg | Oda Müller | Paul Schuler | Petra van der Wielen | Rainer Nowotny | Raphaël Walther | Reinhold Straub | Robert Schwemmer | Roger Dauer | Sebastian Jockers | SoBaWi | Stefan Golla | Susanne Bartholomé | Theresa Pauly | Timm Wille | Timo Thiele | Ulf Behrmann | Werner Schönthaler | ABW oikoartec GmbH | Hanfmuseum Amsterdam | Sven Hänichen | Steve Allin | International Hemp Building Association | Dr. Wilhelm Schäkel | Dr. Monika Brümmer

Stimmen zum Buch

„Für die Bauwende reicht Energieeffizienz allein nicht aus. Wir brauchen Baustoffe, die Kohlenstoff langfristig speichern, Landschaft und Umwelt stärken und regionale Landwirtschaft mit zukunftsfähigem Bauen verbinden. Baustoffe aus Hanf können genau das leisten – und dieses Buch macht das Wissen dazu endlich praxisnah zugänglich.“

Petra van der Wielen — Seniorexpertin Klimaneutrale Gebäude und Serielles Sanieren, Deutsche Energie-Agentur GmbH (dena)

„Hanf zeigt exemplarisch, wie eine Kulturpflanze zum Innovationstreiber vom Acker bis zum fertigen Produkt werden kann. Wo regionale Verarbeitungskapazitäten und Kreislauflogiken konsequent mitgedacht werden, schließen sich Materialflüsse zu echten Wertschöpfungsnetzwerken. Dieses Buch kommt zur richtigen Zeit.“

Prof. Dr. Nils Borchard — Leiter Forschung und Innovation, Fachzentrum Landwirtschaft der DLG e.V.

„Hanf bereichert Fruchtfolgen und liefert einen wertvollen nachwachsenden Rohstoff. Sein Wert für nachhaltiges Bauen ist unstrittig, die rechtlichen Rahmenbedingungen müssen jetzt nachziehen.“

Karl Bär — Agrarökonom und Politiker, stellv. Vorsitzender des Ausschusses für Ernährung, Landwirtschaft und Forsten im Deutschen Bundestag

---

„Gebündelte Expertise altbewährter Bautechniken, zukunftsorientiert und umsetzbar zusammengefasst. Zur Nachahmung empfohlen!“

Caspar Schmid — Baubiologe, ökologischer Bauberater und Naturbaustoffhändler, Naturbauhof-Potsdam

---